煤矿主要负责人和安全生产管理人员安全生产知识和管理能力培训系列教材

煤矿安全生产管理人员"七新"知识与管理能力提升培训教材

（再培训·2024版）

全国煤矿安全培训教材建设专家委员会　组织编写

王太续　王中华　李学臣　主编

周心权　唐召信　主审

中国矿业大学出版社

·徐州·

内 容 提 要

《煤矿安全培训规定》规定，煤矿企业应当每年组织安全生产管理人员进行新法律法规、新标准、新规程、新技术、新工艺、新设备和新材料（简称"七新"）等方面的安全培训。近年来，随着煤矿智能化建设和高质量发展的不断推进，各种新技术、新工艺、新设备和新材料不断涌现，各种新的管理理念、方法和手段层出不穷，这要求安全生产管理人员要及时进行知识更新，以适应当前煤矿智能化、高质量发展的要求。为了全面满足煤矿企业开展安全生产管理人员"七新"知识和管理能力提升培训需求，我们组织行业内众多专家编写了《煤矿安全生产管理人员"七新"知识与管理能力提升培训教材》。本教材立足新的历史交汇点，总结提炼在煤矿现场具有推广价值、较为成熟的"七新"内容及管理精髓，以帮助安全生产管理人员快速了解行业发展前沿，构建适应行业发展的新的知识体系，并结合新的工作要求，提供可借鉴的工作经验和方法，以提升他们的综合管理能力。

本教材可供煤矿安全生产管理人员进行"七新"知识和管理能力提升的再培训使用，也可供煤矿企业主要负责人进行相关再培训使用。

图书在版编目（CIP）数据

煤矿安全生产管理人员"七新"知识与管理能力提升培训教材/王太绫，王中华，李学臣主编. —徐州：中国矿业大学出版社，2023.7(2024.5 重印)
ISBN 978-7-5646-5812-0

Ⅰ.①煤… Ⅱ.①王… ②王… ③李… Ⅲ.①煤矿—安全生产—管理人员—安全培训—教材 Ⅳ.①TD7

中国国家版本馆CIP数据核字(2023)第078108号

书　　名	煤矿安全生产管理人员"七新"知识与管理能力提升培训教材
主　　编	王太绫　王中华　李学臣
责任编辑	李　敬　吴学兵
出版发行	中国矿业大学出版社有限责任公司
	（江苏省徐州市解放南路　邮编 221008）
营销热线	（0516）83884103　83885105
出版服务	（0516）83885312　83884920
网　　址	http://www.cumtp.com　E-mail:cumtpvip@cumtp.com
印　　刷	苏州市古得堡数码印刷有限公司
开　　本	787 mm×1092 mm　1/16　印张 22.5　字数 575 千字
版次印次	2023 年 7 月第 1 版　2024 年 5 月第 4 次印刷
定　　价	49.80 元

（图书出现印装质量问题，本社负责调换）

考试题库软件使用方法

微信扫码关注"中国矿业大学出版社煤炭知识服务"微信公众号,点击右下角"在线学习"—"在线考试",微信授权进入"煤矿安培考试"小程序。"自测练习"模块可顺序练习,"模拟考试"模块可进行模拟考试,"我的错题"模块可查看错题,进入相应模块后,点击"请选择题库",选择"主要负责人和安管人员"—"井工煤矿安管人员"或"露天煤矿安管人员",点击"确定"开始学习。公众号中回复"考试题库",弹出的文章中第一篇有题库软件使用方法,可供参考。

中国矿业大学出版社煤炭知识服务

《煤矿安全生产管理人员"七新"知识与管理能力提升培训教材》编审委员会

主　　编　王太续　王中华　李学臣

副 主 编　张文康　耿友明　张红兵　秦高威　李长青
　　　　　　刘玉华　黄学志　聂建华　任永强　王瑞海
　　　　　　代星军　魏永建　王丙成　李　波　杨西栋
　　　　　　邵　鹏　王永湘　汤丰瑞　邓建飞　王维群
　　　　　　郭媛媛　朱予康

编写人员　陈召磊　贾亮亮　安福来　秦志强　贵宏伟
　　　　　　郝　殿　袁天华　马　迅　菅典建　宋永滦
　　　　　　杨会明　徐　明　贾东东　张海魁　杨访明
　　　　　　张振虎　宋成义　张　豪　景旭东　温亨聪
　　　　　　陈　涛　栾永春　马东菲　郭艳飞　刘学功
　　　　　　卢　杰　张道文　李　涛　张高青　康小雨
　　　　　　杨月飞　胡冰涛　岳　龙　杜柏川　黄文明
　　　　　　雪洋洋　彭　丽　刘丽会　孙振国　杜　军
　　　　　　张　扬　张　伟　程　飞　秦利敏　闫松林
　　　　　　仇晋宇　常　宇　刘　充　翁海龙　吕　晨
　　　　　　韩迎春　侯晓松　胡　鹏　杨国栋　陈世荣
　　　　　　雷昌鑫　李宗明　郑　义

主　　审　周心权　唐召信

前　言

《煤矿安全培训规定》规定，煤矿企业应当每年组织安全生产管理人员进行新法律法规、新标准、新规程、新技术、新工艺、新设备和新材料（简称"七新"）等方面的安全培训。近年来，随着煤矿智能化建设和高质量发展的不断推进，各种新技术、新工艺、新设备和新材料不断涌现，各种新的管理理念、方法和手段层出不穷，这要求安全生产管理人员要及时进行知识更新，以适应当前煤矿智能化、高质量发展的要求。

当前，煤炭行业还没有系统性介绍安全生产管理人员"七新"知识的培训教材，很多培训中心也反映"七新"培训不知道该讲哪些内容。此外，随着煤炭行业的快速发展，出现了很多新的问题，不但需要用新的管理理念、新的管理工具和方法去解决，也对安全生产管理人员的管理能力和创新能力提出了新的要求。为了全面满足煤矿安全生产管理人员的"七新"知识更新和管理能力提升需求，我们组织行业内众多专家编写了《煤矿安全生产管理人员"七新"知识与管理能力提升培训教材》。

本教材紧密结合煤矿生产实际，突出煤矿安全生产管理人员能力素质要求与安全生产管理特点，注重煤矿生产技术与安全管理的前瞻性，将相关法律法规、煤矿安全管理、应急管理、生产技术、安全技术等所涵盖的管理知识与素质能力要求浓缩，提炼总结"七新"知识应用与现场管理重点，以帮助煤矿安全生产管理人员快速了解行业发展前沿，构建适应行业发展的新的知识体系，并结合新的工作要求，提供可借鉴的工作经验和方法，以提升他们的综合管理能力。本教材共分两篇，上篇介绍煤矿安全生产管理"七新"知识，下篇介绍煤矿安全生产管理人员管理能力提升相关知识。

本教材主要特点如下：

（1）系统梳理了近年来国家颁布实施的新法律法规、新标准、新规程，煤矿现场应用效果好且具有推广价值的、较为成熟的新技术、新工艺、新设备和新材料，以及新的管理理念、方法和手段，重点介绍了煤矿智能化与高质量发展相关的内容。对于"七新"知识，我们从现场应用的角度，点面结合，突出管理要素，系统介绍了采、掘、机、运、通等专业相关新技术、新工艺、新设备、新材料等的适用条件及优缺点，且强调实用性，以帮助安全生产管理人员快速建立新的、系统化的"七新"知识体系。

（2）简化理论叙述与原理描述，着重介绍满足煤矿安全生产管理人员岗位需求的法律法规、能力素质、业务流程、现场管理与检查要点、解决问题的方式方法等，尤其是新安全生产形势下煤矿开采中各专业领域容易出现的违法违规行为以及容易导致的事故等，并以典型事故案例进行说明。同时，针对安全生产管理人员履职能力需求提出值得注意的安全管理要求与检查要点，以达到提升安全管理意识，开拓综合管理思路，巩固基本知识与技能要领，开阔视野、学而有用、学能进步的目的。

（3）针对煤矿安全生产管理能力的培养与提高，提炼现场管理精髓，增加了"煤矿安全生产管理工作实践"内容，就煤矿现场管理中如何用好政策、用好制度、用好人介绍一些管理实战技巧，以加强基层建设、基础建设和基本功建设，给煤矿安全生产管理人员解惑释疑，帮助其打开管理思路。

（4）收集整理部分煤炭企业先进安全生产管理理念以及国家矿山安全监察局推广的安全管理创新经验，重点介绍其主要内容、特点与应用效果，以启发煤矿安全生产管理人员的思路，提供可借鉴、可复制的工作方法和经验。

（5）收集整理了2020年以来的部分典型事故案例，着重分析事故原因以及安全生产管理工作中应吸取的教训、启迪与注意事项等。

为了便于读者阅读学习，书中法律法规名称均省去"中华人民共和国"。

本教材可供煤矿安全生产管理人员进行"七新"知识和管理能力提升的再培训使用，也可供煤矿企业主要负责人进行相关再培训使用。对参加煤矿安全生产管理人员安全生产知识和管理能力考核培训的，请选用《煤矿安全生产管理人员安全生产知识和管理能力培训教材》（2022年新版）和《煤矿安全生产管理人员安全生产知识和管理能力考试辅导一本通》（2022年新版）。

本教材配套有考试题库软件，请关注"中国矿业大学出版社煤炭知识服务"微信公众号进行学习。为便于培训教师讲课，本教材配套有PPT课件，请加QQ群708756397，或加微信xuebwu联系（只限培训机构教师）。

为了协助解决各培训机构组织安全生产管理人员"七新"培训中找授课专家难的问题，我们收集整理了本书的编写专家简介及授课内容等信息，供各培训机构自行参考选择，具体请加微信xuebwu联系。

由于编者水平所限，书中难免有疏漏之处，敬请广大读者批评指正。

全国煤矿安全培训教材建设专家委员会
2023年5月

目　录

上篇　煤矿安全生产管理"七新"知识

第一章　煤矿安全生产方针政策及法律法规 … 3
　第一节　中共中央、国务院指导意见对煤矿安全发展的引领作用 … 4
　第二节　我国煤矿安全生产形势及对策 … 12
　第三节　近年来国家颁布或修订的煤矿安全生产主要法律法规 … 17
　第四节　煤矿安全生产领域常见违法行为及法律责任 … 28

第二章　煤矿智能化与高质量发展 … 36
　第一节　煤矿智能化建设 … 37
　第二节　煤矿智能化关键技术及装备 … 45
　第三节　智能化煤矿的安全管理 … 65
　第四节　煤矿绿色开采技术 … 77
　第五节　煤矿企业高质量发展 … 83

第三章　煤矿采掘生产新技术、新装备、新工艺及新材料应用 … 88
　第一节　煤矿采掘生产新技术应用 … 89
　第二节　煤矿趋于重型化、智能化、信息化的采掘设备 … 95
　第三节　煤矿采掘生产新工艺 … 102
　第四节　煤矿采掘生产新材料应用 … 117

第四章　煤矿"一通三防"及重大灾害防治新技术、新装备、新工艺及新材料应用 … 123
　第一节　煤矿"一通三防"及重大灾害防治新技术 … 124
　第二节　新型瓦斯抽采设备与技术 … 136
　第三节　煤矿"一通三防"及重大灾害防治新工艺 … 140
　第四节　煤矿"一通三防"及重大灾害防治新材料应用 … 147

第五章　煤矿机电运输新技术、新装备、新工艺及新材料应用 … 152
　第一节　煤矿机电运输自动化管理新技术 … 153

第二节　新型煤矿机电设备 …………………………………………………… 168
第三节　新型煤矿运输设备 …………………………………………………… 178
第四节　煤矿机电运输新工艺与新材料 ……………………………………… 185

第六章　煤矿综合信息化与应急管理新技术及新装备 ………………………………… 194
第一节　煤矿综合信息化新技术及装备 ……………………………………… 195
第二节　煤矿安全生产机器人 ………………………………………………… 203
第三节　煤矿应急救援智能化装备 …………………………………………… 212

下篇　煤矿安全生产管理人员管理能力提升相关知识

第七章　煤矿安全生产管理能力、管理机制与创新管理 ……………………………… 223
第一节　煤矿安全生产管理人员的素质和能力 ……………………………… 224
第二节　煤矿企业安全管理的工具与方法 …………………………………… 229
第三节　煤矿安全生产的基本原则与相关理念 ……………………………… 235
第四节　煤矿风险预控和隐患排查双重预防体系 …………………………… 241
第五节　煤矿"三位一体"安全管理法应用 ………………………………… 257

第八章　煤矿安全生产管理工作实践 …………………………………………………… 275
第一节　煤矿现场管理实战技巧 ……………………………………………… 276
第二节　煤矿用人管理技巧 …………………………………………………… 284
第三节　管理精进与提升 ……………………………………………………… 288

第九章　煤矿安全生产管理经验典型案例 ……………………………………………… 296
第一节　重大灾害治理创新经验 ……………………………………………… 297
第二节　基础管理创新经验 …………………………………………………… 306
第三节　企业文化创新经验 …………………………………………………… 308
第四节　安全培训管理创新经验 ……………………………………………… 312

第十章　煤矿生产安全事故典型案例分析 ……………………………………………… 321
第一节　煤矿瓦斯煤尘事故案例 ……………………………………………… 322
第二节　煤矿顶板事故案例 …………………………………………………… 329
第三节　煤矿水灾事故案例 …………………………………………………… 333
第四节　煤矿火灾事故案例 …………………………………………………… 338
第五节　煤矿机电运输事故案例 ……………………………………………… 339
第六节　煤矿其他类零打碎敲事故案例 ……………………………………… 343

参考文献 …………………………………………………………………………………… 348

上篇

煤矿安全生产管理"七新"知识

第一章
煤矿安全生产方针政策及法律法规

> **学习提示** 中共中央、国务院历来高度重视安全生产工作。党的十八大以来，习近平总书记针对安全生产工作作出一系列重要批示和指示，中共中央、国务院下发了《关于推进安全生产领域改革发展的意见》，国务院安委会制定了进一步强化安全生产责任落实、坚决防范遏制重特大事故的安全生产十五条措施。国家颁发、修订了一系列关于安全生产的法律、法规、规章、标准及规范性文件，各地方关于安全生产的法规体系也进一步修订完善，新形势下的安全生产工作呈现许多新特点。
>
> 本章重点介绍习近平总书记关于安全生产工作的新论述和《中共中央 国务院关于推进安全生产领域改革发展的意见》对煤矿的影响，我国煤矿安全生产新形势及对策以及近年来国家颁布或修订的安全生产主要法律法规等，阐述最新的法律、行政法规、规章及标准有哪些主要改变以及如何细化落实，分专业梳理了煤矿安全生产领域一些常见的违法违规行为，以安全管理不到位而导致的事故案例分析安全生产管理人员应承担的法律责任，让安全生产管理人员形成学法、懂法、执法的法治思维，以便持续积累安全生产知识，提升管理能力。

第一节　中共中央、国务院指导意见对煤矿安全发展的引领作用

一、习近平总书记关于安全生产的新论述、新论断

习近平总书记关于安全生产的一系列重要论述和指示精神体现了科学发展观的核心立场，贯穿着立党为公、执政为民的理念，展现了强烈的政治责任感、深厚的为民情怀和坚定的历史担当，为我们做好安全生产工作指明了方向、提供了遵循。

（一）坚持以人民为中心的发展思想及红线意识

1. 坚持以人民为中心的发展新理念

习近平总书记在十九大报告中指出，带领人民创造美好生活，是我们党始终不渝的奋斗目标。必须始终把人民利益摆在至高无上的地位，让改革发展成果更多更公平惠及全体人民，朝着实现全体人民共同富裕不断迈进。他强调，人民是创造历史的动力，我们共产党人任何时候都不要忘记这个历史唯物主义最基本的道理；人民是历史的创造者，是决定党和国家前途命运的根本力量。

2020年5月22日，习近平总书记在参加十三届全国人大三次会议内蒙古代表团审议时强调，党团结带领人民进行革命、建设、改革，根本目的就是为了让人民过上好日子，无论面临多大挑战和压力，无论付出多大牺牲和代价，这一点都始终不渝、毫不动摇；还强调人民至上、生命至上，保护人民生命安全和身体健康可以不惜一切代价。

2. 生命重于泰山，习近平总书记为安全生产划"红线"

2016年7月，习近平总书记就加强安全生产工作强调，各级党委和政府特别是领导干部要牢固树立安全生产的观念，正确处理安全和发展的关系，坚持发展决不能以牺牲安全为代价这条红线。

2020年4月，习近平总书记对安全生产作出指示：生命重于泰山。各级党委和政府务必把安全生产摆到重要位置，树牢安全发展理念，绝不能只重发展不顾安全，更不能将其视作无关痛痒的事，搞形式主义、官僚主义。要针对安全生产事故主要特点和突出问题，层层压实责任，狠抓整改落实，强化风险防控，从根本上消除事故隐患，有效遏制重特大事故发生。

（二）习近平总书记在二十大报告中涉及安全、应急处置等方面的论述

习近平总书记在二十大报告中指出，国家安全是民族复兴的根基，社会稳定是国家强盛的前提。必须坚定不移贯彻总体国家安全观，把维护国家安全贯穿党和国家工作各方面全过程，确保国家安全和社会稳定。

我们要坚持以人民安全为宗旨、以政治安全为根本、以经济安全为基础、以军事科技文化社会安全为保障、以促进国际安全为依托，统筹外部安全和内部安全、国土安全和国民安全、传统安全和非传统安全、自身安全和共同安全，统筹维护和塑造国家安全，夯实国家安全和社会稳定基层基础，完善参与全球安全治理机制，建设更高水平的平安中国，以新安全格局保障新

发展格局。

（1）健全国家安全体系。坚持党中央对国家安全工作的集中统一领导，完善高效权威的国家安全领导体制。强化国家安全工作协调机制，完善国家安全法治体系、战略体系、政策体系、风险监测预警体系、国家应急管理体系，完善重点领域安全保障体系和重要专项协调指挥体系，强化经济、重大基础设施、金融、网络、数据、生物、资源、核、太空、海洋等安全保障体系建设。健全反制裁、反干涉、反"长臂管辖"机制。完善国家安全力量布局，构建全域联动、立体高效的国家安全防护体系。

（2）增强维护国家安全能力。坚定维护国家政权安全、制度安全、意识形态安全，加强重点领域安全能力建设，确保粮食、能源资源、重要产业链供应链安全。提高防范化解重大风险能力，严密防范系统性安全风险，严厉打击敌对势力渗透、破坏、颠覆、分裂活动。全面加强国家安全教育，提高各级领导干部统筹发展和安全能力，增强全民国家安全意识和素养，筑牢国家安全人民防线。

（3）提高公共安全治理水平。坚持安全第一、预防为主，建立大安全大应急框架，完善公共安全体系，推动公共安全治理模式向事前预防转型。推进安全生产风险专项整治，加强重点行业、重点领域安全监管。提高防灾减灾救灾和重大突发公共事件处置保障能力，加强国家区域应急力量建设。强化食品药品安全监管，健全生物安全监管预警防控体系。加强个人信息保护。

（三）习近平总书记对重大事故的相关指示

2022年3月24日，习近平总书记对东航客机坠毁作出重要指示，强调：安全生产要坚持党政同责、一岗双责、齐抓共管、失职追责，管行业必须管安全，管业务必须管安全，管生产经营必须管安全。各级党委和政府要坚持以人民为中心的发展思想，坚持人民至上、生命至上，统筹发展和安全，始终保持如履薄冰的高度警觉，做好安全生产各项工作，决不能麻痹大意、掉以轻心。对在安全生产上不负责任、玩忽职守出问题的，要严查严处、严肃追责。各级党政主要负责同志要亲力亲为、靠前协调，其他负责同志要认真履行各自岗位的安全职责，层层落实到基层一线，坚决反对形式主义、官僚主义。

2022年11月，习近平总书记对河南安阳市凯信达商贸有限公司火灾事故作出重要指示：各地区和有关部门要始终坚持人民至上、生命至上，压实安全生产责任，全面排查整治各类风险隐患，坚决防范和遏制重特大事故发生。

2023年2月22日，习近平总书记对内蒙古阿拉善左旗一露天煤矿坍塌事故作出重要指示，要求：各地区和有关部门要以时时放心不下的责任感，全面排查各类安全隐患，强化防范措施，狠抓工作落实，更好统筹发展和安全，切实维护人民群众生命财产安全和社会大局稳定。

我们要深入贯彻落实习近平总书记关于安全生产的一系列重要指示精神，提高政治站位，在安全生产管理工作中注重以人为本，坚持人民至上、生命至上，把保护人民生命安全摆在首位，树牢安全发展理念与安全生产红线意识，坚持"安全第一、预防为主、综合治理"的方针，切实落实煤炭企业的主体责任和本职岗位的安全生产职责，狠抓管理创新与技术创新、依法治理、基础建设、专项整治等重点工作，从源头上防范化解重大安全风险，有效遏制生产安全事故,促进本企业、本地区安全生产形势持续稳定向好。

二、《中共中央 国务院关于推进安全生产领域改革发展的意见》(以下简称《意见》)

(一)《意见》的四大亮点

1. 《意见》体现了以习近平同志为核心的党中央对安全生产的重视

安全生产是关系人民群众生命财产安全的大事,是经济社会协调健康发展的标志,是党和政府对人民利益高度负责的要求。党中央、国务院历来高度重视安全生产工作,党的十八大以来作出一系列重大决策部署,推动全国安全生产工作取得积极进展。习近平总书记首先明确提出并一再强调,发展决不能以牺牲安全为代价,这是一条不可逾越的红线。

2. 《意见》是习近平总书记对安全生产系列重要讲话和指示的具体体现

《意见》彰显了以习近平同志为核心的党中央对安全生产工作的高度重视,以及坚持人民至上、生命至上的执政情怀,为我们做好安全生产工作、更好统筹发展和安全提供了根本遵循。

3. 《意见》体现了"以人民为中心"的发展思想核心

贯彻以人民为中心的发展思想,始终把人的生命安全放在首位,正确处理安全与发展的关系,大力实施安全发展战略,为经济社会发展提供强有力的安全保障。维护人民根本利益,增进民生福祉,不断实现发展为了人民、发展依靠人民、发展成果由人民共享,让现代化建设成果更多更公平惠及全体人民。

4. 《意见》体现了安全生产管理系统化的科学要求

优化整合国家科技计划,统筹支持安全生产和职业健康领域科研项目,加强研发基地和博士后科研工作站建设。开展事故预防理论研究和关键技术装备研发,加快成果转化和推广应用。推动工业机器人、智能装备在危险工序和环节广泛应用。提升现代信息技术与安全生产融合度,统一标准规范,加快安全生产信息化建设,构建安全生产与职业健康信息化全国"一张网"。加强安全生产理论和政策研究,运用大数据技术开展安全生产规律性、关联性特征分析,提高安全生产决策科学化水平。

(二)《意见》五大创新点

1. 关于"安全生产责任制"

(1) 明确地方党委和政府领导责任。明确党政主要负责人是本地区安全生产第一责任人,地方各级安全生产委员会主任由政府主要负责人担任。

(2) 厘清了安全生产综合监管与行业监管的关系,明确安全生产监督管理部门的综合监管职责,切实解决大家一致反映的概念不清、边界模糊的问题。

(3) 建立健全企业自我约束、持续改进的安全生产内生机制和生产经营全过程安全责任追溯制度,更加突出强化企业主体责任。

2. 关于"安全监管监察体制"

(1) 完善安全生产巡查和考核制度,加强对安全生产委员会成员单位和下级政府的考核,严格"一票否决"制度,切实解决缺乏有效监管手段的问题。

(2) 依托国家矿山安全监察体制,加强非煤矿山安全监管监察。明确涉及危险化学品各个环节的安全监管法定责任,消除监管空白。对海洋石油安全监管实行政企分开。

(3) 将安全监管部门作为政府工作部门和行政执法机构,加强安全生产执法队伍建设,强化行政执法职能。

(4) 完善各类功能区安全生产监管体制,明确负责安全生产监督管理的机构,以及港区地方监管和部门监管责任,突破监管力量薄弱的体制性障碍。

(5) 改革安全生产应急救援管理体制,强化行政管理职能,解决组织协调能力不够的问题。

3. 关于推进"依法治理"

(1) 坚持管安全生产必须管职业健康,实行一体化监管执法,实现齐抓共管。

(2) 强调加强涉及安全生产相关法规一致性审查,避免条款缺失或交叉冲突。

(3) 完善安全标准规范制定发布机制,由原卫生计生部门负责的职业危害防治国家标准、原质监部门负责的安全生产强制性国家标准立项等,改为由应急管理部门负责。

(4) 将生产经营过程中极易导致重大生产安全事故的违法行为列入刑法调整的范围,填补刑法空白。

(5) 明确设区的市根据立法法的立法精神,加强安全生产地方性法规建设。

(6) 健全领导干部干预安全生产监管执法的记录、通报和责任追究制度,避免以权压法、人情执法。

(7) 明确制定监管执法装备及现场执法和应急救援用车配备标准,统一安全生产执法标志标识和制式服装,切实解决基层执法保障和权威性不足的问题。

(8) 建立安全监管执法人员依法履行法定职责制度,制定落实权力和责任清单,尽职照单免责、失职照单问责。

4. 关于"安全预防控制体系"

(1) 建立事故暴露问题整改督办和事故调查处理评估制度,有效避免吸取教训不深刻、整改措施不落实、查处不到位的问题。

(2) 建立安全风险评估制度和重大安全风险源头防控制度,明确高危项目审批必须把安全生产作为前置条件,实行重大安全风险"一票否决",进一步严格安全准入。

5. 关于"安全基础保障能力建设"

(1) 改革安全生产应急救援管理体制,强化行政管理职能,解决组织协调能力不够的问题。

(2) 改革完善安全生产和职业健康技术服务机构资质管理办法,规范和培育多元化市场服务主体。

(3) 取消安全生产风险抵押金制度,在高危行业领域强制实施安全生产责任保险,加快诚信体系建设,建立"黑名单"制度和失信惩戒、守信激励机制。

三、《意见》实施以来煤矿安全发展新变化

(一)《意见》实施以来煤矿安全生产管理理念与方法的变化

1. 学习宣传和贯彻落实《意见》精神,促进煤矿安全生产管理理念转变

深入学习宣传和贯彻落实《意见》精神,是当前和今后一段时间煤矿安全生产战线的一件大事。这既是对党的事业和人民利益高度负责的政治要求,也是推动煤矿安全生产发展进步的难得机遇和强大动力。《意见》的全部内容最终要变成安全生产领域改革发展的具体成果,

所提出的体制机制法治等方面的改革完善还需要落到实处,使其具体化。因此,贯彻落实的任务是艰巨的、繁重的。

坚持以人民为中心的发展理念,就是既要让人民富起来,又要让人民的安全和健康得到切实保障。对于党委政府,保安全就是促进改革发展、维护社会稳定、保证党的宗旨的落实;对于煤矿企业,保安全就是保效益、保品牌、保市场;对于广大人民群众,保安全就是保生命、保健康、保幸福。只有坚定不移地走安全发展之路,安全生产工作才会摆上重要位置,人民群众才能安居乐业,经济社会才能持续健康发展。

2. 煤矿安全生产管理理念发生的变化

煤矿的主体是矿工,管理的核心是人,安全管理关键在人。人的管理关键在思想,思想决定观念,观念决定行为。因此,新形势下煤矿安全管理的重心更侧重于管理人的思想。根据安全生产不同层次、不同阶段的特点,近年来煤矿安全生产管理理念发生了新变化,提高了安全理念的针对性、时效性,增强了职工的安全感、获得感、幸福感。

煤矿十种安全新理念:

"两个至上"理念——坚持以人民为中心的发展思想,坚持人民至上、生命至上,统筹发展和安全,始终保持如履薄冰的高度警觉,做好安全生产各项工作。

"绿色发展"理念——绿色发展是构建高质量现代化经济体系的必然要求,是解决污染问题的根本之策。必须坚持贯彻创新、协调、绿色、开放、共享的发展理念,加快形成节约资源和保护环境的空间格局、产业结构、生产方式、生活方式,给自然生态留下休养生息的时间和空间。

"安全优先"理念——将安全工作置于一切工作之上,做到一切服从安全、一切服务安全、一切为了安全、一切保证安全。安全具有压倒一切的优先权。

"以人为本"理念——煤矿安全管理的核心是人,在安全管理过程中要将人放在首位,尤其是要重视对人的思想的管理。以人为本的管理理念突出了人的主体地位,在管理的过程中重视的是人的生命安全,有效维护了煤矿职工的基本利益。同时,以人为本是煤矿运行特点决定的,因为在煤矿运行中人是一切的主体、机器的操纵者,很多人的不规范行为往往是导致安全事故发生的重要原因。

"家人亲情"理念——把职工当亲人,带着亲情抓安全,不让任何一个矿工受伤害。倡树"一家人"理念,建立"一座矿、一个家、一个梦""一家人、一盘棋、一条心"的安全文化,形成"相互关爱、互相促进"的氛围。

"敌情管理"理念——高度重视风险分级管控和隐患排查治理,重大风险与重大灾害治理工作要打"歼灭战"。煤矿的"敌人"是水、火、瓦斯、煤尘、顶板事故隐患,是行动懒、纪律散、手段软,是思想麻痹、粗心、不操心,是重生产、轻安全,还有管理上的马虎、凑合、不在乎。

"程序管理"理念——安全工作必须实行程序化管理,就像电脑操作一样,一步也不能紊乱,一个键都不能错。安全操作就是一环扣一环,一步不能少,一步也不能错,培养职工正规操作的习惯。

"精细管理"理念——提高安全执行能力,形成质量有标准、操作按程序、执行有监督、考核有依据、奖惩有兑现、兑现有监督的安全管理机制。

"素质管理"与"全员培训"理念——树立"成功企业首先是所学校,优秀员工永远都是学生"和"安全以人为本,素质保证安全"的理念,在管理中要重视全体人员素质的提高,坚持以高素质避免安全事故的管理理念,将素质培训作为日常工作的一部分,坚持岗前培训—单位培训—现场观测培训—个人违规教育培训等一系列的培训程序,提高全员的安全意识,同时也培养他们的安全生产知识,并利用这些知识更好地解决安全问题。

"三不四可"理念——在安全生产态势判断上不轻言好转,在安全生产工作评价上不轻言成绩,在安全生产责任落实上不轻言到位;在处理安全与生产、安全与效益、安全与成本、安全与发展关系时,必须把安全放在首位,产量可以降、效益可以低、成本可以增、矿井可以关,坚决做到不安全不生产。

3. 煤矿安全生产管理方法的变化

(1) 从源头防范化解重大安全风险,事故可防、可控、可避免的意识深入人心。双重预防机制与安全生产标准化工作强力推进。

(2) "三管三必须"厘清职责边界,企业主体责任、行业监管责任与地方党委政府责任的融合与互补性越来越强。

(3) 企业在安全生产管理中更注重人的生命健康与职业卫生。红线意识与底线思维赋予安全生产更多内容。

(4) 先进的科学技术,尤其是机械化、自动化、信息化与智能化技术在煤矿安全生产中越来越多地得到应用。利用信息化手段开展安全监管,如使用"煤矿复合灾害监测预警系统",对矿井人员位置、工业视频、主要设备运行状态、矿井生产状态等进行全方位、全过程监控。

(5) 安全管理的标准化、精细化程度越来越高。

(6) 安全监督监察重点与方式多样化。一是矿山安全监察部门从现场检查方方面面、事无巨细的"安检员"变为煤矿安全生产"体检师",向查大系统、除大隐患、防大事故转变。二是监管监察方式多样化,如有通知有计划的常规检查、异地执法检查、告知式检查、监管部门责任人联系"包保"矿井、随时到联系矿井座谈了解矿井安全生产情况、网上诊断检查等。

(二)《意见》实施以来煤矿安全生产政策与法规的变化

(1) 新形势下我国的安全生产政策与法规的变化,集中体现在第十三届全国人民代表大会常务委员会第二十九次会议通过修改决定并自2021年9月1日起施行的《安全生产法》里面。该法强调:安全生产工作必须坚持中国共产党的领导。安全生产工作应当以人为本,坚持人民至上、生命至上,把保护人民生命安全摆在首位,树牢安全发展理念,坚持"安全第一、预防为主、综合治理"的方针,从源头上防范化解重大安全风险。

(2) 2020年4月,国务院安委会印发了《全国安全生产专项整治三年行动计划》,此次整治行动持续3年时间,主要分为2个专题9个行业领域专项。其中,2个专题重点解决思想认知不足、安全发展理念不牢、抓落实上有很大差距、安全生产责任和管理制度不落实等突出问题。9个专项主要聚焦风险高隐患多、事故易发多发的行业领域,包括煤矿、非煤矿山、危险化学品、消防、道路运输、民航铁路等交通运输、工业园区、城市建设、危险废物等。

(3) 企业、监管部门与地方政府分别建立了安全预防控制体系。国务院安委会办公室发文对构建安全生产风险分级管控与事故隐患排查治理双重预防体系提出了实施意见,层层落实并持续改进。

（4）国务院安委会梳理相关法律法规已有规定、以往管用举措和近年来针对新情况采取的有效措施，制定了进一步强化安全生产责任落实、坚决防范遏制重特大事故的十五条措施，部署发动各方面力量全力抓好安全防范工作。

（三）《意见》实施以来煤矿安全生产监管方式的变化

（1）深入推进企业健全完善煤矿安全生产标准体系。煤矿企业依据国家有关法律法规及标准，制定与企业实际情况相适应的安全生产管理制度，确保各项安全管理措施得到严格执行。落实安全生产岗位责任制。煤矿企业将安全生产纳入岗位责任制中，明确各岗位的安全生产职责和义务，强化对各级管理人员和操作人员的安全生产教育和培训。

（2）督促落实煤矿企业安全生产主体责任。抓实抓细各类安全风险隐患防范化解，筑牢安全生产防线。督促煤矿企业遵法学法守法用法，严格落实安全生产主体责任，坚决遏制煤矿重特大事故，有效防范煤矿事故，确保煤矿安全生产形势持续向好。

（3）推进了安全生产应急救援管理体制改革，强化了行政管理职能，提高了组织协调能力和现场救援时效。健全了省、市、县三级安全生产应急救援管理工作机制，建设联动互通的应急救援指挥平台。加强了矿山和危险化学品等应急救援基地和队伍建设，实行了区域化应急救援资源共享。

（4）规范了监管执法行为。完善了安全生产监管执法制度，明确了每个生产经营单位安全生产监督和管理主体，制订并实施了执法计划，完善了执法程序规定，依法严格查处各类违法违规行为。建立了行政执法和刑事司法衔接制度，负有安全生产监督管理职责的部门加强了与公安、检察院、法院等的协调配合，完善了安全生产违法线索通报、案件移送与协查机制。

（5）健全了监管执法保障体系。制定了安全生产监管监察能力建设规划，明确了监管执法装备及现场执法和应急救援用车配备标准，加强了监管执法技术支撑体系建设，保障了监管执法需要。建立完善了负有安全生产监督管理职责的部门监管执法经费保障机制，将监管执法经费纳入了同级财政全额保障范围。加强了监管执法制度化、标准化、信息化建设，确保规范高效监管执法。

（6）负有安全生产监督管理职责的部门建立了与企业隐患排查治理系统联网的信息平台，完善了线上线下配套监管制度。强化了隐患排查治理监督执法，对重大隐患整改不到位的企业依法采取了停产停业、停止施工、停止供电和查封扣押等强制措施，按规定给予上限经济处罚，对构成犯罪的移交司法机关依法追究刑事责任。

（四）新举措推动公共安全治理模式向事前预防转型

在第十四届全国人民代表大会第一次会议期间，应急管理部部长王祥喜就推动公共安全治理模式向事前预防转型、防范和遏制重特大事故发生提出新要求。

（1）源头防控。任何事故都可以溯源，所以抓源头是最根本的、最有效的，也是最长远的。要引导城镇人口、基础设施、主导产业向比较安全的地方布局。项目建设、设施建设，要从源头上把好安全准入关。

（2）常态管控。坚持不懈、常抓不懈，严格监督、严格管理，及时消除事故隐患，同时对自然灾害要及时组织会商研判,根据不同阶段、不同特点动态研判,有针对性地制定一些防范措施。

(3)监测预警。加大信息化建设的力度,建立健全灾害风险监测预警体系,建立全国自然灾害风险监测预警平台,对矿山、危化品等高危行业建立风险监测"一张网",对人员密集场所推广、运用智慧消防等。做到风险早识别、早研判,提高预报、预警能力。

(4)工程治理。工程建设可以加强备灾防灾能力和安全能力。对安全工程要舍得花钱,舍得下功夫,对一些重要的设施、重要的工程,要提升安全等级、安全标准。对于自然灾害防治,要加快推进国家九项重点工程建设,推广一批安防工程,推动智慧矿山建设,通过技改或者工程建设提升本质安全水平。

把防范重特大事故作为工作的重中之重,重点抓好以下几个方面:

(1)压责任。要推动各个方面深入学习贯彻习近平总书记关于安全生产的一系列重要指示精神,更好地统筹发展和安全,以时时放心不下的责任感狠抓工作落实。

(2)抓整治。全国安全生产专项整治三年行动取得了明显的成效,下一步要不断巩固深化。继续抓好重点行业领域的重大隐患排查专项整治,要建立责任清单、建立数据库,限期整改、闭环管理,守住不发生重特大事故的底线。对于发生了重特大事故的,要认真调查、严肃查处、严肃追责。

(3)重服务。既要严格监督,也要指导服务。要组织专家对一些高危行业重点企业进行帮扶,帮助他们消除隐患,解决安全问题。要对煤矿、非煤矿山,一些重点省、重点企业,派出工作组重点帮扶。

(4)强基础。要大力推进科技兴安,推广使用先进技术、先进装备,在高危行业,用机械化来减人,自动化、智能化来换人。要强化企业的员工培训,提高员工的安全素质,广泛地开展科普宣传和教育,提高全社会公众的安全意识和防范能力。

四、煤矿安全生产管理人员如何适应管理新常态

(一)深入贯彻习近平总书记系列重要讲话精神,适应管理新常态

安全生产管理人员要深入贯彻习近平总书记系列重要讲话精神,提高政治站位,在安全生产管理工作中注重以人为本,坚持人民至上、生命至上,把保护人民生命安全摆在首位,树牢安全发展理念与安全生产红线意识,坚持"安全第一、预防为主、综合治理"的方针,切实落实煤炭企业的主体责任和本职岗位的安全生产职责,狠抓管理创新与技术创新、依法治理、基础建设、专项整治等重点工作,从源头上防范化解重大安全风险,有效遏制生产安全事故,适应管理新常态。

(二)安全生产管理人员认真学习业务技能,提高自身的综合素质

安全生产管理人员是国家有关安全生产法律、法规在本单位的具体贯彻执行者,是本单位安全生产规章制度的具体落实者,是煤矿安全生产的"保护神"。安全生产管理人员知识水平的高低、工作责任心的强弱对煤矿的安全生产工作起着举足轻重的作用。因此,安全生产管理人员必须认真学习国家颁布的相关法律、法规、方针、政策,熟悉和掌握本单位的工艺流程,对本单位、本部门的事故隐患心中有数,并能提出解决问题的办法和防范措施。

（三）安全生产管理人员要强化责任意识，增强抓好安全生产工作的使命感

安全生产管理人员要建立健全分管范围内的安全生产责任制，明确规定具体任务、责任和权利，做到一岗一责，让安全工作事事有人管、人人有专责、办事有标准、工作有检查，职责明确、功过分明、奖惩得当，从而把与安全生产有关的各项工作协调起来，形成一个严密高效的安全管理责任体系。

第二节　我国煤矿安全生产形势及对策

一、当前煤矿安全生产形势、特点及面临的新挑战

（一）近三年来我国煤矿安全生产形势

1. 近三年来我国煤矿安全生产形势稳定向好

近年来，全国煤矿安全事故起数整体呈下降趋势，重特大事故下降尤为明显，百万吨死亡率持续下降。2020年全国煤矿发生事故123起、死亡228人，与2019年相比分别下降27.6%和27.8%，煤矿百万吨死亡率为0.058。2021年全国煤矿发生事故91起、死亡178人，与2020年相比分别下降26.0%和21.9%。2022年全国矿山生产安全事故起数、死亡人数与2021年相比分别下降3.4%和2.4%，重大事故死亡人数同比下降12.3%，煤矿瓦斯事故起数、死亡人数均同比下降44%，未发生冲击地压和火灾死亡事故，煤矿连续6年未发生特别重大事故。

2. 全国煤矿安全生产形势依然严峻复杂，存在不确定性

全国煤矿安全生产形势依然严峻复杂，面临着矿产品价格持续高位、复工复产相对集中、重大灾害日趋严重、采掘接续紧张等带来的风险和挑战。个别产煤省接连发生事故，暴露出一些地区和企业安全发展理念不牢、法治意识淡薄、违法违规行为屡禁不止、企业主体责任落实不到位、安全基础薄弱、重生产轻安全、监管监察能力不足等问题依然突出。当前矿山安全生产还面临着结构性、系统性、区域性、不确定性风险。要统筹好能源保供和安全生产，统筹好企业主体责任和地方监管责任，统筹好结构调整和高质量发展，统筹好事前预防和事后整改，统筹好严格执法和指导服务，统筹好当前治标和长远治本，以高水平安全服务矿山高质量发展。

（二）新形势下我国煤矿安全生产的新特点

（1）煤矿安全生产形势显著好转，但重大事故时有发生。煤矿事故数和百万吨死亡率显著下降，瓦斯爆炸事故大大减少，2016—2022年未发生特别重大瓦斯爆炸事故。但是，瓦斯爆炸事故常发生在低瓦斯矿井、高瓦斯矿井的低瓦斯区等大家容易忽视的地方，如2016—2022年发生的15起重大瓦斯事故中，10起为瓦斯（煤尘）爆炸事故，其中9起发生在低瓦斯矿井。

（2）突发瓦斯事件应对不力导致事故扩大或重特大瓦斯事故发生。主要表现为：一些煤矿管理人员下井不带瓦斯检查仪器，瓦检员配备不足，空班漏检；采掘作业地点通风管理混乱，无风、微风作业；引发瓦斯事件后应对不力，应急处置不当导致事故扩大或重特大瓦斯事故发生；一些煤矿监管部门监管不到位，视而不见，或执法力度不强等。

（3）重特大事故显现火灾、突出、爆炸及顶板灾害互相转化特征。主要是企业主体责任落实不到位，主要表现为：

① 安全红线意识不强。部分煤矿重生产、轻安全，重效益、轻安全，该停时下不了决心停，该减少产量时下不了决心减；有的煤矿不具备安全生产条件，仍然继续生产。

② 违法违规行为仍然突出。2020年发生的13起较大以上事故均存在违法违规行为，主要表现为超层越界开采，未经批准擅自复工，隐瞒作业地点，采取假图纸、假资料逃避监管，违规转包分包等，大多数事故矿井同时存在多种违法违规行为。

③ 国有煤矿安全管理滑坡。一些国有煤矿开采时间久、企业负担重、投入不足、设备老化，加上生产环节多、管理不精不细、队伍不稳定，有的甚至违规承包、以包代管；一些国有煤矿靠着技术装备提升掩盖了管理上的不足，盲目自信、思想麻痹、管理松懈。

④ 安全风险防控乏力。一些煤矿对冲击地压、煤与瓦斯突出、水害等重大灾害不重视，隐患整改和风险管控不力，甚至流于形式。

⑤ 汲取事故教训走过场。同一地区同类事故反复发生，同一煤矿死亡事故反复发生。

（4）采空区自燃、顶板大面积垮塌引起瓦斯、煤尘爆炸等事故占比增加，使采空区成为发生重特大瓦斯（煤尘）爆炸的主要灾变源。

（5）顶板等零星事故起数占比增加。主要表现在：

① 因资源枯竭，矿井为延长服务年限而过度开采。

② 因部分煤层的煤炭价格走高，不少煤矿在已经破坏的区域重新复采。

（三）新形势下我国煤矿安全生产面临的问题和挑战

1. 新形势下我国煤矿安全生产面临的问题

（1）有的地方安全发展理念不牢固，红线意识不强，片面追求发展而忽视安全生产。

（2）有的煤矿企业主体责任不落实，受利益驱动，置法律于不顾、置安全于不顾，存在侥幸心理，冒险超强度、超能力组织生产。

（3）有的监管监察部门失之于宽、失之于软，不敢较真碰硬，对重大事故隐患督促整改不到位。

（4）高瓦斯矿井多，瓦斯灾害严重。我国主要依靠井工开采，高瓦斯矿井多。一般情况下，采深每增加100 m，温度升高3 ℃，而且煤层应力增大，煤与瓦斯突出的危险性增高。在煤与瓦斯突出的机理、预测、监控等方面，都有许多问题需要深入研究和探索。

（5）职工素质整体偏低，安全管理难度大。我国煤矿绝大多数为井工开采，工作条件相对艰苦，煤矿招工难，职工素质整体偏低，为矿井安全生产埋下了隐患。

2. 新形势下我国煤矿安全生产面临的挑战

新形势下我国煤矿安全生产面临的挑战主要有以下五个方面：

（1）煤矿装备机械化与智能化水平有待提高。从装备上看，煤矿机械化水平仍相对较低，现有煤矿装备研发机构的创新能力较薄弱，自主创新成果少，企业创新活力和动力亟待加强，尤其在中国制造2025的时代背景下，我国煤矿智能化装备制造水平与其他行业相比还存在一定差距，亟须提升突破。

（2）深部煤矿灾害的机理不明，单一灾害向多元复合灾害转变。我国煤矿开采深度每年平均递增10~20 m,目前千米深井已经有50多处,最大开采深度达到1 500 m。开采深度的增加直接导致开采条件趋于恶劣,深部矿井最大地应力超过40 MPa,全国有62个高温矿井,工作面温度超过30 ℃的矿井有38个。此外,煤与瓦斯突出、冲击地压等矿井灾害也呈现出多种灾害复合、机理更加复杂等特点,亦尚未形成我国深部煤矿防灾、减灾、控灾、救灾的技术体系。

(3)煤矿安全管理手段有待创新。随着煤矿机械自动化水平不断提高,原来用工较多的采掘作业地点通过机械化换人、自动化减人实现了少人作业,减少了煤矿发生群死群伤事故的风险,但安全管理手段仍有待创新,水平仍有待提升;基于大数据分析和云平台的煤矿安全智能化管理手段仍不多见,基于深度学习的煤矿安全风险判识理论和调控方法体系仍有待完善,基于智能精准开采的安全管理体系仍有待进一步建立。

(4)煤矿全生命周期安全管理理念有待加强。煤矿本质安全管理是针对煤矿全生命周期过程中危险源进行分析、辨识,进而进行风险调控和灾害防治。然而,随着淘汰落后产能的深入推进,废弃矿井资源开发利用逐渐成为社会焦点,目前对废弃矿井利用过程中的安全风险辨识及管理的认识仍有待加强。同时,一些产能核减煤矿,对一些采区、巷道等地下空间采取封闭停产措施,如放松管理,疏于防范,封闭停产采区和巷道仍易发生安全事故。

(5)职业病预防比治理更为重要。根据近年来的相关数据,截至2017年,我国累计报告职业病病例95万余例,其中尘肺病85万余例,约占89.8%,主要是矽肺和煤工尘肺。根据煤矿尘肺病防治基金会统计数据,全国尘肺病报告人数中60%~70%集中在煤炭行业,我国煤矿尘肺病防治工作刻不容缓。因此,应加强源头治理,重视井下PM2.5等粉尘浓度监测和从业人员职业健康保护技术体系的建立;创新治理模式,强化各级政府和企业对职业健康的监管,形成适合我国国情的职业健康治理理论和方法。

二、新形势下我国煤矿安全生产的方针与政策

(一)贯彻落实安全生产方针,打造本质安全型矿井

1. 坚定不移贯彻落实安全生产方针

(1)安全第一。生产经营活动中,在处理保证安全与实现生产经营活动的各项目标关系上,要始终把安全特别是从业人员和其他人员的人身安全放在首要的位置,实行"安全优先"原则。坚持安全第一,不安全不生产,生产必须安全。

(2)预防为主。这是安全生产工作方针的核心,也是"安全第一"理念的具体要求和支撑,要求将预防生产安全事故的发生放在安全工作的首位。安全生产工作不是发生事故后的救援工作,而是要在事前预防上下功夫,做到防患于未然,将事故消灭在萌芽状态。

(3)综合治理。所谓综合治理,是指要综合运用法律、经济、行政等手段,从发展规划、行业管理、安全投入、科技进步、经济政策、税收政策、教育培训、安全文化以及责任追究等方面着手,建立安全生产长效机制。它是"安全第一、预防为主"的安全管理目标实现的重要手段和方法,只有不断健全和完善综合治理工作机制,才能有效贯彻安全生产方针。

提高对安全生产方针的认识,始终坚持"四并重""三不生产"等原则,采用科学有效的管理手段,把安全生产的重点放在建立风险预防体系上,超前采取综合治理的措施,以实现人、机、物、环的统一,实现本质安全。

2. 打造本质安全型矿井

(1) 加强人员管理,保证人的系统是本质安全型

如何保证人的系统是本质安全型,应考虑以下几个方面:① 树立人的生命高于一切、以人为本、尊重生命的安全管理理念。② 培育企业安全文化,营造安全氛围,并随着社会实践和生产实践而发展。③ 强调职工安全素质教育和安全技能培训,在技术上保证人的安全行为。④ 强化安全管理机制的作用,保证人的安全行为。

(2) 保证设备本质安全化,是安全生产的基础

设备的本质安全化能够保证操作失误时设备能自动保证安全,当设备出现故障时能自动发现并自动消除,确保人身和设备安全。本质安全强调先进技术手段和物质条件在保障安全生产中的重要作用。运用现代技术,特别是安全科学的成就,从根本上消除能形成事故的主要条件,尽可能采取完善的防护措施,增强人体对各种伤害的抵御能力。设备的本质安全化是随着人类对自然界认识不断提高和科学技术的不断进步而不断实现的。

实现设备本质安全化可采取以下措施:① 从根本上消除事故发生的一切条件,以安全无隐患设备替代高危险高隐患设备。② 设备或系统具备自动防止操作失误、设备故障和工艺异常的功能。③ 合理设置空间和时间保护装置。④ 实行安全措施的最佳配合,以求取得最大限度的安全效果。⑤ 在设计和制造环节上考虑设备应具有的防护功能,以保证设备能在规定的运转周期内安全、稳定、正常运转。

(3) 重视环境对安全的影响,保证环境的本质安全

环境的本质安全包括空间环境、时间环境、物理化学环境、自然环境和工作环境是否安全可靠。要搞好环境安全必须从这几方面入手:① 强化技术管理,搞好业务保安。要建立技术负责人制度,推动技术创新。② 采用信息化技术,以先进的信息技术确保安全生产。③ 坚持搞好安全生产标准化工作,以优良的工程质量保证环境安全。

(二) 新形势下我国安全生产政策

国务院安委会梳理相关法律法规已有规定、以往管用举措和近年来针对新情况采取的有效措施,制定了进一步强化安全生产责任落实、坚决防范遏制重特大事故的十五条措施。2022年3月31日,全国安全生产电视电话会议召开,会议传达了"十五条硬措施",重申了党委对安全生产工作的领导,进一步强化党委政府的领导责任、部门的监管责任、企业的主体责任及追责问责。明确各有关部门要按照"管行业必须管安全、管业务必须管安全、管生产经营必须管安全"和"谁主管谁负责"的原则,依法依规抓紧编制安全生产权力和责任清单。对职能交叉新业态风险,按照"谁主管谁牵头、谁为主谁牵头、谁靠近谁牵头"的原则及时明确监管责任。企业法人代表、实际控制人、实际负责人,要严格履行安全生产第一责任人的责任,对本单位安全生产负主要责任。安全生产十五条措施还要求统筹做好经济发展、疫情防控和安全生产工作。注意调动各方面积极性,提倡互相协作、相互尊重、齐心合力,共同解决好面对的复杂问题。各级监管部门要注意从实际出发,处理好"红灯""绿灯""黄灯"之间的关系,使各项工作协调有序推进,引导形成良好市场预期。

2023年1月17日,国家矿山安全监察局印发了《矿山生产安全事故报告和调查处理办法》,目的是规范矿山生产安全事故报告和调查处理,防范和遏制矿山生产安全事故。该办法

对矿山事故等级、事故报告、事故现场处置、事故调查、事故处理和整改措施评估进行了详细规定，是矿山生产安全事故报告和调查处理的规范性文件，对指导矿山生产安全事故报告和调查处理具有重要的现实意义。

三、新形势下保障煤矿安全生产的主要对策

（一）加快资源整合步伐，优化生产要素，进行技术改造，提高安全保障能力

国家对一些安全基础管理薄弱且产能较小的煤矿提出了有关政策要求，这些煤矿必须要经过整顿、关闭、整合和改造，向规模化经营、标准化的方向发展。因此，一些基础管理薄弱的煤矿要加快资源整合步伐，提高自身的生产规模和办矿水平，结合自身和周边的实际条件，对资源、资金、技术、劳动力等生产要素进行优化组合，对整合后的矿井进行技术改造，优化设计方案，完善矿井生产系统、安全管理制度和技术措施，提高矿井安全保障能力和抗灾抢险能力。

（二）加强行业管理和现场施工管理，严格执行有关安全法律法规，确保安全与生产协调发展

对一些安全基础管理薄弱且产能较小的煤矿加强综合性行业管理和现场施工管理，是保障煤矿安全生产的关键。要对这些煤矿强化行业管理和现场施工管理，严格贯彻执行有关安全法律法规，落实综合性的煤炭产业政策，加强煤炭行业的技术标准、安全标准、安全规程等的制定修订及执行，平衡协调这些煤矿安全、生产、管理和效益等方面的关系，使之形成一个有机整体，在整体规划中，安全与生产协调稳定持续地发展。

（三）选择适用的采煤方法、工艺和设备，提高安全投入，加大安全隐患排查力度

针对一些安全基础管理薄弱且产能较小的煤矿，采用较为先进适用的采煤方法及工艺和设备是矿井安全生产的物质基础。资源整合后，生产规模进一步扩大，办矿水平将会提高，进行技术改造方案设计优化时，就应考虑采煤方法的改革，选择较为先进适用的采煤工艺，淘汰落后的设备和装备，强化从源头上进行安全管理，提高矿井本质安全程度。同时要进一步加大安全投入，对矿井生产系统进行安全技术改造，将矿井的安全管理制度和安全技术措施落实到位，加大安全隐患排查力度，消除和控制重特大事故的发生，尽可能防止人员伤亡和重大财产损失。

（四）采取优惠政策，积极引进技术管理人员，加强安全培训教育，提高职工的整体安全思想意识

专业技术人员和安全生产管理人员是一些安全管理基础薄弱且产能较小的煤矿保证安全生产的前提条件和技术源泉，但是由于这些煤矿规模小、条件差，很难引进和留住这些技术管理人员。因此，这些煤矿应从工资收入、奖金分配、生活条件、工作条件和劳保福利等方面采取更为灵活有利的优惠激励政策，积极引进一些专业技术人员和安全生产管理人员以及有经验有技能的老工人，提高矿井的整体技术水平和安全管理科学水平，促进矿井的安全生产。

同时，一些安全管理基础薄弱且产能较小的煤矿由于职工的来源不一，差异较大，配合协作性不强，安全思想意识和技术素质较低，因此，要加强安全培训教育和安全文化宣传，提高从业人员整体的安全思想意识和自我防护意识，为矿井营造一个良好的安全工作氛围，从源头上保障安全生产。

第三节　近年来国家颁布或修订的煤矿安全生产主要法律法规

一、《安全生产法》

2021年6月10日第十三届全国人民代表大会常务委员会第二十九次会议通过的《关于修改〈中华人民共和国安全生产法〉的决定》第三次对《安全生产法》进行修正,修正后的《安全生产法》自2021年9月1日起施行。

（一）主要内容

修正后的《安全生产法》总计7章119条,分总则、生产经营单位的安全生产保障、从业人员的安全生产权利义务、安全生产的监督管理、生产安全事故的应急救援与调查处理、法律责任、附则等。

（二）修正要点

这次修正新增加了5条,修改了55条,主要包括以下几个方面的内容：

一是贯彻新思想、新理念。将习近平总书记关于安全生产工作的一系列重要指示批示的精神转化为法律规定,增加了安全生产工作坚持人民至上、生命至上,树牢安全发展理念,从源头上防范化解重大安全风险等规定,为统筹发展和安全两件大事提供了坚强的法治保障。

二是落实中央决策部署。这次修订深入贯彻中央文件的精神,增加规定了重大事故隐患排查治理情况的报告、高危行业领域强制实施安全生产责任保险、安全生产公益诉讼等重要制度。

三是健全安全生产责任体系。第一,强化党委和政府的领导责任。第二,明确了各有关部门的监管职责。规定安全生产工作实行"管行业必须管安全、管业务必须管安全、管生产经营必须管安全"。同时,对新兴行业、领域的安全生产监管职责如果不太明确,规定了由县级以上地方人民政府按照业务相近的原则确定监管部门。第三,压实生产经营单位的主体责任,明确了生产经营单位的主要负责人是本单位的安全生产第一责任人。同时,要求各类生产经营单位落实全员安全生产责任制、安全风险分级管控和隐患排查治理双重预防机制,加强安全生产标准化建设,切实提高安全生产水平。

四是强化新问题、新风险的防范应对。深刻汲取近年来的事故教训,对生产安全事故中暴露的新问题作了针对性规定。同时,对于新业态、新模式产生的新风险,也强调了应当建立健全并落实安全责任制,加强从业人员的教育和培训,履行法定的安全生产义务。

五是加大对违法行为的惩处力度。第一,罚款金额更高。第二,处罚方式更严,违法行为一经发现,即责令整改并处罚款,拒不整改的,责令停产停业整改整顿,并且可以按日连续处罚。第三,惩戒力度更大。采取联合惩戒方式,最严重的要采取行业或者职业禁入等联合惩戒措施。

（三）学习宣传贯彻要点

煤矿企业要将《安全生产法》的贯彻落实作为安全管理工作重点。一要对照《安全生产法》的内容，修订完善各项安全生产管理制度，建立健全各级安全生产责任制，规范安全生产行为。二要强化安全生产监督管理，有针对性地组织开展安全大检查、专项整治等活动，重点检查《安全生产法》和煤矿企业新修订制度、措施的贯彻落实情况。三要严格安全生产责任追究。对存在严重"三违"行为、安全生产不作为或者出现生产安全事故的单位和个人，对照《安全生产法》和煤矿企业有关规定，严格实行安全生产责任追究。

二、《刑法修正案（十一）》

2020年12月26日，第十三届全国人民代表大会常务委员会第二十四次会议通过《刑法修正案（十一）》，自2021年3月1日起施行。

（一）修正要点

（1）针对强令违章冒险作业，关闭生产安全设备设施，篡改、隐瞒、销毁数据信息，拒不整改重大事故隐患，未经审批擅自开展高危生产作业活动，以及提供虚假证明文件等涉及生产安全的突出问题，对《刑法》做出修正完善。

（2）"危险作业罪"入刑，是我国首次对安全生产领域未发生重大伤亡事故或未造成严重后果，但有现实危险的违法行为追究刑事责任，充分展示了打击安全生产事前犯罪、防范化解重大安全风险的决心，对安全生产领域重大违法行为带来极大法律震慑力，有效督促生产经营单位自觉遵守安全生产法律法规，增强法治敬畏意识，防范化解重大安全风险，遏制重特大事故发生。

（3）《刑法》第134条规定，在生产、作业中违反有关安全管理的规定，因而发生重大伤亡事故或者造成其他严重后果的，处三年以下有期徒刑或者拘役；情节特别恶劣的，处三年以上七年以下有期徒刑。强令他人违章冒险作业，或者明知存在重大事故隐患而不排除，仍冒险组织作业，因而发生重大伤亡事故或者造成其他严重后果的，处五年以下有期徒刑或者拘役；情节特别恶劣的，处五年以上有期徒刑。

第134条之一规定，在生产、作业中违反有关安全管理的规定，有下列情形之一，具有发生重大伤亡事故或者其他严重后果的现实危险的，处一年以下有期徒刑、拘役或者管制：

① 关闭、破坏直接关系生产安全的监控、报警、防护、救生设备、设施，或者篡改、隐瞒、销毁其相关数据、信息的。

② 因存在重大事故隐患被依法责令停产停业、停止施工、停止使用有关设备、设施、场所或者立即采取排除危险的整改措施，而拒不执行的。

③ 涉及安全生产的事项未经依法批准或者许可，擅自从事矿山开采、金属冶炼、建筑施工，以及危险物品生产、经营、储存等高度危险的生产作业活动的。

（4）《刑法》第135条规定，安全生产设施或者安全生产条件不符合国家规定，因而发生重大伤亡事故或者造成其他严重后果的，对直接负责的主管人员和其他直接责任人员，处三年以下有期徒刑或者拘役；情节特别恶劣的，处三年以上七年以下有期徒刑。

（5）《刑法》第139条之一规定，在安全事故发生后，负有报告职责的人员不报或者谎报事故情况，贻误事故抢救，情节严重的，处三年以下有期徒刑或者拘役；情节特别严重的，处三年以上七年以下有期徒刑。

(二)学习宣传贯彻要点

作为安全生产管理人员,一要充分认清《刑法修正案(十一)》对安全生产相关内容修订的重要意义,高度重视学习宣传贯彻工作,开展全方位宣传告知;二要突出学习重点,逐字逐句认真研读法律原文,明确各个安全生产违法行为的法律构成要件和刑事处罚;三要切实增强学习宣传贯彻的自觉性和责任感,精心制定学习方案,明确学习目标、学习方式、学习时间安排和考核办法,加强检查督促,确保从业人员知法、遵法、守法。

三、《煤矿安全生产条例》

《煤矿安全生产条例》已经2023年12月18日国务院第21次常务会议通过,自2024年5月1日起施行。

(一)《煤矿安全生产条例》的总体思路

一是贯彻落实习近平总书记关于安全生产工作的重要指示批示精神和党中央、国务院有关决策部署;二是坚持预防为主,严格落实安全风险分级管控、隐患排查治理等措施;三是压实各方责任,进一步完善国家监察、地方监管、企业负责的体制。

(二)主要内容

《煤矿安全生产条例》共6章76条,主要规定以下内容:

一是坚持党的领导,确立工作原则。明确煤矿安全生产工作坚持中国共产党的领导,坚持人民至上、生命至上,坚持安全第一、预防为主、综合治理的方针。

二是强化源头治理,严查风险隐患。要求煤矿企业对风险隐患进行自查自改并按规定报告。监管部门要建立健全督办制度,督促煤矿企业消除重大事故隐患。对"带病生产"的煤矿企业,依法采取责令停产整顿直至关闭的处罚措施。

三是夯实煤矿企业主体责任。严格准入条件,明确煤矿企业取得安全生产许可证后方可进行生产。落实煤矿企业全员安全生产责任制。要求煤矿企业进行煤矿灾害鉴定并按照灾害程度和类型实施灾害治理。

四是严格落实监管监察责任。规定煤矿安全生产实行地方党政领导干部安全生产责任制。明确监管部门和监管职责,要求县级以上地方人民政府负有煤矿安全生产监督管理职责的部门,依法对煤矿企业特别是一线生产作业场所进行监督检查。矿山安全监察机构履行煤矿安全监察职责,负责对地方政府煤矿安全生产监管工作进行监督检查,有权进入煤矿现场并采取相应处置措施。

五是加大惩处力度。对煤矿安全生产违法行为,规定了罚款、行业和职业禁入、责令停产整顿、予以关闭等法律责任。

其中第十九条规定,煤矿企业应当设置安全生产管理机构并配备专职安全生产管理人员。安全生产管理机构和安全生产管理人员负有下列安全生产职责:

(1)组织或者参与拟订安全生产规章制度、作业规程、操作规程和生产安全事故应急救援预案;

(2)组织或者参与安全生产教育和培训,如实记录安全生产教育和培训情况;

(3)组织开展安全生产法律法规宣传教育;

（4）组织开展安全风险辨识评估，督促落实重大安全风险管控措施；

（5）制止和纠正违章指挥、强令冒险作业、违反规程的行为，发现威胁安全的紧急情况时，有权要求立即停止危险区域内的作业，撤出作业人员；

（6）检查安全生产状况，及时排查事故隐患，对事故隐患排查治理情况进行统计分析，提出改进安全生产管理的建议；

（7）组织或者参与应急救援演练；

（8）督促落实安全生产整改措施。

（三）贯彻落实要点

《煤矿安全生产条例》主要从三个方面夯实煤矿企业主体责任。一是严格准入条件。煤矿建设项目应当进行安全设施设计，安全设施经验收合格后，煤矿企业还应取得安全生产许可证，方可进行生产。二是落实企业全员安全生产责任制。明确煤矿企业主要负责人（含实际控制人）、安全生产管理机构和人员、从业人员的全员安全生产责任。三是加强煤矿灾害治理。要求煤矿企业进行煤矿灾害鉴定并按照灾害程度和类型进行治理。

《煤矿安全生产条例》通过构筑以责任制、风险管理、分类治理等为主干的制度体系，明确行为规范，加强制度供给，解决突出问题。作为煤矿安全生产管理人员，一要大力营造氛围，在分管范围内组织宣贯落实《煤矿安全生产条例》相关规定。二要认真研读《煤矿安全生产条例》，对照《煤矿安全生产条例》内容，从完善机制、装备等方面组织自查自改，逐项完善配套措施。

四、《煤矿安全规程》

《应急管理部关于修改〈煤矿安全规程〉的决定》已经2021年8月17日应急管理部第27次部务会议审议通过，自2022年4月1日起施行。

（一）主要内容

修改后的《煤矿安全规程》总计6编721条，分总则、地质保障、井工煤矿、露天煤矿、职业病危害防治、应急救援等。

（二）修改要点

本次修改共包括18条，集中在"第一编　总则"和"第三编　井工煤矿"部分，其中设备查验1条、智能化1条、开采3条、突出防治2条、除降尘装置1条、冲击地压防治6条、防灭火2条、水害防治1条、井下爆破安全1条。涉及的重要条款包括：

（1）设备查验。涉及第4条。增加重要设备材料入矿查验和入井前安全性能检查要求。

（2）智能化。涉及第10条。为认真贯彻执行《关于加快煤矿智能化发展的指导意见》，增加推广自动化、智能化开采要求。

（3）矿井同时生产的采掘工作面个数。主要涉及第95条。

（4）突出煤层消突后的放顶煤开采。主要涉及第115条第一款第五项与第二款第四项，包括高瓦斯、突出矿井的容易自燃煤层采取综合防灭火措施与放顶煤开采过程中防治水的要求。

（5）除降尘装置。涉及第119条第二项。本次修改增加以下要求：在内、外喷雾装置工作稳定性得不到保证的情况下，应当使用与掘进机、掘锚一体机或者连续采煤机联动联控的除降尘装置。

(6) 开采深度。主要涉及第190条突出矿井开采深度。

(7) 突出防治。主要涉及第194条、第209条。在第194条增加防突机构、队伍、安全管理和质量管控的相关要求。在第209条对顺层钻孔或者穿层钻孔预抽回采区域煤层瓦斯区域防突措施钻孔控制区域范围和距离提出了要求。

(8) 冲击地压防治。主要涉及第228条、第230条、第231条、第236条、第241条、第244条。第228条对矿井防治冲击地压工作提出了总体要求。第230条、第231条、第236条、第241条、第244条分别对防冲原则、冲击地压矿井冲击倾向性鉴定、矿井巷道布置与采掘作业、冲击地压监测、实施解危措施时人员撤出、支护等提出了要求。

(9) 防灭火。主要涉及第250条、第274条。第250条为井口防火安全措施,第274条为采空区防灭火安全措施。

(10) 水害防治。主要涉及第303条顶板离层水威胁工作面防治措施。

(11) 爆破安全。主要涉及第367条。

(三) 学习贯彻要点

一要充分认识贯彻落实《煤矿安全规程》的重大意义。《煤矿安全规程》在煤炭行业具有很高的权威性,在煤矿安全生产领域居于主体规章地位,是安全生产法律法规和中央决策部署的具体体现,是安全监管监察执法的重要依据,是规范煤矿安全管理行为的重要准绳。二要加强新《煤矿安全规程》宣传贯彻培训力度。结合本单位实际,制定方案,增强宣传贯彻针对性,深入学习领会,做到学以致用,实现安全生产。三要把握《煤矿安全规程》修订的重大变化,并结合实际,将新《煤矿安全规程》条款与老《煤矿安全规程》条文分解对照,梳理新旧版本的内容差异,逐条研究修改情况,确保知晓掌握规程内容。同时,要完善相关制度、装备,对照新《煤矿安全规程》要求,开展自查自纠,进一步完善本企业安全管理规章制度。

五、《煤矿重大事故隐患判定标准》

《煤矿重大事故隐患判定标准》经2020年11月2日应急管理部第31次部务会议审议通过,自2021年1月1日起施行。该标准根据《安全生产法》和《国务院关于预防煤矿生产安全事故的特别规定》(国务院令第446号)的规定,从15个方面列举了81种应当判定为重大事故隐患的情形。

(一) 修订情况

(1) 该标准是对国家安全生产监督管理总局于2015年12月3日公布的《煤矿重大生产安全事故隐患判定标准》的修改和完善,内容有增有减:将建设矿井纳入范围对象予以规定;将各种系统建成后的正常运行纳入规定的内容;删减了双回路供电关于井型的表述等。

(2) 充分吸取事故教训。增加了"裸露爆破"内容,将"图纸作假、隐瞒采掘工作面"列为重大事故隐患,将"强降雨天气未实施停产撤人"增加为重大事故隐患。

(3) 该标准列举的重大隐患包括了预防性条款和追加惩罚性条款两部分。预防性条款占绝大多数,主要是针对可能导致事故甚至重特大事故较难整治的隐患;惩罚性条款针对一部分即时就可得到整改或已经发生但并未造成事故的隐患,保留和设立惩罚性条款的目的就是给予执法部门可以事后追加处罚的权力,给予煤矿以警醒,防止煤矿企业出现习惯性违章。

(4) 增加第十九条:"本标准所称的国家规定,是指有关法律、行政法规、部门规章、国家标准、行业标准,以及国务院及其应急管理部门、国家矿山安全监察机构依法制定的行政规范性文件。"其内容是对该标准中所指的国家规定进行了规范界定。从内容上看,一些规范性文件也可作为判定重大事故隐患的依据,其范围要比《煤矿重大生产安全事故隐患判定标准》更加宽泛,可操作性更强。

(二)学习贯彻要点

(1)煤矿安全生产管理人员要认真研读《煤矿重大事故隐患判定标准》相关条文的内容,切实做到了解标准、掌握标准,对照标准开展自查自纠,确保合法合规做好生产组织和重大事故隐患排查治理工作。

(2)把握好一般隐患与重大隐患的关系。不在81项重大隐患范围内的隐患仍然是隐患,要及时整改;对存在的重大隐患要尽早排查,列出整改措施提前上报。

(3)坚持目标导向、问题导向,以煤矿安全专项整治三年行动为主线,以深入开展煤矿安全生产大排查为抓手,积极开展隐患排查治理,推动煤矿安全生产形势保持总体稳定。

六、《矿山生产安全事故报告和调查处理办法》

《矿山生产安全事故报告和调查处理办法》经国家矿山安全监察局2022年第39次局务会议审议通过,自2023年1月17日起施行。

(一)主要内容

该办法总计7章35条,分总则、事故等级、事故报告、事故现场处置、事故调查、事故处理和整改措施评估、附则等。

(1)根据事故造成的人员伤亡或者直接经济损失,事故分为4个等级:

① 特别重大事故,是指造成30人以上死亡,或者100人以上重伤(包括急性工业中毒,下同),或者1亿元以上直接经济损失的事故;

② 重大事故,是指造成10人以上30人以下死亡,或者50人以上100人以下重伤,或者5000万元以上1亿元以下直接经济损失的事故;

③ 较大事故,是指造成3人以上10人以下死亡,或者10人以上50人以下重伤,或者1000万元以上5000万元以下直接经济损失的事故;

④ 一般事故,是指造成3人以下死亡,或者10人以下重伤,或者100万元以上1000万元以下直接经济损失的事故。

注:"以上"包括本数,"以下"不包括本数,如"10人以上30人以下"指10~29人。

(2)事故造成的直接经济损失包括:

① 人身伤亡后所支出的费用,含医疗费用、护理费用、丧葬及抚恤费用、补助及救济费用、歇工工资;

② 善后处理费用,含处理事故的事务性费用、现场抢救费用、清理现场费用、事故赔偿费用;

③ 财产损失价值,含固定资产损失价值,流动资产损失价值。

(3)矿山发生事故(包括涉险事故)后,事故现场有关人员应当立即报告矿山负责人;矿山负责人接到报告后,应当于1 h内报告事故发生地县级及以上人民政府矿山安全监管部门,同时报告国家矿山安全监察局省级局。发生较大及以上等级事故的,可直接向省级人民政府矿山安全监管部门和国家矿山安全监察局省级局报告。

(4) 报告事故应当包括下列内容:

① 事故发生单位概况。主要包括单位全称、所有制形式和隶属关系、生产能力、生产状态、证照情况等。

② 事故发生的时间、地点以及事故现场情况。

③ 事故类别。煤矿事故类别分为顶板、冲击地压、瓦斯、煤尘、机电、运输、爆破、水害、火灾、其他。非煤矿山事故类别分为物体打击、车辆伤害、机械伤害、起重伤害、触电、淹溺、灼烫、火灾、高处坠落、坍塌、冒顶片帮、透水、爆破、火药爆炸、中毒和窒息、溃坝、其他。

④ 事故的简要经过,入井人数,安全升井人数,事故已经造成伤亡人数、涉险人数、失踪人数和初步估计的直接经济损失。

⑤ 已经采取的措施。

⑥ 其他应当报告的情况。

(5) 事故按照等级实行分级调查。重大及以下等级煤矿事故由国家矿山安全监察局省级局牵头组织调查。重大、较大、一般非煤矿山事故分别由事故发生地省级人民政府、设区的市级人民政府、县级人民政府负责直接组织事故调查组进行调查,也可以授权或者委托有关部门组织事故调查组进行调查。未造成人员死亡的一般事故,县级人民政府或者国家矿山安全监察局省级局可以委托事故发生单位或者有关部门组织事故调查组进行调查。

(二) 学习宣传贯彻要点

煤矿安全生产管理人员要认真学习《矿山生产安全事故报告和调查处理办法》,全面掌握该办法的主要内容和精神实质。要把对该办法的宣传贯彻作为安全生产工作的重点内容之一,并与《刑法修正案(十一)》等法律法规的培训结合起来。通过深入的学习、培训和宣传贯彻,使相关人员熟悉和掌握该办法的基本原则、事故报告的具体规定、事故调查处理的程序方法以及违反该办法应承担的法律责任。

七、《防治煤与瓦斯突出细则》

2019年7月16日,国家煤矿安全监察局颁布了《防治煤与瓦斯突出细则》,自2019年10月1日起施行。

(一) 主要内容

《防治煤与瓦斯突出细则》主要内容分为总则、一般规定、区域综合防突措施、局部综合防突措施、防治岩石与二氧化碳(瓦斯)突出措施、附则共6章127条。

(二) 修订变化的主要内容

(1) 理顺了与《煤矿安全规程》的关系。将《防治煤与瓦斯突出规定》修订为《防治煤与瓦斯突出细则》,由部门规章调整为规范性文件作为《煤矿安全规程》的支撑,下调了《防治煤与瓦斯突出细则》的层级,突出了《煤矿安全规程》在煤矿安全及煤炭行业的主体地位。在具体内容方面,重在引导和规范煤矿结合自身实际做好防突工作,如删除了《防治煤与瓦斯突出规定》中"罚则"等相关内容,与《煤矿安全规程》防突相关规定进行衔接和统一。

(2) 强化了区域综合防突措施。完善了突出危险性预测预警的技术方法,明确了区域预测范围,提出了突出矿井要建立突出预警机制,实现"多元信息的综合预警、快速响应和有效处理";强化了区域防突措施,明确了定向长钻孔预抽煤层瓦斯区域防突措施、顺层钻孔预抽煤巷条带煤层瓦斯抽采时间要求,以及顺层钻孔预抽煤巷条带煤层瓦斯区域防突措施的限制使用条件;规定了区域防突措施效果检验的最小检验范围,提高了区域防突措施效果检验的可靠性。

(3) 纳入了综合防突措施实施质量管控。《防治煤与瓦斯突出细则》第二章第四节"综合防突措施实施过程管理与突出预兆管控"为新增内容,共7条,主要是对两个"四位一体"综合防突措施的实施进行全过程管理,保证防突措施实施质量可靠、过程可溯,为查找整改防突工作流程存在的问题和不足提供支撑。如"建立完善综合防突措施实施、检查、验收、审批等管理制度""深度超过120 m的预抽瓦斯钻孔应当每10个钻孔至少测定2个钻孔的轨迹""突出矿井应当建立通风瓦斯日分析制度、突出预警分析与处置制度和突出预兆的报告制度"等。

(4) 强化了煤与瓦斯突出可防可治理念。吸纳了防突新理念、新技术和新装备,将我国煤矿突出防治创新理念、先进适用技术和装备写入《防治煤与瓦斯突出细则》,增加了"一矿一策、一面一策""先抽后建、先抽后掘、先抽后采、预抽达标"防突理念,以及远程操控钻机、钻孔轨迹测量、视频监控、防突信息化管理等新技术和新装备相关要求。同时,吸取近年来重特大突出事故教训,强化突出管理相关规定。

(5) 规范性、可操作性更强。《防治煤与瓦斯突出细则》对突出煤层认定、突出危险性评估、突出矿井巷道布置、采掘作业、突出矿井通风系统、防突钻孔施工、人员培训、突出事故的监测报警、防突措施选择、区域效果检验、石门揭煤作业等主要内容进行了细化完善,提高了规范性、可操作性。

(三)贯彻落实要点

有高瓦斯、煤与瓦斯突出矿井的煤矿安全生产管理人员要带头深入学习《防治煤与瓦斯突出细则》,做到应知应会,并组织分管人员专题学习讨论,熟练掌握《防治煤与瓦斯突出细则》内容和要求。

八、《煤矿防灭火细则》

《煤矿防灭火细则》经国家矿山安全监察局2021年第22次局务会议审议通过,自2022年1月1日起施行。该细则的出台,对强化煤矿火灾事故隐患治理和防灭火工作将产生深远影响。

(一)主要内容

《煤矿防灭火细则》主要内容分为总则、一般规定、井下火灾监测监控、防火技术、应急处置、井下火区管理、露天煤矿防灭火、附则共8章119条和1个附录,对生产过程中容易导致火灾事故的情况提出了明确要求。

(二)贯彻执行要点

煤矿企业应加大对《煤矿防灭火细则》的宣传力度,组织相应的学习培训,开展对标检查,认真对照新规定、新要求,完善相关机构、制度、装备,强化应急处置,推进《煤矿防灭火细则》各项规定的落地。

各级煤矿安全监管部门、矿山安全监察机构应认真组织《煤矿防灭火细则》学习,同时严格按照《煤矿防灭火细则》的要求进行煤矿火灾防治的监管、监察和行政执法,监督煤矿企业切实落实《煤矿防灭火细则》各项条款,充分发挥《煤矿防灭火细则》在煤矿安全生产中的重要作用。

九、《防治煤矿冲击地压细则》

《防治煤矿冲击地压细则》经2018年4月16日国家煤矿安全监察局第14次局长办公会议审议通过,自2018年8月1日起施行。

(一)制定的原因

随着我国煤矿开采强度和开采深度不断增加,冲击地压、矿震及煤与瓦斯突出等重大动力灾害日趋严重,易引发重特大事故,冲击地压灾害已经成为威胁煤矿安全生产的重大灾害之一。2008年和2011年河南省义煤集团千秋煤矿先后发生2起重大冲击地压事故,共造成23人死亡,75人受伤;2017年1月17日,中煤集团担水沟煤业有限公司冲击地压事故,造成10人死亡;2017年11月11日,沈煤集团红阳三矿冲击地压事故,造成10人死亡。近年来,有的省区和煤矿企业相继自行制定了一些防治标准和规范,虽差异比较大,各有千秋、各有侧重,但对防治煤矿冲击地压都起到了积极的作用。同时,《煤矿安全规程》修订颁布后,各地对冲击地压规定的执行也存在认识不一致、把握参差不齐等问题,亟须进一步细化明确。因此,原国家煤矿安全监察局组织制定了《防治煤矿冲击地压细则》,对进一步规范和细化冲击地压防治工作,有效遏制和防范重大冲击地压事故具有重要意义。

(二)精准把握《防治煤矿冲击地压细则》定位、特点和主要内容

《防治煤矿冲击地压细则》是对《煤矿安全规程》第225条至第245条的细化,从安全管理和工程技术措施两方面进一步提高了冲击地压防治工作的系统性、规范性和科学性。一是细化了煤(岩)层冲击倾向性鉴定和冲击危险性评价,包括建设矿井、生产矿井及采区、采掘工作面的冲击危险性评价;二是细化了冲击地压防治工程技术措施,如监控预警措施、卸压防冲措施等;三是细化了冲击地压矿井防冲管理制度和安全措施。

《防治煤矿冲击地压细则》坚持问题导向,科学合理防治煤矿冲击地压。一是重视源头治理。有冲击地压危险的煤矿,从开拓设计开始,应依据开采规模、灾害严重程度、开采技术条件等因素,实行严格的产业技术政策,合理确定生产能力及开采区域。二是突出超前治理。有冲击地压危险的煤矿,在进行采掘布置时,应当考虑开拓方式、煤层开采顺序、采区巷道布置、采煤工艺、推进速度、通风系统、防冲设施(设备)等因素,避免不合理的采掘活动导致冲击地压事故。三是坚持区域综合治理。充分吸收总结各地冲击地压防治经验做法和有效措施,推广应用近年来的科技成果,借鉴煤矿相关动力灾害防治经验,坚持区域治理先行、综合措施跟进。

十、《煤矿防治水细则》

《煤矿防治水细则》经2018年5月2日国家煤矿安全监察局第16次局长办公会议审议通过,自2018年9月1日起施行。

(一)主要内容

《煤矿防治水细则》主要内容分为总则、矿井水文地质类型划分及基础资料、矿井水文地质补充勘探、井下探放水、矿井防治水技术、露天煤矿防治水、水害应急处置、附则共8章138条。

(二)修订的要点

(1)把成功经验和工作要求固化为标准。一是贯彻2015年全国煤矿水害防治工作现场

会精神，在《煤矿防治水细则》第三条中规定煤矿必须落实防治水的主体责任，推进防治水工作"五个转变"，构建"七位一体"的工作体系。二是落实2017年全国煤矿水害防治工作视频会要求，明确"三专两探一撤"措施具体要求。

（2）坚持问题导向，明确不同类型水害防治工作要求。一是将地表水、顶板水、底板水、老空水等四种不同类型水害的防治要求分类归纳并细化补充，列入《煤矿防治水细则》第五章前四节。二是针对老空水害事故占比高的特点，总结近年来老空水透水事故教训和有效的技术手段，对受老空水害影响煤层实行分区管理，较大篇幅增加了关于老空水害防治的技术管理要求。三是吸纳部分矿区地面区域治理、水害监测预警等先进技术、做法和经验，补充底板水害的地面区域治理、突水监测预警系统等有关要求。四是吸取近年来典型的离层水害事故教训，完善离层水防治措施。

（3）进一步完善了煤矿水害综合防治措施。在原《煤矿防治水规定》第三条"防、堵、疏、排、截"综合防治措施中新增了"探"和"监"两项措施，将"井下探放水"列为第四章，明确了"探"在水害防治措施中的核心地位和先导作用，并在第九条、第二十七条、第八十三条中补充完善了有关"监"的具体要求。

（4）对《煤矿安全规程》中部分防治水要求进行细化。一是明确了以《煤矿安全规程》为遵循。二是细化矿井水文地质类型划分要求。三是区分了煤炭企业、煤矿与矿井的不同要求。

（三）学习、贯彻及落实要点

煤矿安全生产管理人员要认真研读《煤矿防治水细则》修订的条款，既知其然，又知其所以然；对照《煤矿防治水细则》的新要求、新规定，结合矿井实际，从完善相关机制、制度、装备，落实各项防治水技术管理措施等工作入手，修改完善防治水措施，严格管理，充分发挥《煤矿防治水细则》在煤矿安全生产中有效防范遏制煤矿重特大水害事故的重要作用。

十一、《煤矿防治水"三区"管理办法》

2022年6月22日，国家矿山安全监察局第21次局务会议审议通过了《煤矿防治水"三区"管理办法》，自2022年6月22日起实施。

（一）出台的背景和目的

水害是煤矿安全生产的主要灾害，容易造成群死群伤和淹井事故。近年来，全国煤矿较大以上水害事故多发，2019年以来，共发生6起较大事故、3起重大事故，共造成80人死亡。分析原因，多是由于煤矿水害分布情况不清楚、采掘部署不合理、防治措施不落实、管理工作不到位、险情处置不科学造成的。为进一步加强和规范煤矿水害防治工作，有效预防煤矿水害事故，在《煤矿防治水细则》对老空水实行可采区、缓采区、禁采区"三区"管理的基础上，吸收借鉴部分地区防治水分区管理的好经验、好做法，将"三区"管理由老空水扩展到地表水、顶板水、底板水等所有水害类型，研究制定了《煤矿防治水"三区"管理办法》，要求煤矿企业划分防治水禁采区、缓采区、可采区"三区"，并在采掘工程平面图上用红、黄、绿三种颜色圈出，类似交通红绿灯，红色代表禁采区、黄色代表缓采区、绿色代表可采区，一目了然，一方面便于规范煤矿企业防治水管理，另一方面也有利于安全监管监察部门检查执法。

（二）煤矿防治水"三区"划分的原则

《煤矿防治水"三区"管理办法》针对受地表水、顶板水、底板水、老空水、构造水等不同类型水害威胁区域,分别规定了可采区、缓采区、禁采区的划定标准。"三区"划分的原则是:不受水害威胁区域或经治理后对安全开采无威胁的区域划定为可采区;存在水害威胁、尚未采取治理措施的区域划定为缓采区;现有技术条件下无法查清水文地质条件或无法实现安全开采的区域、各类防隔水煤柱、保护煤柱所在区域均划定为禁采区。此外,将地表水体、松散含水层、富水性强或极强含水层、老空水淹区域下的急倾斜煤层均划定为禁采区;受底板承压水威胁、突水系数大于 0.10 MPa/m 的区域也划定为禁采区。

(三)煤矿如何开展防治水"三区"管理

《煤矿防治水"三区"管理办法》要求煤矿按规定开展隐蔽致灾因素普查工作,根据普查结果,编制煤矿防治水"三区"管理报告,分煤层划分可采区、缓采区、禁采区,同时,以采掘工程平面图为底图,分煤层绘制防治水"三区"管理图,分别用绿色、黄色、红色粗实线圈出可采区、缓采区和禁采区。缓采区经勘查治理后达到该办法规定可采区划定标准的,或者禁采区经勘查治理后达到相应标准的,应当编制"三区"转换报告。煤矿防治水"三区"管理报告和"三区"转换报告均由煤矿负责编制,煤矿可以自行编制,也可以委托技术服务单位编制。《煤矿防治水"三区"管理办法》明确了煤矿防治水"三区"管理报告和"三区"转换报告的审批程序,均要求报煤矿上级企业总工程师组织审批,无上级公司的煤矿应当聘请专家会审。此外,《煤矿防治水"三区"管理办法》明确了煤矿防治水"三区"管理报告的修订周期,当煤矿水文地质条件发生变化时,应当及时修订煤矿防治水"三区"管理报告;当发生较大以上水害事故或者因突水(透水、溃水)造成采掘区域或者煤矿被淹时,应当在恢复生产前重新编制煤矿防治水"三区"管理报告。

一要扎实开展隐蔽致灾因素普查治理,按照《煤矿防治水"三区"管理办法》,合理划分可采区、缓采区、禁采区,严禁在禁采区进行采掘活动。二要严格执行"三专两探一撤"措施,特别是发现透水征兆要第一时间果断停产停工撤人。三要严格落实老空水防治"四步工作法",真正做到查全、探清、放净、验准,严禁边探水、边生产。四要严格落实主要负责人防治水工作第一责任和总工程师技术责任,对责任不落实导致事故发生的要严肃追责问责。五要认真开展事故警示教育,做到"一矿出事故、矿矿受教育",有效防止重蹈覆辙,全力确保矿山安全生产形势稳定。

(四)对《煤矿防治水"三区"管理办法》实施的具体要求

《煤矿防治水"三区"管理办法》自印发之日起实施,但考虑到煤矿编制防治水"三区"管理报告需要一定时间,而且国家矿山安全监察局部署煤矿开展的隐蔽致灾因素普查工作也于 2022 年 6 月底完成,因此,煤矿应当根据隐蔽致灾因素普查结果,从 2023 年开始,接受煤矿安全监管监察部门的执法检查,确保煤矿防治水"三区"管理工作落到实处,有效预防各类煤矿水害事故。

十二、煤矿安全生产标准化管理体系

为进一步加强煤矿安全基础建设,推进煤矿安全治理体系和治理能力现代化,原国家煤矿安全监察局组织制定了《煤矿安全生产标准化管理体系考核定级办法(试行)》和《煤矿安全生产标准化管理体系基本要求及评分方法(试行)》(煤安监行管〔2020〕16 号),要求煤矿企业按照新标准化管理体系开展达标创建,进一步推进煤矿安全生产标准化管理体系建设深入开展。

(一)《煤矿安全生产标准化管理体系考核定级办法(试行)》相关内容

(1)《煤矿安全生产标准化管理体系考核定级办法(试行)》中规定,煤矿安全生产标准化

管理体系等级分为一级、二级、三级3个等级,所应达到的要求为:

一级:煤矿安全生产标准化管理体系考核加权得分及各部分得分均不低于90分,且不存在下列情形:① 井工煤矿井下单班作业人数超过有关限员规定的;② 发生生产安全死亡事故,自事故发生之日起,一般事故未满1年、较大及重大事故未满2年、特别重大事故未满3年的;③ 安全生产标准化管理体系一级检查考核未通过,自考核定级部门检查之日起未满1年的;④ 因管理滑坡或存在重大事故隐患且组织生产被降级或撤销等级未满1年的;⑤ 露天煤矿采煤对外承包的,或将剥离工程承包给2家(不含)以上施工单位的;⑥ 被列入安全生产"黑名单"或在安全生产联合惩戒期内的;⑦ 井下违规使用劳务派遣工的。

二级:煤矿安全生产标准化管理体系考核加权得分及各部分得分均不低于80分,且不存在下列情形:① 井工煤矿井下单班作业人数超过有关限员规定的;② 发生生产安全死亡事故,自事故发生之日起,一般事故未满半年、较大及重大事故未满1年、特别重大事故未满3年的;③ 因存在重大事故隐患且组织生产被撤销等级未满半年的;④ 被列入安全生产"黑名单"或在安全生产联合惩戒期内的。

三级:煤矿安全生产标准化管理体系考核加权得分及各部分得分均不低于70分。

(2)煤矿安全生产标准化管理体系等级实行分级考核定级。

申报一级的煤矿由省级煤矿安全生产标准化工作主管部门组织初审,国家矿山安全监察局组织考核定级。申报二级、三级的煤矿的初审和考核定级部门由省级煤矿安全生产标准化工作主管部门确定。

(3)煤矿安全生产标准化管理体系考核定级按照企业自评申报、初审、考核、公示、公告的程序进行。煤矿安全生产标准化管理体系考核定级部门原则上应在收到煤矿企业申请后的60个工作日内完成考核定级。煤矿企业和各级煤矿安全生产标准化工作主管部门,应通过国家矿山安全监察局"煤矿安全生产标准化管理体系信息管理系统"完成申报、初审、考核、公示、公告等各环节工作。未按照规定的程序和信息化方式开展考核定级等工作的,不予公告确认。

(二)《煤矿安全生产标准化管理体系基本要求及评分方法(试行)》相关内容

《煤矿安全生产标准化管理体系基本要求及评分方法(试行)》包括理念目标和矿长安全承诺、组织机构、安全生产责任制及安全管理制度、从业人员素质、安全风险分级管控、事故隐患排查治理、质量控制、持续改进等8个要素。

第四节 煤矿安全生产领域常见违法行为及法律责任

一、煤矿安全生产领域常见违法违规行为

(一)共性部分常见违法违规行为

(1)拒绝、阻碍行政执法人员监督检查的行为。

(2)未分别配备专职的矿长、总工程师和分管安全、生产、机电的副矿长,以及负责采煤、

掘进、机电运输、通风、地测、防治水工作的专业技术人员的行为。

(3) 未按规定提取使用安全生产费用的行为。

(4) 国家规定的其他安全生产必需的资金投入而未投入的行为。

(5) 下井人员不随身携带人员定位卡的行为。

(6) 主要负责人履行法定安全生产管理职责不到位的行为。

(7) 企业安全生产责任制不完善、不落实的行为。

(8) 安全管理机构设置和安全生产管理人员配备不符合规定的,特别是混合所有制、托管企业不具备相应管理能力的行为。

(9) 未严格执行矿领导带班下井制度的行为。

(10) 未按规定对井下作业人员进行安全生产教育和培训,或者特种作业人员无证上岗的行为。

(二) 采掘专业常见违法违规行为

(1) 未经批准擅自组织生产建设的行为。

(2) 超能力、超强度、超定员组织生产的"三超"生产行为。

(3) 一个采(盘)区内同一煤层的一翼同时作业的采煤工作面超过1个或煤(半煤岩)巷掘进工作面超过2个的行为。

(4) 一个采(盘)区内同一煤层双翼开采或者多煤层开采的,该采(盘)区同时作业的采煤工作面超过2个或煤(半煤岩)巷掘进工作面超过4个的行为。

(5) 采掘作业地点人数超过本矿制定的劳动定员规定20%以上的行为。

(6) 采煤工作面不能保证2个畅通的安全出口而组织生产的行为。

(7) 重大灾害治理不到位组织生产的行为。

(8) 超出采矿许可证载明的开采煤层层位或者标高而进行开采的行为。

(9) 超出采矿许可证载明的坐标控制范围而开采的行为。

(10) 擅自开采(破坏)安全煤柱的行为。

(11) 未按照国家规定进行煤层(岩层)冲击倾向性鉴定,或者开采有冲击倾向性煤层未进行冲击危险性评价,或者开采冲击地压煤层,未进行采区、采掘工作面冲击危险性评价的行为。

(12) 有冲击地压危险的矿井未设立专门的防冲机构、未配备专业人员或者未编制专门设计的行为。

(13) 未进行冲击地压危险性预测,或者未进行防冲措施效果检验以及防冲措施效果检验不达标仍组织生产建设的行为。

(14) 开采冲击地压煤层时,违规开采孤岛煤柱,采掘工作面位置、间距不符合国家规定,或者开采顺序不合理、采掘速度不符合国家规定、违反国家规定布置巷道或者留设煤(岩)柱造成应力集中的行为。

(15) 未制定或者未严格执行冲击地压危险区域人员准入制度的行为。

(16) 隐蔽致灾因素不清、重大风险没有管控措施冒险作业的行为。

(17) 隐瞒作业地点的行为。

(18) 假整合、假技改,以整合技改名义违规组织生产的行为。

(19) 违法违规承包分包转包、以包代管的行为。

(20) 实行整体承包的煤矿,承包方再次将煤矿转包给其他单位或者个人的行为。

(21) 井工煤矿将井下采掘作业或者井巷维修作业(井筒及井下新水平延深的井底车场、主运输、主通风、主排水、主要机电硐室开拓工程除外)作为独立工程发包给其他企业或者个人的,以及转包井下新水平延深开拓工程的行为。

(22) 使用已列入淘汰退出名单公示应淘汰退出的设备或工艺的行为。

(23) 冲击地压、冒顶等灾害预兆不撤人、冒险作业的行为。

(24) 高瓦斯矿井、煤与瓦斯突出矿井、开采容易自燃和自燃煤层(薄煤层除外)矿井,采煤工作面采用前进式采煤方法的行为。

(25) 掘进工作面后部巷道或者独头巷道维修(着火点、高温点处理)时,维修(处理)点以里继续掘进或者有人员进入,或者采掘工作面未按照国家规定安设压风、供水、通信线路及装置的行为。

(三)"一通三防"专业常见违法违规行为

(1) 瓦斯超限,出现煤与瓦斯突出等灾害预兆不撤人、冒险作业的行为。

(2) 违规爆破、动火作业的行为。

(3) 未按规定安装安全监控系统、人员位置监测系统或者系统不能正常运行的,以及修改、删除及屏蔽系统数据信息的行为。

(4) 火区、高冒区、采空区等管控治理和密闭管理不符合规定的行为。

(5) 未按照国家规定安设、调校甲烷传感器,人为造成甲烷传感器失效,或者瓦斯超限后不能报警、断电或者断电范围不符合国家规定的生产行为。

(6) 高瓦斯矿井未建立瓦斯抽采系统和监控系统,或者系统不能正常运行的生产行为。

(7) 矿井总风量不足或者采掘工作面等主要用风地点风量不足的生产行为。

(8) 没有备用主要通风机,或者两台主要通风机不具有同等能力的生产行为。

(9) 高瓦斯、煤(岩)与瓦斯(二氧化碳)突出矿井的煤巷、半煤岩巷和有瓦斯涌出的岩巷掘进工作面采用局部通风不能实现双风机、双电源且自动切换的生产行为。

(10) 开采容易自燃和自燃煤层的矿井,未编制防灭火专项设计或者未采取综合防灭火措施的行为。

(11) 高瓦斯矿井采用放顶煤采煤法不能有效防治煤层自然发火的生产行为。

(12) 有自然发火征兆没有采取相应的安全防范措施继续生产建设的行为。

(13) 未按矿井瓦斯等级选用相应的煤矿许用炸药和雷管、未使用专用发爆器,或者裸露爆破的行为。

(14) 未按照国家规定进行瓦斯等级鉴定,或者瓦斯等级鉴定弄虚作假的行为。

(四)机电运输专业常见违法违规行为

(1) 矿井单回路供电的生产行为。

(2) 矿井有两回路电源线路但取自一个区域变电所同一母线段的生产行为。

(3) 使用已列入淘汰退出名单公示应淘汰退出的设备的行为。

(4) 井下电气设备、电缆未取得煤矿矿用产品安全标志而使用的行为。

（5）井下电气设备选型与矿井瓦斯等级不符，或者采（盘）区内防爆型电气设备存在失爆，或者井下使用非防爆无轨胶轮车的行为。

（6）提升（运送）人员的提升机未按照《煤矿安全规程》规定安装保护装置，或者保护装置失效，或者超员运行的行为。

（7）带式输送机的输送带入井前未经过第三方阻燃和抗静电性能试验，或者试验不合格入井，或者输送带防打滑、跑偏、堆煤等保护装置或温度、烟雾监测装置失效的行为。

（五）地测防治水专业常见违法违规行为

（1）有突（透、溃）水征兆未撤出井下所有受水患威胁地点人员的行为。

（2）未查明矿井水文地质条件和井田范围内采空区、废弃老窑积水等情况而组织生产建设的行为。

（3）水文地质类型复杂、极复杂的矿井没有设立专门的防治水机构、未配备专门的探放水作业队伍，或者未配齐专用探放水设备的行为。

（4）在需要探放水区域进行采掘作业未按照国家规定进行探放水的行为。

（5）未按照国家规定留设或者擅自开采（破坏）各种防隔水煤（岩）柱的行为。

（6）受地表水倒灌威胁的矿井在强降雨天气或者其来水上游发生洪水期间未实施停产撤人的行为。

（7）矿井主要排水系统水泵排水能力、管路和水仓容量不符合《煤矿安全规程》规定而组织生产的行为。

二、煤矿安全生产领域常见违法违规行为法律责任

【案例1-1】 重庆某煤矿"9·27"火灾事故案例

（一）事故经过

2020年9月27日夜班，矿井374人入井，安全副矿长陈某昆下井带班。事故当班，机电一队安排桂某学等7人在二号大倾角带式输送机运煤上山－150 m至－75 m段安装溜槽、清理浮煤，邓某彬负责二号大倾角带式输送机运转监护。事故当班井下其他主要作业地点有：2324-1、3231S、3222S、3213S等4个采煤工作面割煤作业，3311S采煤工作面安装作业，3311N采煤工作面施工锚网梁索、补设挡矸网等预处理作业；五六区主要回风巷、三号人行下山上平巷等11个地点掘进作业；3223N运巷9#钻场、3232N风巷3#钻场等8个地点施工瓦斯抽采钻孔作业。

9月26日22时34分，二号大倾角带式输送机开机运行。27日0时19分，二号大倾角带式输送机运转监护工邓某彬（在事故中死亡）发现带式输送机存在问题（电话录音中未说明具体问题），电话通知地面集控中心值班员张某停止二号大倾角带式输送机运行。0时20分，邓某彬向机电一队值班副队长王某伟电话报告二号大倾角运煤上山下方正在冒烟，将前去查看。0时21分，通风调度值班员孙某苗听见安全监控系统发出报警语音，发现+5 m煤仓上口CO超限达154 ppm（1 ppm＝1×10^{-6}）并快速上升至1 000 ppm，即向矿调度值班员余某斌报告，余某斌随即电话通知集控中心值班员张某停止大倾角带式输送机运行（此前已停机）。孙某苗看见监控+5 m转载点视频呈白雾状，立即电话询问在+5 m煤仓上口附近检修采煤二队

(3231S采煤工作面)液压泵的司机曹某。曹某目视有黑色烟雾从＋5 m煤仓涌出至3231S采煤工作面,同时听见＋5 m煤仓上口的CO传感器持续报警,便在电话中告知"CO超标"后中断通话,孙某苗立即打电话通知采煤二队(3231S采煤工作面)撤人,但由于采煤二队电话无人接听,遂用语音信号机通知工作面撤人。此后,井下工人桂某学在－150 m电话汇报二号大倾角带式输送机运煤上山中上部有明火,余某斌安排其迅速联络跟班队干撤人,同时向值班调度长梁某彬报告了事故情况。梁某彬接到电话报告后,立即赶到调度室指挥余某斌通知井下所有区域撤人,并依次向值班矿领导张某、机电副矿长邱某清、矿长李某纲等人电话报告事故情况。余某斌向梁某彬报告事故后,电话通知距离采煤二队3231S采煤工作面最近的液压泵司机曹某迅速通知撤人,但由于电话已无人接听,遂拨打采煤二队工作面电话,此时正在回风巷的工人张某接到电话后迅速和工友撤离。余某斌向井下带班矿领导陈某昆电话报告事故后,连续拨打采煤三队(2324-1采煤工作面)电话,但由于一直无人接听,遂紧急通知采煤三队地面值班人员电话通知工作面撤人,随后相继通知井下其他区域撤人,并召请某矿山救护大队到矿救援。0时40分至1时,矿领导及相关部门负责人先后赶到调度室,成立了事故救援指挥部,启动应急救援预案,清点井下人员,准备井下人车等应急救援工作。截至9月27日10时15分,事故当班入井的374人中358人陆续从5号进风井、＋335 m主平硐出井;截至13时51分,16名遇难者全部运送至地面。

(二)原因分析

1. 直接原因

该煤矿二号大倾角运煤上山带式输送机下方煤矸堆积,起火点－63.3 m标高处回程托辊被卡死、磨穿形成破口,内部沉积粉煤;磨损严重的胶带与起火点回程托辊滑动摩擦产生高温和火星,点燃回程托辊破口内积存粉煤;带式输送机运转监护工发现胶带异常情况,电话通知地面集控中心停止带式输送机运行,紧急停机后静止的胶带被引燃。由于胶带阻燃性能不合格、巷道倾角大、上行通风,导致火势增强,引起胶带和煤混合燃烧;火灾烧毁设备,破坏通风设施,产生的有毒有害高温烟气快速蔓延至2324-1采煤工作面,造成重大人员伤亡。

2. 间接原因

(1)矿井重生产轻安全。矿级领导红线意识淡薄、重生产轻安全。二号大倾角带式输送机使用了1年零8个月,磨损严重,机电一队队长于9月2日通过煤矿OA办公系统向矿级领导书面报告了二号大倾角带式输送机存在的问题和隐患,但矿级领导红线意识淡薄、重生产轻安全,均未实施停产整治,为不影响矿井正常生产,计划在国庆节停产检修期间更换,致使带式输送机巷隐患未彻底消除,导致事故发生。

(2)矿井安全管理混乱。该煤矿没有按规定检查带式输送机下方的浮煤堆积、金属挡矸棚损坏等情况,业务保安不到位。对该带式输送机巷长期存在的问题,煤矿安全检查人员未及时发现、消除隐患,致使带式输送机长时间"带病"运行。应急救援装备可靠性差,经事故区域现场勘查,压风自救装置存在面罩供气管过软,易老化、扭结等情况。

(3)某安全管理中心安全监督管理责任不落实。安全风险分析辨识和评估不全面,未对矿井带式输送机的胶带火灾风险进行分析研判。对矿井安全监督管理不到位,隐患排查治理不深入,安全检查不全面、针对性不强。2020年以来,某安全管理中心对某煤矿开展检查90次,均未到二号大倾角运煤上山检查。

（4）某能源公司安全管理弱化。公司业务部门和某安全管理中心管理职责不清晰，权责不统一，造成安全责任不落实。安全管理制度不完善，未认真督促煤矿全面开展隐患排查治理。

（5）某能投集团督促煤矿安全生产管理责任落实不到位。集团对煤矿安全实行四级管理，职能交叉、职责不清，责任落实层层弱化；近年来煤矿事故多发，吸取事故教训不深刻；未按集团规定正常召开安全生产例会，未认真分析解决安全生产被动局面的系统性问题和深层次矛盾。

（6）带式输送机使用的胶带质量不合格。经对事故地点的胶带取样送检和对胶带采购环节专项调查，该胶带为假冒伪劣产品；某能投集团物资公司存在物资采购制度不健全、采购询价和交货验收违规等问题。

（三）事故责任者的处理

依据《中国共产党问责条例》、《中国共产党纪律处分条例》、《监察法》和《公职人员政务处分法》等有关规定，经批准，对事故中涉嫌违纪、职务违法、职务犯罪的37名公职人员严肃追责问责。

对某煤矿矿长、分管机电运输工作的副矿长、机电运输科科长及某能投集团物资公司供应部副部长等4名人员立案审查调查，移送司法机关追究刑事责任。对某能投集团董事长、总经理、副总经理，某能源公司董事长、总经理以及某煤矿党委书记、分管安全生产的副矿长、总工程师、机电副总工程师等20名人员给予处分或组织处理。对事故责任单位某煤矿罚款300万元，对该矿矿长处上一年年收入60%的罚款。依据有关规定将某煤矿及其主要负责人纳入联合惩戒对象和安全生产不良记录"黑名单"管理。对胶带质量不合格的问题，已移送公安机关立案处理。

【案例1-2】 陕西省榆林市某煤矿"7·15"较大水害事故案例

（一）事故经过

2021年7月15日7时，某煤矿队长刘某军主持召开班前会，班长张某聪（遇难）、尹某峰安排具体工作，早班为检修班，共出勤31人（不含刘某军），其中：地面作业1人，维修工张某超在地面进行电焊作业加工物件；井下作业30人。当班安排母某国、张某涛、杨某亮、徐某伟、李某辉等5人在30107工作面拆除更换液压支架立柱；刘某超、刘某、罗某河等3人在30108回风巷1#斜联巷拆除并恢复挡风墙，把装载机开进30108回风巷内清理超前支架前方及架间淤煤；张某聪（遇难）、曹某飞（遇难）、钱某华（遇难）等3人在30108综采工作面安装过渡支架侧护板；肖某（遇难）、张某奎（遇难）等2人更换30108综采工作面运输巷转载机挡煤皮子；张某、李某远、吴某奇、郝某雄等4人更换30108运输巷带式输送机机头溜煤斗挡煤皮子、安装护栏；跟班副队长邱某和尹某峰等13人拉移30108综采工作面设备列车。

约15时27分，刘某超感觉从工作面吹来一股风，随即煤块和黑水就冲了出来，刘某超立即往外跑，水很快淹到其腰部，脚腕被水流裹挟的煤块砸伤致其摔倒，他呛了两口水，然后抓住巷道侧帮锚网站起来，这时水已经淹到了肩部。刘某超抓着锚网继续往外走，走了200～300 m，水就往回退了。此时，回风巷风量明显减小。刘某超继续往外走，通过1#联巷到达30107工作面带式输送机机头，打电话向调度室求援，约5 min后，被尹某峰乘坐的人车从辅运大巷接走（在车上尹某峰询问刘某超见到肖某和张某奎了没有,刘某超说没见到),16时10分到达井口。

15时27分,地面调度员高某通过工业视频发现30108综采工作面机头支架倾斜、有异物冒落,遂向30108综采工作面设备列车控制台电话询问工作面机头情况,在控制台附近拉移设备列车的周某军接电话回复说"不知道",接着听到有人喊"出水了、出水了",随后就没人说话了,视频中看到工作面出水了,巷道内淤泥随即涌出。

15时20分至30分,尹某峰等13人在运输巷处理设备列车掉道的电缆托架车时(距离转载机机头约30 m),听到工作面机头处有冒顶的"轰轰"响声,赶紧一边喊一边沿着胶带运输巷向外跑。尹某峰跑了10多米,看到淤泥停止涌出,就爬上带式输送机向工作面方向查看,喊话没人答应。约5 min工作面顶板第二次冒落,又涌出一股淤泥。尹某峰就立即往外跑,从辅运和胶运之间的8#联巷跑到辅运巷,又从辅运巷向工作面方向查看,进去约100 m,发现里面都是淤泥无法前行,喊话无人答应,随后返回,在4#联巷乘坐人车至辅运大巷,拉上从回风巷跑出来的刘某超,乘车至中央变电所时,遇到接事故汇报后从地面入井的陈某、孟某良、朱某强,尹某峰陪同陈某等人再次进入30108综采工作面辅运巷查看情况,搜寻人员,没有发现人员,随后升井。

15时27分,邱某跑到设备列车控制台,给调度室打电话说"啊,透水了!啊,透水了",然后经辅运和胶运之间的8#联巷跑至辅运巷,跑到5#联巷至6#联巷之间时,又听到"轰轰"声响,之后跑到3#联巷和4#联巷之间,乘坐人车升井,于15时55分到达井口。

经核查确认,当班全矿入井157人,安全升井152人,当班在30108综采工作面工作的张某聪、钱某华、肖某、张某奎、曹某飞共5人失联。

(二)事故原因

1. 直接原因

30108综采工作面开切眼布置于十八墩河支沟河床下方,该地段3号煤层顶板覆岩结构异常,回采过程中顶板防塌、防沙、防水煤(岩)柱失效,采空区顶板局部抽冒,上覆含水层及地表水裹挟泥沙溃入工作面,导致事故发生。

2. 间接原因

(1)未严格执行监管指令,违规组织生产。一是榆阳区能源局于2021年6月25日对某煤矿下达了停产整顿的监管指令,某煤矿在未取得榆阳区能源局同意的情况下,擅自决定在30108综采工作面带负荷调试生产;二是某煤矿在30108综采工作面开采前未按照《煤矿防治水细则》第85条、第86条的规定,对开采煤层上覆岩层进行专门水文地质工程地质勘探,并编制专项开采方案设计。

(2)某煤矿技术管理机构不健全。某煤矿仅设有生产科、机电科,且每个科只有科长1人,采用购买服务的方式开展防治水工作,未配备防治水专业技术人员。

(3)防治水技术管理有漏洞。一是编制的《某煤矿30108工作面大采高综采防治水安全性评价报告》依据不充分、针对性不强;未按照《某煤矿河床区域土层结构勘查方案》设计的BK2钻孔位置进行施工,BK2设计在30108工作面开切眼上方,实际施工位置在30110工作面上覆地表河床区域内,距原设计位置直线距离594 m;报告提出30108工作面已基本具备安全开采条件,将30110工作面上覆地表河床区域内BK2钻孔数据作为计算煤层顶板防塌、防沙、防水煤（岩）柱的依据，将30106工作面"两带"实测数据作为30108工作面覆岩破坏高度预计的依据。二是未按照《技术服务合同》要求，在30108综采工作面进行水体下采煤之前，编制防治水安全开采方案设计。三是《某煤矿30108工作面大采高综采防治水安全性评价报告》技术审查不认真，未发现报告中存在的明显缺陷。四是在30108综采工作面无水体下采煤专项开采方案设计的情况下，编制作业规程，规程中缺少有效控制采高、过渡支架顶板及防止冒顶漏顶等具体措施，规程审核把关不严。

（4）工作面端头支护存在安全漏洞。30108综采工作面3#支架（端头架）与4#支架（过渡架）顶梁支护高度存在约1.5 m高差，且3#与4#支架接顶不实，未有效支护顶板，在3#、4#支架处形成高0.35~2.3 m、宽约2 m的空间，采空区顶板在发生局部抽冒过程中成为泥沙溃入工作面的直接通道之一。

（5）安全技术措施落实不到位。未严格执行安全技术措施，在30108综采工作面回采前，未安装矿压监测系统；在机头过渡架侧护板未安装到位的情况下组织工作面推采。

（6）煤矿安全管理混乱。一是未落实企业主体责任，未按规定设立安全管理职能部门，安全管理人员配备不足；二是对井下综采、掘进等违规承包分包，以包代管，职责不清，相互扯皮；三是7月15日事故当班有23人未携带定位卡入井。

（三）事故责任者的处理

依据《中国共产党问责条例》、《中国共产党纪律处分条例》、《监察法》和《公职人员政务处分法》等有关规定，共对30名相关责任人员提出问责和处理建议。其中：某煤矿总经理、矿长、总工程师等3人移送公安机关立案调查；对某煤矿董事长、山东某矿业公司安全副总经理、某股份有限公司开采设计事业部安环所矿井水安全与防控研究室副主任兼某煤矿项目部经理等13人给予撤职处分；对某煤矿技术副总工程师兼生产科科长、山东某矿业公司法定代表人（总经理）、某股份有限公司开采设计事业部安环所所长等7人给予党纪政务处分；对政府工作人员等7人分别给予政务降级、记大过等处分。

对某煤矿罚款80万元；对山东某矿业公司罚款60万元。

复习思考题

1. 习近平总书记关于安全生产的新论述、新论断内容有哪些？
2. 《中共中央 国务院关于推进安全生产领域改革发展的意见》的亮点有哪些？
3. 新形势下，我国煤矿安全生产的特点是什么？
4. 新形势下，我国煤矿安全生产的政策是什么？
5. 《安全生产法》修正的主要内容有哪些？
6. 针对安全生产，《刑法修正案（十一）》修正的内容是什么？
7. 《煤矿重大事故隐患判定标准》修订的亮点有哪些？
8. 《矿山生产安全事故报告和调查处理办法》制定的目的和依据是什么？
9. 煤矿如何开展防治水"三区"管理？
10. 煤矿安全生产共性部分常见违法违规行为有哪些？

第二章
煤矿智能化与高质量发展

> **学习提示** 煤矿智能化是煤炭工业高质量发展的核心技术支撑。加快推进煤矿智能化建设,对实现煤矿减人增安提效、促进能源低碳转型,提升煤炭安全保障水平、促进煤炭企业高质量发展具有重要意义。

本章重点介绍了煤矿智能化技术的意义、内涵、特点、发展过程和趋势,描述了其核心技术与建设要点,阐述了《关于加快煤矿智能化发展的指导意见》《煤矿智能化建设指南(2021年版)》《智能化示范煤矿验收管理办法(试行)》的应用要求,总结了我国煤矿智能化建设中存在的问题及对策,着重分析了部分智能化矿山在建设和运行过程中的经验和教训,指出了煤矿智能化各系统安全管理的重点和检查要点。针对煤矿高质量发展和绿色开采技术,介绍了其内涵、意义与技术体系(路径),对其发展趋势、存在问题及对策作了重点阐述。

第一节　煤矿智能化建设

一、煤矿机械化、自动化、信息化和智能化技术装备发展概况

（一）煤矿生产从手工作业到机械化、自动化、信息化和智能化的发展

在我国的能源结构中，煤炭始终是支撑经济发展的主体能源，在国民经济建设中有着举足轻重的地位。随着国民经济的快速发展，对煤炭的需求量逐年加大，导致煤炭开采速度逐年加快，煤炭开采所面临的地质条件越来越复杂，开采难度越来越大。为了提高回采率，降低人力资源使用率，我国煤矿行业在研究推行机械化、自动化、信息化的实践中长期探索，煤炭生产方式发生了历史性的转变。

20世纪初，我国煤炭工业处于发展阶段，煤矿生产主要采用密集型人力劳动。随着煤矿生产能力的不断提升，单链刮板输送机、小功率耙岩机等设备投入使用，实现了机械设备辅助人力采煤工艺。采煤工作面采用爆破落煤，即采用能自动开启、关闭、检查及控制的机械设备进行煤矿采掘活动，来代替人力劳动。

到20世纪中叶，随着技术水平不断提高，煤矿内逐渐形成了半机械化半人力回采模式，综采工作面掩护式支架、小功率采煤机等设备的投入大大提高了煤炭回采效率，但是这些机械设备结构简单、故障率高且人工操作量大，无法实现集中控制。1978年改革开放后，我国煤炭工业经历了从炮采、普通机械化采煤到综合机械化采煤，采煤机械化程度进入快速提高时期。1987年重新修订的《煤炭工业技术政策》进一步推进综合机械化采煤，同时开始了综采放顶煤技术、连续采煤机房柱式采煤工艺的研发和推广。1999年，我国综合机械化采煤产量占国有重点煤矿的51.7%，较1975年提高了26倍。与此同时，综合机械化掘进工艺集合了钻孔、装岩、运输、支护等多种作业为一体，巷道支护模式也从木支护、钢铁支护发展到锚杆支护。

进入21世纪后，随着国民经济建设对煤炭资源的需求大增，煤炭行业发展达到鼎盛时期。与此同时，我国逐步加快了对大型煤矿机械装备的自主研发，煤矿科学技术水平有了很大的进步和突破，主要表现在采掘面液压支架、大采高采煤设备以及各种监控设施的应用，年产1 000万 t 的综采设备、采煤机、液压支架和输送机全部实现了国产化，并达到世界先进水平。据中国煤炭工业协会统计数据显示，大型煤矿企业的采煤机械化程度由1978年的32.34%提高到2020年的98.9%。

在煤矿综合机械化不断升级发展的基础上，经过多年的持续攻关与创新实践，实现了从人工炮采、普通机械化开采、综合机械化开采到自动化工作面开采的跨越，走上了智能化发展之路。2010年，国家发改委和工信部组织开展智能制造专项研究，首个煤矿智能化工作面项目落户陕西煤业集团红柳林矿业公司。红柳林矿以厚煤层为主，开采条件好，适合超大采高智能化综采，也是国内外第一个成功实现7 m超大采高智能化综采的煤矿。2011年，黄陵一矿开始设计首个1.1~2.2 m薄煤层和中厚较薄煤层智能化工作面，解决了无人化作业等一系列

难题。2014年,该工作面建成并通过鉴定,开创了"工作面一人巡视、无人操作"常态化远程控制采煤的"黄陵模式"。自此,智能化开采成为煤炭行业发展的新主题。

目前,煤矿智能化建设的高潮正在全国兴起,企业的积极性空前高涨,先进产能比重大幅增加。截至2022年年底,全国已建成智能化煤矿572处,智能化采掘工作面达到1 019处,共有31种煤矿机器人在煤矿现场得到应用。矿山专用操作系统、5G专网等技术得到更广泛应用,减人、增安、提效的成效日益显现。2022年,全国原煤产量45.6亿t,创历史新高;全国矿山生产安全事故起数、死亡人数与2021年相比分别下降3.4%和2.4%,重大事故死亡人数同比下降12.3%,煤矿瓦斯事故起数、死亡人数均同比下降44%。

（二）煤矿智能化建设对煤炭产业高质量发展的意义

煤矿智能化将人工智能、工业物联网、云计算、大数据、机器人、智能装备等与现代煤炭开发利用深度融合,形成煤矿全时空多元信息实时感知、实时互联、分析决策、自主学习、动态预测、协同控制的智能系统,实现煤矿开拓、采掘(剥)、运输、通风、洗选、安全保障、经营管理等过程的智能化运行,对于提升煤矿安全生产水平、保障煤炭稳定供应具有重要意义。

（1）能够实现煤矿生产本质安全。加快煤矿智能化建设,通过机械化换人、自动化减人、智能化无人,可减少高危岗位人员一半以上,条件好的矿井井下工作面无人采煤、少人值守,避免矿工直接面对灾害事故风险,减少人员误操作,大幅减少安全生产隐患,从根本上遏制重特大事故发生。

（2）能够提升煤炭安全保障水平。加快煤矿智能化建设,提升煤矿柔性生产能力,可以根据市场供需形势灵活释放生产能力,增强供给质量和供给弹性。从近年煤炭保供情况看,实现机械化、自动化与智能化建设的大型先进煤矿发挥了骨干作用,是稳定煤炭供应的主力军。

（3）能够助推能源低碳转型。在大规模低成本储能技术尚未突破、以新能源占比逐渐提高的新型电力系统加快构建的情况下,仍需煤电及煤炭发挥调峰和兜底保障作用。加快煤矿智能化建设,可以提高煤矿绿色安全生产素质,形成部分生产能力储备,这样既可以更好地保证能源供需总量的平衡,还可以在水电来水偏枯、新能源出力波动以及不确定因素影响的情况下,及时弥补缺口,为能源绿色低碳转型提供有力支撑。

（三）煤矿智能化建设取得的新成果

煤矿智能化作为学术研究与工程应用的结合,正在经历着一个伴随自动化、数字化和智能化技术的发展和演化的过程。近年来,国家层面不断加强顶层设计和政策支持,广大煤炭企业、科研单位、高等院校、高新技术企业顺应科技发展大势,大力推动信息技术与煤炭产业深度融合,加快开展煤矿智能化技术装备研发攻关,取得了积极成效。

2020年以来,国家能源局联合多部门印发《关于加快煤矿智能化发展的指导意见》《煤矿智能化建设指南（2021年版）》《"十四五"机器人产业发展规划》《关于加快推进能源数字化智能化发展的若干意见》等文件,推动建设更多智能化矿山。山西、内蒙古、山东、河南、陕西等14省份也先后出台文件,对智能化矿山建设提供政策、资金、项目等支持。目前,国家矿山安全监察局已推动制定智能化控制系统、生产辅助系统等92个相关标准,并指导成立全国信标委大数据标准工作组矿山行业组,组织编制《智能化矿山数据融合共享规范》等。智能化矿山的发展对我国煤矿事业具有深远的影响,开拓了我国采矿事业的新天地。

目前,数字煤矿及智能化开采基础理论体系已基本形成,并开启了矿山多学科、多系统交叉融合的新方向。煤炭行业搭建了数据、通信、装备、安全、管理等40余项团体标准,使智能化建设有标可依、有据可查、有章可循。

各地各企业坚持试点探路、典型引路、经验开路,以点带面加快国家级智能化示范项目建设,将示范模式推广到省级、集团级项目。截至2023年4月初,全国已累计建成智能化采煤工作面1 043个、智能化掘进工作面1 277个,其中全国首批智能化示范煤矿累计建成智能化采煤工作面363个、智能化掘进工作面239个,涵盖产能6.2亿t/a,单面平均生产能力达到500万t/a,智能化建设总投资规模近2 000亿元,有力推动煤炭生产方式加快实现根本性变革。

煤炭行业顺应智能化发展要求,强化企业创新主体地位,涌现了一批自主研发的煤矿智能化技术装备。中国煤炭工业协会牵头组建煤矿智能化创新联盟,发布《5G+煤矿智能化白皮书》,引导5G等新一代信息技术在煤炭行业加快应用。国家能源集团自主创新,突破性地掌握了"5类智能采煤、5类智能掘进、3类卡车无人驾驶、5类机器人"等关键技术,并携手华为公司研究开发"矿鸿系统",推动国产操作系统工业化应用,建成了神东乌兰木伦矿"矿鸿示范矿井"。中国煤科集团牵头开展67项智能化"卡脖子"技术专项攻关,突破100余项核心技术装备,主导编制煤矿智能化技术标准120余项。中国矿业大学(北京)专门开设智能化煤矿建设本科专业,开创了煤矿智能化专业人才培养新模式。

(四)新形势下煤矿智能化的发展方向

当前煤炭行业正面临政策、环境等多重压力,但能源保供基本面依然决定了煤炭行业有很好的发展机遇。在此背景下,应建设以煤矿智能化为支撑的煤炭柔性生产供给体系,满足个性化产品需求,提供订单式生产选择。也就是在需求旺盛的时候,柔性生产供给体系能在保证安全生产的前提下快速增加产量,在市场低迷的时候也可以快速减少产量,不会对矿山造成较大的系统和人员成本等损失。

煤矿智能化代表着煤炭先进生产力的发展方向,是行业迈向更高质量发展的必由之路。矿业在为经济社会可持续发展和人类生活水平不断提高而提供物质财富的过程中,与科技发展相融合,引入了一种全新理念,即构建一种新的采矿模式,实现资源与开采环境数字化、技术装备智能化、生产过程控制可视化、信息传输网络化、生产管理与决策科学化。在该目标的实现过程中,煤矿智能化已经成为矿业科技和煤矿管理工作者的美好憧憬,人们希望未来的采矿设备能够在井下安全场所或地面进行远程遥控,乃至全面采用无人操控的智能设备进行井下作业,逐步实现无人化开采。

针对煤矿智能化的特征与基本要求,煤矿智能化的发展必须实现安全、可靠、可持续、敏感性、全面服务和智慧等六个目标,简称"6S"(safety、security、sustainability、sensitivity、service、smartness)。具体而言,第一是安全,煤矿智能化的各个系统、设备、信息、功能等要保证各方面的安全性,自身安全且不能给煤矿生产带来附加隐患。第二是可靠,煤矿智能化各个系统、设备的运行要稳定可靠,零故障。第三是可持续,煤矿智能化必须保证运行质量和效率,实现资源可持续、生态可持续、发展可持续。第四是系统敏感性或系统柔性,煤矿智能化系统的柔性主要体现在技术核心要素、技术架构上,这需要对供需链条上的信息敏感、响应敏感等持续关注与开发。第五是系统的全面服务,煤矿智能化建立产供销新型的服务体系,从提供设备向提供全生命周期增值服务转变。第六是智慧,系统智能与人文智慧高度融合,形成煤矿综合智慧生态。

社会科技发展进入智能化时代,煤矿智能化必将迎来新时代。新一代信息技术与传统产业融合发展,是社会基本发展规律。煤矿安全生产管理人员需要做的,就是了解规律,适应规律,在社会科技变革、工业革命的过程中不掉队、有作为,使煤炭行业健康、高质量发展。

二、煤矿智能化的内涵及特征

煤矿智能化所涉及的采、掘、机、运、通、洗选、营销、质量、安全保障等主要系统应具有一定的自主感知、自主分析、智能辅助决策与执行能力,具有时空一体、万物互联、数据融合、全息感知、业务联动、智能决策等特征。

(1) 时空一体。基于GIM(GIS+BIM)模式将微观领域的BIM信息和宏观领域的GIS信息全面整合,实现矿山时空一体数字化,为煤矿智能化提供一种全新的数字化、可视化和可量化的管理模式,推动安全生产管理向智能化和宏观化迈进。

(2) 万物互联。基于5G技术,全面连接所有人、机、环、管要素的参数、位置、姿态、状态等数据,构建有效的人与人、人与物、物与物的感知网络。

(3) 数据融合。将海量的异构、多维、动态的各类信息,基于感知网络拓扑关系,从时间、地点、场所、人员等多维度实现对所有数据的融合分析。

(4) 全息感知。基于人工智能对所有信息进行强实时关联、融合和智能分析,实现人员、设备、环境和管理信息的自动快速分析和主动全息感知。

(5) 业务联动。采用灵活、轻便、松耦合微服务模式,构建能够快速响应生产调度、实时指挥、紧急救援与ERP(enterprise resource planning,企业资源计划)等的生产管理系统一体化协同控制系统,实现业务之间的关联互动。

(6) 智能决策。利用大数据和人工智能,建立深度学习的知识库,实现煤矿安全、生产、运销、后勤保障等方面管控的自我学习、快速分析和智能决策,并在部分领域能够实现系统的自主运维。

三、《关于加快煤矿智能化发展的指导意见》

(一) 出台背景、重要性和必要性

党的十九大报告提出,"加快建设制造强国,加快发展先进制造业,推动互联网、大数据、人工智能和实体经济深度融合"。十九届四中全会决定提出,"建立健全运用互联网、大数据、人工智能等技术手段进行行政管理的制度规则"。习近平总书记在2018年10月31日主持中共中央政治局第九次集体学习时,对"把握数字化、网络化、智能化融合发展契机"作了重要论述。国家能源局学习贯彻习近平总书记的重要论述,结合能源工作实际,深入推进新一代人工智能与能源发展及能源行业管理服务深度融合。

煤炭行业作为我国重要的传统能源行业,是我国国民经济的重要组成部分,其智能化建设直接关系我国国民经济和社会智能化的进程。煤矿智能化是煤炭工业高质量发展的核心技术支撑,将人工智能、工业物联网、云计算、大数据、机器人、智能装备等与现代煤炭开发利用深度融合,形成全面感知、实时互联、分析决策、自主学习、动态预测、协同控制的智能系统,实现煤矿开拓、采掘(剥)、运输、通风、洗选、安全保障、经营管理等过程的智能化运行,对于提升煤矿安全生产水平、保障煤炭稳定供应具有重要意义。

(二) 煤矿智能化发展的指导思想

加快煤矿智能化发展的指导思想是:以习近平新时代中国特色社会主义思想为指导,深入贯彻落实"四个革命、一个合作"能源安全新战略,坚持新发展理念,坚持以供给侧结构性改革为主线,坚持以科技创新为根本动力,推动智能化技术与煤炭产业融合发展,提升煤矿智能化水平,促进我国煤炭工业高质量发展。

(三) 煤矿智能化发展的主要任务

(1) 加强顶层设计,科学谋划煤矿智能化建设。研究制订煤矿智能化发展行动计划,鼓励地方政府研究制定煤矿智能化发展规划,支持煤炭企业制定和实施煤矿智能化发展方案。

(2) 强化标准引领,提升煤矿智能化基础能力。加快基础性、关键技术标准和规范制修订,开展煤矿智能化标准体系建设专项工作。

(3) 推进科技创新,提高智能化技术与装备水平。加强煤矿智能化基础理论研究,加强关键共性技术研发,推进国家级重点实验室等技术创新研发平台建设,加快智能工厂和数字化车间建设。

(4) 加快生产煤矿智能化改造,提升新建煤矿智能化水平。对具备条件的生产煤矿进行智能优化提升,推行新建煤矿智能化设计,鼓励具有严重灾害威胁的矿井加快智能化建设。

(5) 发挥示范带动作用,建设智能化示范煤矿。凝练出可复制的智能化开采模式、技术装备、管理经验等,并进行推广应用。

(6) 实施绿色矿山建设,促进生态环境协调发展。坚持生态优先,推进煤炭清洁生产和利用,积极推进绿色矿山建设。

(7) 推广新一代信息技术应用,分级建设智能化平台。探索建立国家级煤矿信息大数据平台,鼓励地方政府有关部门建设信息管理云平台,推进煤炭企业建立煤矿智能化大数据应用平台。

(8) 探索服务新模式,持续延伸产业链。推动煤矿智能化技术开发和应用模式创新,打造煤矿智能装备和机器人研发制造新产业,建设具有影响力的智能装备和机器人产业基地。

(9) 加快人才培养,提高人才队伍保障能力。支持和鼓励高校加强煤矿智能化相关学科专业建设,培育一批具备相关知识技能的复合型人才,创新煤矿智能化人才培养模式,共建示范性实习实践基地。

(10) 加强国际合作,积极参与"一带一路"建设。开展跨领域、跨学科、跨专业协同合作,支持共建技术转移中心。加强与"一带一路"沿线国家能源发展战略对接,构建煤矿智能化技术交流平台。

(四) 煤矿智能化发展的保障措施

该指导意见提出了5个方面的保障措施:一是强化法律法规保障,深化标准化工作改革。加强部门协同,加快相关法律、法规、规章、标准和政策的制修订工作,健全煤矿智能化标准体系,推进我国煤矿智能化标准的国际化进程。二是加大政策支持力度,建立智能化发展长效机制。对验收通过的智能化示范煤矿,给予产能置换、矿井产能核增等方面的优先支持。对新建的智能化煤矿,在规划和年度计划中优先考虑。将煤矿相关智能化改造纳入煤矿安全技术改造范围,鼓励金融机构加大对智能化煤矿的支持力度,鼓励企业发起设立相关市场化基金。三是加强知识产权保护,增强核心技术可控能力。加强共性关键技术领域高质量、高价值专利培育和保护,鼓励构建煤矿智能化建设知识产权保护体系,鼓励和支持企业运用知识产权参与市场竞争,培育一批具备煤矿智能化知识产权优势的煤炭企业。四是凝聚各方共识,促进智能化跨界合作。在国家和省级有关部门指导下,以行业协会、研究机构、科技企业、设计院、高校、金融、装备厂商和煤炭企业等为主体,组建煤矿智能化创新联盟和区域性创新机构,充分发挥各自专业领域优势,实现协同创新、跨界融合发展。五是加强组织领导,形成智能化发展整体合力。建立煤矿智能化建设工作机制,加强煤矿智能化发展相关政策的宣传和解读,宣传推广煤矿智能化发展的经验和成果,营造煤矿智能化发展的良好氛围。

四、《煤矿智能化建设指南(2021年版)》及《智能化示范煤矿验收管理办法(试行)》

这是两个煤矿智能化建设的纲领性文件,也是近阶段煤矿智能化建设内容和验收的主要依据性文件。

《煤矿智能化建设指南(2021年版)》是国家能源局、国家矿山安全监察局联合制定的一项行业标准。该标准从总体要求、煤矿智能化总体设计、煤矿智能化建设内容、保障措施等方面进行了详细阐述,为煤矿智能化建设提供了标准和指导。《智能化示范煤矿验收管理办法(试行)》则是为规范做好智能化示范建设煤矿验收管理工作而制定。该办法规定了智能化示范煤矿的验收程序、验收要求、监督管理等,并明确了相关部门和责任人员的职责和权限,为煤矿智能化建设提供了有效的管理保障。

煤矿智能化建设极大地提升了煤矿的安全生产水平,推动了煤炭产业的可持续发展。《煤矿智能化建设指南(2021年版)》及《智能化示范煤矿验收管理办法(试行)》的出台,为煤矿智能化建设起到了有力的支持和推动作用。煤矿企业应该积极引进智能化技术和设备,按照标准要求进行智能化建设,提高煤矿企业的生产效率和安全性。在煤矿智能化建设中,应深入贯彻落实这两份文件的精神,切实推动煤矿企业的智能化建设,提高行业的整体智能化水平。

五、煤矿智能化技术构架与应用

煤矿智能化应基于一套标准体系、构建一张全面感知网络、建设一条高速数据传输通道、形成一个大数据应用中心、开发一个业务云服务平台,面向不同业务部门实现按需服务,通过煤矿智能化建设实现矿山资源与开采环境智能化、技术设备智能化、生产过程控制可视化、信息传输网络化、生产管理与决策及生产经营科学化。

煤矿智能化建设是以煤矿采掘系统的完整过程和具体需求为基础,以地理空间为参考系,以煤矿综合自动化技术、在线检测技术、计算机技术、网络技术和采矿专用技术为支撑,建立起系列化的数据采集、传输、分析、输出和决策支持模型以及软硬件系统,实现采矿过程的信息化管理,有效减少安全生产事故的发生,实现全矿井人、财、物、产、供、运、销整个信息链的信息融通,建设成安全、高效、绿色、智能的矿山。

智能化矿山总体架构如图2-1所示。

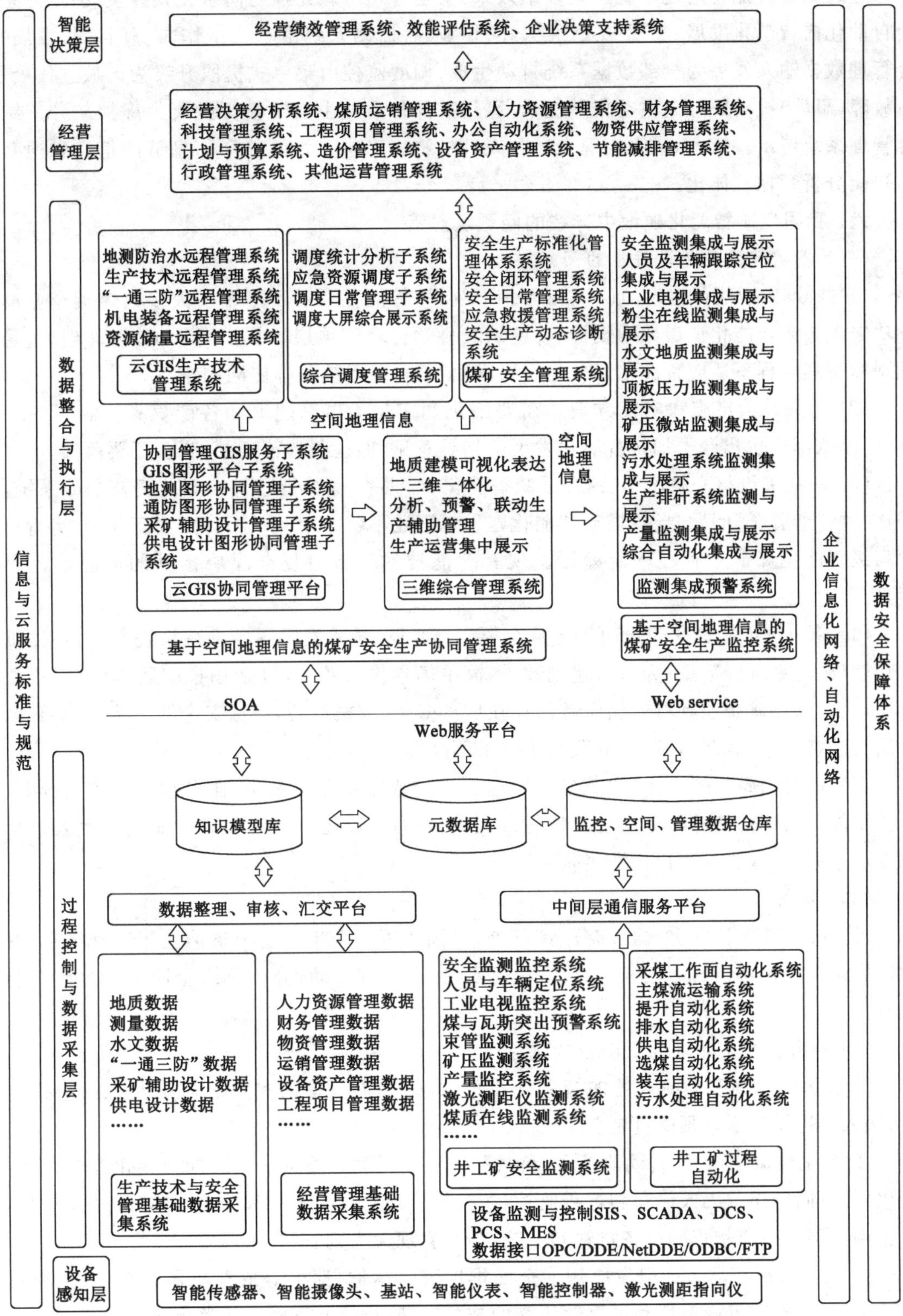

图 2-1 智能化矿山总体架构

通过煤矿智能化的建设应达到以下效果：安全管理由事先预防向事先预控发展；生产系统由自动化向智慧化发展，实现少人（无人化）作业；各监测系统由单一工作向协同工作发展；综合管理数据输入发展为全部数据系统自动生成；调度监控由菜单式提取升级为区域立体展示，由故障（事故）被动跟踪向主动报警提示发展；矿井各系统由二维模拟发展为虚拟矿井三维综合管理系统展示。综上，最终实现全矿井人、财、物、产、供、运、销整个信息链的信息融通互联和智能分析管控一体化。

六、我国煤矿智能化建设中存在的问题及对策

（一）煤矿智能化建设存在的问题

（1）对煤矿智能化建设的认识和理念不统一，智能化发展不平衡。大多数煤炭企业没有下功夫做煤矿智能化顶层架构设计，普遍缺乏科学合理的顶层数据治理架构，管理理念、管理机制和管理规程不适应智能化煤矿建设要求，智能化巨系统兼容协同困难。

（2）相关政策措施和实施方案还需要细化和实化。尽管国家和各产煤省出台了一些政策，国家八部委也出台了加快智能化发展的指导意见，但这些政策还要细化，还要落实。

（3）一些关键核心技术和装备，系统智能化、智能系统化、智慧矿山等关键核心的系统，还存在一些"卡脖子"问题，导致煤矿智能化建设水平还不够高，与系统完备、功能齐全、运行可靠的高级智能化煤矿还存在一定差距。现有智能技术装备对复杂煤层条件的适应性还存在不足。

（4）部分煤矿智能化建设由于未从全要素技术链、技术发展图谱进行系统布局，往往重硬件轻软件、重系统轻数据；为追求建设效果，简单场景投入较大，复杂场景问题难解决，资源投入反而少；从煤矿企业到行业供应链仍存在信息壁垒、数据孤岛，数据安全缺乏保障，导致数据无法流动、知识不能共享、产业链数字化水平不高等。

（5）智能化需要的人才，尤其懂行业懂技术的智能化专门人才，在多数企业还比较匮乏。行业智能化人才的培养教育和交叉学科、综合学科的建设还不够。煤矿智能化从业人员整体技术水平偏低，缺少专业化运维团队。

（二）解决对策

（1）认真贯彻党中央、国务院决策部署，巩固全国安全生产专项整治三年行动结果，继续锁定煤矿智能化建设目标任务，强化责任落实，突出示范带动，分类分级全面推进煤矿智能化建设。

（2）全方位全链条加强煤矿智能化建设。

① 提升安全风险检测预警的智能化水平，推进井下采掘的重点区域工业视频监控全覆盖，深入推进煤矿双重预防机制。

② 深化机械化换人、自动化减人、科技强安专项行动。重点推进采掘智能化、辅助系统无人化、井下固定岗位无人值守和远程监控，积极推广应用已经相对成熟的先进适用技术装备。加速淘汰国家明令禁止的设备材料和工艺技术，实现无人则安、少人增安。

③ 推广煤矿机器人的研发应用。全面推广胶带运输、巡检等成熟机器人装备，加快对超前支护、钻孔施工等稳定性和可靠性研究的技术突破，攻关井下搬运机器人等项目。

④ 提高煤矿安全监管监测信息化水平。

(3) 把智能化作为结构调整重要抓手。

① 通过严格执法,用市场化标准手段倒逼不具备安全生产条件的煤矿淘汰退出,尤其是年产30万t以下的冲击地压、煤与瓦斯突出灾害风险严重的煤矿。

② 通过煤炭的产能置换和财政奖补资金的政策引导智能化水平低、自然条件差、竞争力弱的煤矿主动改革。利用产能置换、产能核增等政策,提高煤矿规模化、智能化水平。

③ 以实现机械化为基本条件,以开展智能化建设为优先条件,对剩余资源多、安全有保障的煤矿进行升级改造,将需保留的少量满足特别需要的小煤矿作为重点安全监管监察改造对象,推动其机械化、智能化改造升级。

(4) 认真总结各地智能化建设的经验和做法,进行典型示范,经验推广。

① 因地制宜,因企制宜,针对智能化试点矿井建设过程中遇到的问题和困难,要支持、要投入、要攻关、要积极创造条件,支持试点、创造经验,也要从理念、系统框架、智能装备、综合管理、经济投入等方面,制定实施科学、合理、先进的智能化改造升级建设方案。

② 探索创建少人无人矿井。积极对标国内外智能化煤矿的先进技术设备、管理理念和服务模式,推动少人无人示范矿井建设,加大重点产煤地区扶持力度,探索建成一批少人无人的示范矿井。

③ 总结推广典型经验。在试点建设的基础上,总结凝练一些可复制和推广的建设与管理经验,加大在主流媒体和新媒体的宣传报道,营造智能化建设的良好舆论环境。

(5) 加大组织保障和政策支持力度。

① 加强组织领导,建立智能化发展长效机制。建立协调工作机制,推动煤矿智能化建设。

② 健全法律法规,进一步为煤矿智能化发展提供法规制度保障。

③ 加大政策扶持。国家有关部门要在安全生产费用的提取使用、煤矿安全改造专项政策方面,及时制定一些支持智能化建设的实施细则和管理办法。各地也要结合实际,加快出台一些配套政策,加快煤矿智能化建设。

④ 构建知识型+技能型+创新型人才培养体系。支持和鼓励高等院校和职业技术学校开设煤矿智能化相关专业课程,培育一批精通采矿工程、信息与计算科学、人工智能等专业的复合型人才。加强对煤炭行业从业人员的信息化、智能化知识培训,培养专业技能型人才。

第二节 煤矿智能化关键技术及装备

一、智能化采煤工作面关键技术及装备

(一) 综采工作面智能化的目标及发展历程

综采工作面智能化是在自动化基础之上,以工作面少人化或无人化为目标,结合机器视觉、三维激光扫描、多传感器融合等信息感知技术,采用工业互联网、物联网、云平台等数据传输方法,通过大数据分析与挖掘、深度神经网络、多智能体决策等,实现综采工作面设备的智能、自主、最优控制。

综采工作面初级智能控制以远程视频监控为主要信息感知手段,以设备的程序化控制为目标,采用经验存储、顺序控制、反馈控制等方法,实现采煤机记忆截割、工作面调直、液压支架自动跟机移架等功能。2008年,澳大利亚提出LASC(Longwall Automation Steering Committee,综采长壁工作面自动控制委员会)技术,包括工作面调直、采煤机自动控制、通信及操作接口、信息系统、防撞系统、状态监视等6个功能模块。2014年,我国黄陵煤矿率先在国内实现了综采设备远程可视化监控和记忆割煤。2016年左右,我国引入LASC技术,在兖矿集团转龙湾矿、陕煤红柳林矿、宁煤麦垛山矿和陕煤凉水井矿推广应用。

2012年,以深度学习为代表的新一代人工智能技术取得重大突破,并迅速应用于计算机视觉、大数据挖掘、智能控制等领域。2017年3月,我国首次把人工智能写入政府工作报告,极大地促进了综采工作面智能化的发展,其中,煤岩分界线识别、井下视频目标跟踪、巷道激光点云重建、工作面三维地质模型、工作面设备群组智能控制、煤矿大数据分析等关键技术取得可喜进展。综采工作面的智能化水平也正从初级阶段逐步往高级阶段迈进。随着人工智能研究的纵深发展,综采工作面信息感知、智能决策和最优控制等核心问题将取得突破,综采工作面的智能无人化开采必将实现。

(二)综采工作面智能化开采系统架构

综采工作面成套设备主要包括信息感知系统、液压支架、采煤机、运输系统、供液系统等几部分。各部分通过工业现场总线、以太环网等建立数据链路,可实现地面远程控制、平巷集控仓集中控制和设备本地控制。目前,典型的智能化综采工作面结构如图2-2所示。

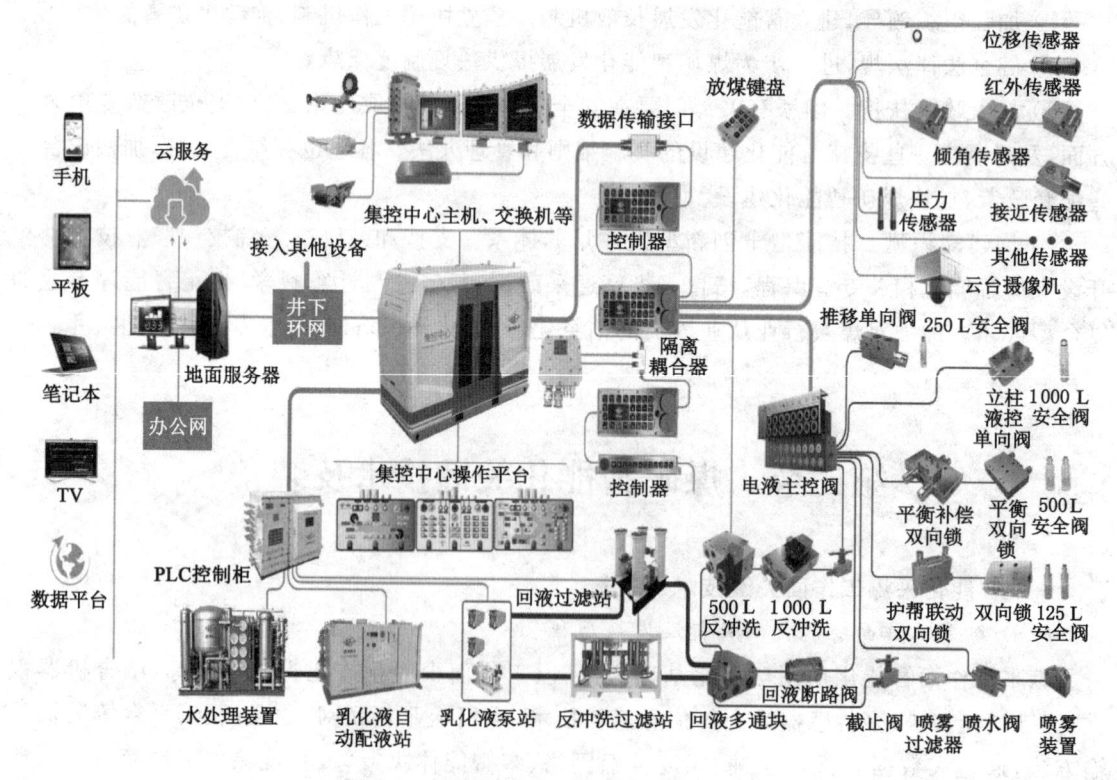

图2-2 智能化综采工作面典型系统架构

目前，综采工作面的被控对象主要是液压支架、采煤机和刮板输送机。智能控制系统以平巷集控仓和支架电液控系统为核心，形成了信息感知、智能决策、驱动执行、反馈评估的集散控制方式。其中，由摄像头、压力传感器、红外传感器、位移传感器和接近传感器等构成的信息感知子系统为系统决策提供工作面环境、设备运行状况、设备姿态等信息。供液系统主要为支架电液控提供驱动力，同时也为工作面喷淋装置提供水源。电液控系统是支架的控制核心，其根据感知的信息，通过控制策略对动作做出决策。而平巷集控仓实现采煤机、刮板输送机、支架群的远程协调控制。工作面的视频信息、地质信息、设备信息、操作过程等数据通过工业以太网上传至地面服务器，为地面监控中心提供实时数据。同时，这些数据通过互联网进入云平台，为云端用户提供实时的可视化数据及分析结果。

（三）采煤机智能化技术现状及难点

采煤机是综采工作面的核心设备。目前，采煤机的智能化主要围绕滚筒运动调节和牵引控制两个方面展开研究和工程实践。

采煤机牵引系统采用变频器控制牵引电机驱动采煤机在行走齿轮上往返运动。由于牵引系统的控制精度要求不高，且变频调速技术已经较为成熟，所以牵引控制本身已能满足智能系统的需求。但是，由于牵引控制关系到采煤机的位置和姿态，进而影响到煤壁的截割工艺，因此，采煤机的牵引控制衍生出两个主要问题：采煤机的定位技术和规划开采技术。

人工操作模式下，在截割煤壁时采煤机司机可以根据顶板和底板的起伏，手动调节采煤机滚筒升降，避开顶底板的岩层。而在智能化开采模式下，采煤机需要根据感知信息自主调节滚筒高低。然而，目前工作面精确的地质信息尚不完善，煤岩分界面识别技术尚未攻克，无法做到实时感知顶底板状态，因此，采煤机滚筒还无法实现真正的智能化调节。在此情况下，记忆截割是一种较好的半智能化解决方案。此外，在滚筒截割过程中，煤层变化和滚筒截深不同会导致截割部的负载变化明显，造成负载扰动。如果滚筒调节的控制算法不适配，将导致滚筒的调节鲁棒性变差、精度达不到要求，这是采煤机智能控制领域面临的重要问题之一。

（四）采煤机定位技术现状及难点

采煤机精确定位是记忆割煤、液压支架动作、开采工艺决策的基础。目前，采煤机定位方法主要有3种：红外传感器定位、编码器定位和惯性导航装置定位。

1. 红外传感器定位

红外传感器定位是将红外发射装置安装在采煤机上，在每台支架上安装红外接收装置。当采煤机经过液压支架时，支架上的红外接收装置输出开关信号，从而确定采煤机相对于支架的位置。由于采煤机上发射的红外线是扇形区域，常常导致多台支架同时接收到信号。因此，需要设计相应算法对接收到的架次信息进行修正。

工作面回采是动态的过程，使得空间定位难以找到恰当的绝对参考位置。而红外传感器定位方法能够为采煤机提供相对于支架的参考位置，这为支架的"降-移-升"和采煤机的截割规划提供了位置基准。但这一方法的定位精度低，而且红外传感器会遭遇砸损、进水、煤尘覆盖等干扰因素，导致数据丢失，进而引起采煤机定位出现丢架、跳架的情况。

2. 编码器定位

编码器定位是在采煤机牵引部位安装编码器，记录采煤机的增量位置。编码器的定位精度高,故障少,目前已被广泛使用。为了防止累积误差,在回采过程中需要进行定时校正。

编码器位置校正有静态校正和动态校正两种方式。其中,静态校正是在工作面某固定位置安装接近开关,当采煤机处于该位置时,对编码器数据进行校正,从而确定编码器值与工作面位置的关系。动态校正是编码器与红外传感器定位相结合的方法。该方法首先建立编码器输出与红外传感器位置的映射关系,然后在采煤机运行过程中,当通过红外传感器可以确定采煤机的相对位置时,对该映射关系进行修正。编码器动态校正方法融合了编码器和红外传感器的信息,使得采煤机定位更加准确。

3. 惯性导航装置定位

将惯性导航技术应用于采煤机定位并绘制采煤机的运行轨迹是 LASC 的核心技术之一。目前,国内外在采煤机定位中应用的惯性导航装置均采用捷联方式。

在惯性导航系统运行之初,需要通过位置校正算法进行位置标定,即通过北斗或 GPS 等导航卫星明确采煤机在导航坐标系中的位置。然而,在井下无法接受北斗或 GPS 信号,因此,每次开机均需做一次位置初始化标定。在标定时,无论采煤机处于何种位置或姿态,均会被初始化为预设值,这就使得惯性导航仅能提供采煤机的相对位置信息。当采煤机长时间运行后,产生的累积误差可能导致导航坐标偏差较大,因此,需要通过位置校正算法对惯性导航装置在导航坐标系中的位置进行校正。

将惯性导航应用于采煤机定位,不仅可以提升采煤机自身的位置和姿态感知能力,也可以为记忆截割、工作面调直等其他工艺提供重要的信息。

(五)采煤机姿态检测技术现状及难点

在无人开采条件下,采煤机的横滚角、航向角、俯仰角等姿态信息是割煤工序和参数设置的重要依据,如俯仰角直接决定了摇臂的高度,航向角则关系到斜切进刀的深度。因此,如何检测采煤机的姿态信息是采煤机智能化技术的重要方向之一。测量姿态的检测主要采用倾角传感器和惯性导航装置,这两类检测方法在实际工程中均有成熟的应用方案。

采煤机的姿态信息必须与工作面顶底板的地质状态相匹配,才能真正实现采煤机滚筒的自适应调节等智能控制,然而,当前煤层的顶板识别技术仍然是技术难题,因此,在工程应用中采煤机的姿态信息检测应用相对较少。为了解决这一问题,部分学者将煤层地质信息与惯性导航装置检测的位姿信息相结合,提出了采煤机的定位定姿算法。2015 年,有人提出利用地震波探测技术对工作面建立精确的地理信息系统,将采煤机定位在煤层中,并根据采煤机的姿态信息确定滚筒与工作面顶板和底板的位置关系。该方法能使滚筒的截割轨迹与地理信息系统的顶板曲线之间的误差小于 0.2 m,经过消差处理后该误差可小于 0.05 m。

(六)记忆截割技术现状及难点

记忆割煤通常是人工示范一刀或两刀,并记录采煤机的位置、摇臂高度等信息,在自动截割时,通过查表或模型映射等方法为采煤机动态提供割煤参数。目前,采煤机自动割煤技术已在多个煤矿推广,并取得了较为显著的效果。但是,即便在顶底板条件都较好的煤矿,记忆割煤一般在几刀后仍需要进行人工校正,主要原因有两个:一是采煤机位置定位精度不高,二是采煤机姿态信息欠缺。为了解决以上问题,需采用惯性导航装置对采煤机进行绝对位置定位。在此基础上,通过工作面直线度调整,可以减小偏航姿态带来的滚筒调高误差。但是,目前采用惯性导航的姿态信息来矫正采煤机摇臂高度的方法尚需进一步研究。

（七）液压支架智能化技术现状及难点

液压支架是工作面安全支护的核心设备。综采工作面通常有上百架液压支架同时作业，完成顶板支护、煤壁护帮、刮板输送机推移等工序。自电液控技术成熟以来，液压支架的升架、降架、移架、护帮板和伸缩梁的伸缩等动作均已能实现程序控制。目前，在智能化综采工作面中，液压支架智能控制的关键技术主要集中在支架姿态感知、跟随采煤机的自主移架和工作面直线度调整等3个方面。

液压支架的姿态信息是综采工作面动作控制的基础。特别是液压支架组动作时，如果其姿态信息不准确，支架容易出现咬架、倾斜、低头等情况，严重影响设备后续操作，甚至危及工作面安全。因此，需要对液压支架的姿态进行检测，并在其动作过程中对姿态进行控制。

倾角传感器的装配和校准对液压支架的姿态检测至关重要。然而，在工程应用中，装配不当、校准不够精细、环境温湿度变化等因素经常导致检测精度不高，甚至检测失效。

液压支架姿态的调整主要是通过支架的推移千斤顶、抬底千斤顶、底调千斤顶实现。目前，仅有推移千斤顶的油缸安装有位移传感器，且采用开环控制方式，导致对液压支架姿态的调整仍处于人工调整阶段。在智能开采模式下，如果要实现对支架姿态的自动精确调整，就需要对上述3个千斤顶实现闭环控制，建立必要的控制模型，设计合理的控制算法。

（八）液压支架自动跟机控制技术现状及难点

液压支架自动跟机控制技术是液压支架根据采煤机的运行方向和位置等信息，针对不同的采煤工艺，在采煤机运行前方执行收护帮板，在采煤机后方执行伸护帮板、伸伸缩梁、成组推移刮板输送机、拉架等动作，这一系列动作是液压支架、采煤机和刮板输送机之间的协同控制，如图2-3所示。

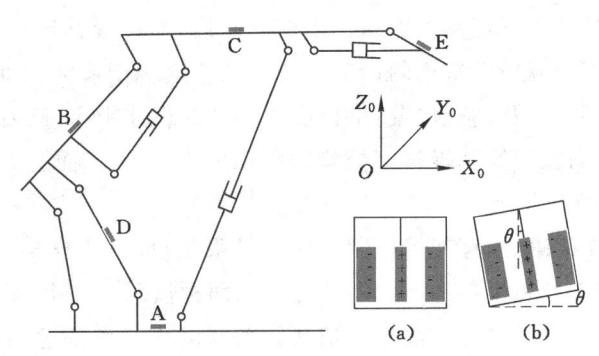

A—底座倾角传感器；B—尾梁倾角传感器；C—顶梁倾角传感器；D—四连杆倾角传感器；E—护帮倾角传感器。

图2-3 液压支架机械结构与姿态测量单元

目前，液压支架自动跟机控制技术在倾角较小、顶板条件较好的综采工作面的中部应用较为成熟。其中，当采煤机位置和运行方向确定后，如何根据割煤工艺确定相应位置液压支架的动作是自动跟机控制的核心。常用的方法，一是建立采煤机与对应液压支架动作的规则库，以查表的方式确定支架动作；二是建立采煤机位置与液压支架位置之间的函数关系，在线直接求解液压支架的动作。但在实际工程应用中，由于地质条件和设备运行状态的影响，仍然存在跟机缓慢、丢架、端头跟机困难等问题。其主要原因包括以下方面：

（1）液压支架的移架控制是根据采煤机的运行速度，将位于采煤机后方一定数量的液压支架通过推移千斤顶移动到刮板输送机的控制。

（2）液压支架自动跟机控制需要完成"降-移-升"、护帮板伸缩、喷雾等成组动作。在顶板和底板地质条件较好、煤层分布均匀的工作面，上述自动跟机控制可以采用相对固定的顺序逻辑，通过查表或者计算直接获取液压支架的执行动作。然而受复杂地质条件和设备运行状态的影响，部分执行顺序可能需要重新配置，如带压移架需要减少成组移架的数量、底板起伏则需要调整采煤机运行到可以移架的液压支架的距离等。特别是当发生跟机缓慢、丢架等事件时，上述固化的顺序逻辑控制有可能使得整个移架过程出现错乱。因此，如何感知工作面的环境变化和液压支架的自身工作状态，使液压支架具备自适应控制功能，从而实现智能跟机控制是目前面临的一大难题。

（九）工作面自动调直技术现状及难点

在回采过程中，液压支架不断推动刮板输送机向着回采方向移动。在液压支架推移刮板输送机过程中，由于底板地质条件差异和刮板输送机与液压支架之间的链接间隙，常常在相同的推移方式下各支架产生不同的推移距离，造成刮板输送机的直线度较差。若长时间处于该状态，易引起刮板链条断裂。此外，工作面的推移会发生偏移，可能导致液压支架支护不到位，从而影响安全。因此，回采过程中需要经常对工作面进行调直。

工作面智能调直需要解决两个关键技术：工作面的直线度感知和直线度调整。

工作面直线度感知的实质是获取刮板输送机在导航坐标系中的空间位置。目前，工程中常用的测试方法有钢丝量测、测距传感器量测、惯性导航反演量测、光纤光栅传感器量测和机器视觉量测等几种类型。

工作面直线度调整是在测定刮板输送机当前状态后，通过推移千斤顶使液压支架达到指示的期望位置。目前工程应用中常用的调节方法可认为起源于澳大利亚的LASC系统，根据工作面的实际位置（轮廓线）及期望位置，给出需要移动的最佳距离，然后采用闭环基础控制策略，通过对推移千斤顶的控制实现推移刮板输送机和拉架，使工作面达到期望的直线度。

（十）工作面设备协同控制技术现状与难点

综采工作面液压支架跟机、移架等控制本质上是采煤机、液压支架、刮板输送机的协同控制，包括顺序逻辑系统控制和设备运动状态适配协同两种情况。其中，顺序逻辑系统控制以采煤机位置变化为依据，动态确定对应液压支架执行关联动作。设备运动状态适配协同主要是指采煤机牵引速度与液压支架动作适配、采煤机割煤量与刮板输送机运力适配等。目前，针对这一难题，多采用定性分析的解决思路。然而，上述问题相互影响，单一解决某个问题，无法获得较好的控制效果。为此，采用全局最优规划思路，建立工作面设备之间的空间位姿关系等多个模型，将全局最优问题纳入最优控制问题，并提出一种多模态控制策略。传统的建模方法以系统传递函数或微分方程为基础，根据设备的物理特性和动态过程建立严密的数学关系，并在此基础上建立控制算法。在此框架下，采煤机、刮板输送机、液压支架等设备均需抽象成为数学模型，再设置如安全约束、负duty约束等系统约束条件，同时根据需要优化的性能指标，如生产效率、产量、能耗等，建立系统层级性能指标函数，最后采用最优控制、自适应控制等理论设计控制算法。另外在设计算法时,通常考虑系统的稳定性、响应的快速性和控制的精确性。

(十一)供液系统智能化技术现状及难点

供液系统是综采工作面液压支架的主要动力源,是液压支架能否及时准确执行给定动作的决定因素之一。综采工作面供液系统主要由综合供水净化站、乳化液自动配液站、乳化液泵站、高压反冲洗过滤站和回液过滤站组成。工作面供水管中的地下水在供水净化站中经过粗过滤、软化和精过滤之后,形成pH值为6.5~7.5,硬度小于100 mg/L的纯水。纯水和矿用乳化油在乳化液自动配液站中按照既定比例配成乳化液。当液压支架有供液请求时,乳化液泵站启动将乳化液加压,通过高压反冲洗过滤站后供应液压支架千斤顶。当液压支架回液产生后,乳化液经过回液过滤站后进入乳化液泵站。

目前,综采工作面供液系统是"机-电-液"一体的复杂系统,其智能化关键技术主要集中在智能协调控制和故障智能诊断两个方面。在工程应用中,由于对机械振动、磨损、爆管等机械故障及油污、油液磨损等油液品质检测的机理尚未成熟,故障诊断主要集中在压力、温度、电流等常规参量的检测。在智能协调控制方面,主要的关键技术包括乳化液自适应恒压供液及乳化液自动配比两个方面。

1. 多泵恒压控制技术现状与难点

供液系统的乳化液泵站一般包含两台以上的乳化液加压泵,为液压支架提供高压乳化液。乳化液加压泵的运行方式决定了液压支架供液的稳定性。供液系统中,普通的运行模式是单泵或多泵长时间循环运行。当液压支架不执行动作时,容易造成压力过大,冲击溢流阀,延缓液压支架移架跟机;而当多台液压支架同时执行多个动作时,又容易造成乳化液压力过小,导致液压支架执行动作缓慢。

目前,乳化液泵站多采用变频器控制。系统通过流量和压力传感器检测供液油路的状态信息,反馈给变频器启停对应的加压泵。在工程应用中,为了确保压力的稳定性,在每一台加压泵的输出端加装溢流阀。当供液回路中的压力大于设定溢流阈值时,溢流阀打开,供液回路的乳化液通过溢流回路进入泵站油箱中。由于溢流阀设定了供液回路的压力上限,因此工程中仅通过简单逻辑判断来控制加压泵的启停,而忽略流量控制。在此情况下,多泵恒压控制就简化成了单输入单输出的线性控制系统,简单的开关控制就可满足工作面的供液需求,这也是目前关于多泵恒压控制智能化算法研究不多的主要原因。

然而,该控制算法仍然存在供液压力不稳定的情况,容易出现加压过缓或压力冲击的现象。为解决压力过缓就需要增加加压泵数量,但是供液回路的压力传导本身具有时滞特征,这就导致了从控制算法上难以根治。为此,在供液回路设计一种储能器,增加物理上的压力缓冲机构,以弥补算法的不足。在算法层面,简单的开关控制对单一泵的调节十分有效,但无法有效协调多个加压泵工作。为解决这一问题,提出一种协同控制机制,构建液压支架跟机速度和供液系统压力变化之间的映射模型,通过供液系统与液压支架动作逻辑的交叠关系产生变频器的控制规则,实现供液系统的恒压自适应控制,但有待工业实践检验。

2. 乳化液自动配比技术现状与难点

按照国家标准,综采工作面乳化液配比浓度需要控制在3‰~5‰。若浓度过低,将会增加机械磨损,损坏关键部件,缩短设备的使用寿命;若浓度过高则会增加乳化油的使用成本。

乳化液自动配液站的净化水通过水泵和减压阀进入配比器。油箱中的乳化油在虹吸作用下，通过配比浓度调节阀进入配比器。其中，净化水回路中的减压阀和乳化油回路的配比浓度调节阀是乳化液配比浓度的关键设备。目前，这两个设备调节均采用人工操作。

为实现无人乳化液浓度精确配比，需要解决乳化液浓度检测和调节阀的可控问题。目前，乳化液浓度检测多采用浓度传感器通过透光效应实现，但是检测精度较低。因此，提升乳化液浓度检测精度是关键难题。此外，针对调节阀可控的问题，通常的解决思路是分别采用油泵和水泵自动向配比器注入乳化油和净化水。如设计了一种对冲喷嘴，净水回路和乳化油路分别采用水泵和油泵控制二者的流量。但这类方法增加了系统的复杂性，且注入的水和乳化油的压力均衡性得不到保障，常导致配液浓度不均匀的问题，实际工程中应用较少。因此，研制供液压力均衡的可控调节阀是乳化液自动配比的又一关键问题。

（十二）采煤工作面运输系统智能化技术现状及难点

综采工作面的运输系统主要由刮板输送机、破碎机和桥式转载机组成。刮板输送机将采煤机截割的煤运到桥式转载机中，经过破碎机破碎后进入带式输送机送出地面。目前，刮板输送机、桥式转载机多采用高压大功率变频控制。运输系统智能化的技术难点主要集中在刮板输送机故障诊断、煤流检测、负载均衡协调控制等几个方面。

1. 刮板输送机故障诊断技术现状及难点

刮板输送机的故障主要表现为电机故障和链条故障两类。大多数刮板输送机由变频器控制，而在变频器中一般都具备成熟的检测方法来保护短路、过载、欠压等电机故障。因此，刮板输送机的故障诊断主要集中在链条故障上。链条故障主要包括链条张力过大、松弛和断链故障等。上述状态都可以通过链条张力检测系统发现。目前，张力检测主要分为应变片压力检测、张紧油缸压力检测、刮板运动状态检测等。

应变片压力检测是将电阻式单轴应变片紧贴于链条内侧，通过检测应变片的形变间接测量张力，张力数据通过无线方式传出。张紧油缸压力检测是在油缸中安装压力传感器和位移传感器，通过油缸压力和位移反映链条张力。刮板运动状态检测方法是通过霍尔元件等设备，检测刮板输送机上刮板的运动状态。

在实际应用中，由于刮板输送机的链条需要拉着堆煤运行，并且容易遭受落煤的撞击，因此安装在链条上的应变片容易损坏。而刮板输送机上刮板容易受到堆煤干扰，且不能定量检测张力，因此刮板运动状态检测方法应用并不广泛。目前，应用最多的是张紧油缸压力检测方法。但由于油缸压力是链条张力的间接量，因干扰因素较多，无法精准检测链条张力。

2. 刮板输送机智能调速与煤流检测技术现状及难点

目前，刮板输送机启动后通常以额定速度运行。然而，当采煤机尚未割煤或割煤量较少时，刮板输送机在额定速度下运行将造成较大的电力浪费。为降低系统能耗，刮板输送机的运行速度应该与煤流量关联，即负载煤流量少时，运行速度低；当负载煤流量达到一定程度后，再以额定速度运行。目前，大多数综采工作面的刮板输送机均采用高压变频控制，具备动态调速功能，只要参考速度确定，即可设定刮板输送机的运行速度。然而，在实际工程应用中，由于煤量检测方法无法提供参考速度，因此变频器绝大部分仅使用了软启动功能，没有实现速度的自适应调节。根据煤流量的精确检测结果确定刮板输送机的动态参考速度是智能变频调速的基础。

目前，常用的煤流检测方法有负载电流检测法和断面扫描法等。负载电流检测法是通过对比刮板输送机空载电流与负载电流之差来确定运输机上的煤流量。然而，在实际应用中，刮板输送机的刮板与槽之间的摩擦力较大，特别是在液压支架推移刮板输送机形成的S弯处，不同的弯曲程度造成的摩擦力变化较大，从而导致电机的负载不均匀。因此，直接采用负载电流法检测刮板输送机上的煤流量会出现较大的误差。理论上断面扫描法是一种较为精确的煤流量检测方法，但是这一方法存在刮板输送机边界难以确定、光斑去噪、摄像头污损等问题。目前刮板输送机的煤流检测还处于理论研究阶段，尚未有成熟技术应用于工程实践。

二、智能化掘进工作面关键技术及装备

掘进工作面是采煤的"开拓者"，其工作环境较为恶劣，危险系数较高。全面提升其智能技术水平，对于减轻工人劳动强度、提高综合采掘效益具有十分明显的效果。

（一）综掘工作面智能化开采技术要点

1. 综掘工作面智能化开采工序设定

综掘工作面智能化开采技术主要以煤壁为输入对象，输出对象为开掘的煤炭和成型的巷道。在具体工作中，系统通过视频控制、生产控制和检测控制等模块进行工作。整个系统内各个工作模块职能相互协同，共同完成智能化掘进。与传统工作面相比，综掘工作面整体信息源更为复杂，可控与不可控、可测与不可测信号相互交叉。工作面检测时，先检测岩层运动，后进行地质勘察，再检测水源，最后根据检测情况进行瓦斯抽采。生产控制环节主要包括运输、支护及割煤。视频控制主要包括对排水、通风和供电进行监控。

2. 综掘工作面智能化关键技术

（1）综掘工作面巷道变形智能控制技术。随着煤炭开采强度的不断提高，对综掘工作面生产自动化水平的要求不断提高。目前，许多煤矿已进入深部开采，与传统巷道支护相比，综掘工作面支护发生了较大变化。若巷道开挖之后，不能在第一时间进行有效支护，巷道塑性变形区和围岩破碎区将急剧增大。在整个变形过程中，如能及时给予高强锚网索支护，可有效控制巷道变形。综掘工作面智能控制技术应具有智能控制和智能感知的功能，需在进行开掘之前，结合煤矿实际地质条件及综掘工作面开掘需求，研究出符合综掘工作面实际需要的智能化控制方案，确保准确预测围岩变形并智能控制围岩变形。

（2）掘进机智能化技术。在综掘开采的过程中，掘进机是关键设备，当前掘进机智能化关键技术为断面智能成型控制技术、煤岩智能识别技术及掘进机姿态定位技术。在定位技术当中，当前已经取得较好应用效果的是机器视觉测量定位技术、激光制导技术及惯性导航技术，能够将巷道开掘过程中巷道和掘进机之间的耦合关系展现出来，在巷道掘进过程中形成自主导航体系。

（3）综掘面锚杆支护智能化技术。从当前综掘面支护情况来看，锚杆支护仍旧是常见的支护技术，从该技术的智能化应用情况来看，其中关键技术为安装智能化、铁丝网铺设智能化及钻孔智能化。现阶段，安装智能化水平与钻孔智能化水平相对于先前已经取得了较大的进展，特别是在使用了掘锚一体机之后，整体的支护效果更好，但是铺设网整体的智能化水平相对于实际需求仍旧有着较大的提升空间，并没有形成一整套完整的智能化铺网方案。从当前

支护智能化技术开展情况来看,可以在锚杆支护设计过程中,进行更深层次的优化,提升铺网的智能化水平。

(4) 综掘面运输系统智能化技术。随着综掘面规模的不断扩大,运输系统智能化已经成为整个综掘系统智能化的关键。从当前运输系统智能化开展情况来看,主要在于补给运输、材料运输及原煤运输智能化。从具体工作来看,受到综掘面空间影响较大的是补给智能化及材料运输智能化。从未来发展情况分析,装卸材料可由智能装备或者机器人进行,全面推进综掘面运输系统智能化发展。

(5) 视频监控智能化技术。视频监控是综掘面智能化发展的关键。综掘面相对于煤矿井下其他工作面的特点就是其视频晃动非常明显,粉尘量非常大,影响远程视频的效果,所以构建综掘工作面成像轮廓与掘进机转速、电流、机头温度等工况参数的非线性规律关系,探索基于热成像技术的综掘工作面高清成像研究,是提升综掘面视频监控智能化水平的关键。

(二)煤矿远程智能掘进面临的主要挑战

随着掘进工作面智能化的研究不断深入,近几年已经成为煤矿智能化研究的热点,但是在相关基础理论、设备定位、定向导航与纠偏、成型截割、协同控制等方面还存在不足。

1. 掘进状态感知基础理论研究不足

煤矿井下存在低照度、高粉尘、水雾、振动以及电磁干扰等因素影响,很多地面成熟技术及设备在井下应用时面临严峻挑战,机电设备位姿、工况等感知元件的安装也由于防爆、供电等特殊要求存在诸多困难。远程控制模式下需要井下设置更多、更全面的感知传感器,为远程监控人员提供设备位姿、工况数据、设备与环境变化等方面信息,避免"盲人摸象",在保障设备可靠性的同时实现多维数据可视化呈现。矿井环境下的不同感知手段适应性设计理论、多设备协同控制决策以及远程控制网络实时性等方面的基础研究应该引起广泛重视。

2. 掘进机定位问题尚待突破

掘进工作面设备定向与定型截割、设备群碰撞预警与协同控制,都受制于位姿测量的准确性和可靠性。针对掘进机的精确位姿测量问题,国内外众多高校、研究机构开展了卓有成效的研究。目前掘进机的自动位姿测量方法中全站仪导向技术对环境要求较高,惯性导航技术定位时间累积误差大,罗盘类传感器精度易受外界电磁干扰,视觉测量要克服井下恶劣工作环境以及相机拍摄姿态等方面影响,但是掘进巷道工况环境恶劣,粉尘质量浓度高,伴随有水雾、杂光干扰以及采掘振动影响等因素,对图像测量的稳定性和可靠性影响很大。因此,如何实现综掘工作面复杂工作环境中掘进机的精准定位、高效开采是一个难题。

3. 掘进机定向导航与成型截割亟待深入研究

悬臂式掘进机的定向掘进是解决巷道掘进方向控制问题的关键。巷道施工中根据位姿误差信息对机身进行控制,连续的航向位姿形成定向导航实际路径,结合截割臂的运动控制可以实现巷道断面的成型控制。非全断面掘进设备需要控制机身和截割头,实现预定截割轨迹的跟踪控制,全断面掘进设备相对简单,仅需关注航向方向位移为掘进进尺提供参考。由于悬臂式掘进机掘进工艺复杂且使用在地质复杂场合,因此国内外对其成型截割控制的研究思路是将截割臂当作一个移动机械臂,进行统一的运动学建模,实现掘进机的自动截割。

4. 设备群协同应用研究不够

智能协同控制技术是智能掘进机器人系统的核心。在掘进工作面掘-锚-支-运-通过程中，设备群协同是实现多工序并行作业的技术基础。在实现单个设备智能控制的基础上，如何对掘进多个任务并行、多个设备智能进行协同控制成为重要研究内容之一。目前，掘进工作面作业线上各设备独立，缺乏信息感知、交流、互通功能，实时协作能力弱、人机交互性差，掘进工艺流程缺乏统一规范，要实现巷道智能化快速掘进，就必须建立掘进设备各子系统之间的并行协同控制机制。

5. 远程控制实时性等基础技术未引起重视

我国煤矿赋存条件复杂，掘进工作面环境恶劣，存在煤层起伏大、顶板松软、夹矸与片帮并存、煤与瓦斯突出等一系列问题，且不同矿区差异大，掘进作业本地控制的自动化、智能化难度较大。虽然地面一键启动、数据驱动远程监控、三维可视化监测等技术得到一定应用，但对井下采掘工作面的远程控制基础理论和技术研究基本处于空白，行业还存在"'快'即为实时，控制没有模型"的理解误区。因此，应重视煤矿网络控制系统实时性保障技术、网络通信系统实时性、数字孪生驱动的远程掘进控制系统模型等基础理论及技术研究。

(三) 远程智能掘进关键技术研究进展

1. "DT+VR"井下掘进人-机-环智能管控技术

(1) 煤矿智能掘进工作面数字孪生 (DT) 技术。随着信息技术与煤矿相关专业的深度融合，少人化、无人化、机器人化、智能化等先进生产理念在煤炭行业快速推广。马宏伟、袁亮、程建远、毛善君等提出了基于虚拟现实 (VR) 的数字矿山设想并进行了大量研究。煤矿"透明"地质条件是实现智能快速掘进的重要基础之一。目前，相关专家学者在基于智能钻探、智能物探、地质数据数字化、地质信息智能化更新和地质信息可视化等多源数据的综合地质建模上开展了大量研究，以满足煤矿智能快速掘进和精准开采的地质条件需求。

(2) 煤矿井下视觉成像系统标定基础理论。近年来，智能视觉技术在煤矿井下迅猛发展，在固定设备及场合视觉监测、煤流检测、人员定位及异常状态识别，甚至工作面直线度和设备位姿测量方面得到一定的应用，但是影响图像质量的防爆玻璃折射、采掘振动，以及高粉尘、低照度和杂光干扰环境下的应用性研究基本空白，影响了测量的稳定性和精度。

2. 煤矿井下掘进机位姿精准测量理论

悬臂式掘进机机身及截割头位姿的实时、准确测量是实现煤矿巷道掘进定向导航和定型截割的基础和核心内容。针对掘进机的自动位姿测量技术方面的研究，专家学者们提出了多种技术方案，并取得了一定的研究成果，目前方法主要有 iGPS 测量技术、基于全站仪的导向和定位、惯性测量技术、超宽带测量技术、空间交汇测量技术和视觉测量技术等。基于全站仪的测量系统由于掘进过程中巷道内粉尘质量浓度大，测量环境恶劣，加之棱镜光路易遮挡，测量结果稳定性亟待解决。基于惯性传感器的掘进机位姿测量系统存在时间累积误差，难以长程连续地提供位置参量，目前的研究热点是如何将井下采掘与施工工艺有机结合解决工程难题。基于立体视觉的掘进机机身位姿检测技术在矿井下的应用主要集中于对车辆与人员的监控，而应用于机身定位方面的文献较少。

3. 定向导航与纠偏技术

煤矿井下掘进设备导航目前有基于惯性导航方式、惯导＋组合导航方式、基于视觉导航方式、惯导＋视觉组合方式。吴淼团队提出的二维里程辅助自主导航方法,通过分析掘进机滑移特点研制出一种外置式二维里程的测量装置,实现了二维里程辅助的组合导航算法。

在实现掘进机位姿检测的基础上,须完成掘进机的自主纠偏以保证巷道截割质量。针对工况复杂且存在封闭边界的受限巷道空间,吴淼等将综掘巷道环境自适应划分为区域栅格,提出将掘进机纠偏影响度作为模型降维与简化的指标,结合掘进机自身运动特点与实际工况,建立掘进机在栅格场景中的自主纠偏运动模型,实现了结合 PID 算法与神经网络的自主纠偏算法,并采用 EBZ-55 掘进机与模拟巷道验证了纠偏算法的可行性。

4. 掘进机智能截割控制技术

针对井下掘进机截割智能化程度低、截割臂摆速不能根据煤岩硬度进行自适应调节的问题,吴淼团队研究了基于多种传感器信息掘进机截割臂自适应截割控制策略和掘进机姿态调整模型辨识与精准控制方法;针对煤矿掘进机机器人化和无人化的目标,提出了一种悬臂式掘进机煤矸智能截割控制系统与方法,提高掘进机截割煤矸的效率和智能化程度;针对常见及复杂构造断面,提出了悬臂式掘进机断面成型轨迹多目标优化方法等。

5. 掘进工作面群组协同与数字孪生驱动技术

按照掘-支-运工序并行提高掘进效率的方向,通过建立掘进机群组位姿和运动关联模型,对多机群组的时空坐标系进行统一,在单机设备自动化的基础上进行多机群组的精准定位与智能导航,解决多机协同并行作业冲突的问题。多设备协同包括两方面:① 建立多个设备之间的空间位置关系,一般通过基坐标系标定来实现;② 协同插补算法,其关键技术是协同轨迹的过渡和对多个运动单元的同步速度规划。

6. 远程网络控制系统实时性

近几年工业通信网络在掘进工作面得到迅速发展和应用,通过部署矿用 5G 设备实现掘进巷道工作区域 5G 网络稳定覆盖,利用 5G 网络可将掘进机运行状态、机载传感器、机载工业视频等数据传输至掘进工作面监控中心及地面调度信息中心,为掘进机远程控制解决了数据和视频传输方面的瓶颈。

但是许多网络协议导致的网络延迟是时变的,如 DeviceNet、无线网络和 Ethernet,将其作为远程控制系统通信通道时必须予以高度重视。具有控制功能的远程掘进系统本质上是典型的网络控制系统,应该考虑不同链路的监测数据和控制数据的差异,特别是为了满足控制性能要求和系统稳定性,需要对 NCS 采样周期进行正确选择。因此,在设计远程掘进控制系统时,必须针对控制器、传感器和执行器的特点研究网络时延对网络控制系统的影响,还要确定合理的采样速率和信息传递的时间间隔,以保证网络控制系统的性能和效率。

(四)远程智能综掘开采技术发展展望

煤矿井下巷道掘进本地控制是将掘进设备作为"移动机器人＋串联机械手"组合体,利用机器人正、逆运动学求解,以设计路径参数为目标,以实时测量数据为反馈,达到伺服控制、轨迹跟踪的效果,形成要求的形状和尺寸的高质量巷道。因此,以机器人技术、数字工作面、精确定位、自主导航、定型截割构建本地控制理论和技术基础,解决远程控制中的多维数据呈现、设备群碰撞、掘进工艺建模和人机协同机制问题,是远程智能掘进的关键。

针对煤矿井下采煤和掘进施工复杂度高、监测数据量大、协同控制难度大、"自动控制+人工视频干预"的控制方案难以实现工作面常态化自动生产等问题,近几年煤炭行业多家研究单位将数字孪生(DT)和虚拟现实(VR)引入采掘工作面设备群远程智能控制决策系统,提出"惯导+"或"视觉+"等多种方法有效解决煤矿井下采掘工作面设备精确定位、自主导航和自主截割难题,"数字煤层、虚实同步、数据驱动、实时修正、虚拟碰撞、截割预测、人机协同"的煤矿井下设备远程控制技术体系已经成为行业建设采掘工作面智能化的共识,这对破解目前煤矿井下工作面煤岩界面预测、少人或无人自动截割控制、设备群间异常检测等难题起到了重要的推动作用。

数字孪生驱动掘进装备远程智能控制技术构架,是通过构建掘进工作面数字孪生体,将井下人员、设备、环境相关信息呈现到数字空间,虚实融合,共智互驱,达到数字掘进与物理掘进智能协同的目标,破解掘进施工中人-机-环共生安全难题。为了聚焦远程控制任务,提出以掘进为控制时空参考的掘-支-运作业机制,以掘进定位、定向导航和定型截割为核心,自动钻锚和高效转运辅助的远程控制构架。图 2-4 为数字孪生驱动掘进装备远程智能控制模型及技术体系示意图。

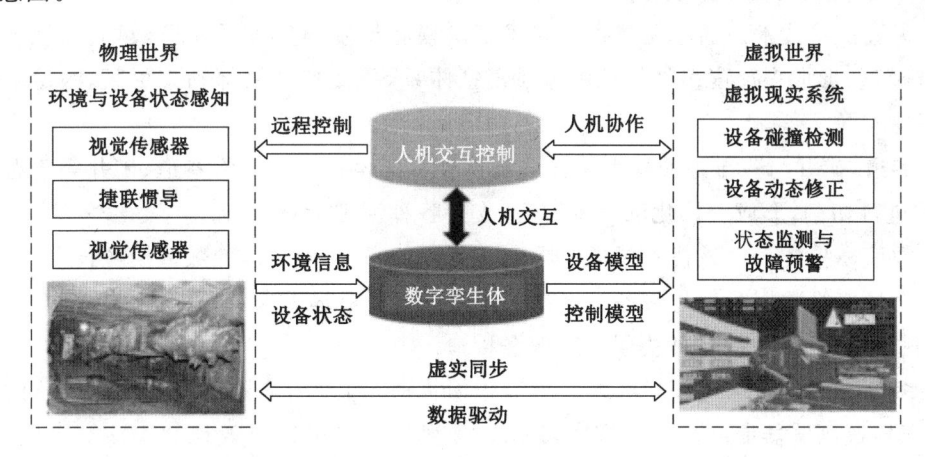

图 2-4 数字孪生驱动掘进装备远程智能控制模型及技术体系

三、智能化地质保障技术及关键设备

(一)智能地质保障系统要求

(1)建立可局部动态更新的多尺度、多精度三维地质模型体系。不同的应用场景对三维地质模型的精度要求不同,因此,应根据需求建立多尺度、多精度的三维地质模型体系,并随着数据的更新,支持使用者根据实际揭露的地质数据,对已建立的地质模型进行实时动态更新与修正,大幅降低后期维护成本。

(2)三维地质模型支持预测致灾因素。根据应用场景建立的三维地质模型应充分、真实地反映出地质情况,并结合监测数据进行模拟计算,从而支撑智能分析,实现对火灾、水害等隐蔽地质灾害的评估、监测及预警。

(3)海量数据管理与大规模高精度三维地质模型 Web 端可视化。使用 Web 端地质保障系统可方便相关部门同步更新、共享与服务。煤炭行业需要的三维地质模型精度较高,数据量较大,因此智能地质保障系统的关键点在于支持海量数据的管理与大规模高精度三维地质模型的Web端可视化。

(二)智能地质保障系统关键技术

(1)多元数据融合分析技术。利用各种地质数据进行地质建模,包括但不限于地质图、剖面、钻孔、物探、地球化学数据等。可快速建立任意复杂高精度地质三维模型,还可以进行DEM模型与地质模型的融合,并具备对矿区地质数据融合分析、地质数据推演等能力。

(2)复杂地质建模技术。该技术可以处理任意复杂地质情况,如煤层倾角、煤层稳定性、断层、褶曲、陷落柱、瓦斯、水文等信息,建立完备的三维地质模型,支持智能估算和核实煤矿煤炭资源/储量以及煤矿瓦斯(煤层气)资源/储量,还可以通过特定的地质数据进行四维动态分析。

(3)三维网格剖分技术。三维网格模型是属性建模与数值模拟的基础,更为大数据技术与人工智能技术的应用创造了更好的条件。北京网格天地软件技术股份有限公司自主研发的顺层截断网格生成技术可完美匹配地质构造模型的几何形状,避免了其他绝大多数建模软件在地层断裂和尖灭出现锯齿效应等的严重偏离现象。

(4)无缝拼接技术。通过无缝拼接技术解决模型精度与尺度的矛盾,建立大规模高精度三维地质模型,形成多尺度多精度三维地质模型体系,并支持其局部动态更新,满足不同应用场景的需求。

(5)巷道、矿井与三维地质模型一体化剖切技术。该技术可以将巷道、矿井等模型与三维地质模型进行切割,形成一体化的三维模型,支持各种模拟计算。

(6)数值模拟技术。该技术包括地层中应力、水流和瓦斯气体的数值模拟技术。

(7)海量三维数据管理与服务。该技术让用户可以根据需求,在平台上自由建立、管理各类数据,任意组建三维场景,并提供多种服务接口。

(8)多分辨率(LOD)可视化技术。当数据量大时,通过浏览器进行三维可视化的速度会很慢,甚至导致浏览器崩溃。多分辨率(LOD)可视化技术可以有效地解决该类问题,使任何规模的数据都可以在Web端高效地呈现。

构建煤矿智能地质保障系统是建立科学、系统、全面的煤矿生态系统的地质基础,是加速煤矿智能化建设,促进我国煤炭工业转型升级的保障。以煤矿智能地质保障系统8项关键技术为基础建立的高精度、动态更新三维地质模型可以辅助矿山设计、巷道掘进、煤炭回采等方面工作,还可为矿井水害防治、煤矿瓦斯治理、冲击地压防治提供帮助。

四、煤矿洗选系统的智能化关键技术及装备

选煤自动化系统是指利用现代信息技术、智能化技术和自动化控制技术对选煤工艺流程进行全面控制和监控的系统。它可以实现选煤过程中的自动控制、故障自诊断、数据采集、数据处理和信息共享等功能。该系统硬件设备包括传感器、控制器、执行器、通信设备等,软件系统则包括自动化控制软件、数据采集软件、故障诊断软件等。

（一）人工智能技术在选煤自动化系统中的应用

1. 故障预警和预防

在选煤过程中，由于设备长时间运行和生产工艺的不稳定性，可能会出现故障或异常情况。人工智能技术可以通过数据挖掘和机器学习算法对选煤过程中的数据进行分析和建模，预测可能出现的故障和异常情况，并在出现问题之前进行预警和预防。

例如，可以使用机器学习算法对选煤过程中的数据进行分析，建立故障分类模型，对可能出现的故障进行分类和预测。通过实时监控和分析选煤过程中的数据，当检测到可能出现故障时，及时发出警报，并提供相应的处理建议，避免故障的发生或降低故障的损失。

2. 数据分析和优化控制

选煤过程中涉及的数据量非常大，包括原煤质量、选煤设备参数、处理流程等。人工智能技术可以利用深度学习算法对这些数据进行处理和分析，提取出有价值的信息和规律，从而优化选煤生产流程和控制策略。

例如，可以使用深度学习算法对选煤过程中的数据进行处理和分析，提取出与原煤质量和选煤设备参数相关的特征，然后通过数据挖掘和机器学习算法对选煤过程进行建模和优化，实现智能化控制。这样可以使选煤生产流程更加稳定、高效和节能。

3. 智能控制

人工智能技术可以实现智能控制，通过对选煤过程中的各个环节进行自主调节和优化，实现选煤生产的智能化。例如，可以利用人工智能技术对选煤设备进行自主调节，实现自动化控制和优化。此外，人工智能技术还可以结合物联网技术，通过与传感器和监控设备进行连接，实时监控选煤设备的运行状态和生产过程，并进行智能化控制和优化。

（二）智能化技术的应用对选煤自动化系统的优化

智能化技术的应用可以提高选煤生产的自动化水平和智能化程度，降低人工干预和管理成本；可以优化选煤生产流程和控制策略，提高生产效率和产品质量；可以实现对选煤过程中的环境参数和能耗的监测和调节，实现节能减排的目标。

1. 物联网技术在选煤自动化系统中的应用

物联网技术是指通过各种传感器和网络通信技术，将各种物理设备和智能终端连接起来，实现信息共享和自主控制的技术。在选煤自动化系统中，物联网技术可以实现对选煤过程中各个设备和环节的实时监测和控制。

（1）设备监测与诊断：通过传感器实现对选煤设备的实时监测和诊断。传感器可以监测设备运行状态、温度、压力等参数，并将数据通过无线网络传输至云端，实现对设备状态的远程监控和诊断，以便及时发现设备故障并进行维修。

（2）生产流程优化：实现设备间的自动通信和协同。通过将各个设备连接在一起，实现自动化调度和协同生产，从而优化选煤生产流程，提高生产效率。例如，在选煤过程中，可以通过自动控制设备的转速和进料量，实现最优化的选煤效果。

（3）环境参数监测与调节：实现对选煤过程中环境参数和能耗的监测和调节。通过监测环境参数，如温度、湿度、氧气含量等，可以及时调节选煤设备的运行参数，以保证选煤效果。同时，还可以监测能耗，实现能源的节约，达到减排效果，降低生产成本，减少环境污染。

2. 大数据技术在选煤自动化系统中的应用

大数据技术是指利用各种技术手段对海量数据进行存储、处理和分析的技术。在选煤自动化系统中,大数据技术可以实现对选煤过程中各种数据的存储、分析和挖掘,从而为选煤生产提供有价值的信息和支持。

(1)数据存储和管理:利用大数据技术的分布式存储和数据处理能力,实现对选煤过程中产生的海量数据的存储和管理,包括选煤设备的运行数据、环境数据、工艺参数等各种数据信息。

(2)数据分析和挖掘:通过数据挖掘和机器学习等算法,对选煤过程中的数据进行分析和挖掘,提取出数据背后的价值信息和规律,为选煤生产提供科学依据和优化方案。

(3)实时监测和反馈:通过大数据技术的实时数据处理和传输能力,实现对选煤生产过程中各种数据的实时监测和反馈,包括设备运行状态、产品质量、生产效率等。

(4)资源调配和节能减排:通过大数据技术实现对选煤生产过程中各种资源的调配和优化,包括能源、水资源等。通过对能源消耗和排放情况的监测和控制,实现节能减排。

3. 智能化技术对选煤自动化系统的优化效果

智能化技术在选煤自动化系统中的应用也存在一些挑战和问题:智能化技术的应用需要大量的数据和算法支持,但选煤行业的数据和算法资源相对较少;智能化技术的应用需要进行系统集成和测试,但选煤行业的设备和系统异构性较强,集成和测试难度较大。

针对这些挑战和问题,可以通过数据采集和共享,增加选煤行业的数据资源,同时引进和开发适合选煤行业的算法和模型;可以加强智能化技术在选煤设备和系统中的应用,提高系统的智能化和自主控制能力,降低人工干预和管理成本;可以采用标准化和模块化的设计,提高设备和系统的互操作性和集成性,降低系统集成和测试的难度。

(1)完善设备保护及监测仪表。在选煤厂生产过程中,当离心机的筛篮有破损或断条时,会导致粗颗粒物料不断在离心液桶内堆积,最终导致堵泵或堵塞管路,发生溜槽溢流跑水,甚至导致系统大面积停车。为实现无人化厂房,需要将集中控制的阀门改为电动阀,实现远程控制,并将调开度的阀门改为电动调节阀,实现集中控制系统自动控制开度。此外,还需实现阀门-液位的自动调节功能,即自动检测桶的液位,并将液位信号送入控制主机,与设定工作液位值相比较后,通过 PLC 的运算输出和电动执行器控制阀门开度,使液位维持在设定的范围之内。闸门、翻板安装激光测距传感器以实现开度的调节。将现场手动操作的闸板、翻板改为电动远方操作,配套闸板、翻板远控箱。

(2)智能控制:

① 智能重介系统。建立质量分析数学模型,利用原煤可选性试验所得数据,预测理论分选密度,用以设定重介分选密度的初始值;在选煤厂末精煤和块精煤胶带上设置无源 X 射线在线灰分仪,利用精煤在线灰分仪实时反馈灰分数据、精煤快速灰分检测及原煤可选性试验数据,对分选密度的设定值进行修正,使灰分精度控制在 $\pm 0.25\%$;实时检测并分析重介循环悬浮液密度、各介质桶液位、磁性物含量、压力等参数,建立补水、分流、密度之间的智能控制模型与策略,实现智能补水、自动分流以及循环悬浮液密度、桶液位、煤泥含量、压力的稳定控制。智能浓缩加药系统对底流浓度、底流流量、药剂添加量、溢流水浊度、清水高度等工艺参数进行检测与分析;根据

实时与历史数据、入料性质等建立浓缩加药数学模型,自主预测浓缩环节的药剂添加量;根据溢流水浊度、清水层高度实时调节加药量及加药比例。智能压滤系统将压滤机的单机设备连接到生产集中控制系统中,并将相关的信号以及现场岗位的视频信号也引入控制系统。

② 智能浮选系统。智能浮选系统共包含 4 层:第一层为数据采集层,采集现场浮选系统生产数据;第二层为数据层,存储基础、设备、操作、故障、生产数据;第三层为控制逻辑层,依据数据层数据,实现对设备的运行控制、加药控制、故障诊断、数据分析;第四层为用户感知层,能够完成生产监控、设备控制、报警管理、设备维护、报表管理。通过实时检测浮选药剂加药量、入料浓度、流量、煤泥粒度,结合入料性质和产品指标,建立浮选加药数学模型,自主预测浮选环节加药量、加药比例、充气量、精煤或尾煤灰分等各工艺参数。根据预测参数及在线检测参数,实时调整加药量、加药比例、充气量及液位,实现基于浮选效果及浮精快速灰分等产品数质量指标的智能控制,稳定精煤灰分,提高精煤产率。

③ 智能仓储系统。利用新型 3D 物位扫描仪对原煤仓和各产品仓仓内煤量进行精确测量;根据 3D 物位扫描仪探测的料位情况,通过移动卸料小车定位装置及闸门定位装置的信号,开启相应的分料闸门,进行精确装仓;同时根据 3D 物位扫描仪的检测信号,可以指导仓下装车闸板的开闭、给煤机的变频调速及启停,有效解决装仓、偏仓问题;智能装仓系统针对各仓的料位情况,自动控制相关插板的开度,实现智能选仓、均匀配仓。

④ 智能火车装车系统。智能火车装车系统实现装车过程无人操作、有人值守,控制系统能够全面检测装车站各个环节,根据物料特性、车辆状态、设备状况等,自适应调整装车过程控制参数,自动自主完成从物料上料、配料、车厢识别、车辆动态跟踪,到溜槽自动控制、自动卸料、自动平煤等全部装车工序,从待装车辆进入装车区域开始,直到整列装载完成,将车号识别、定位、定量、装载、超偏载检验等系统进行智能化集成,安全稳定地完成装载任务,其间所有人工常规操作全部由智能系统替代完成,相关人员仅负责系统的启停、装车过程的监督以及收到报警后的决策。

⑤ 智能视频识别与联动。传统的视频监控系统是通过人员监控和录像来实现安全防护,实际上并不能有效地保障安全,尤其是监控点过多的时候,人员监控根本无法顾及所有监控场景,监控人员也很难保证 24 h 都能准确高效地监控所有监控场景。智能分析技术可以通过对摄像机拍录的图像序列进行定位、识别和跟踪,并在此基础上分析和判断目标的行为,从而做到既能完成日常管理又能在异常情况发生的时候及时做出反应。视频联动系统可与 PLC 集中控制系统互联实现视频联动控制,起车时按设备启动顺序,在控制屏幕上放大该设备监控图像,设备出现故障时该设备监控图像可自动放大并发出报警。

⑥ 智能管理系统。实现智能化的调度管理、煤质管理、运销管理、机电管理、设备动态运行管理,以及经营管理,如计划统计、分析与指导、成本分析、物资管理、节能与环保管理等内容。

五、煤流运输设备的智能化关键技术及装备

(一)煤流运输设备的智能化现状及存在的问题

目前煤流运输设备的智能化主要实现了带式输送机单机控制和集中控制。在单台带式输送机保护及控制装置的基础上,煤流集中控制系统通过井下工业以太网形成实时监控网络,管控平台具备完善的生产监控管理功能,通过工业电视子系统进行图像监视以保障人员及设备安全,通过调度电话子系统对现场人员进行调度并快速检查、处理现场故障信息。然而,目前煤流运输系统智能化技术仍存在以下4个方面的问题:

(1)顶层规划和标准体系方面:缺乏能达成行业共识的煤流运输系统智能化建设顶层规划和体系标准。

(2)单机保护和控制方面:带面撕裂检测和转载点卡堵检测因误动作多,实际应用中基本不投入使用;无法实现整条带面上的煤量分布感知,沿线传输网络(包括数据和语音)未实现数字化,且链路单一。

(3)单机沿线关键感知方面:目前对带式输送机机械易损部件关键运行特征的感知主要集中在机头、机尾等转载点,如电动机、减速机、滚筒、电气开关等,对于沿线的托辊、H架、带面、环境等,由于距离长,几乎没有很好的感知手段。

(4)煤流系统协同管控方面:沿线各缓冲煤仓煤量检测不准确;缓冲煤仓下口给煤机无法实现给煤量精准控制;带载启停过程和根据带面载荷动态智能控制张紧力和制动力的模型缺失;一般仅实现了顺煤流、逆煤流启停,运行过程中仅少部分实现了根据单条输送带瞬时煤流的变频调速。

煤流运输系统向从工作面到地面原煤仓全对象有人巡视、无人值守、协同经济运行的管控一体化新模式发展,是当前阶段国内煤矿智能主运输系统的发展趋势。

(二)煤流运输系统智能化关键技术

1. 基于全数字化的FCS分布式带式输送机通信控制技术

传统带式输送机单机保护及控制装置一般采用机头配置防爆PLC+带式输送机通信保护装置的方式,沿线采用电源线+脉冲编码线+闭锁线+语音线+低速总线的多芯电缆进行传输,存在控制架构复杂、信号易受电磁干扰、沿线数字化扩展困难、系统自诊断能力弱等问题。基于全数字化的FCS(Fieldbus Control System,现场总线控制系统)分布式带式输送机通信控制技术采用模块化、标准化、本安化、平台化设计,将数字传输、开放式可编程控制、基于机器视觉的增强型保护检测技术融合,实现煤矿井下带式输送机智能通信、检测与控制。

2. 基于机器音视觉的多传感融合增强型带式输送机保护技术

传统带式输送机一般采用八大保护(打滑、堆煤、跑偏、超温洒水、烟雾、撕裂、双向急停开关、张力下降保护),其中多为单点保护,如机头堆煤保护主要依靠接触式堆煤开关,其对安装位置有一定要求,在正常运输过程中易被煤块误砸损坏或误动作,导致频繁停机。基于机器音视觉的多传感融合增强型带式输送机保护技术引入机器音视觉判断技术,采用工业高速相机(含音视频采集功能)、结构光发射器,结合传统保护传感器及转载点前后的煤流量,以多传感融合计算盒为边缘计算核心。该技术可将传统的单点检测和事后报警转变为多点融合检测和事前预测,大大提高带式输送机保护的可靠性。

(三)煤流运输设备的智能化发展趋势

(1)"十四五"初中期发展趋势。实现地面集中流程控制+现场有人巡视、无人值守的作业模式。煤矿现有的地面集中流程控制+现场有人巡视、无人值守的作业模式已经具备成熟技术条件,通过对带式输送机传统八大保护(尤其是堆煤和撕裂保护)进行完善和升级,能极大程度地提高保护的可靠性。同时通过增加沿线视频监控和语音联络装置,以及煤仓煤量监测、给煤机控制及产量监控装置,可更好地实现在地面远程一键流程启停功能。

(2)"十四五"末发展趋势。实现煤流协同经济运行＋机器人辅助巡视、无人值守的作业模式。系统底层可增加集中润滑、油脂监测、AI增强型保护、智能降尘及防灭火等装置或系统,提高设备运转的可靠性与安全性;在固定煤流线增加沿线机器人辅助巡检,降低巡检人员劳动强度;以全煤流线所有设备为控制对象,采用多点感知融合技术对全煤流线带面载荷分布进行精确感知,在保证全线不撒煤的前提下实现煤多快运、煤少慢运的协同经济运行。

(3)2035年中远期发展趋势。实现煤流全线常态化智能运行＋机器人智能巡视的作业模式。全面引入AI感知和执行技术,实现整个主运输系统从底层装备到顶层系统整体的智能感知、智能决策、自动执行,真正实现全线常态化局部智慧无人作业模式。

六、AI关键技术及应用

目前基于AI智能识别的技术日益成熟,但在煤矿的研究应用处于起步阶段,大部分矿井视频监控设备有待升级换代,且不具备AI分析功能。AI视频智能分析在煤矿安全生产中的研究应用将高清摄像设备、物联网、云计算、大数据、人工智能、自动控制、新一代信息技术等与煤炭生产技术进行深度融合,形成全面感知、实时互联、数据驱动、智能决策、自主学习、协同控制的完整煤矿视频智能系统,实现煤矿地测、设计、采掘、机电、运输、洗选、安全保障、生产经营管理等全过程安全高效智能运行。其中,AI主要研发内容包括:

(1)AI视频对隐患的识别。对各种设施的不安全状态、设备的异常情况、环境的不安全因素进行识别,并具备预警、报警、闭锁功能。

(2)AI视频对不安全行为的识别。利用煤矿数字视频监控系统现有的设备,实现井下人员各种常见违章及标准化作业规范的智能识别,实现自动识别报警、图像抓拍、延时录像等功能。

(3)AI视频实现煤流量监测智能控制。利用AI智能识别高速摄像仪配合专用激光灯,精确识别计算出胶带上的煤量,对胶带的运量进行统计,可以发出信号给胶带控制主机,实现自动保护停机、调速,减少设备磨损,降低能耗。

(4)AI视频实现专用设备实时安全监测。对提升机首、尾绳及主副井井筒钢丝绳牵引带式输送机、架空乘人装置等的钢丝绳进行在线监测,发现问题提前报警,超前处置,降低机电事故发生率。

七、安全生产智能管控及大数据分析平台

安全生产智能管控及大数据分析平台以煤矿综合自动化技术、在线数据检测技术、计算机技术、3S技术、网络技术和采矿专业技术为支撑,是集信息采集、数据分析、综合展示、协同调度、集中管控为一体的安全生产智慧管控平台。该平台高度集成各类安全、生产、工业视频、网络通信、经营管理等信息化数据,实现全矿井采、掘、机、运、通、地测、调度、防治水、人、财、物、产、供、销等系统的信息融通,实现生产安全可控可视、实时监测、定位追溯、调度指挥、预警报警、系统联动、趋势研判、安全防范、决策支持等功能。

(一)安全监测系统集成

该平台基于GIS"一张图"无缝集成矿井各种监测监控子系统、人员位置监测系统和视频监控系统等所有生产设备、环境、人员数据、文字信息,实现数据共享、综合信息展示,实现模拟

曲线类、数字显示类、流动方向类、跟踪定位类、组合开停类、储藏仓位类、位置监控类、视频播放类的维度组态和视点布局,实现实时数据的增强现实展示、报表查询、声光报警、快速定位和关联分析,实现分系统展示安全监控、人员位置监测、视频监控、瓦斯抽采(放)、矿压监测、矿井水文监测、机电设备、环保监测、自然发火(束管)监测、冲击地压监测、应急避险、联动报警等。

（二）智能监控系统集成

控制平台通过底层接口通信方式和上位机软件接口方式实时采集各智能监控子系统数据,形成工艺流程图、趋势图、柱状图、视频信息等多种方式,实时监控全矿的生产运行状况,平台为用户提供各类监测系统的实时报警信息包括超限报警、开关报警、系统在接设备的故障记录,当系统出现故障和报警的时候会自动弹出窗口或弹出报警条,根据用户自定义的等级严重性排序,并提供报警。系统自动统计出昨日、当日、当前的报警故障个数,并可点击查看相应详细信息,可以按子系统、类别、等级、日期段等条件查询和统计历史报警或故障信息。

（三）GIS"一张图"在矿井的应用

GIS协同"一张图"基于大数据集中存储及网络服务模式创新,完成多终端、多人在线的矿图数据录入及编辑和安全、稳定的数据提交,可以满足煤矿地质、测量、水文、储量、通防、机电、生产、监测等专业同时在线协同编辑、多部门协同办公等应用,从而实现各专业、各部门间矿图的即时动态更新,最终实现以巷道为底图的多专业专题图协同更新。

GIS协同"一张图"以图层为单位将矿井各类专业图形集中为"一张图"管理,将地质、测量、水文、储量、通防、机电、生产、监测等多专业的图件,以图层为单元,统一管理,减少数据冗余,实现数据共享和动态更新;通过多专业协同工作,数据及时、动态更新,实现各个专业基于共同的一张图,同时在线编辑各自的图形内容,实现在线协同工作;充分利用多终端数据录入、多方式维护及查询"一张图"数据,可以通过计算机、移动设备、Web在线等多种方式实现"一张图"数据的维护及多种设备终端的随时、随地浏览及查询;系统基于统一绘图平台的矿图制图系统,统一的符号库和规范的图层分层及命名标准,提高系统的实用性和便利性。

（四）基于三维GIS技术的可视化平台

系统平台采用三维可视化技术,以数据仓库技术、三维表面建模技术、三维实体建模技术、数字采矿设计方法、工程制图技术为基础,通过信息化与自动化的融合,综合利用地测采三维空间数据、人员位置监测系统、监测-监视系统、现场数据采集系统、通信系统、自动化控制系统、云计算技术和建模技术,全面构建矿井的采、掘、机、运、通各专业子系统仿真模拟和漫游巡检系统,实现全矿井"监测、控制、管理"的一体化,最终实现基于三维GIS平台的网络化、分布式综合管理系统,为煤矿安全生产管理提供保障。

（五）大数据智能分析

平台应用大数据、地理信息系统、现代数理统计、数据挖掘技术、量化分析技术,对矿井安全生产信息、在线监控系统采集的数据中与煤矿安全生产相关的信息进行综合展示、关联分析、探索挖掘、概括推理,发现历史数据中蕴含的安全生产知识规则和人、机、环、管要素演化模型,根据现势数据量化概括当下的安全生产状况,发现目前存在的安全风险和问题,诊断推理风险与问题发生的原因及可采取的处理措施,根据历史和现势对未来的安全生产形势进行预判和预警,实现煤矿安全生产的动态诊断和辅助决策监管。

平台分为采集接入平台、大数据分析处理中心、智能 BI 引擎和业务支撑中心。其中,采集调用平台主要是负责环境传感器如瓦斯、通风、温度、电压等数据,大型设备传感器如 PLC、OPC Server 数据,温度、电压、振动等数据以及人员便携式传感器如位置等数据的采集和调用,并将数据按照国家和集团标准写入大数据中心,进行数据建模和预测分析。智能 BI 引擎提供可视化和自定义交互式能力,向上层业务支撑中心提供模型和报表支持。

通过对煤矿的生产数据和市场数据的分析,可以发现潜在的风险,为煤矿管理人员提供决策依据。同时数据分析系统还可以对煤矿的生产效率、能耗等方面进行分析,发现和探索生产优化和节能降耗的潜力和机会,帮助煤矿提高生产效率和降低生产成本。

第三节 智能化煤矿的安全管理

一、智能化煤矿在建设和运行过程中的经验与教训

煤矿智能化建设是一项复杂的系统工程,不仅仅是指矿井采、掘、机、运、通各业务系统要智能化运行,还包括采前智能地质探测、采后智能洗选加工与增值利用等环节。煤矿智能化建设,需要实现智能化各系统之间的互联互通,推动煤矿企业管理模式重塑、业务流程再造,由管人员、管现场向管网络、管数据、管装备转变,在生产系统智能化单兵突击的基础上,实现全系统、全流程、全链条智能化的整体推进。根据相关经验教训,煤矿管理人员应注意技术、设备、系统、人员、管理诸功能的合理匹配,把握以下事项。

(一)统一规划,避免信息孤岛

煤矿生产经营管理部门多,由于各部门专业技术水平的差异性,与系统供应商技术交流时往往偏重于系统功能需求的层面,至于组网方式、服务器的配置及安装位置、通信接口方式及通信协议等技术要求往往依赖系统供应商根据自己的特点或利益倾向确定,这就容易造成煤矿各部门在智能化建设上各自为政,建设的生产、经营、管理系统之间难以实现数据的互联互通,系统建成后易形成信息孤岛,为后期各系统融合、数据采集与智能分析埋下隐患。

针对以上情况,煤矿在智能化建设时须有专业管理部门进行统一规划,统筹煤矿智能化建设的顶层设计,以专业管理部门的角色,统筹煤矿各生产经营管理部门智能化建设的需求。专业管理部门负责系统组网方式、服务器的配置及安装位置、通信接口方式及通信协议等技术要求的统一规划,其他生产经营管理部门根据本部门专业技术要求及功能需求提出要求。

在顶层设计及规划中应跳出传统的逻辑架构和思维方式,避免按照原系统进行堆砌建设。要从智能化视角进行流程再造和管理再造,以系统思维和智能化视角重塑原有架构,完成规划方案,在顶层设计指导下进行流程再造和关联关系重塑。

(二)周密调研,合理顶层设计

煤矿智能化建设的方案规划需要各生产经营管理部门参与,在智能化建设专业部门的统一协调下进行密集的调研、分析与讨论,共同开展智能化规划工作。为确保智能化建设方案的科学性、合理性、可行性、前瞻性,重点需要考虑以下几个方面:

（1）利用系统的观点，多视角地对全矿井生产经营的全部业务范围进行分析、描述和设计，建立安全生产信息化的总体架构。把整个安全生产业务看作一个整体，在各个生产、经营、管理系统设计和实施之前就进行总体架构的分析和设计，使各个系统有统一的标准和架构参照。

（2）为便于后期各系统融合，煤矿各生产自动化控制系统的组态软件配置要统一，组态软件尽量是国际一流的正版软件，比如 IFIX、WinCC、InTouch 等。各生产自动化控制系统的组态软件配置统一应有利于以下几个因素：有利于系统运维技术人员的培养（只需针对一种组态软件开展培训）；有利于组建专业化运维队伍，能使运维队伍功能发挥最大化；有利于智能化建模与分析的数据采集；有利于集中控制平台的建设。

（3）根据煤矿生产能力、服务年限、生产系统布局（供电、通风、排水、压风、提升、瓦斯抽采、安全监控等），确定煤矿各生产自动化子系统的数量、实现业务功能、I/O 点数等。

（4）根据煤矿安全生产经营管理的特点及人、财、物、产、供、销各专业管理部门的需求，确定各子系统的数量及业务功能。各子系统除了各自具有完善的管理功能外，必须提供开放的二次开发接口，能与其他系统集成，满足上下游管理的需要。

（5）根据煤矿生产自动化系统、经营管理系统的数量、业务功能需求，进行机房选址及设计、工控机位选址及设计，避免后期系统数量增加导致机房、工控机位的空间大小或位置不合理。

（6）进行充分考察与调研，重点调研以下几方面：① 主要应用技术的先进性与成熟性；② 系统供应商专业技术人员的数量与技能水平；③ 系统供应商关键设备的质量与采用的技术；④ 系统供应商的市场占有率。

（7）服务器、工控机的配置与选型，根据系统需求（容量、内存、冗余量）配置选型，严禁"小马拉大车"，导致系统运行频繁卡机、死机，造成软硬件配置及建设资金的浪费。

（8）现场控制设备的选型与配置，重点考虑以下几方面：① 煤矿各生产自动化系统控制设备的统一，宜选择国际一流的自动化控制设备，尽量避免出现控制设备"独生子"；② 根据系统的控制点数及感知数据的采集点数合理选择控制设备的容量（30%左右的冗余量）；③ 控制设备的体积与重量要利于现场安装、布线及后期运维。

（9）现场感知设备的选型与配置，重点考虑以下几方面：① 感知设备的精确度（为后期智能分析与决策提供准确的数据支撑）；② 便于安装及后期运维；③ 感知设备的接口方式。

（10）专业化运维人才队伍建设。煤矿智能化建设涉及矿业工程、自动化工程、信息工程、机器人以及人工智能等多学科，迫切需要与之匹配的人才队伍。在智能化改造过程中容易出现人员结构与当前工作不匹配的情况，比如原有采矿专业人员占比较大，但现在智能设备配套、安装、使用和维护等工作越来越多，信息化人员已不能满足现有需求。另外，需要越来越多掌握一定信息化和智能装备使用能力的人员，还需要一些具备采矿基础、自动化控制基础和运维实践的复合型人才。通过机械设备的安装、电气设备的连接、供液系统的保养、控制系统的维护以及数据系统审查，做到岗位作业人员会安装、会维护、会调试、会操作、会分析处理。

（三）分步实施，科学组织

煤矿应成立智能化专职机构，强化"一把手"工程，由"一把手"担任专职机构负责人，确保煤矿智能化建设各项工作有序推进。按照"顶层设计、基础先行、重点突破、全面接入"的建设步骤，一是充分考虑井下信号的传输、网络承载能力、传输速度，减少井下线缆的铺设量，提高数据传输的可靠性；二是对采、掘、机、运、通、压、提、排、供等环节智能化系统要优先建设和重点突破，采用工业控制软件、人工智能、数字孪生等新一代智能化技术，形成安全生产设备状态感知、实时分析、科学决策、精准执行的闭环赋能体系；三是各子系统融入智慧管控平台，禁止出现"数据孤岛"；四是智能管控平台系统通过数据仓库和各种服务软件实现深度集成和互联互通，对各类数据进行抽取、清洗、聚集、汇总和压缩定制，自动显示常规信息，具备预警发布、导航查询、智能搜索、综合分析、辅助决策、协同办公、操作培训等功能。

（四）开放协议，互联互通

煤矿智能化建设的关键是各系统数据的相互融合、互联互通，通过对各系统采集的数据进行智能分析、超前研判，要求各系统通信接口能支持多种数据业务、通信协议和接口，如 TCP/IP、HTTP、DDS、DDE/NetDDE、COM/DCOM、OPC、Rs232/Rs485、FTP 等。

煤矿智能化需要建设基础网络平台，自动化控制系统、采煤系统、掘进系统、各类信息化管理系统之间的数据兼容、网络兼容、业务兼容和控制兼容效果如何，能否实现系统间协同作业是关键。煤矿设备品类众多，工业协议"七国八制"，数据格式规范各不相同。为避免各生产、经营子系统建设后不能与其他系统融合、联通，形成孤立，就要在各子系统建设规划时，提前对通信接口规范进行统一，各系统供应商的通信接口必须符合要求，能够从 SCADA、DCS、PLC、RTU、板卡、仪表、DDE、OPC、端口等多种软件、设备、协议获取数据，并从各种服务系统、应用系统和控制端获取命令，自动转发和执行。

（五）网络容量，数据通道

工业网络需要井上下统一规划、统一运维，形成基于业务隔离网络统一的系统。煤矿网络系统建设重点考虑以下几个方面：

（1）安全监控系统采用专用网络，尽量避免与其他系统共用，减少因日常网络接入、维护等对监控系统运行造成影响。

（2）监测类、自动控制类系统对于网络带宽要求较低，实时性要求较高，应优先保证该类系统数据传输。对于视频监控业务，需采用主干带宽 10 000 Mbps 的工业网络，保障视频传输流畅。在建设中可优先选用 F5G 无源全光工业网络系统，实现"万兆上联、千兆接入"。

（3）主干网络具备冗余保护，井下网络主要节点间物理线路应至少 2 条，在井筒、巷道中尽量分开布设，避免因线路故障造成网络中断。各个网络节点间采用环形、网状结构，减少单点故障造成网络大面积瘫痪。

（4）核心设备应配备冗余，支持三层路由，具备自诊断功能，自愈时间小于 50 ms。

（5）支持对不同类型的业务分配端到端管道资源，管道带宽可灵活配置；支持优先级标记功能，不同的业务流可以根据优先级别配置；支持优先级、权重等拥塞管理机制，保障重要系统的实时性。

（6）无线网络应采用 4G/5G/Wi-Fi6 主流无线通信技术，不同制式通信网络均能通过其通信网关实现终端节点基于 IPv4 或 IPv6 进行网络层级访问。

(六)网络、信息安全、防护做到"三同时"

煤矿网络应用规模和复杂度大幅度提高,网络信息安全问题突显。传统的IT、OT隔离格局逐渐被打破,工业网络与办公网络的融合给工业控制系统带来的风险越来越多。一旦出现网络信息安全事件,将给煤矿正常秩序带来严重影响,轻则影响生产,重则造成人身伤害事故。网络信息安全防护系统用来保护网络及信息系统的硬件、软件、数据等不因偶然的或者恶意的原因而遭到破坏、更改、丢失、泄露,保障信息系统连续可靠稳定运行,网络服务不中断。网络安全建设应满足国家网络信息安全法规规定,需达到等保2.0二级要求,有条件的要达到等保2.0三级要求。

煤矿进行智能化规划时,网络信息安全防护体系建设需要与智能化建设同时规划、同时建设、同时投入使用。监测监控系统、传感系统、工业自动化系统、软件系统等业务系统之间既要互相访问又要互相隔离,满足信息安全要求。主要从以下几方面考虑:

(1)基础网络防护。通过对煤矿办公网络、工业网络分区分域,并在各区域根据功能特性不同部署边界安全防护设备,保障网络具备初步的网络防护能力,形成主动、全面、高效的技术防御、检测、响应闭环体系,将面临的各种风险控制在可以接受的范围之内,出现网络信息安全事件后,能够快速定位、响应。

(2)工业网络防护。随着智能化建设推进,工业网络与办公网络互联互通,一旦发生攻击,没有有效的阻断机制和隔离机制将难以遏制攻击扩散,可能造成严重的影响。在工业控制系统中,终端设备包括现场的仪表、传感器、PLC、RTU等,也包括SCADA系统中的各类操作终端和服务器及PLC对应的操作员站。这些终端,既有不同厂商生产的自动化设备,也有使用Windows系统,安装工业组态软件的工控计算机。这些设备中存在大量的可被利用的隐患,且存在难以修复、难以利用防病毒软件进行保护的特点。在工业控制系统网络边界、网络内部及现场的关键终端需要分别落实必要的安全防护技术手段,实现安全威胁的闭环处置。

(3)数据安全与灾备。为保障业务系统的连续性,防止由于硬件故障、操作系统升级、软件崩溃、逻辑错误等生产环境造成业务停顿及数据丢失等,重要的业务系统需要考虑建立应用级灾备,在因外部原因导致业务系统中断时,可以快速地完成整个业务系统重建,保障业务系统数据的完整性和业务连续性。

(4)完善网络信息安全管理制度。建立完善的网络信息安全管理制度,对接入煤矿网络的人员、设备采取严格的管控措施,建立网络信息安全事件应急预案并定期进行演练。定期扫描病毒和恶意软件、定期更新病毒库、查杀临时接入设备(如临时接入U盘、移动终端)等;以满足工作要求的最小特权原则来进行系统账户权限分配,确保因事故、错误、篡改等原因造成的损失最小化;定期审计分配的账户权限是否超出工作需要;强化工业控制设备、SCADA软件、工业通信设备等的登录账户及密码,避免使用默认口令或弱口令,定期更新口令;严格禁止工业控制系统面向互联网开通HTTP、FTP、Telnet等高风险通用网络服务,严禁私自通过工业网络连接互联网远程调试;外来人员携带U盘、笔记本电脑等设备接入煤矿内部网络调试设备的,要严格检查确认。

(七)机房安全,重中之重

煤矿数据中心机房是所有信息化、智能化设备运行的中枢,机房的设计、布局要考虑安装

使用方便、管理容易、安全可靠等各方面的因素,同时要考虑为今后容量增加预留一定余量。主要考虑以下方面:

(1) 可靠性。具有抵御一般自然灾害如地震、水灾、鼠虫害等的能力。具备可靠稳定的电力系统(双回路供电)、空调系统、防雷系统、抗电磁干扰系统、防静电系统、事故照明、消防系统,确保电力系统及空调系统运行的连续性。

(2) 先进性。采用先进的设备和技术,对机房内包括供配电、空调与新风、环境、安保、消防等系统设备运行情况进行数据采集,结合动环监控系统平台进行有效的运行管控。

(3) 灵活性。考虑到未来不断发展的需要及投资效益,综合考虑机房面积、供配电系统容量、空调系统容量、数据接入量等,预留合理的余量及可扩充的空间,使机房的投资及今后的发展都能得到可靠的保障。

二、智能化采掘工作面建设经验及注意事项

建设智能化的采掘工作面是建设好智能化煤矿的关键,必须做好规划设计,对主要设备及其要实现的功能充分了解,按相关内容操作。同时,要建立新的管理机制和运维体系,做好已安装智能装备的使用、调试、维修,推动已建成智能化系统尤其是采掘工作面的常态化运行,避免建而不用、搞"花架子"。管理人员应注意把握以下事项。

(一) 工作面应用"主动支护+矿压在线监测"技术

优化设计采掘工作面巷道支护强度,构建"主动支护+矿压在线监测"技术体系,为智能化采掘顺利推进打好基础。综采工作面安全出口与巷道连接处超前压力影响范围内必须加强支护,由传统的单体支柱或超前液压支架被动支护升级为锚索主动支护方式,同时配套顶板压力在线监测系统,对液压支架工作阻力、锚杆(索)受力、顶板离层情况、围岩应力分布及巷道收敛变形情况进行实时在线监测,井上计算机实时动态显示监测参数、云图和直方图,出现异常可实时报警并记录报警事件,以分析矿压显现规律,对回采应力集中情况进行监测预警,确保智能化工作面巷道支护满足安全要求。

(二) 煤流系统应用"AI视频监控+变频调速+电磁除铁"技术

煤流系统应用"AI视频监控+四象限变频调速"技术,以实现综采综掘工作面的智能监管。利用煤矿井下已有摄像仪的视频监控图像,在煤流系统新增AI智能识别高速摄像仪配合专用激光灯,监视和识别人员、设备、环境等运行状况,对煤流中的铁器杂物、矸石及输送机异常等情况进行识别,抓拍照片、自动录像、弹屏报警,输出报警信号;并识别煤流系统的负荷状况,输出控制信号调节输送机的运行速度或自动保护停机。配合四象限变频器,根据煤流大小进行工况设计,实现变频器全时段四象限运行,满足多工况运行模式。利用AI摄像仪检测到无煤流时采用全速段的30%运行,有煤流时采用全速段的100%运行,根据煤流运行条件设置多工况运行,从而实现自动保护运行、调速,减少设备磨损和降低能耗,绿色运行。为防止煤流中的铁器杂物造成设备损坏与煤流拥堵,应在合适位置安装自动控制高效强力的电磁除铁器。通过AI摄像仪远程监控,电磁除铁器自动开启,对煤流系统的铁器进行清理,减少人员的投入,提高煤流系统安全。

(三) 动力设备应用"远距离供电供液+电缆自移"装置

采掘工作面动力设备应用远程恒压供液系统及电缆自移装置,远程供液设备应布置在车

场(或巷中),以减少动力设备在综采工作面回采、掘进工作面掘进期间的移动次数。采用高压供电,一次安装完成布线,解决工作面远距离供电压降及设备列车搬迁问题。配套电缆自移装置与电液控结合,机组电缆自移实现远程自动化电液控制,减少人工操作挪移。乳化泵站供液系统配套有净化水装置和乳化液自动配比装置,设置专用水源,保证供液系统水质安全;同时采用特高压钢管作为工作面供回液管路,增加工作面供液流量,满足多支架成组操作的要求。

(四)工作面设备选型配套优化

(1)综采工作面采煤机防碰撞设计。在割煤过程中,在支架拉设不到位或者因地质条件导致支架倾斜等特殊情况下,采煤机容易碰撞到支架。目前采用的处理方式为控制器通过计算支架倾角传感器的位置判断支架状态。此方式设计单一,加上倾角传感器电缆在使用过程中容易折断导致计算误差较大,因此应用冗余设计理念,除采用控制器计算支架状态外,还使用AI摄像仪判断、计算支架状态与采煤机位置,两种处理方式相互配合、精准判断,防止设备碰撞。

(2)设备加工工艺处理设计。输送机链条与链轮、槽帮与滑靴的热处理工艺必须一致,在设备设计与加工时采用配套的工艺处理方式,防止工艺不一致导致设备磨损较快。

(3)综采工作面智能化平台开发技术融合设计。工作面"三机"信息工况协同,通过"三机"及其配套设备动作时序规划、"三机"联动控制模型和策略等关键技术以及实时提取"三机"及其配套设备运行的参数,实现"三机"运行控制参数的自适应调整和匹配,达到"三机"协同控制,最终实现自动化和无人化作业。

(4)综掘工作面设备选型与技术配套。根据工程设计确定主体设备及辅助运输设备选型:根据煤岩层硬度确定掘进机机型;根据巷道顶底板情况确定支护方式;根据巷道断面设计确定辅助运输方式等。综合掘进生产工艺流程和生产进度要求,根据智能化综掘发展的趋势优先选择成熟的技术保证安全生产,如掘进机远距离集中可视化操作技术、辅助运输系统集中控制技术等,保证系统开源,后期再根据使用情况逐步增加相关功能。

(五)建立常态化应用和持续改进的长效机制

(1)完善智能化管理制度,促进智能化管理与矿井管理的融合。

① 将智能化作为一个专业进行管理,配齐包机、巡检、试验、岗位责任制(操作规程)、安全管理、培训等制度,进一步规范智能化管理。

② 理清思路,明确责任分工,确保智能化赋能安全生产。智能化与现场是一个统一的整体,两者既有分工又有协调配合。对于智能化工控系统而言,首先要保证设备(系统)完好、现场标准化达标,其次要保证智能化系统通信正常,能够实时监测设备(系统)各项参数指标,具备远程控制功能。只有两个条件同时满足,方能实现机电设备的安全高效运行。

(2)制定考核办法。在保证安全生产的前提下鼓励使用智能化技术解决生产安全、人员短缺等问题。

(3)开展离散设备集控系统建设。将井下采掘头面配电点、巷道内离散设备数据进行整合,纳入智能化系统进行一体化管理,实现离散设备地面集中控制。

(六)配套建设专业化运维体系

(1)解决智能化系统运行问题,包括现场运维和远程运维。现场运维包括软硬件故障处理、人员培训等。远程运维包括应用数据分析技术诊断设备健康状况,指导矿井精准检修;实时监测设备运行状态,指导矿井快速解决设备运行过程的异常情况。

(2)规范智能化设备的备品备件管理。智能化设备配件大多为精密器件,在井下的运输、安装、回撤以及存储过程中要严格管控,如进行管路的接口封堵、控制器件和线缆的编号管理、材料库的编号管理,以及技术资料管理。

三、智能化采掘工作面安全管理工作要点

(一)完善智能化采掘工作面管理制度

为充分发挥智能化采掘工作面的综合效能,实现安全高效生产,煤矿企业必须加强智能化采掘管理。按照国家、省等上级有关部门关于煤矿智能化建设的标准、规范、制度等文件规定,针对综采、综掘智能化装备在安装及使用管理中存在的不足和问题,制定完善的管理制度,为安全高效生产提供管理与技术保障。

(1)有智能化岗位责任制,包括控制中心值班员、维护人员、管理人员等岗位责任制。

(2)有设备包机制度,实行"五包":包生产出勤、包安全经济运转、包设备完好、包材料消耗和包安全生产标准化达标。

(3)有智能化操作规程,明确设备智能化操作、应急操作、远程人工干预操作流程,保证操作前通信畅通。

(4)有智能化巡检制度,明确巡检项目、标准、责任人和周期,通过线上、线下方式定期对受控设备与智能化系统进行巡检和维护。

(5)有智能化试验制度,明确试验项目、标准、责任人和周期,保证受控设备本体保护和智能化系统保护齐全可靠。

(6)有月度智能化安全评价制度,每月组织系统安全评价(专项检查),对系统运行薄弱环节制定措施进行管控,对系统隐患制定措施落实整改。

(7)有智能化技术档案,并保管齐全,包括智能化设备使用说明书及图纸、大修及技术改造记录、设备台账、巡检记录、试验记录等。

(二)强化责任考核与制度落实

规范智能化系统常态化运维管理,一是系统运行上要做到100%自动化运行,二是系统维护上要做到设备(系统)有包机、维护有配件,保证设备(系统)100%完好。

1. 严格岗位责任制考核

(1)操作舱值班员:持证上岗,熟练掌握操作规程、线上巡检流程、异常信息报警处置流程等,能够配合智能化维护人员和设备巡检工完成保护试验。

(2)维护人员:持证上岗,熟练掌握系统工作原理,会处置一般故障,能够配合驾驶舱值班员和设备巡检工完成保护试验。

(3)安全生产管理人员:定期检查系统运行、现场标准化情况,指导处理异常情况。

2. 严格智能化采掘工作面常态化应用考核

(1)有开机率统计。智能化采掘工作面不能正常运行时必须及时追查分析,落实责任。

(2)每天按规定进行保护试验,保证保护装置齐全可靠。

(3)定期进行系统巡检并记录,包括线上、线下巡检,异常信息及时处理。

(4)每周进行曲线分析,异常信息及时处理、分析。

(5) 每月进行系统安全评价,及时整改问题,分析系统运行情况,明确下一步重点工作。

(6) 每月对智能化采掘工作面运行情况进行总结分析,总结主要内容包括系统运行情况、阶段性工作达标情况、存在问题及整改方案、下一步重点工作等。

四、智能化矿山日常维护与安全管理要点

(一)安全管理要点

1. 安全检查

(1) 现场检查。检查系统是否存在运行隐患或风险。

(2) 安全管理检查。检查安全生产责任制、制度、基础工作的落实情况;检查员工的安全意识和安全培训情况;检查员工的岗位责任制和培训学习情况。

(3) 煤矿应每月组织一次智能化系统专项检查活动,形成专项检查工作总结。

2. 隐患管理

(1) 事故隐患管理应认真贯彻"安全第一、预防为主"的安全生产方针,及时发现和处理各系统存在的安全隐患,避免或减少事故发生。

(2) 建立事故隐患管理制度。对事故隐患的分析、调查、处理和复核进行全过程管控,并形成规范的技术档案。

(3) 建立事故隐患报告制度。对不能及时整改的事故隐患应填写事故隐患记录并逐级上报。事故隐患报告包括以下内容:隐患部位、隐患类别、隐患基本情况、主要危害(包括影响范围、影响程度、估计损失等)、整改措施、防范措施。

(4) 事故隐患应按照"五定"原则(定项目、定资金、定时间、定责任人、定整改措施)进行闭合管理。

3. 风险管控

(1) 危险源管理要求:

① 应建立煤矿智能化系统风险管控的管理制度,建立健全相关风险辨识、风险评价及控制措施清单或台账。

② 风险管控应充分考虑生产工艺流程变更、受控设备运行状态、网络安全等因素,做好风险等级划分,对应制定管控措施,保证系统安全可靠运行。

③ 风险管控应覆盖系统生命周期管理全过程,包括系统方案设计、招标采购、设备到货验收、安装调试、运行维护等。

(2) 危险源辨识和风险评价要求:

① 危险源辨识。危险源辨识应覆盖所有系统运行全过程,包括人的因素、物的因素、环境因素、管理因素。

② 风险评价。应规定风险评价的方法和风险分级标准,对风险评价应实时动态管理,对于不符合法规要求、曾经发生过事故但仍然无有效控制措施的危险源,应直接列为重点危险源,并采取有效控制措施。

③ 危险源控制措施:

a. 危险源及控制措施应实行清单式管理,根据措施要求推动危险源整改落实。

b. 根据危险源性质制定相适用的控制措施,包括生产工艺流程、监测监控等技术措施以

及文件制度、操作流程、应急预案、持证上岗等管理措施,措施应具体、可行、有效。

4. 应急响应

(1)建立完善的煤矿智能化应急管理体系,对企业的监控及预警预报体系起到促进作用。

(2)应充分利用智能化系统定期开展应急演练活动,对系统的兼容性和安全性进行评估;应急演练结束后,应对演练效果进行综合评审,分析问题、解决问题。

(3)编制并保存应急演练评估报告或评审记录,并对智能化应急管理体系的完善起到促进作用。

5. 培训

应制订详细的培训计划,培训人员范围为煤矿在册的所有员工,培训内容及周期因人而异(根据被培训对象的受教育程度、岗位职责确定)。培训宜结合新装备、新技术、新工艺等的应用制订培训计划。煤矿智能化专业人员应经过培训,考试合格,持证上岗。

(二)日常维护要点

1. 管理标准

(1)成立专门的智能化运维队伍且有明确的责任分工,保证智能化系统安全运行。

① 运行人员:在智能化控制中心值守,按照一天三班制原则,每班不少于 2 人进行岗位值守。设一名值班长,负责当班系统操作和应急管理调度;至少一名操作员,负责按照值班长指令进行规范操作。人员持证上岗,会操作,了解现场运行状况,能够到现场处理一般问题。

② 巡检维护人员:在智能化机房/系统现场巡检,按照一天三班制原则,每班不少于1人/(系统)现场巡检维护。人员持证上岗,与智能化控制中心对接联系,负责智能化系统巡检维护,能够处理系统运行问题。

③ 基础设备维护人员:由设备责任单位直接管理,与智能化控制中心对接联系,负责基础设备维护管理。

(2)建立完善的智能化运行维护制度、规程、预案和记录,规范智能化管理。

① 智能化控制中心:

a.制度:设备管理制度;技术管理制度;事故分析追查制度;系统安装验收制度;系统巡检制度;系统安全管理制度;隐患/风险分级管理制度;配件管理制度;设备维修保养制度;应急预案;各级领导的岗位责任制;各工种岗位责任制及操作规程。

b.图纸:矿井自动化网络拓扑图;设备布置图(接线、线路走向);系统控制图(功能、配置)、设备自供电系统图;各系统出厂图、竣工图。

c.记录:运行日志;巡回检查记录;事故记录;交接班记录;操作记录;缺陷记录;保护装置检查试验记录。以上记录可以是系统中自动导出、打印的记录。

② 主要机房/系统:

a.制度:要害场所管理制度;领导干部上岗制度;设备包机制度;保护装置检查试验制度。各项管理制度与智能化系统紧密结合,实现设备智能巡检、故障预警和告警、信息实时发布等功能,较好体现"人辅助自动化"的工作模式,达到设备安全运行目标。

b.图纸:系统网络拓扑图;各系统出厂图、竣工图;自动化操作流程图;应急操作流程图。

c. 记录：巡回检查记录；保护装置检查试验记录；缺陷记录。

（3）应规范智能化管理流程，宜具备管理流程图、应急操作流程图、调度操作流程图、系统变更流程图等。

2. 主要运维工作内容

（1）生产现场：

① 机电设备。机电设备运维应按照"五定"（定人员、定时间、定标准、定方案、定整改措施）原则做好维护保养，保证设备完好，具备安全运行条件。

② 现场标准化。现场作业环境符合《煤矿安全生产标准化管理体系基本要求及评分方法（试行）》要求。

（2）智能化系统：

① 数据库。数据库要定期更新，确保系统符合矿井实际。

② 软件设施。组态软件能够对智能化系统进行监视、控制、管理和集成等一系列的功能，其运维包括新建工程的安装调试以及现有工程的更新（扩容）；网络安全软件能够有效隔离病毒，应定期进行升级和病毒查杀。

③ 硬件设施。包括 PLC（可编程控制器）、传感器、服务器等。其运维包括新建工程的安装调试以及现有工程的更新（扩容）。

④ 通信网络。动力维护，重要传输设备应设置独立开关电源及蓄电池，发现蓄电池亏电或开关电源未正常供电等异常信息应及时处理；通信传输维护，出现断线等异常情况应及时处理；业务维护，严禁单传输设备带过多业务，发现类似情况应及时进行业务分离。

（三）操作规范化、流程化

1. 一般性操作规程

（1）智能化系统巡检：

① 智能化工控机线上巡检。巡检内容包括所控运输设备各项参数是否符合标准要求、报文记录有无异常信息等。巡检发现的问题应主动、独立解决，不能解决的向分管领导汇报问题关键信息，协助区队巡检工处理问题。

② 视频监控系统线上巡检。巡检内容包括现场工况环境有无异常、设备状态有无异常、现场有无人员执行检修操作等。巡检发现的问题应立即通知区队巡检工处理，不能解决的向分管领导汇报问题关键信息，由分管领导组织人员赶往现场处理问题。

③ 智能化系统现场巡检。该项巡检由矿井智能化运维人员负责实施，内容包括配套供电系统、通信网络、软硬件、传感器等。巡检发现的问题应主动、独立解决，不能解决的向分管领导汇报问题关键信息，协助解决问题。

（2）设备巡检。应开展一次设备开机前安全确认：一是确认设备完好，具备运行条件。设备巡检应根据设备运行周期制定检查检修项目清单及标准，明确责任人和验收人；二是确认现场无人检修等，作业环境符合开机条件。该项工作由区队巡检工和智能化控制中心值班人员配合完成。

（3）系统试验。系统试验包括智能化系统外接传感器校验和受控设备本体保护装置试验。一是智能化系统外接传感器校验。智能化工控机组态界面应具备模拟量传感器（电压、电流、震动、煤位、速度等)参数人工设置功能,制定校验项目及对应试验标准,对设备进行校验,保证灵敏、可靠。二是受控设备本体保护装置试验。制定试验项目及对应试验标准,对设备开关量传感器(堆煤、烟雾、跑偏、温度、纵撕、急停等)进行校验,保证灵敏、可靠。

(4) 操作:

① 接到操作指令,准备操作。

② 操作前确认。由智能化控制中心和区队巡检工共同确认运输设备远程状态与现场状态一致,各项参数符合标准要求;报文记录无异常信息,现场工况环境无异常,具备操作条件。

③ 正常开机操作。先在智能化工控机上使用鼠标单击"主界面"中"一键启动"按钮,启动一键开机模式。下发"一键启动"指令后,系统按照逻辑控制原则依次开启系统设备,具体逻辑时间根据现场实际确定。

④ 正常停机操作。先在智能化工控机上使用鼠标单击"主界面"中"一键停止"按钮,启动一键停机模式。下发"一键停止"指令后,系统按照逻辑控制原则依次停运系统设备,具体逻辑时间根据现场实际确定。

2. 应急操作规程

(1) 做好事故预想。一是结合设备运行情况等做好事故预想并汇总成册,有针对性地开展巡检,保证主煤流系统安全运行;二是定期开展一次应急演练,检验系统情况,针对存在的问题做好整改落实。

(2) 原则。按照"问题不过夜""独立无协助"的原则,积极主动落实故障处理。故障处理完成后应先试机,确认系统恢复正常后方可开机。不能现场处理的故障(需要采购配件或超出业务能力范围的故障)应及时向分管领导汇报,由分管领导组织处理问题。确认系统恢复正常后方可开机,保证系统安全运行。

(3) 应急操作。以主煤流集控系统为例,应急处理流程具体如图 2-5 所示。

(4) 职责划分。智能化系统故障由矿井配合信息化维保中心负责处理,受控设备故障由区队负责处理。

(5) 故障记录。记录内容包括故障时间、内容、处理方法、处理人员等。

3. 系统运行期间的巡检管理

(1) 频次要求:

① 智能化系统:至少每小时在工控机线上巡检一次。

② 现场设备巡检:执行走动式管理,根据主煤流系统布置情况以及人员配备、人员职责划分情况,开机前、停机后应巡检一次,系统运行期间巡检间隔时间不超过 1 h。

(2) 监督管理主要内容:

① 智能化系统:一是通过视频智能识别系统巡检现场作业环境,是否存在人员违章行为(未佩戴安全帽,违规闯入危险区域等)以及设备运行是否存在保护预警情况;二是通过巡检机器人巡查主煤流系统沿线危险气体含量、设备关键转动部位温度以及是否存在异响;三是通过智能化系统运行曲线(电流、电压、速度、温度、振动等)分析设备是否存在波动大等异常情况。巡检发现的问题应主动、独立解决,不能解决的向分管领导汇报问题关键

队长，值班、跟班队长	自动化小组	集控中心值班司机	井下值班司机	井下巡检电工
		开始		
		胶带无法正常操作或异常停机 / 胶带集控系统通信出现故障 / 无线通信、视频监控系统出现故障	必须在能够听到调度电话铃声的范围内值守	
		联系井下胶带司机将胶带控制方式转换为就地模式	将胶带控制模式转换为就地模式，并操作胶带	
在处理故障过程中，负责组织协调工作	负责：1.光缆熔接；2.摄像头更换	联系井下胶带司机查看故障情况，将情况汇报给跟班、值班队长，自动化小组人员以及调度室	查看故障情况，联系巡检电工赶赴现场，并配合处理故障，将情况及时汇报给集控室胶带司机	及时赶赴现场处理故障
		故障恢复，系统正常运行		
		结束		

主煤流集控系统应急处理流程

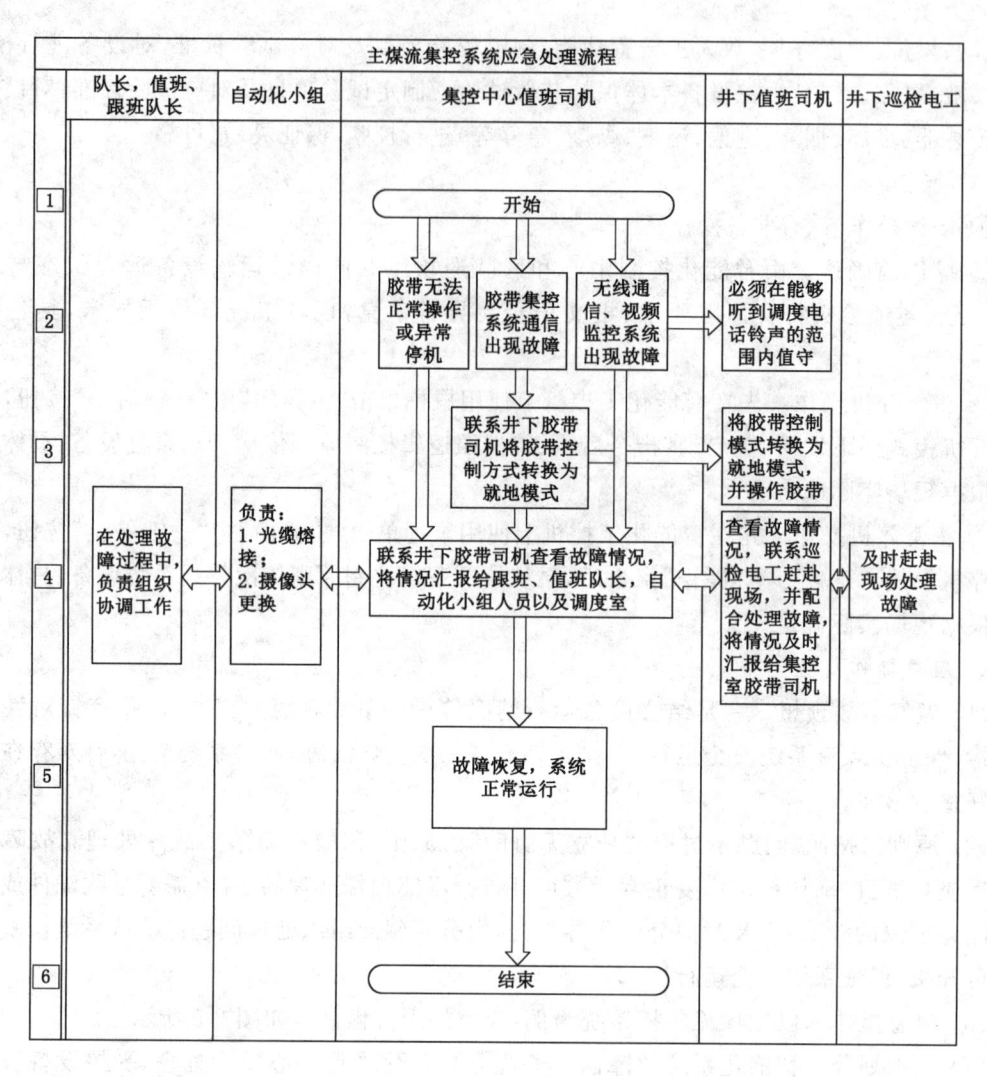

图 2-5　应急处理流程

信息，协助解决问题。

② 现场设备巡检：一是巡检人员对所辖设备执行走动式巡检，包括制止人员违规闯入设备运行危险区域行为、巡查设备运行是否存在异响及振动过大等异常情况。巡检发现的问题应主动、独立解决，不能解决的向分管领导汇报问题关键信息，协助解决问题。

(3) 应急处置：

① 智能化系统巡检发现需要停机处理的异常情况（保护装置失效、人员误入等），应立即执行停机操作，然后利用电话、语音广播等方式通知现场巡检人员到异常地点处理问题，并向矿调度室汇报现场情况。

② 现场巡检发现需要停机处理的异常情况（保护装置失效、人员误入等），应立即利用电话、语音广播等方式通知智能化控制中心值班人员执行停机操作或赶到设备操作台现场执行停机操作，然后到异常地点处理问题。

第四节　煤矿绿色开采技术

一、煤矿绿色开采技术的内涵及意义

随着我国人民对健康生活和美丽家园的日益向往，煤矿的绿色开采技术已经成为能源发展的必然，绿色开采技术的不断发展和推广应用使煤炭的开采更为高效、清洁、节约，符合全球可持续发展战略，为我国能源安全提供了强有力的保障，具有深远而广泛的社会价值和意义。

（一）煤矿绿色开采技术的内涵

煤矿绿色开采的相关理念是中国工程院院士钱鸣高在 21 世纪初提出的，其目的是科学解决煤炭资源开采中的采动损害与环境问题。煤炭资源的绿色开采，就是以开发可再生资源、坚持可持续发展基本理念为指导方针，以绿色能源为发展生产基本要求，以"安全开采、合理利用、降低排放"为总体目标的可持续发展模式。简单来说，就是对资源合理利用，减少环境污染，使煤炭开采对矿区环境的影响不超过区域环境容量，从而达到资源开发利用最优化、经济效益和社会效益最大化以及生态环境影响最小化的目的。绿色开采的内涵主要体现在以下4 个方面。

1. 资源利用方面

传统观念认为，只有煤炭是资源，其共伴生物都是废弃物或有害物，如瓦斯是有害气体、矿井水会引发水害、矸石是固体废弃物，而绿色开采则认为与煤炭共伴生的瓦斯、地下水、地热、煤矸石、电厂粉煤灰及 CO_2 等都是资源，如在之前的认知中，矿井瓦斯是矿井中主要由煤层气构成的以甲烷为主的有害气体，而事实上，1 m^3 浓度大于 90%、发热量大于 33.472 MJ/m^3 的瓦斯可发电 3.0～3.5 kW·h，是可以利用的清洁能源。该理念扭转了仅将煤炭作为矿区资源而漠视其共伴生资源，甚至视共伴生资源为有害物质的传统观念。

2. 岩层运动方面

岩层运动是采动损害与环境问题的根源，其所引起的裂隙场、应力场、位移场及渗流场等分布规律是绿色开采的理论基础。因此，控制或利用采动岩层破断运动是绿色开采的基本手段。绿色开采研究必须高度重视采动岩层运动规律的研究。

3. 源头减损及全生命周期方面

从开采源头考虑煤共伴生资源及环境的保护与开发，实现矿井全生命周期的绿色开采。首先，必须在矿井规划设计阶段研究具体矿井条件下煤炭及其共伴生资源与环境的特点，评估煤炭开采引起的岩层运动对共伴生资源的影响，合理规划矿井绿色开采方案。在开采煤层过程中，采用适宜的绿色开采技术，保护其他资源或实现其与煤炭资源的联合共采，如煤气共采、煤热共采、煤水共采等。

4. 开采技术方面

（1）采矿方法的改变，如保护地面建筑物的充填与条带开采技术、采空区以及离层区充填技术、煤与瓦斯共采技术、保护地下水资源开采技术、煤炭地下气化技术。

(2) 为保护土地而考虑的开采后土地的复垦。

(3) 加强煤巷支护技术,不出或少出矸石。

(二)煤矿绿色开采技术的意义

煤炭开采为经济社会的发展提供了重要的能源保障,但与此同时也给我们赖以生存的自然环境带来了巨大的破坏。在煤炭资源开采过程中经常发生一些灾害和事故,如岩层表面破坏、地表塌陷灾害、煤矿瓦斯爆炸等,严重威胁到了煤矿员工的生命安全,也给社会带来财产损失。

目前,我国煤矿开采已经进入新阶段,必然要面临许多新形势,如对环保要求更高、对资源利用率要求更高以及矿井进入深部开采等方面。

1. 环保要求越来越高

以往在煤炭开采过程中,一是会造成岩层破碎,地下水断流,有毒有害物质流入地下水中,使得地下水中有毒有害物质超出国家标准。二是许多矿区的矸石山氧化和风化时会产生大量的固体悬浮物颗粒,特别是煤矸石中所含的硫化物在风化或遭受淋溶之后,严重污染大气、土壤和地下水源;矸石山被风吹、日晒、雨淋,经过空气和水的综合作用,发生一系列物理、化学和生物变化,更加重了大气、土壤和水体的污染。而且矸石山长期堆存很容易自燃,释放大量有害有毒气体,使矿区附近草木枯萎,居民的呼吸道疾病和癌症发病率升高。三是排放到大气中的瓦斯还加剧了地球温室效应,造成严重的环境破坏。这是因为瓦斯的主要成分是甲烷,而甲烷是一种具有强烈温室效应的气体,它产生的温室效应比二氧化碳大 21 倍以上。随着我国经济的发展,国家越来越重视环境污染问题,并实施了严格的环保标准。这种粗放的开采方式会导致严重的环境污染问题,已经远远达不到相关的环境保护标准。

2. 资源回收率影响可持续发展

由于煤炭是一种化石燃料,具有不可再生性,为此资源回收是一个不可回避的问题。在以往的开采中,煤矿企业往往忽视了煤炭资源的回收,导致许多煤炭资源被浪费。近年来,随着煤炭产业的深度调整,一些煤炭企业由于达不到资源回收标准而被关停。提高资源回收率对于煤炭行业的可持续发展具有十分重要的意义。

3. 矿井进入深部开采,面临诸多挑战

虽然我国的煤炭储量丰富,但是由于多年的高速无序开采,浅部煤炭资源已近枯竭。目前我国绝大多数矿井已经进入深部开采时代,许多矿井开采深度已达到 800 m 以上,在新汶矿业、平顶山矿区都出现了千米深井。与浅部矿井相比,深部开采面临的问题更多,主要体现在"三高一扰动",即高地应力、高渗透压、高地温和强烈的开采扰动。这些不利因素使得煤矿开采的成本增加,并且在深部开采时,煤矿动力灾害防治难度极大,主要表现在煤与瓦斯突出灾害和冲击地压灾害。

当前,全国范围内由于煤炭资源开采而损毁的土地面积惊人,并且每年新损毁的土地高达几百亩,其中有超过一半的土地都是农用耕地,而且有许多都是基本农田。煤炭开采生产是导致土地损毁的主要原因之一。为了确保我国的耕地基本种植面积和粮食安全的底线,全面开展煤炭资源的绿色开采,既是基于我国基本国情的必然选择,同时也是唯一可以实施的有效方法。

煤炭资源的绿色开采旨在将煤炭开采对自然环境的影响和破坏降到最低限度，努力在发展循环经济、遵循绿色开采的原则下，与环境协调发展，以实现低开采、高利用、低排放的开采技术。

二、煤矿绿色开采的技术体系

煤炭资源绿色开采的技术体系是一个综合性、系统性工程，基本出发点是防止或尽可能减轻开采煤炭对环境和其他资源的不良影响，形成一种资源与环境相互协调的开采技术。绿色开采技术主要包括以下内容。

（一）水资源保护——形成"保水开采"技术

所谓保水开采，就是采用合理的采煤工艺方法和地面注浆的措施，在煤炭开采过程中使地表和地下水资源不受破坏，实现矿井水资源的保护和综合利用。煤层开采后，随着上覆岩层中关键层的断裂，在该区域内地下水形成下降漏斗，顶板裂缝从井下采空区贯穿地表，顶板上部含水层的水通过岩层裂缝漏失，造成区域地下水干枯。地下水位能否恢复，取决于工作面推进后上覆岩层中有无软弱岩层经重新压实，导致裂隙闭合而形成隔水带。因此在开采过程中，对水资源的保护是采矿生产的一个重要绿色目标，要防止因突变应急的渗流造成严重的突水事故。

（二）土地与建筑物保护——形成离层注浆、填充与条带开采技术

煤矿在开采过程中必须保护周边的建筑物与土地。一般通过填充来实现对矿区土地的保护，以最大程度减少水土流失，也就是对采空区实施填充。可以采用矿井中固体废物来填充，或采用城市固体废物来填充，避免地面沉陷，同时在开采过程中运用离层填充、注浆、条带开采等手段来实现对矿区周边自然环境的保护。

（三）瓦斯抽采——形成"煤与瓦斯共采"技术

煤与瓦斯共采，就是将煤炭和赋存于煤层中的瓦斯都作为矿井的资源加以开采，实现两种资源的共采。在煤矿开采过程中，一旦煤层开采引起岩层移动，即使是渗透率很低的煤层，其渗透率也将增大数十倍至数百倍，为瓦斯移动和抽采创造了条件。因此若在开采时形成采煤和采瓦斯两个完整的系统，即形成"煤与瓦斯共采"技术，不仅可以有效减少巷道内的瓦斯含量，有效预防事故的发生，实现安全生产，还可以变废为宝。

（四）煤层巷道支护技术与减少矸石排放技术

采用煤矿支护技术，必须根据巷道的实际情况采取有效的防护对策，对煤层的强度与刚度积极强化，对薄弱环节则采用加固锚梁的支护，其主要目的就是加强围岩表层的约束力从而避免破碎的区域情况继续恶化。而为了使支护的强度进一步强化，可实施二次支护，主要是在一次柔性支护的基础上保证巷道具有更高的稳固性，使其在一定限度中变形进而释放出更多的能量。

减少矸石排放技术，一是在合适的煤层条件下，通过改革采煤方法和巷道布置系统，减少岩石巷道的开挖，尽可能布置煤巷代替岩巷；二是将矸石进行井下处理，即不将矸石运到地面，而是在井下通过转运将其储存在井下巷道和采空区内；三是矸石综合利用，包括煤矸石发电、煤矸石作建筑材料、生产农用肥料、制取新型材料等技术。

（五）地下气化技术

煤炭地下气化是指将地下煤炭通过热化学反应就地转化为可燃气体，可以部分消除煤炭开采对环境的不利影响与破坏和煤炭燃烧对生态环境的污染。地下气化不仅是一种造气的工艺，而且也是一种有效利用煤炭的方法，实际上提高了煤炭的可采储量。此外，地下气化可从根本上消除煤炭开采的地下作业，将煤层所含的能量以清洁的方式输出地面，而残渣和废液则留在地下，从而大大减轻采煤和制气对环境造成的破坏和污染。

三、我国煤矿绿色开采技术的发展趋势

（一）保水开采技术的发展

煤矿开采过程中，如果不注意对水资源的保护，将会极大地浪费和污染水资源。煤矿开采对于水资源的破坏主要表现为造成水资源的流失和水资源的污染。针对这种情况，在发展绿色开采技术的时候，就要做到两点：其一，注意对水资源的保护和利用，即在开采煤的过程中，要尽量避开地下含水层，防止造成地下水流向的改变，这种保护水资源的方式主要应用在水资源比较匮乏的地区；其二，要减少对水资源的污染，预防水灾，即在煤矿开采之前，要对煤矿周围的水文地质进行详细的勘探，防止在开采过程中引发水灾，并且要将使用过的污水进行严格处理后再进行排放，避免因为开采煤矿而对周围的水资源造成污染，这种保护水资源的方式主要应用于水资源比较丰富的地区。

（二）充填开采技术的发展

在煤矿开采过程中，要保护好周围的土地资源，发展绿色的充填开采技术是一种必要的手段。一是矸石充填开采技术。矸石，就是在煤矿开采过程中开采出来的废石。煤炭被开采之后会形成采空区，利用矸石对采空区进行充填，一方面可以使煤矿开采产生的废石得以处理，另一方面采空区也能够被充填，减少地面塌陷的可能性。虽然现如今要实现矸石充填还有一定难度，但随着开采技术的发展，一定会有更好的解决办法。二是水砂充填开采技术。水砂充填，就是将沙粒进行开采、破碎后储存起来，煤矿开采形成采空区之后，将这些沙粒与水进行混合，再经过输送，将水砂混合物充填进去，从而解决煤矿采空区充填的问题。该法一方面可以使采矿过程中产生的废水得到利用，另一方面能够有效地减少煤矿中的粉尘，净化井下的空气环境。

（三）煤矿井下气化开采技术的发展

在煤矿开采过程中，有部分煤炭资源受到地理位置、地质环境、开采技术的限制，无法以固态的形式开采出来，或者采用传统采矿方式将会对当地的环境造成较为恶劣的影响。为了能够达到绿色开采的要求，可以采用气化开采的方式，即将固态的煤炭通过特定的技术手段转化为气态再开采出来，从而减轻对环境的影响。目前这种技术还处于探索阶段，实现成本高，且效果受到许多条件的限制。

四、我国煤矿绿色开采存在的问题及对策

（一）我国煤矿绿色开采存在的问题

我国煤矿绿色开采建设发展快、成果明显。中国煤炭工业协会发布的《2022煤炭行业发展年度报告》显示，煤炭行业绿色低碳转型持续推动。10年来，全国原煤入选率由56%提高到69.7%，矿井水综合利用率由62%提高到79.3%，土地复垦率由42%提高到57.8%；实现超

低排放的煤电机组超过 10.5 亿 kW，占比达 94% 左右；大型煤炭企业原煤生产综合能耗由 17.1 kg/t（以标煤计）下降到 9.7 kg/t。但由于起步较晚、基础薄弱，目前，我国煤矿绿色开采建设主要还存在以下几个方面的问题。

1. 我国矿山规模结构特点制约着绿色开采发展

我国矿山具有数量多、规模小且分散等特点，据不完全统计，小型及以下矿山数量占比达 80% 以上，但产能占比却不足 40%，这给我国煤矿绿色开采带来了较大的困难。绿色开采是一项长期且持久性的工作，而大量小型矿山难以在建设过程中持续完善，矿山规模结构特点制约着绿色开采发展。

2. 矿产资源综合利用率偏低制约着绿色开采发展

我国平均地下矿山开采综合回采率不足 50%，且我国矿产资源易选冶矿少，中低品位、共伴生矿和难选冶矿多，选矿回收率提升难度大。随着采、选、冶技术的发展，我国矿产资源综合利用能力不断增强，但整体水平仍然不高。资源综合利用率偏低制约着我国煤矿绿色开采的发展，影响我国能源行业可持续发展。

3. 矿山地质环境问题制约着绿色开采发展

我国矿山环境保护工作起步晚、基础差、历史问题突出，随着我国矿产资源开发的大幅增长，矿山地质环境问题日益凸显，大量的矿山地质环境问题未得到有效的治理，矿山生产安全隐患较大。矿山环境是绿色开采中重要一环，矿山环境未得到有效治理必将影响煤矿绿色开采的进展。

4. 开采技术和管理水平落后制约着绿色开采发展

许多小型矿山和早期建设的矿山技术装备和生产工艺相对落后，经营比较粗放，管理水平不高，集约化程度较低，能耗相对较高，部分盈利能力较差的企业为了生存还在继续走以牺牲资源换取低成本经济效益的老路，严重影响了煤矿绿色开采的持续发展。

5. 相关标准和制度不健全制约着绿色开采发展

近十年，我国煤矿绿色开采快速发展，但仍处于起步阶段，其相关标准和制度并不完善，导致虽取得了一定成果，但教训也接踵而至。只有将这些成果和教训固化为煤矿绿色开采的国家标准、地方标准和行业标准，我国的煤矿绿色开采才能持续健康发展。

（二）我国煤矿绿色开采的主要对策

目前，我国确定了煤炭行业的发展方向及目标，也提出了煤炭资源绿色开采的未来期望。随着产业结构的不断深化与调整，以及国家主动建立起资源节约型和环境友好型社会，并且对其进行高度关注，未来绿色开采必将成为我国煤炭开采转型的重要道路。具体来看，绿色开采在发展过程中主要涉及 3 个层面：一是要创新煤炭开采理念，保证与时俱进；二是要将全新煤炭开采技术加入其中；三是煤炭企业要主动提高自身所具备的管理水平。

1. 与时俱进，引入创新的开采理念

在煤炭资源开采过程中，不仅要追求经济效益，同时也需要将以人为本贯穿于工作的始终，将煤炭企业面临的发展情况与自身发展情况作为最根本的出发点，确保煤矿职工的生产安全。目前，将煤炭作为重点能源的国家不多，而我国作为主要的国家之一，当前煤炭产量已经占全世界煤炭产量的 35%，我国也成为世界上的煤炭大国。在煤炭开采过程中，需要将全社会的福祉作为根本的出发点,保证与时俱进的目标,主动响应国家所提出的结构优化调整策略,治理和保护生态环境,主动承担起自己应当负起的责任。与此同时,煤炭资源开采应当确保环境效益和经济效益得以协调统一,在煤炭资源开采过程中,不能只看到眼前的利益,而应当确保煤炭资源朝着可持续利用的方向发展,同时确保煤炭资源综合利用水平得以提高,做好煤炭资源绿色开采工作,全面治理矿区环境。

2. 强化全新的绿色理念

从总体角度来看,煤炭绿色开采技术包括煤炭资源综合利用技术,比如瓦斯气体和煤炭的共同开采技术。瓦斯作为煤炭开采当中产生巨大隐患的气体,如果进行共同开采,不仅能够有效地消除这一隐患,同时也会变废为宝,提高经济效益。在对煤炭中的杂质进行处理时,如果能够将可再生利用技术改进应用,必会取得意想不到的效果。

在煤炭绿色开采过程中,通过全新的技术,利用现代化设备对矿区环境做好实时监测,促进环保安全技术进步。例如,利用保水采掘技术,可以有效地解决煤炭开采当中所出现的透水问题;又如利用坑口发电技术,将原本的煤炭资源直接转变成电力资源完成传输工作,不仅能够有效地减少运输成本,同时也对生态环境进行保护;再如,煤矸石回填技术改变了原本的煤矸石露天堆放状况,不仅能够避免矸石对空气、土壤与水等的污染,同时也能利用煤矸石回填废旧坑井,避免出现地面下沉的情况。

3. 煤矿周边采用锁水开采方式

在煤矿开采过程中,上覆岩层出现大量的裂缝,终究会使隔水层出现严重的破坏,该区域当中的地下水就会形成全新的漏斗构造,由此使地下水位降低。地下水位是否能够恢复到正常状态,则取决于上覆岩层当中的薄弱层是否能够直接承受得住压实情况。

我国大部分矿区都出现水资源明显匮乏的情况,特别是在西部矿区,缺水十分严重。作为矿区环保开采最基本的方法,锁水开采的本质就是对采场底板断层出现突然涌水的情况进行防范,以保证水资源的有效保护。因此,锁水开采可以使矿区水资源容量不断扩大。

4. 矿区生态监管与修复工作

矿区生态监管与修复最基本的工作内容,在于对废弃地的监管与利用,以及修复植被、土地复垦等多个环节。目前来看,我国矿区土地再利用的面积占被破坏土地总面积的1%左右,而在发达国家,矿山土地复垦已经达到半数。因此,我国在这一方面仍是任重而道远。

土地复垦技术主要包括无覆土生物复垦法、细菌快速生长法、生物复垦法、抗侵蚀法等,这些也成为当前土地复垦当中最基本的技术。这些方法对于快速修复植被及采煤沉陷区土地具有深远的作用与价值。矿区废弃地环境恢复最基本的本质,就是改良原本的土地情况,同时充分把握好废弃地的特点与类型,做好土地和植被的重建与恢复工作,确保其在自然环境之下能够自我修复,同时也使其处于良性循环的状态。

在煤矿矿区的开采过程中,不应当将破坏环境作为代价,而应当将可持续发展思想贯穿工作的始终。在煤炭的开采过程中实施绿色开采,是可持续发展的必然道路。绿色开采是从整体角度出发,对煤矿收益进行综合评估,其最基本的任务就是确保生态环境得以动态发展,并且将其作为最基本的目标,将煤矿整体主动融入生态环境当中,全方位地做好经济评估工作,以保证我国生态环境得到可持续的发展。

5. 从原本的数量、规模扩张朝着质量效益型转变

随着我国经济水平不断提高,能源需求格局所出现的多样化变化也日益明显,经济将逐渐朝着高产出、低能耗方向发展,未来对于煤炭需求增长将不断放缓,所以应当建立完善的法律体系,打破原来追求产量这一畸形的发展模式,合理控制煤炭产能,确保提高资源整体采出率,将环境保护与安全、健康作为生产规模增长和取得经济利益的基本出发点,建立起可靠的、可持续的、全面协调的全新生产体系,确保自然生态与煤炭开采得以协调发展。

6. 建立环境和谐平衡,朝着开发治理协调方向转变

我国煤炭资源因受到地质条件的影响,以井工开采方式为主,所带来的生态环境与生态破坏问题十分严重。为了保证环境和煤炭开发之间能够建立和谐平衡的关系,转变发展方式,保证行业健康发展,煤炭行业需要树立循环经济发展理念,建立完善的生态环境保护与发展体系,主动应用节能高效的科学技术与先进装备,确保煤矿朝着生态环境友好方向转变,避免对环境造成更多破坏。

第五节　煤矿企业高质量发展

能源行业高质量发展是顺应全球能源发展潮流、应对气候变化、推动能源变革的重要举措。党的二十大报告提出,高质量发展是全面建设社会主义现代化国家的首要任务。要坚持以推动高质量发展为主题,加快建设现代化经济体系,着力提高全要素生产率,着力提升产业链供应链韧性和安全水平,推动经济实现质的有效提升和量的合理增长。我国富煤、贫油、少气的资源特点,决定了较长一段时期内煤炭仍将是我国的主体能源和重要原料。加快推动煤炭行业发展方式转变,提高供给体系质量和清洁生产水平,更加注重质量和效益,推动煤炭行业高质量发展,对保障国家能源安全具有十分重要的意义。

一、煤矿高质量发展的意义及内涵

（一）煤矿高质量发展的意义

"推动高质量发展"将贯穿"十四五"时期经济社会发展各领域和全过程。煤矿高质量发展是新时期煤矿发展的硬道理。"发展中量的积累到了一定阶段必须及时转向质的提升",煤矿发展也需要顺应并遵循这一规律。煤炭行业经过一段时间的高速发展,需求增速已经放缓,新能源替代比重逐渐增加,低碳环保要求也日益提高,同时煤矿在新发展阶段的发展要求和衡量标准更高,发展不平衡、不充分更加凸显,过去勉强能够支撑煤矿发展的基础和条件已经不能满足新的发展要求。煤矿发展必须坚持新发展理念,在质量效益明显提升的基础上实现持续健康发展,从而推动高质量发展。

（二）煤矿高质量发展的内涵

煤矿高质量发展是当前和今后一个时期内,煤矿创新发展思路、总结发展规律、找准发展着力点、制定标准规章、实施智能化建设的根本要求,研究煤矿高质量发展的内涵,可为煤矿相关政策的制定和完善提供依据,推动煤矿在高质量发展上取得新进展。煤矿高质量发展的内

涵具体体现在国家、行业、煤矿3个层面。

1. 国家层面

在国家层面,煤矿高质量发展的内涵涉及行业、经济、社会、生态等诸多方面,把增进民生福祉作为发展的根本目的,并且形成有效社会治理、良好社会秩序,促进社会公平正义。煤矿高质量发展能够创造更有价值的物质、精神财富,满足人民日益增长的美好生活需要。

煤矿高质量发展才能兼顾生产、生活与生态,提供更多优质生态环保产品,符合优美生态环境需要,服务环境可持续发展。全国煤矿特别是国有大型煤矿运行平稳、供需平衡、增长稳定,推动绿色智能开发、清洁高效利用,为实现碳达峰、碳中和的国家战略目标而转型升级,且煤矿生产区域发展均衡、低碳绿色,与环境相适应,那么煤矿高质量发展的成果才能惠及全体人民。同时,煤矿高质量发展保持速度和规模的优势依然重要,是增速稳定并在更加宽广领域上的协调发展。

2. 行业层面

煤矿产业布局优化、结构合理、形成规模,不断深化融合发展,不断实现转型升级,产业发展效益显著提升,形成健全的现代化产业体系。煤矿产业规模反映了当前煤炭行业发展体系的基础实力、完整程度、规模效益。煤矿行业创新综合实力是竞争力的核心要素,是建设现代化煤矿体系的战略支撑,是促进煤矿产业转型发展的需要,是支撑消费升级的需要。煤矿行业创新发展,在绿色低碳、技术革新、中高端消费、煤炭供应链、人力资本服务等领域培育新增长点、形成新动能。煤矿产业转型的重点是实现质量与效益提升,投入最小成本产出最大效益,并不断提升煤矿行业可持续发展的能力。

3. 煤矿层面

煤矿企业的高质量,就是在国内外具有竞争力,品牌具有影响力,具有先进的质量管理理念和方法。煤矿企业在安全生产、业务连续性、管理制度、经济效益、人才培育、绿色低碳环保等方面保持优势、持续发展、创造价值,在煤炭行业内具有一定影响力,规模实力、区域布局、品牌效应在行业内位于前列,增加高品质商品和服务供给,形成具有全球影响力的知名品牌。把握行业趋势,在技术创新中发挥引领作用。煤矿价值创造产出主要包括煤炭及其副产品,通过创新技术降低资源消耗,提高产品附加值,煤矿产品质量、服务质量、工程质量不断提升,优化商品煤产品结构,推动煤矿向产业价值链的中高端迈进。煤矿质量管理形成具有中国企业特色的质量管理体系,全面提升质量和效益。

煤矿高质量发展要以供给侧结构性改革为主线,以创新、协调、绿色、开放、共享的新发展理念为引领,以创新和人才为动力,以煤矿智能化建设为核心技术支撑,围绕煤矿发展质量变革、效率变革、动力变革,促进煤矿安全生产、生态环境、有效供给、和谐共享水平提升,推进煤矿转型升级、管理现代化、劳动者素质提升,推动煤矿集约化、市场化高效发展,达到推动煤矿持续健康发展以更好地满足人民群众需求的目标。

二、煤矿高质量发展的路径

煤炭企业"高质量发展"的本质含义是实现更高质量、更有效率、更加公平、更可持续的发展。高质量发展根本在于经济的活力、创新力和竞争力,供给侧结构性改革是根本途径。科技创新和技术扩散为高质量发展提供技术支撑,价值链调整为高质量发展提供机遇。

（一）加快实现煤矿智能化

本章第一节有详尽介绍，这里不再赘述。

（二）调整优化产业结构

产业结构优化，是指推动产业结构合理化和产业结构高级化发展的过程，是实现产业结构与资源供给结构、技术结构、需求结构相适应的状态。

(1) 产业种类"由多变少"。就是产业结构调整优化，突出主业，分类分离处置其他产业。按照主业、次主业、辅业和新兴产业分类排序，对煤炭主业优先配置要素资源，尽快做强做大；次主业逐步简政放权，促进其自我发展自负盈亏，实现做优做精；辅业或者转型升级或者实施改制分离，并适度介入发展新兴产业。通过产业结构的优化调整实现企业的转型升级。

(2) 产业布局"由分散变集中"。整合各专业人才、技术、装备等要素资源，在相应产业布局上调优补强，做好分区域产业功能定位，合理布局，协同支撑，实现梯式结构有序高效发展，最终实现由分散型向集聚型转变。

(3) 产业竞争力"由弱变强"。着眼于打造强大竞争能力和盈利能力产业，发挥科技创新和管理创新的驱动力，推动主体产业内部结构优化升级，实现低附加值产业向高附加值产业转型，产业发展由粗放式扩张式向集约质量效益式发展。

(4) 污染排放"由高变低"。按照实施清洁绿色发展的方针，通过生产环节清洁化措施、洗选加工清洁化措施和消费使用清洁化措施，使高碳排放"脱胎换骨"为低碳化、清洁化和绿色化的新能源产业。

（三）升级改造产品工艺

产品是实体企业参与市场竞争的主要载体，也是企业最终实现创收和获得盈利的重要源泉。针对企业当前的工艺和产品结构，认真研究转型升级的方向和路径，从4个方面着重加以改进和提升。

(1) 实施产品工艺清洁化改造。按照煤炭产品工艺清洁化、低碳化要求，在生产环节、洗选环节、转化环节和消费环节加大技术创新和工艺改造力度。研究并实施重介工艺、矸石充填、高水充填、瓦斯发电、保水开采等多项安全高效、绿色开采技术，保持绿色低碳运行。

(2) 实施产品定制化管理。牢固树立"质量第一"的理念，从生产源头到最终销售，始终强化全员质量意识，以良好的质量占领市场、拓宽市场。以市场为导向，通过用户的需求了解市场，实行产品定制化生产，积极维系与下游用户的战略合作关系，以发现更多的市场机会。持续深化精煤战略，细分市场用户，优化洗选方案，改进洗选工艺，增加产品种类，满足不同客户需求，实现产品质量和效益最大化。

(3) 实施产品差异化管理。一方面与市场竞争对手所提供的产品持续进行对标，建立完善相应对标管理制度，选定较为合适的竞争目标，从产品质量、服务质量、产品价格和综合收益上下功夫，以对标差异检查自身不足，培育竞争优势，提升企业核心竞争力。另一方面对不同用户实施差异化的产品服务，建立产业链关系网，用心维持与客户关系，定期走访，随时了解客户的市场情况，根据市场大环境积极调整煤炭产品价格；加强与电煤、混煤用户的合作，建立完善沟通机制，积极解决供货过程产生的问题。通过加强对各用户需求差异化的服务，使企业在激烈的市场竞争中保持有利的地位。

（四）培育多元化企业发展动能

企业发展动能是指支撑企业发展的思维方式、要素资源、管理手段、经营模式和发展环境等。煤炭企业要从依靠传统的单一煤矿生产向科技创新、多元发展转型，以谋求发展。

（1）坚持以深化改革助力转型发展。深化煤炭企业改革，建立与社会主义市场经济体制和现代企业制度相适应、能够充分调动各类职工积极性的用人和分配制度，形成企业管理人员能上能下、职工能进能出、收入能增能减的机制。

（2）坚持以科技创新引领转型发展。聚焦企业现有产业和产业发展方向，大力实施技术创新工作，完善体制机制，建立技术创新平台，梳理制约煤炭主业经营发展的技术难题并将其列为技术攻关项目，组成专门团队，展开技术攻关，解决实际问题。

（3）坚持以项目建设带动转型发展。按照"以煤为基、多元支撑"的战略布局，优化存量，培育增量。对企业在建项目加快施工进度，对企业拟建项目加快手续跑办，对企业新项目加快调研论证。在推进各项目的同时，进一步明确项目建设导向，要求新上项目要坚持稳中求进，开阔视野，在新兴产业、高新技术产业和现代服务产业中积极寻找发展机遇。

三、煤矿企业高质量发展必须解决的几对矛盾关系

煤炭行业经过一段时间的高速发展，需求增速已经放缓，新能源代替比重逐渐增加，低碳环保要求也日益提高，同时煤矿在新发展阶段的发展要求和衡量标准更高，发展不平衡不充分更加凸显，已经不能满足新的发展要求。推进煤炭企业高质量发展，就是要逐步推动解决煤矿所面临的主要矛盾。

（一）处理好责、权、利的关系

坚持深化体制机制改革，特别是在劳动、人事、分配制度改革方面出硬招、出实招。要合理设置目标规划、考核指标、收入分配、职务晋升等评价体系，妥善处理好"责、权、利"的关系，真正体现"质量第一、效益优先"，工资分配要与煤矿各层级的效率和效益挂钩浮动。在干部考核和选拔方面要积极落实"三项机制"，坚持"严把入口、畅通出口"的原则，把干部"能上能下"与能力绩效结合起来。要充分体现"效益决定收入、贡献决定分配、业绩决定升迁"的考核机制导向，树立起"有为者有位，实干者实惠"的鲜明用人导向；防止"干与不干一个样、干多干少一个样""等靠要""慵懒散""大锅饭""鞭打快牛"等现象的出现。要充分体现"有权必有责、有责必担当、失责必追责、担当必激励"；坚决防止只考核不兑现、只奖励不惩罚、只安排不落实、只要显绩不重潜绩。

（二）处理好量、本、利的关系

煤矿追求产量规模，用户更加注重产品质量。煤炭企业要算好经济账，在生产组织、煤质管理、全面预算、收支管理、项目分析评价、外包外委等方面，必须认真研究和科学处理好"量、本、利"的关系。要树立起"先算后干者胜，勤算多干者赢"的思想；要体现在"产量上得去、质量有保证，成本能控制、效益有保障"；要体现在"增产更增收，提质更提效"。坚决防止"只讲产量，不讲质量"，导致"产量上去了、质量滑坡了，成本升高了，市场也丢失了"；坚决防止"只管产出，不计成本"和"只算任务账，不算经营账，不算效益账"，最终是售价与成本严重倒挂，产得越多，亏得越多。

(三) 处理好产、运、销的关系

在产量严重过剩时,许多煤炭企业有产量没市场。而随着国家经济结构调整,煤炭市场对高端煤炭、煤炭深加工产品需求旺盛,煤炭企业却因产品粗放、不适合用户需求而无法供给,甚至面临有产量、有市场但却受运力限制这样的新矛盾。只有统筹协调好"产、运、销"的关系,企业持续健康发展才有根本保障。只有着眼长远,超前部署,细化分解落实市场销售布局和销售方案,在市场布局、产能置换、煤炭储备、直供用户、煤电联营、就地消化、中长期合同等方面未雨绸缪、抢抓机遇,建立起全方位的长期合作机制,才能确保煤炭企业的产能集中释放后,市场有需求、运力有保障、销售更顺畅。

(四) 处理好企业改革、转型、发展与稳定间的关系

煤炭企业必须认识到,能源革命是方向、企业改革是动力、转型升级是路径、高质量发展是目的、安全稳定是前提。特别是一些老煤炭企业,由于历史遗留问题多、企业负担沉重,加之我国能源行业已进入以"低增速、低增量、低碳化和资源约束严、生态约束严、环境约束严"为特征的"三低、三严"新常态,仅仅依靠单一煤种发展不可行,因循守旧、故步自封最终必将被淘汰出局,只有经过阵痛、转变观念、转换思维、革新发展方式才能涅槃重生。靠煤吃煤暂时能够维持生存,但很难持续发展、持续收益,转型才会出效益,改革才能轻装上阵,创新才能把握助推企业高质量发展的机会。

复习思考题

1. 煤矿智能化建设对煤炭产业高质量发展有何意义?
2. 煤矿智能化有哪些基本特征?
3. 我国煤矿智能化建设中存在的问题及对策有哪些?
4. 智能化煤矿在建设和运行过程中的经验与教训有哪些?
5. 煤矿绿色开采技术的内涵有哪些?
6. 我国煤矿绿色开采存在的问题及对策有哪些?
7. 煤矿高质量发展的路径在哪里?
8. 煤矿高质量发展必须解决哪几对矛盾关系?

第三章
煤矿采掘生产新技术、新装备、新工艺及新材料应用

> **学习提示** 创新是第一动力,是破解制约煤矿安全高质量发展难题的重要途径。近几年,应用于煤矿采掘生产的新技术、新装备、新工艺、新材料越来越多。本章重点阐述了大采长、大储量综采工作面、急倾斜煤层长壁综采、深部软岩巷道控制等煤矿采掘生产新技术,采煤机、液压支架、刮板输送机、矿用全断面硬岩掘进机、横轴掘进机、智能掘锚一体机、单轨吊式锚护一体机、连采机等煤矿重型新装备,切顶卸压沿空留巷采空区下以及大倾角煤层软岩煤巷、"三软"煤层、大断面托顶煤巷道等特殊条件下锚网支护,综采工作面机械化回撤、安装,岩巷掘进快速施工,"三下"采煤等煤矿采掘生产新工艺,采掘工作面加固、注浆及充填材料、采掘机械耐磨材料等煤矿采掘生产新材料在现场应用的技术状况与管理难点,供相关人员参考。

第一节　煤矿采掘生产新技术应用

一、大采长、大储量综采工作面技术

大采长、大储量综采工作面是指通过增加综采工作面宽度及推采长度,以此增加工作面储量,一般是采面长度超过 300 m 的壁式采煤工作面,在其综采面两端各布置一条煤巷(一条进风巷、一条回风巷)。由于工作面长度大,为解决部分大采长工作面瓦斯治理及防治水问题,会在工作面中部新掘一条中间巷,以承担工作面灾害治理及辅助运输任务,即"一面三巷"布置方式,待后期工作面灾害治理水平提高后,可取消中间巷布置,直接利用工作面两平巷对工作面进行瓦斯及水害治理,即"一面两巷"布置方式。

根据国内外生产实践,随着煤矿开采机械化装备及生产技术的进步,采煤工作面走向与倾向长度均呈现增大趋势,大采长综采工作面具有生产能力大、采出率高、经济效益好等特点,是现代化矿井高产高效开采技术的主要发展方向之一,是安全高效开采的重要工艺技术。

(一) 大采长工作面发展现状

自 20 世纪中叶英国创建大采长工作面综合机械化采煤工艺之后,煤炭工业革命在全世界掀起了狂潮。20 世纪 90 年代中期,美国综采工作面平均长度为 237 m,最长 334 m。到了 21 世纪初,美国在多座煤矿中布置了多达 57 个大采长工作面,占美国所有矿井总数的 7%。澳大利亚在煤炭开采中布置了 24 个大采长综采工作面,其中日产量最高达 2.6 万 t。

在我国,长度 300 m 以上大采长工作面开采的技术发展较晚。2002 年,潞安矿业(集团)在工作面长度上进行了研究,其中王庄煤矿综放工作面的长度达 270 m。2011 年,由于大采长工作面的应用,神东矿区建成全国第一个 2 亿 t 商品煤生产基地,且有多个煤矿工作面长度达 400 m 以上,并继续探索更长工作面的布置方式。河南能源化工集团永煤公司的城郊煤矿、新桥煤矿、陈四楼煤矿等也于近几年推行了大采长工作面,取得了很好的技术效益和经济效益。在此情况下,巷道围岩与控制难度加大,需要进行围岩的采动破坏机理研究,深部中厚煤层超长工作面矿压显现规律也需要进一步探究。

(二) 大采长工作面围岩控制技术

大采长工作面安全高效回采采场围岩控制技术主要研究综采工作面采场围岩控制、工作面顶板岩层的变形和破坏规律特征。采取多种监测方式研究采面矿压显现规律,得出顶板承载的强度和载荷分布的规律;对支架工作阻力进行现场实时监测分析,从而得出采面顶板活动的规律。目前研究出的柱压自动采集仪器可连续跟踪监测单体柱压力情况,分析单体柱阻力变化情况,钻底量法已很少使用。松软煤层条件下的大采场工作面煤壁通常容易出现片帮和掉顶的现象,矿井可通过两巷超前及面内注浆(无机和有机注浆材料)来控制煤壁和顶板;针对大采长工作面煤壁暴露面积大、瓦斯涌出量大等问题,矿井可通过两巷深孔注水以及采面煤层浅孔注水来对瓦斯的涌出进行控制,从而降低大采长综采工作面以及回风流的瓦斯浓度,降低安全事故发生的可能性。

（三）大采长工作面超前应力和侧向应力分布

利用 FLAC3D 数值模拟软件建立了"一面三巷"布置方式下的超长工作面回采模型，研究了超长工作面开采后超前应力和侧向应力分布情况，得到了超长工作面中间巷布置在不同位置时的应力和位移变化，确定了中间巷的最佳位置。

(1) 超长工作面开采后，工作面超前支承应力总体呈现先急剧增大后逐渐减小最后趋于平衡的规律。超前支承应力受扰动范围约为 100 m，超前支承应力峰值位于工作面前方约 11 m 处。

(2) 超长工作面开采后，工作面侧向支承应力总体呈现先急剧增大后逐渐减少最终趋于稳定的变化特征。侧向支承应力受扰动范围约为 30 m，侧向支承应力峰值位于距煤壁约 10 m 处。

(3) 中间巷位于工作面中心和工作面中心偏左 60 m 处时，中间巷的围岩应力与变形情况基本相同；中间巷位于工作面中心偏左 80 m 处时，中间巷应力增大，围岩变形增大。综上可知，中间巷最佳布置位置为工作面中心偏左或偏右 60 m 范围内。

（四）大采长工作面回采技术研究的难点

大采长工作面回采技术研究是一项复杂的系统工程，大采长工作面长度的确定需要根据矿井的地质条件、工作面压力、推进度、瓦斯涌出量、通风能力、"三机"配套能力等因素综合考虑。大采长综采工作面虽然具有生产能力大、采出率高等优势，但工作面越长，矿压显现也越大，工作面内、上下两巷超前段围岩控制难度提升，两巷和中间巷的支护及中间巷回采过巷等均是研究的难点。

（五）案例【某矿采用"一面三巷"大采长工作面】

1. 工作面概况

某矿 2803 工作面采用"一面三巷"大采长布置方式。工作面对应地面标高为 +34.92 m，工作面标高为 -585~-708 m。工作面走向长 1 306~1 315 m，倾斜长 368 m，总面积为 46.9 万 m²。工作面煤层赋存稳定，结构简单，属半亮型；煤层厚度最小为 1.2 m，最大为 3.07 m，平均厚 2.75 m；工作面可采储量为 157.4 万 t；采用综合机械化采煤工艺，一次采全高、长壁后退式采煤方法，全部垮落法管理顶板；循环进度 800 mm，平均每天生产 5 刀，日推进进尺 4 m，月平均产量为 12.3 万 t；工作面布置有 2803 上平巷、2803 下平巷及 2803 中间巷，采用"两进一回"的 Y 形通风方式，即 2803 下平巷担负出煤及进风任务，2803 中间巷担负辅助进风任务，2803 上平巷担负辅助运输及回风任务。工作面选用 MG500/1170-AWD 型采煤机、ZY5000-16/35 型液压支架、SGZ800/2×700 型刮板输送机，两巷超前选用 ZQL2×3200/16/32 型超前支护支架。2803 工作面巷道布置如图 3-1 所示，煤层综合柱状如图 3-2 所示。

2. 中间巷围岩控制方案

2803 中间巷设计断面为梯形断面，巷道净断面：宽×高＝4 600 mm×2 400 mm。

锚杆支护方案：巷道顶板采用"锚杆＋金属网＋M 钢带＋锚索梁"支护，两帮采用"锚杆＋金属网＋M 钢带"支护，顶板和帮部均采用 $\phi 22$ mm×2 200 mm 高强锚杆，顶板锚杆间排距为 800 mm×800 mm，帮部锚杆间排距为 700 mm×800 mm。

锚索加强支护方案：在锚杆支护的基础上，顶板上补打 3 根锚索，所用规格为 $\phi 21.6$ mm×

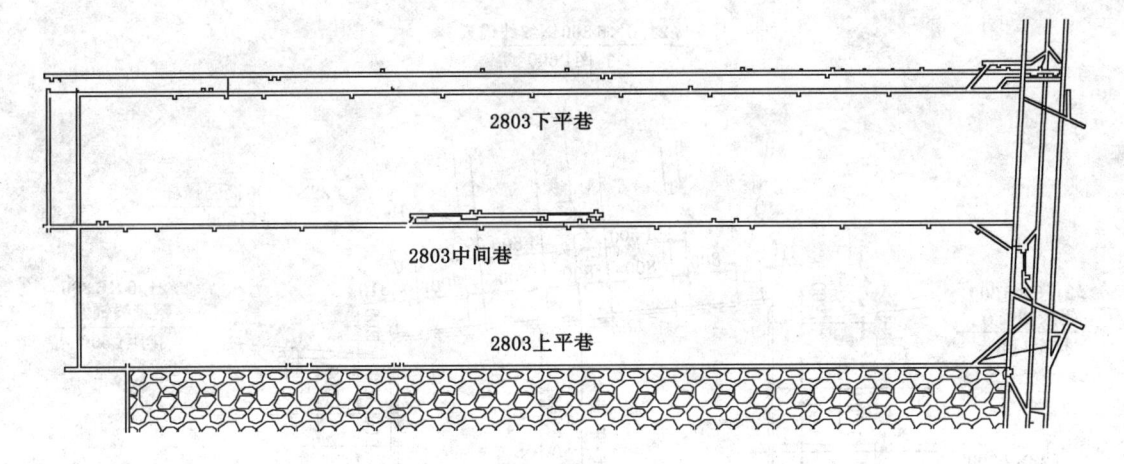

图 3-1　2803 工作面巷道布置图

图 3-2　2803 工作面柱状图

6 300 mm 钢绞线锚索,间排距为 1 500 mm×1 600 mm;两帮补打 2 根锚索,所用规格为 $\phi21.6$ mm×6 300 mm 钢绞线锚索,间排距为 1 000 mm×1 600 mm。

2803 中间巷支护图如图 3-3 所示。

二、急倾斜煤层长壁综采技术

我国煤矿使用过多种采煤方法开采急倾斜煤层,如水平分层及倒台阶采煤法,下面简要介绍两种急倾斜煤层采煤的新方法。

(一)伪倾斜柔性掩护支架采煤法

伪倾斜柔性掩护支架采煤方法的特点是采煤工作面呈直线形,按伪倾斜方向布置,沿走向推进,用柔性掩护支架隔离采空区与回采空间,工作人员在掩护支架的保护下进行采煤工作。

(1)采区巷道布置。伪倾斜柔性掩护支架采煤法的巷道布置如图 3-4 所示。采区运输石门 1 通入煤层后,向上掘进一组上山眼,布置区段运输平巷 6、区段回风平巷 7,在采区边界开掘一对开切眼 10,用于回采开始阶段的运输、通风和行人,然后即可安装支架,进行回采工作。

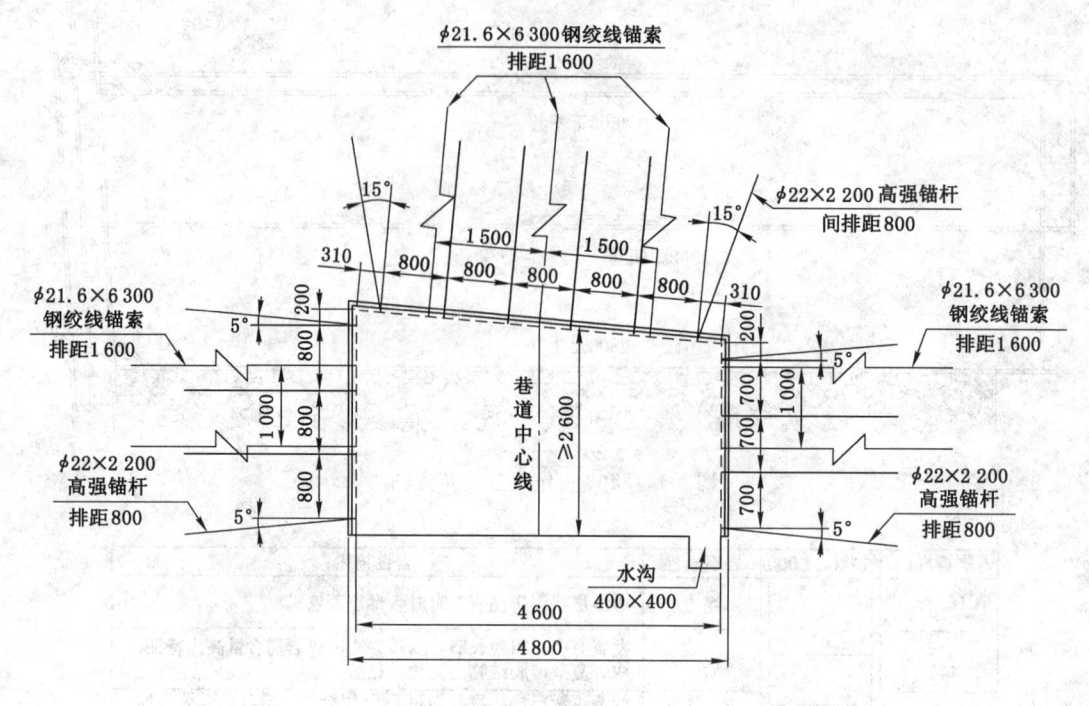

图 3-3 2803 中间巷支护图

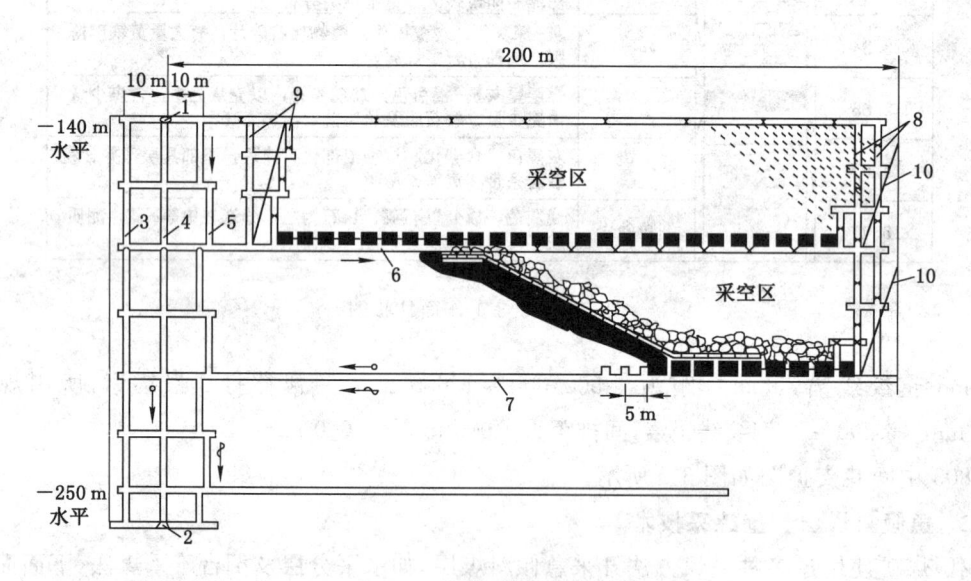

1—采区运输石门；2—采区回风石门；3—采区溜煤眼；4—采区运料眼；5—采区行人眼；6—区段运输平巷；7—区段回风平巷；8—采煤工作面；9—溜煤眼；10—开切眼。

图 3-4 伪倾斜柔性掩护支架采煤法巷道布置

正常的采煤工作面应有 25°～30°的伪倾斜角。回采时，为了溜煤、行人、通风和运料，在工作面下端掘进超前平巷，并沿走向每隔 5 m 左右，由区段平巷向上开掘小眼与超前平巷贯通。

工作面采落的煤自溜至区段运输平巷 6，再运至采区溜煤眼 3，在石门装车外运。新鲜风流从采区石门进入，经行人眼至区段运输平巷 6，再到采煤工作面。乏风从工作面经区段回风平巷 7 到采区回风石门 2 排出。

(2) 掩护支架的结构。柔性掩护支架主要由钢梁及钢丝绳组成。钢丝绳沿走向布置,钢梁沿煤层厚度布置。架子的厚度视煤层厚度而定,可由 3~5 根组成。钢梁间距不大于 0.3 m,其间用撑木及荆笆条填充。钢梁与钢丝绳可用垫板和螺栓进行连接,也可用环形卡子连接。在钢梁上部铺设双层荆笆,用作隔离采空区矸石和拆架子时的人工顶板。这种支架结构具有柔性且便于控制和回收。

(3) 回采工作。伪倾斜柔性掩护支架采煤法的回采工作大致可分为 3 个阶段,即准备回采、正常回采和收尾工作。

① 准备回采。准备回采主要是在回风平巷内安装掩护支架,并逐步下放成为伪倾斜工作面,为正常回采做准备。安装掩护支架前,将回风平巷断面扩大到煤层顶底板并挖出地沟。安装掩护支架时,可在前面安装支架,在后面进行回柱放顶,使支架顶上有厚度为 2~3 m 的矸石垫层,以缓冲围岩垮落时对支架的冲击。随后进行支架的调整下放,使支架由水平状态逐步下放为伪倾斜状态,采煤工作面的伪倾斜角应不小于 25°。

② 正常回采。在正常回采过程中,除了在掩护支架下回采外,同时要在回风平巷中扩巷、挖地沟,加长掩护支架,以及在工作面下端的巷道中拆除支架。在支架下采煤,目前主要采用打眼爆破。其工序包括打眼、装药、爆破、铺溜槽出煤、调整支架等内容。回收架尾时先将地沟向两帮扩大,用点桩支承钢梁,然后卸下钢丝绳,经小眼送至运输平巷,再取下钢梁,运到回风平巷继续复用。

③ 收尾工作。当工作面推进到区段终采线附近时,在终采线靠工作面一侧掘进两条收尾上山眼,然后加大工作面上部的下放步距,缩小工作面下部的进尺,同时逐渐缩小工作面长度和伪倾斜角度,直至变成水平状态,最后将支架全部拆除。

伪倾斜柔性掩护支架采煤法与水平分层及倒台阶采煤法相比,具有产量高、效率高、工序简单、操作方便、生产安全、掘进率低等优点;采煤工作面可三班出煤,不需要专门的准备班。这种采煤方法的主要缺点是掩护支架的宽度不能自动调节,难以适应煤层厚度的变化。

当煤层厚度为 1.5~6.0 m,倾角大于 5°,在一个条带内煤层比较稳定的条件下,应优先选用伪倾斜柔性掩护支架采煤法,其工作面伪倾斜角度一般不小于 25°,工作面长度一般为 30~60 m,年进度可达 480~660 m。

(二) 水平分段放顶煤采煤法

在急倾斜特厚煤层中,水平分段放顶煤采煤法类似于水平分层采煤法,其差别是按一定高度划分为分段,在分段底部采用水平分层采煤法的落煤方法(机采或炮采),分段上部的煤炭由采场后方放出运走。这样,各段依次自上而下采用放顶煤采煤工艺进行回采。

急倾斜煤层综采放顶煤的采煤工艺过程及其参数选择的原则与缓斜煤层放顶煤采煤法基本相同。由于在急倾斜煤层中水平分段放顶煤工作面的长度受煤层厚度限制,根据我国的煤层条件,一般在 60 m 以下,因此对采煤设备有一些特殊要求,主要是要求采用适用于短壁工作面的短机身采煤机及与之相配套使用的输送机。液压支架的型式并无差异,只是根据采场压力显现特征,可适当减小其工作阻力及重量。我国生产的 MGD150-NW 型采煤机属无链牵引采煤机,包括滚筒在内,全长只有 3 m。它的摇臂出轴位于机身中部,能自由回转 270°。与短机身采煤机配套使用的 SGI-730/90W 型工作面刮板输送机的特点是机头和机尾短而矮,在机头和机尾的侧帮上设有齿轨,从而使采煤机能直接开到机头或机尾上部,滚筒能割透端部,进入巷道。这样,采煤机可从巷道入刀,不需专门开切口。

采煤工艺过程为割煤、移架、推移输送机和放顶煤。一般割煤进刀量为 0.5 m。放煤自底板向顶板方向依次进行,放煤方式与缓斜放顶煤时大体相同,可以采用多轮顺序或单轮间隔顺序。顶煤高度较大、顶煤裂碎不充分时,一般采用多轮放煤。为了发挥综采设备效能,一般工作面长度宜大于 25 m。

三、深部软岩巷道控制技术

大采深矿井最大的特点就是矿压大,地质条件复杂,支护难度大,特别是对于深部软岩巷道的支护,一直是近年来煤矿技术工作者研究的重点。软围岩强度和稳定性较差,在开采扰动和较大的矿压作用下易发生变形和破碎,巷道维护工作量很大,给深井煤矿开采带来了很大影响。生产实践证明,对于大采深软岩巷道,某种单一的支护方式是难以起到有效支护作用的,对此应采取"锚、网、索、喷、架、注"联合支护的方式,以维持大埋深巷道软围岩的稳定。下面介绍几种常见的深部软岩巷道控制技术。

(一) 锚架联合加固技术

锚架联合加固技术,即在锚杆支护的基础上在巷道围岩周边再架设钢棚支护,这样既发挥了锚杆从内部调动围岩承载能力的特点,又可以使巷道在发生一定的让压变形之后发挥钢棚的径向约束作用,并随围岩收缩而继续让压收缩,始终保持巷道承载结构的稳定性。同时,钢棚的支护作用还可以预防围岩突然垮冒而造成安全事故。此外,在巷道顶部有淋水或渗水的情况下,锚架或锚注架联合加固技术更显优越,但这种加固技术的施工复杂,材料消耗大,修复速度慢,断面成型差而且断面利用率低。

(二) 底板卸压支护技术

巷道围岩既是施载体又是受载体,因此,巷道维护必须从两方面着手:一方面是加固围岩,以提高围岩的自身强度,即加强支护法;另一方面是控制围岩应力场分布状态,避免在巷道围岩内出现过高的应力集中和拉应力区,即卸压支护法。

卸压支护的基本原理是:在巷道掘进及服务期间,采用人工的方法对围岩的碎胀变形进行有控制的释放,使巷道周边形成的应力峰值向远离巷道周边的围岩深部转移,使巷道处于应力降低区中,以此达到有效维护巷道的目的。目前国内外常用的卸压方法有:在巷道围岩中开槽、切缝、钻孔或松动爆破;在受保护巷道附近开掘专用的卸压巷道;从开采上进行卸压或将巷道布置在应力降低区内。

底板中部卸压槽是卸压支护法的一种,是指在巷道帮部或底部利用工具或爆破开掘出一定宽度和深度的槽,使底板应力分布发生变化,最大应力向围岩深部转移,巷道浅部围岩受到的应力减小,从而控制浅部围岩的变形和破坏,增强承载力。这种支护方式还可以将深部围岩的承载力调动,使整个巷道围岩承载能力增强。卸压能力与卸压槽方向、深度、宽度、形状及卸压槽与开巷的间隔时间等有关。

(三) 注浆加固技术

围岩注浆加固是利用浆液把围岩的各种弱面充实,并把弱面充填体和四周岩体重新胶结起来,从而提高围岩的整体稳定性及力学性能,改善围岩的物理力学性能。实践证明,围岩注浆加固可以有效地改善围岩结构及其力学性质,提高围岩承载能力,降低支护成本,并且改善巷道支护效果。对于软岩破碎带等地点更需采用围岩注浆技术进行密实加固,以提高围岩承载能力,保证巷道的长期稳定性。注浆加固技术的主要特点和优势有以下几点:

(1) 利用稀浆封堵岩石裂隙,隔绝空气,防止岩石风化,并且防止岩石因水浸泡降低承载强度。

(2) 将松散破碎围岩胶结成一个整体,提高岩体的黏聚力、内摩擦角、弹性模量和岩体强度,利用围岩作为承载结构,起到控制巷道变形的作用。

(3) 实现填充密实,从而确保该负载可以均匀地作用在支架上,以避免应力集中而产生破坏。

(4) 充填围岩裂隙,配合锚喷支护,形成一个多层有效组合拱,即喷网组合拱、锚杆压缩区组合拱及浆液扩散加固拱,形成多层组合拱结构,扩大有效承载范围,提高支护结构的整体性和承载能力。

(5) 通过注浆可使端锚的普通锚杆变成全长锚固锚杆,从而将多层拱连成一个共同的载体,以提高支撑结构的完整性。

(6) 注浆使得支撑结构的表面积增加,围岩作用于承载结构的载荷弯矩减少,从而降低了抗张强度和在支撑结构所产生的压缩应力,使支撑结构可以承受较大的负荷,提高了承载能力,扩大了支撑结构的适应性。

(四) 底角锚杆控制巷道底鼓技术

底角锚杆是指从巷道底板基角部位呈某一角度(一般为45°)打入具有一定抗弯刚度的杆体来控制底鼓的支护结构。该技术在国外提出得较早,但由于技术本身不够成熟等因素在国内没有得到推广应用。底角锚杆控制巷道底鼓的作用主要有阻止底板浅部塑性区发展,阻止底板岩体塑性流动,减少顶板、两帮下沉。

第二节 煤矿趋于重型化、智能化、信息化的采掘设备

一、采煤机

我国采煤机技术经过半个多世纪的发展,经历了国外设备仿制、国外设备和技术引进、自主产品技术研制、国际合作研制、自主技术创新等发展过程,已形成了开采范围 0.8~9.0 m、适应倾角 0°~60°、总装机功率最大达 3 450 kW 的具有自主知识产权的采煤机产品和理论基础。

我国采煤机发展趋势为:

(1) 重型化。采煤机生产能力是提高综采工作面产量的决定因素之一。对于大采高采煤工艺而言,提高产量的直接而有效的办法就是提高采煤机有效的采煤时间。在长壁采煤工作面设计长度逐渐增加的情况下,提升采煤机牵引速度和加大总装机功率是最有效的手段,即截

割功率大,采煤高度大,滚筒转数低,牵引速度高,截割深度大。

随着采煤机电气调速技术的不断进步和采煤机总体结构横向布置的广泛应用,采煤机的生产能力和整机质量得到大幅度提高,如 MG1100/3050-WD 型采煤机最大工作牵引速度已经超过 13 m/min,最大年生产能力达 1 800 万 t,整机质量达 230 t 以上。

(2)信息化。随着对采煤机的智能化需求越来越强烈,采煤机的状态感知和信息传输功能愈发重要。采煤机在多变地质环境中截割煤层,必须预先准确获取其作业位置、周围环境、煤层状态等信息,才能达到"知己知彼"的智能精准运行状态。对于智能采煤机,环境感知是重要的信息获取能力,当采煤机具备环境信息检测、分析和建模功能时,才能模拟采煤机司机对运行环境及态势进行控制,因此环境的有效感知和传输是采煤机智能运行的根本基础。

采煤机主要通过机载传感器对自身和周边环境信息,主要包括采煤机运行参数、行进空间、运行位姿、截割状态、机器状态等数据进行采集和处理。信息采集后,通过 RS485 总线或以太网总线等信息传输通道将信息传输至总控中心,实现采煤机信息化功能。

(3)智能化。采煤机智能化应用主要通过信息采集、智能判断和控制等技术实现。一是使用采煤机的人、机、环信息自主感知交互技术,构建从现场传感信息到运行控制系统、工艺规划系统的信息反馈数据链,构成智能采煤机控制的数字主线;二是采煤机的强人工智能技术,把智能仿生作为提高采煤机智慧能力的有效途径,提高采煤机自感控能力、自适应能力和自优化能力;三是构建智能采煤工作面的数字处理平台,对采煤机的传输数据进行处理,使采煤机具备很强的数据挖掘、数据应用和智能控制能力。

二、液压支架

液压支架是以高压液体为动力,由若干液压元件与金属构件按一定连接方式组成的一种采煤工作面支护设备。它能实现升架(支撑顶板)、降架、移架、推动刮板输送机前移以及顶板管理等一整套工序;能可靠地支撑顶板,隔离采空区;能防止矸石进入工作面,保证正常作业所需的工作空间。液压支架与采煤机、工作面刮板输送机配套使用,实现了采煤综合机械化,解决了机械化采煤工作面顶板管理落后于采煤工作的矛盾,进一步提高了采煤和运输设备的效能,减轻了煤矿工人的劳动强度,改善了安全条件。

液压支架发展趋势为:

(1)多样化。由于我国煤炭资源丰富,分布面广,地质赋存条件复杂多样,任何一种型式的液压支架都是在一定的条件下使用的,要全面实现机械化采煤,就需要适应不同地质条件的液压支架,从而造成液压支架的多样化。分类方法不同,液压支架的种类也不同,除上述介绍的液压支架外,还有用于端头的端头支架,用于超前段的超前支架以及薄煤层支架、大倾角支架、电液控支架等。

(2)重型化。近年来,随着一次采全高采煤工艺的不断完善和相关采煤设备加工工艺的不断进步,大采高工作面得到不断开发,所需求的液压支架也相应向重型化方向发展。2021 年 8 月,郑煤机集团研发的 ZY29000/45/100D 型掩护式液压支架下线,整体支架质量就达到 130 t。随着煤机企业加工能力的不断增长,更多的重型化液压支架也将不断出现。

(3)智能化。在综合机械化技术在煤矿普遍应用的基础上,随着自动控制、计算机等技术的发展,智能化控制的液压支架的应用数量也在不断增加。智能化液压支架是机械、计算机、电子、通信、液压技术的集成应用,主要由地面监控、端头控制器、液压阀组、传感器、计算机、支架控制器等组成,通过收集传感器传输的各类信号,经过智能终端进行分析处理并进行指令决断,实现液压支架的无人化控制。

三、刮板输送机

工作面刮板输送机与工作面其他设备协同在工作面回采推进,完成煤炭的开采、输送任务。工作面刮板输送机的性能和可靠性直接影响工作面的安全生产和煤炭产量,先进的煤矿输送设备为煤矿高产高效生产奠定了坚实的硬件基础。

随着大采高、长走向、超长工作面的不断增多,对刮板输送机的要求也在不断提高,要求其逐渐向年过煤量超过千万吨的大型化和变频调速控制的自动化方向发展。

(1)大型化。刮板输送机大型化包括大输送能力、大单机长度和大输送倾角等几个方面。随着刮板输送机输送能力的不断提高和单机长度的不断增长,中部槽宽度、链条强度和电机功率都在不断增大,目前煤矿用刮板输送机中部槽宽度已达 1 250 mm,总装机功率达5 800 kW。

(2)自动化。随着智能化技术的不断发展,要求实现对刮板输送机进行远程控制等功能,并通过对油温、油位、冷却水压、轴承温度等参数进行检测,为刮板输送机故障诊断以及成套设备动态工况下的故障精准定位提供判断依据和技术支撑。同时随着变频调速技术的不断进步,变频调速软启动技术也逐渐在刮板输送机上开始应用。

四、矿用 TBM(全断面硬岩掘进机)

全断面硬岩掘进机(full face rock tunnel boring machine,简称 TBM)是集机械、电子、液压、激光、控制等技术于一体的高度机械化和自动化的大型巷道开挖成套设备,是一种由电动机驱动刀盘旋转、液压缸推进,使刀盘在一定推力作用下贴紧岩石壁面,通过安装在刀盘上的刀具破碎岩石,使巷道断面一次成型的大型工程机械。TBM 施工具有自动化程度高、施工速度快、节约人力、安全经济、一次成型、不受外界气候影响等优点,是岩石巷道掘进中最有发展潜力的机械设备。

(一)全断面硬岩掘进机的分类

按照结构进行划分,全断面硬岩掘进机可分为敞开式和护盾式两种。

敞开式全断面硬岩掘进机结构上没有用于掩护的护盾,适用于围岩地质条件较好的巷道,可随掘进及时进行挂网、打设锚杆和喷射混凝土。

护盾式全断面硬岩掘进机布置有防护的护盾,可以防止由不良地质条件造成的施工地质灾害所带来的影响,抗风险能力较强,适用于围岩地质条件较差的巷道。

(二)全断面硬岩掘进机的组成部分及作用

全断面硬岩掘进机的结构部件可分为机构和系统两大类。机构包括刀盘、护盾、支撑、推进、主轴、机架及附属设施设备等。系统包括驱动、出矸、润滑、液压、供水除尘、电气、支护、吊运等。它们各具功能,相互连接,相辅相成,构成有机整体,完成掘进、出矸等功能。刀具、刀盘、主轴、刀盘驱动系统、刀盘支承、掘进机头部机构以及出矸、液压、电气等系统,不同类型的掘进机大体相似,但从掘进机头部向后的机构和结构、支护系统,敞开式和护盾式掘进机区别较大。

1. 敞开式全断面硬岩掘进机结构

敞开式全断面硬岩掘进机主要由3大部分组成：切削盘、切削盘支承与主梁、支撑与推进总成。敞开式全断面硬岩掘进机结构系统如图3-5所示。

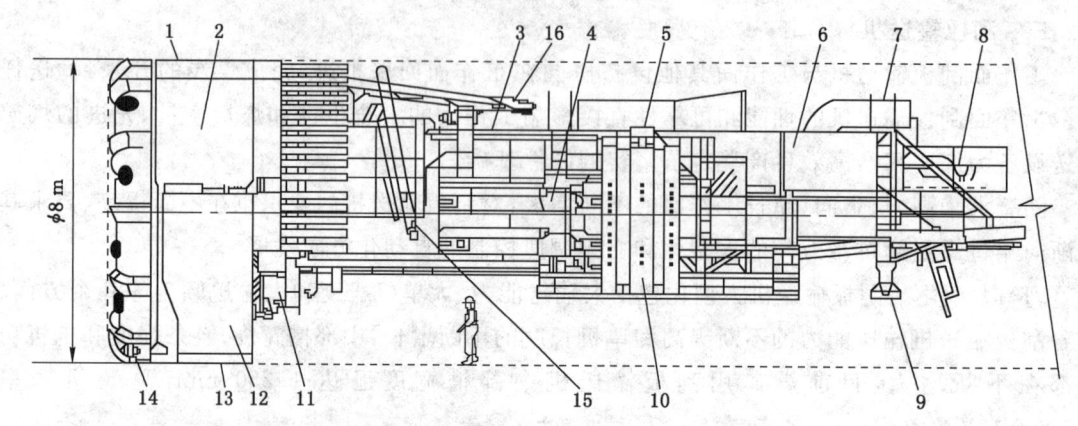

1—顶部支承；2—顶部侧支承；3—主机架；4—推进油缸；5—主支撑架；6—主机架后部；
7—通风管；8—带式输送机；9—后支承带靴；10—主支承靴；11—刀盘主驱动；
12—左右侧支承；13—垂直前支承；14—刀盘；15—锚杆钻机；16—探测孔钻机。

图3-5 敞开式全断面硬岩掘进机结构系统

切削盘支承与主梁是掘进机的总骨架，二者连为一体，为所有其他部件提供安装位置。支撑分为主支撑和后支撑。主支撑由支撑架、液压缸、导向杆和靴板组成。主支撑一是为了支撑掘进机中后部的重力，保证机器工作时的稳定，二是承受刀盘旋转和推进所形成的扭矩与推力。后支撑位于掘进机的尾部，用于支撑掘进机尾部的机构。

2. 护盾式全断面硬岩掘进机结构

护盾式全断面硬岩掘进机按其护壳的数量分为单护盾、双护盾和三护盾3种，双护盾为伸缩式，适用于软岩破碎或地质条件复杂的巷道。

双护盾式全断面硬岩掘进机没有主梁和后支撑，除机头内的主推进油缸外，还有辅助油缸。刀盘支承用螺栓与上、下刀盘支撑体组成机头，与机头相连的是前护盾，其后是伸缩套、后护盾、盾尾等构件。前护盾的主要作用是防止岩渣掉落，伸缩套的作用是在后护盾固定、前护盾伸出时，保护前后护盾之间的推进缸和人员安全。护盾式全断面硬岩掘进机结构如图3-6所示。

五、横轴掘进机

悬臂式掘进机是一种利用装在可俯仰、回转的悬臂上的切削装置切削岩石并形成所设计断面形状的大型掘进机械。它是一种能够实现截割、装载运输、自行走及喷雾除尘的联合机组。由于其具有掘进速度快、适应性强等优点，目前已广泛应用于煤矿井下煤巷和岩巷掘进。悬臂式掘进机按切割头布置方式分为纵轴式和横轴式两种。纵轴悬臂式掘进机通常应用于煤巷掘进，产品已较为成熟，应用范围较广。横轴悬臂式掘进机的切割头旋转轴线垂直于悬臂轴线，该类型的掘进机可以截割抗压强度较高的岩石，通常应用于岩巷掘进，近年来应用数量也在逐步增多。本节主要介绍横轴悬臂式掘进机。

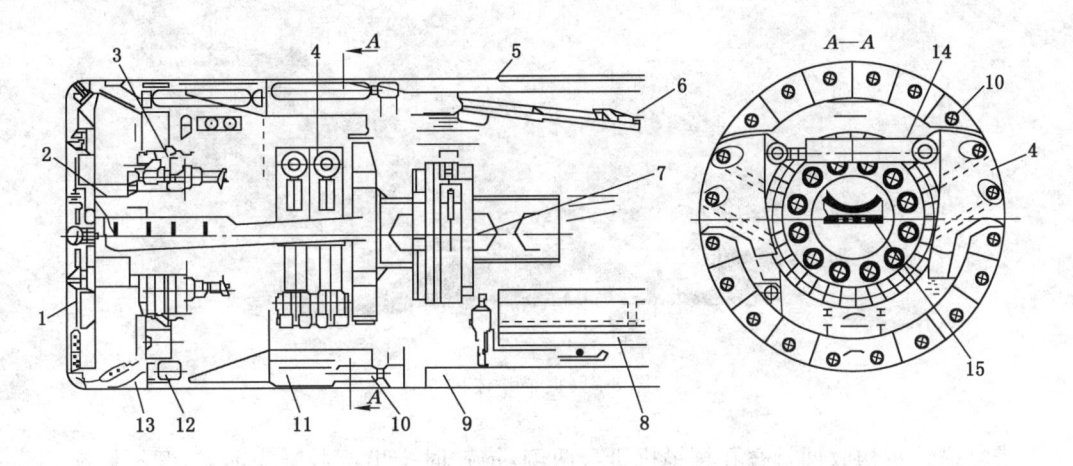

1—刀盘;2—石渣漏斗;3—刀盘驱动装置;4—支撑装置;5—盾尾密封;6—凿岩机;
7—砌块安装器;8—砌块输送车;9—盾尾面;10—辅助推进油缸;11—后盾;
12—主推进油缸;13—前盾;14—支撑油缸;15—带式输送机。

图 3-6 护盾式全断面硬岩掘进机结构

（一）横轴悬臂式掘进机的特点

横轴悬臂式掘进机与纵轴悬臂式掘进机的主要不同在于截割头的布置方式,横轴悬臂式掘进机截割头的旋转轴与悬臂轴垂直,而纵轴悬臂式掘进机的旋转轴与悬臂轴同轴布置。横轴悬臂式掘进机的这种布置方式使掘进机可以切割抗压强度高的岩石,截割头截齿按空间螺旋式运动,抗振动性较好。

（二）横轴悬臂式掘进机的优点

（1）横轴切割头更容易匹配硬岩的切割要求。

（2）横轴切割头的截齿布置比纵轴切割头的截齿布置复杂得多,更利于切割岩石。

（3）横轴切割头有相对较大的举升力,使有效的切割性能得到很大提升。

（4）横轴切割头从无效的低输出切割动作到有效的切割性能的转变非常平衡,输出效率较高。

（5）对于切割和装载作业同时进行,在相同动力电机下,横轴悬臂式掘进机的生产效率要高出纵轴悬臂式掘进机 30% 左右。

六、智能掘锚一体机

掘锚一体机是近年来根据矿井快速掘进的需求,基于悬臂式掘进机而研发出来的集截割、装载、行走、除尘、锚杆支护于一体的综合化掘进设备,具有巷道掘进、支护速度快、掘进效率高、结构设计紧凑、综合机械化程度高等优点。

（一）掘锚一体机主要组成部分

掘锚一体机主要由悬臂式掘进机和锚钻机组组成。整机主要由切割机构、装运机构、行走机构、机体部、锚钻机构、支护机构和液压系统、电气系统等组成,如图 3-7 所示。

掘锚一体机以掘进机回转台两侧作为工作定位面,充分利用掘进机本身回转功能,通过液压油缸连接锚钻机构与掘进机,使锚杆机实现前后伸缩、左右摆动和上下调整等功能。

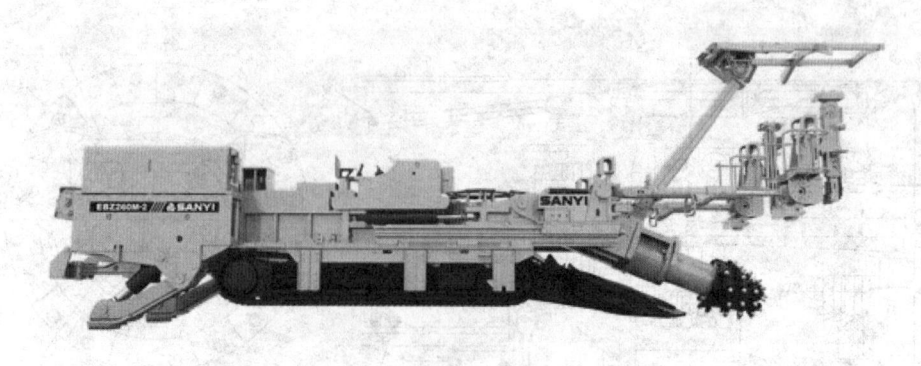

图 3-7 掘锚一体机

掘进时锚钻机构收回折叠在掘锚机机身两侧,锚钻时推出至截割头前方,互不影响,互不干涉,掘进作业与锚护作业交替进行,相互闭锁;通过采用电液控制技术和机载锚杆电液控制模块,实现一键自动钻孔、自动安装锚杆等功能。

(二)掘锚一体机智能化发展

随着煤矿智能化的快速发展,掘锚一体机也实现了智能化作业。新一代智能化掘锚护一体机配备有智能化模块,可手动、遥控、程控和远程操作。

通过前置传感元件,能够实现掘、装、运、护、锚可视化远程操作,并实现机组位姿定位监测、自动导向掘进、自动断面成型、巷道扫描成像、远程数据传输、远程监控等智能化功能,最终实现一体化、连续化作业。

通过智能集控系统,实现掘锚一体机的数据状态监控、视频画面监视、运行情况记录存储、故障报警信息提示、雷达画面处理显示,可对掘锚一体机进行一键启停、联动控制等。

七、单轨吊式锚护一体机

目前在我国巷道掘进施工过程中,单轨吊挂式巷道掘进设备已开始在煤矿或非煤矿山等巷道掘进中应用,如单轨吊式锚护一体机等。这类设备利用巷道顶部的悬轨作为移动轨道,所有工作部件都吊挂在轨道上,设备不占用地面空间,工作时可以较好地解决掘锚设备错车问题,而且对地面设备和人员的通行几乎无影响或影响很小,应用效果较好。

(一)单轨吊式锚护一体机主要组成部分

单轨吊式锚护一体机主要由承载小车、驱动部、临时支护部、锚固平台、本体部、动力部等部分构成。

承载小车位于承载吊梁前后两端,具有在行驶过程中承载整车的功能。承载小车由架体、行走轮和导向轮等组成。承载小车在驱动部和驱动连杆的驱动下沿着轨道行走。

驱动部主要由框架、驱动轮、驱动连杆、导向轮、张紧机构、驱动马达和减速机等组成,为整车的行走提供动力来源。

临时支护部安装在前部中间位置,通过下方的调整油缸可上下移动,主要作用是托举锚网辅助锚杆机工作、防止坠物伤人。

锚固平台是设备的主体工作机构,由锚杆机、操作台和滑道装置、液压马达及钻箱等部件组成。操作台采用可折叠结构,工作状态下可展开站人。

本体部是设备的主体构件,它通过大臂组件与锚杆机操作台的配合完成钻孔及紧固锚杆锚索动作。本体部主要由伸缩框架、前后支腿和伸缩油缸组成。

动力部为全车动力输出部分,主要由液压系统和电气系统组成。

（二）单轨吊式锚护一体机工作过程

掘进机在工作面迎头进行掘进作业时,锚护一体机各个臂架收缩停靠在掘进机后方。在掘进机完成一次割煤循环作业后,掘进机后退并将截割头降至地面停放,锚护一体机行驶到工作面迎头进行锚杆支护作业。

当锚护一体机完成所有锚杆锚索支护作业后,一体机收回各个执行机构,后退至掘进机后部停靠,掘进机前行至工作面迎头处,进入下一循环割煤作业。

八、连采机

连采机是滚筒采煤机的一种拓展机型,具有横轴滚筒连续切削和履带自行走的优点,为短壁采煤创造了独具特色的采煤机械。它是一种综合掘进、采煤的设备,集切割、行走、装运、喷雾灭尘多重功能于一体。连采机主要用于采煤准备巷道的快速掘进以及房柱式采煤、回收边角煤,适用于掘进破碎煤岩硬度 f 为 $4\sim 8$,断面为 $9\sim 28 \text{ m}^2$ 的煤、半煤岩巷道的巷道施工。

（一）连采机主要组成部分

连采机主要由截割部、装煤部、运煤部和行走部以及液压系统、电气系统等组成。

截割部采用横轴式滚筒截割机构,由安装在截割臂中的左、右两台交流电机通过各自的扭矩限制器和齿轮减速箱驱动左、右滚筒旋转落煤。

装煤部由蟹爪式装载臂和铲煤板组成。左、右减速器共同传动底轴,带动刮板输送机运转。装载臂将滚筒割下的煤推到运煤部的输送机运出。

运煤部靠刮板输送机运送煤炭。输送机的刮板链由左、右侧收集头连接轴上的链轮驱动,将切割下的煤运到尾部,再转载到后部输送设备上去。

行走部分别由两台直流电动机驱动左、右履带链。每个行走驱动装置可单独操作,使采煤机能够前进、后退、转弯或原地旋转。

液压系统和电气系统是连采机的动力输出部分,为各执行机构提供动力支撑。

（二）连采机工作过程

连采机掘进过程分为切槽和采垛两个工序。

司机在激光指向仪等导向装置的导向下,确定连采机的进刀位置,先在巷道的一侧掘进,按照巷道尺寸截割深度达循环进度后退机,这一工序称切槽。

随后连采机退出,调整到巷道的另一侧,再切割剩余的煤壁,使巷道掘至所要求的宽度和循环进度,这一工序称为采垛。

连采机就是通过切槽和采垛工序来完成巷道掘进的。无论是切槽还是采垛工序,连采机截割时,都首先将截割头调整到巷道顶板,切入煤体,切入深度不大于截割头的直径,然后逐渐调整截割头高度,由上而下切割煤体,当截割头切到煤层底部时,连采机稍向后移,割平底板,并装完余煤,然后再进行下一个切割循环。

连采机依此反复循环,完成切槽和采垛工序,直到一次掘进进尺达到规定的循环进度后转移到邻近巷道作业。

第三节　煤矿采掘生产新工艺

一、切顶卸压沿空留巷工艺

切顶卸压沿空留巷是在回采巷道将要形成的采空区侧定向预裂,切断顶板的应力传递路径,缩短顶板悬臂梁的长度,减少采空区侧煤体受回采动压的影响。工作面回采后,顶板沿预裂位置滑落形成巷帮,该巷道作为下工作面的平巷,受顶板作用力大大减少,能保证巷道使用期间的稳定性。切顶卸压沿空留巷是目前应用比较广泛的一种沿空留巷技术,下面对其关键技术和工艺进行简要阐述。

(一)恒阻大变形锚索支护

切顶沿空留巷采空区侧顶板为巷道变形破坏的关键部位,在巷道基本支护的基础上,工作面回采前,采用恒阻大变形锚索加固巷道采空区侧顶板,如图3-8所示。

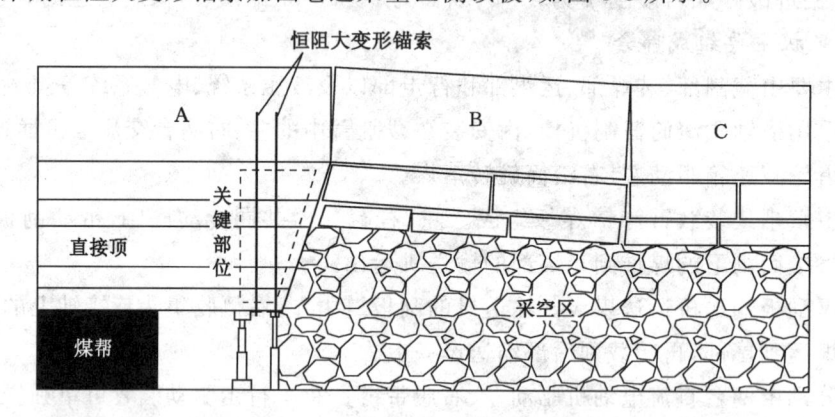

图3-8　恒阻大变形锚索支护位置

通过恒阻大变形锚索加固采空区侧顶板,提高了顶板岩层在实体煤侧的抗弯矩能力,有效阻止了顶板的离层和错动;顶板岩层抗弯矩能力的增加限制了基本顶向采空区的旋转,减小了基本顶对采空区侧直接顶的挤压力,避免了采空区侧直接顶围岩挤压破碎,防止垮冒、漏冒现象的发生;抵抗预裂爆破对采空区侧顶板的爆破冲击扰动,吸收爆破能量,保证了顶板关键部位的完整性及稳定性,从而避免了承载结构的破坏,达到了深部切顶卸压沿空留巷围岩稳定的目的。

(三)双向聚能张拉成型爆破技术

1.双向聚能张拉成型爆破新工艺

双向聚能张拉成型爆破新技术是何满潮院士在常规爆破和控制爆破的基础上发明的一种新型岩体聚能控制爆破专利技术。该爆破技术施工工艺简单,应用时只需在预裂线上施工炮孔,采用双向聚能装置装药,并使聚能方向对应于岩体预裂方向,爆轰产物将在两个设定方向上形成聚能流,并产生集中张拉应力,使预裂炮孔沿聚能方向贯穿,形成预裂面。由于钻孔间的岩石是拉断的,爆破炸药单耗将大大下降,同时由于聚能装置对围岩的保护,钻孔周边岩体所受损伤也大大降低,所以该技术可以达到实现预裂的同时又保护巷道顶板。

2. 双向聚能张拉成型爆破预裂原理

双向聚能张拉成型爆破是通过双向聚能装置的导向和抑制作用,对爆轰产物产生双向聚能效应,使非设定方向上的围岩均匀抗压,而设定的两个方向上的围岩集中受拉,在张应力的作用下实现岩体的定向断裂。

(三)切顶关键参数

1. 切顶高度

通过定向聚能爆破技术对煤层顶板定向切割裂缝,从平巷顶板平面到切缝向上发育的最大垂直距离称为切顶高度。定向爆破切割平巷顶板是切顶卸压沿空留巷技术的核心环节,足够的切缝高度能够保证切落的矸石支撑起采空区上覆岩层的基本顶岩梁的运动。

工作面煤层回采以后,直接顶首先发生离层和垮落,与沿空留巷侧向边界失去力学关系,而基本顶在留巷采空区侧产生很长距离不易垮落的悬顶,且对上覆数个软弱岩层起到支撑作用,对沿空留巷产生较大的附加应力,相应地加大了留巷的支护难度。通过聚能预裂爆破,减小了基本顶侧向悬臂的长度。

超前预裂爆破要将基本顶切断,爆破钻孔至少应布置到基本顶上边界,即:

$$H_Q \geqslant \sum h + h \tag{3-1}$$

式中,H_Q 为切顶高度,m;$\sum h$ 为直接顶岩层厚度,m;h 为基本顶岩层厚度,m。

当基本顶被切断间接转化为直接顶冒落后,垮落的矸石仍然无法充满整个采空区时,上覆岩层仍有运动空间从而对留巷顶板施压,切顶高度需进一步考虑。利用切顶后岩石垮落碎胀的特点,使切顶范围内岩层垮落后充满整个采空区,对更上位的岩层起到较好的支撑作用,最大限度地减缓上位顶板的回转下沉对沿空留巷的影响。

2. 切缝角度

切缝存在明显角度效应,不但能够影响采空区顶板垮落,还能够影响应力集中区分布;适宜的切缝偏转角有利于采空区顶板垮落,有助于使采场应力分布更加合理。大量的现场实践表明合理的切缝角度为 10°~15°,以 15°效果最佳。

(四)切顶卸压沿空成巷施工工艺

切顶卸压沿空成巷是一项系统工程,由工作面的不断推进而逐步完成和实现,具体工艺如下:

(1)首采面上下平巷施工。

(2)需留巷平巷工作面侧加固锚索及顶板预裂爆破钻孔施工(不一定是下平巷)。

(3)远程实时监测系统布设。

(4)工作面回采。

(5)留巷平巷顶板预裂爆破定向切缝。

(6)基本顶来压,断裂下沉,自动成巷。

(7)留巷平巷预留作为下一工作面的一条平巷。

(8) 预留巷道防漏防火处理。

(9) 新工作面另一条平巷施工[同(2)]。

(10)(3)~(9)循环。

二、特殊条件下的锚网支护技术及工艺

（一）采空区下煤巷锚网索支护技术

采用分层开采厚煤层时,上分层回采期间,需在底板铺设金属网或塑编网作为下分层开采时的假顶,回采结束后,一般滞后1~2年时间待采空区顶板充分压实,形成稳定的再生胶结顶板后才能进行下分层工作面的掘进和回采。在下分层工作面煤巷掘进施工中,由于其巷道顶板为采空区冒落矸石和破碎煤体组合成的再生胶结顶板,顶板和帮部围岩较为松软、破碎、稳定性差,巷道整体支护难度大,主要表现在以下几个方面：

(1) 下分层煤巷围岩受上分层回采期间采动影响,煤体结构遭到破坏,巷帮煤体整体性较差、裂隙较多。

(2) 下分层煤巷顶板为再生胶结顶板,顶板较为松软、破碎、稳定性差。

(3) 顶板淋水造成围岩强度弱化。由于下分层工作面再生顶板胶结效果普遍较差,围岩裂隙发育、破碎,易与上部水源导通,造成巷道顶板淋水,而顶板持续淋水会造成围岩强度进一步弱化,进而导致巷道出现顶板下沉、变形坠兜等情况,若顶板支护不及时或强度不够,顶板长时间持续离层、下沉,巷道变形破坏将更加严重。此外,破碎顶板淋水会造成下分层巷道掘进和支护困难,影响掘进速度。

锚网索支护技术关键点如下：

(1) 巷道断面形式选择。与梯形断面相比,矩形断面解决了两帮由于斜扎脚造成的上部煤体易片帮难题,锚网过程中不再填空帮,提高了巷道围岩整体稳定性和断面利用率。

(2) 合理选择锚索长度。根据"三带"理论,井下煤体开采后,引起上覆岩层破坏,从下而上分为垮落带、裂隙带和弯曲下沉带。其中,垮落带可分为下部不规则垮落带和上部规则垮落带,上部规则垮落带岩层虽然呈巨块垮落而失去连续性,但大体上还保持原有层次。通过顶板钻孔窥视和打钻过程中排渣情况分析,确定不规则垮落带最大发育高度,选择顶板锚索长度时,需保证将锚索末端锚固在垮落带上部或裂隙带下部呈巨块状破断的岩层内,从而确保着力点牢固。

(3) 使用抗弯刚度大的锚索梁。根据锚杆支护的组合梁理论和悬吊理论,针对下分层煤巷胶结顶板强度低的特点,通过使用抗弯刚度大的锚索梁配合钢筋网,将胶结顶板挤紧并悬挂在深部较稳定岩层上,利用钢材的抗拉强度和延展性远大于岩石的力学特性,通过锚索梁与深部坚硬岩层形成组合梁结构,减少胶结顶板受到的弯曲应变和应力,将最大弯曲应变和应力点转移给最下部的锚索梁来承受,从而避免胶结顶板的整体性在上覆岩层荷载作用下遭到破坏。同时配合预应力锚索,通过对每根顶板锚索施加高预紧力,最大限度地增加层间摩擦阻力,避免出现层间离层,将锚固范围内的岩层形成一个整体组合梁,从而增加锚固范围内上部岩层的承载能力和抵抗变形的刚度,同时将荷载向巷道两帮深部转移,减轻对下部胶结顶板和两帮浅部煤体的压力,而下部胶结顶板的整体稳定也最大限度地减少了上部破断岩层的回转空间,从而避免了因岩层移动或错动产生局部应力集中间接导致围岩或支护体破坏。同时,两帮通过

锚索加固,控制了破碎区、塑性区的发展,增加了两帮对顶板的支撑作用,提高了巷道稳定性。

(4) 布置巷道走向钢丝绳,增强顶网整体性,防止因金属网搭接处强度低而出现炸网状况。

(5) 帮部底角锚索下扎,锚固段锚固在底板岩层中。

(6) 采用"小断面扩刷施工+超前锚索"施工工艺。在下分层煤巷掘进过程中,必须做到及时支护,否则将会造成顶板下沉坠兜导致钻孔施工困难,顶板离层造成锚固剂输送困难,离层、裂隙和水源连通导致顶板淋水,锚索锚固力降低。采用"小断面扩刷施工+超前锚索"施工工艺,即沿煤层假顶小断面掏槽掘进,打设巷中顶板锚索并挂梁背网拉紧后,再两边扩刷成巷,从而实现开掘过程中的及时支护。

(二) 大倾角煤层锚网支护技术

大倾角煤层软岩煤巷支护是一个十分复杂的系统问题,需要根据不同围岩松动范围,沿巷道轴线采用锚杆锚索、大托盘、金属网、混凝土喷层、钢梁、钢带、金属支架等多种支护方式,锚杆穿过岩层形成组合梁,大托盘加强压缩拱作用,锚索将顶板软弱岩层悬吊在稳固岩层上,钢带、喷层提高围岩塑性破坏后的残余强度。以下举例说明。

1. 基本情况

某矿主采煤层平均厚 2.33 m,煤层倾角为 43°~83°,平均倾角约 45°。某工作面回采巷道围岩主要由泥岩底板、煤层和薄层状复合顶板组成,顶板为黑灰色泥岩、砂质泥岩、泥岩粉砂岩互层(局部为细砂岩),总厚度为 8~12 m。围岩硬度较小,硬度系数 f 为 2.05,岩石强度较低,可用手从掘进工作面取下岩石并轻易折断,层理、节理和裂隙发育,易氧化剥落呈破碎状,遇水极易发生水解、泥化、软化和膨胀。

2. 巷道断面选择

为了便于采煤工作面下端头支架使用、保持顶板完整,巷道沿顶板掘进,且为增加坡顶煤部位三角煤的稳定性和现场支护作业,坡顶煤应垂直于顶板,故巷道断面选用对称五边形。

3. 巷道支护参数设计

(1) 支护设计原则。由于大倾角煤层软岩煤巷具有大变形、非对称、难支护的特征,若不及时支护,顶板易风化、破碎、冒落导致巷道破坏,因此大倾角煤层软岩煤巷的支护原则为:① 巷道沿顶板掘进,减少对顶板的破坏;② 及时支护坡顶煤部位,防止煤层抽顶形成穹顶增加支护难度;③ 采用帮部锚杆加强支护,防止帮部收敛变形;④ 围岩揭露后及时封闭,减少暴露风化时间;⑤ 对底板采取有效支护,防止底鼓。

(2) 支护参数确定。设计采用"锚杆锚索+金属网+W 型钢带+喷浆"联合支护方案,巷道支护体系结构图如图 3-9 所示。具体参数如下:锚杆采用 ϕ20 mm×2 500 mm 左旋螺纹钢高强锚杆,顶板锚杆间排距为 800 mm×800 mm,两帮锚杆间排距为 1 000 mm×800 mm;锚索采用 ϕ20 mm 的钢绞线,长度为 7 300 mm,排距为 2 400 mm;金属网采用 6 mm 钢筋加工而成,网孔规格为 70 mm×70 mm,铺设巷道顶部和两帮;结合混凝土喷层封闭围岩,加强支护强度;W 型钢带宽 20 mm,厚 6 mm,可以将单根锚杆连接起来组成一个整体承载结构,提高锚杆支护的整体效果。对围岩极松软破碎段巷道,采用大托盘支护,减少托盘对顶板挤压破坏,锚杆托盘规格为 250 mm×250 mm×15 mm,锚索托板规格为 400 mm×400 mm×20 mm。

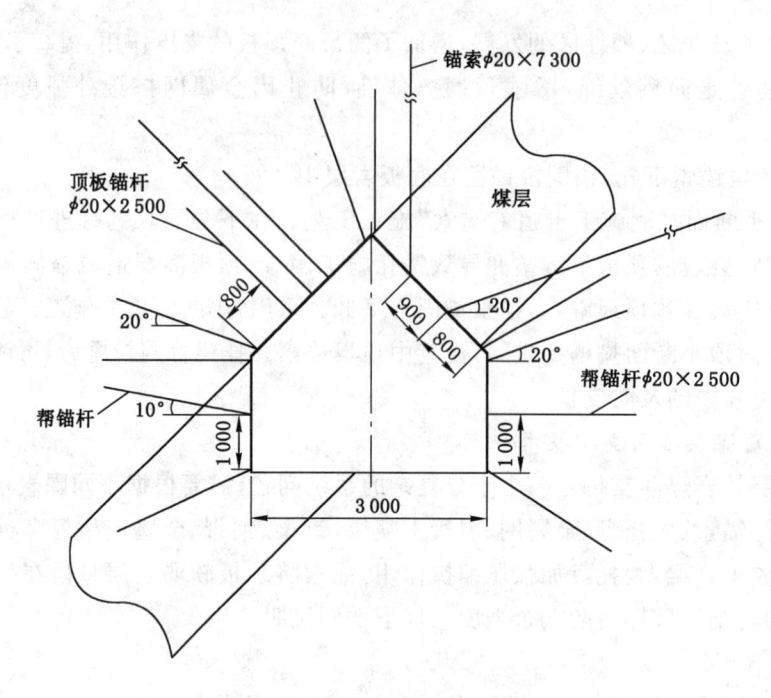

图 3-9 巷道支护体系结构图

(三)"三软"煤层支护技术

1. "三软"煤层概念及特征

"三软"煤层主要特征表现为顶板软、煤层软、底板软。顶板软主要指直接顶的岩性较差,岩层内裂隙发育且破碎,抗压强度低,属于Ⅰ类不稳定岩体,强度指数 $D \leqslant 3$ MPa;煤层软是指煤体强度低,节理发育,煤层易破碎、不稳定,硬度系数 $f = 0.3 \sim 1.0$;底板软是指底板岩体为极软或极松软的泥岩、砂质泥岩,等限比压 $q \leqslant 5$ MPa。随着采掘工作面的推进,顶板支护不好极易发生冒落,当底板围岩软弱且含有部分膨胀性矿物成分,如蒙脱石、伊利石和高岭土等时,在应力作用下会发生流变、蠕变,而在水的影响下又易发生底鼓破坏。

2. "三软"煤层巷道围岩平衡圈理论

巷道底板、两帮、顶板是一个相互影响的系统,底板的变形破坏将引起两帮的进一步破坏,底板和两帮的破坏使巷道等效宽度增大,引起顶板平衡拱的不断扩大,使得巷道变形加剧支护困难。传统的支护理论,特别是在支护实践中,只注重顶板支护而忽视两帮和底板,特别是底板控制,导致顶板变形甚至冒落。

为此,根据实测和理论分析,从巷道围岩"底板—两帮—顶板"是一个整体系统的思想出发,提出巷道围岩平衡圈理论。该理论主要观点如下:

(1)顶板平衡拱的高度随巷帮等效半宽的增大而线性增大。

(2)巷帮等效宽度的增加将引起顶板平衡拱的扩大,加强两帮支护有助于控制顶板平衡拱高度,提高顶板的稳定性。

(3)底板破坏深度等效于提高了巷帮等效高度,增加了顶板平衡拱的高度。控制底板稳定性有助于两帮的稳定,有利于控制顶板平衡拱的进一步发育。

(4) 对于"三软"煤层巷道,"底板—两帮—顶板"失稳将形成一个平衡圈,巷道围岩控制应当按照平衡圈理论进行分析设计。

(5) 巷道围岩控制原则是:充分利用平衡圈内围岩的自承载能力,"治顶先治帮,治帮先治底,整环控制"。

3. 案例

某煤矿属典型的"三软"煤层,巷道压力大,长期采用U36型钢棚被动支护方式,支护效果差。在分析高应力"三软"煤层被动支护条件下围岩变形规律及应力特征的基础上,采用"超前预注浆加固顶板,全锚锚杆及时支护,高阻让压,预留断面、及时二次主动支护"设计思路,提出"U36型钢棚+高预应力锚杆索"复合支护方式及配套的施工方案,并在2112工作面下平巷二开展了实践应用,基本解决了该矿煤巷支护问题,确保了安全生产。

(1) 矿井地质条件概况

矿区地质条件受嵩山滑动构造影响严重,其中二$_1$煤层受影响极大,煤体呈粉末状,强度极低。二$_1$煤层顶板以上9 m范围内无稳定承载层,以泥岩、砂质泥岩为主,岩体中含大量白云母碎片类矿物等,底板岩性以泥岩为主。生产过程中机械开挖困难,不得不采用人工短挖短支作业,但短挖短支仍存在顶板随时掉落风险,几乎无自稳时间。

(2) 煤巷常规被动支护条件下围岩变形规律及应力特征

该矿煤巷以往采用"U36型钢棚+U36型钢点柱"支护方式,断面为梯形圆弧拱形状,棚距500 mm,采用塑编网、背木背实顶帮。

通过长时间现场观察及观测数据分析,被动支护条件下巷道变形呈现持续剧烈蠕变、缓慢蠕变两阶段的规律,无稳定阶段。巷道开挖后不仅顶板变形易冒落,底板也产生强烈底鼓,强烈底鼓再次引起两帮的破坏和顶板垮塌。U型钢支架自架设一天时间后就发生较大滑移变形,当U型钢棚受压达到一定程度后,部分钢棚断裂、棚腿弯曲、卡缆及卡缆螺栓崩断,支架实际承载力一直呈现增长态势,巷道护表材料不能满足支护要求,煤体从网片后方像沙子一样流下来,支护体失效进而导致巷道失修,单条长度200 m的平巷服务期间需翻修3~4次。

(3) 巷道围岩控制思路

被动支护无法发挥煤体的主动承载能力,围岩长期处于蠕变不稳定状态。据以上考虑采用主动支护,则"三软"煤层条件下锚杆索能否成功施工及锚固效果尤为关键,通过试验并成功应用,最终形成"超前预注浆加固顶板,全锚锚杆及时支护,高阻让压,预留断面、及时二次主动支护"的设计方案,即先锚网+架棚支护,在其后方7~10 m范围内进行大直径锚索补强支护,形成主被动结合的支护体系控制围岩变形。

(4) 巷道支护方案

① 巷道断面形状、规格

巷道断面形状选择梯形半圆拱形,净宽×净高=5 m×3.3 m,$S_{掘}=19.5$ m^2,$S_{净}=15.7$ m^2,钢棚外扎角9°,棚距800 mm,柱窝深400 mm。

② 巷道支护设计参数

钢棚采用U36型钢4节结构加工,搭接处使用3副固定卡缆,采用塑料护帮网(内层)+8 mm铁丝菱形网(外层)+钢背板背设。卡缆螺栓扭矩为350 N·m。

为保证 2112 工作面下平巷二迎头钢棚支护强度,迎头扩刷上梁后,紧跟迎头顶板棚挡间每排施工 11 根高强锚杆,锚杆间排距 800 mm×800 mm,锚杆规格为 $\phi20$ mm×2 800 mm,每根锚杆使用 1 卷 MSK2550 型及 3 卷 MSZ2860 型全锚锚固剂,锚杆扭矩不低于 200 N·m,锚杆施工后使用风动扳手进行紧固,保证锚杆托盘紧贴岩面。锚杆外露长度符合措施要求,迎头顶板 5 根锚杆施工完成后方可架设棚腿,两帮 6 根锚杆可滞后迎头不超过 5 排。

滞后钢棚架设不超过 8 排打设锚索补强支护。锚索规格为 $\phi28.6$ mm×8 300 mm,每根锚索使用 4 支 MSZ3050 型锚固剂,采用 400 mm×400 mm×20 mm 锰钢锚索托盘,锚索预紧力不低于 200 kN。

(5) 支护效果分析

根据 1# 矿压观测点近 70 d 观测数据显示:巷道全宽收敛量 450 mm,变形速率为 4.6 mm/d,其中上帮变形速率为 2.65 mm/d,下帮变形速率为 1.95 mm/d。自开始观测 40 d 后,宽度收敛量稳定。巷道顶板无变形量,底鼓累计高度 690 mm,其间进行 1 次落底,落底 25 d 后底鼓量趋于稳定。

(四)大断面托顶煤巷道支护技术

随着大型设备的使用,煤矿生产效率逐步提高,为满足高性能大型设备的运输与使用条件,巷道断面面积也日益扩大。大断面巷道破坏了围岩完整性,降低了巷道支护的稳定性,给巷道的支护带来巨大挑战,托顶煤巷道的稳定性就是一大支护难题。随着开采深度和巷道断面的不断增大,托顶煤巷道的支护问题显得尤为突出,需进行多次修复才能满足巷道服务年限。因此,研究深部大断面托顶煤巷道的破坏特征及其主动修复技术具有重要意义。

1. 大断面托顶煤巷道变形破坏特征

(1) 由于托顶煤巷道顶帮合一的缘故,顶煤与帮煤之间的应力转移与传递导致巷道顶角处围岩强度降低,顶角两侧向内缩减程度大。

(2) 托顶煤巷道煤层顶板加之大断面巷道的大跨距导致顶煤更容易发生离层,顶板下沉速度加快。

(3) 巷道帮部应力传递效果较差,外加深井高应力影响导致巷道帮部围岩完整程度降低,帮部围岩破碎。

(4) 巷道底板两侧深部有高水平应力集中区,若不控制底板初期变形,底板受高水平应力影响易造成巷道底板严重破坏。

2. 大断面托顶煤巷道主动修复关键性对策

(1) 巷道顶角内缩控制对策

巷道顶角出现小范围高应力集中是由于托顶煤巷道特殊的顶帮性质"顶帮合一",该处应力集中导致顶帮联动变形,且变形速度加快。首先,利用"四高"锚杆索支护技术增强巷道整体强度,控制巷道全断面整体变形;其次,利用锚索梁改变巷道顶角围岩力学状态,促使巷道顶角部位有效抵抗顶帮应力传递所导致的顶角急剧向内收缩现象。

(2) 顶部岩层联合控制对策

大断面托顶煤巷道为满足生产、运输与行人需求而增加了巷道横向跨距,导致顶板更易离层下沉。深井大跨度强力走向抬棚减跨支护技术配合梯次支护技术能有效解决顶板离层与顶板整体下沉问题。梯次支护增强顶板强度,整体深部悬吊顶板,大跨度走向抬棚减跨支护支撑顶板,以此起到顶板联合控制的效果。

① 大断面托顶煤巷道顶板梯次支护

梯次支护原理如图 3-10 所示。梯次支护能使顶板岩层形成稳定承载层,其主要可分为 3 个梯度进行支护:首先运用短锚杆增强巷道顶板浅部岩层强度,使顶板浅部岩层形成一阶承载壳;而后采用短锚索控制顶板中下部岩层,对浅部壳体进行二次强化支护,形成较为稳定的二阶承载层;最后利用长锚索在顶板深部对已形成承载单元进行整体组合锚固,形成结构稳定的高强度承载结构。

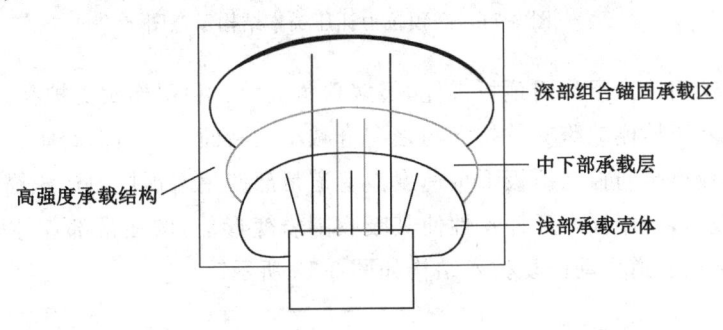

图 3-10 梯次支护原理图

② 大断面托顶煤巷道减跨支护

运用深井大跨度强力走向抬棚减跨支护技术能减小大断面巷道横向跨度,减小顶板煤层下沉速度,煤层顶板离层的可能性也得到减小,同时高性能液压抬棚的初撑力在一定程度上也能起到支撑顶板的作用。

使用梯次支护可以在顶板上方构造稳定承载结构,减跨支护能在减小跨距的同时起到支撑顶板的作用,两种支护方式结合使用使顶板强度显著提高,能有效避免巷道顶板离层现象的发生。

(3) 巷帮深部高应力化解对策

大断面托顶煤巷道帮部出现较高应力集中区,导致巷道帮部内移量增加,帮部变形严重,巷道两帮围岩较为破碎,两帮内部均出现塑性破坏区。产生该现象的原因主要是大断面托顶煤巷道顶帮合一,帮部分担大量顶板压力导致两帮深部出现高应力集中区,内部出现塑性破坏区。运用高预拉力让压锚索加强支护技术,施加一定预拉力的锚索能在两帮深部较稳定的围岩中充分发挥有效锚固作用,锚索具有一定的延伸性,能吸收围岩变形所释放的能量,让压装置能有效提升锚索工作载荷,使巷道帮部围岩稳定性得到加强,以此来控制巷道两帮移近量与变形量。

高预拉力让压锚索加强支护技术主要利用锚索的深部锚固特点进行帮部支护,通过让压段的让压装置提高锚索工作载荷,同时发挥锚索的延伸性,使其吸收围岩变形时所产生的能量来进一步控制围岩变形破坏。高预拉力让压锚索结构如图 3-11 所示。

(4) 大断面托顶煤巷道主动修复技术

大断面托顶煤巷道主动修复技术主要是在"四高"锚杆索支护技术整体性控制围岩全断面

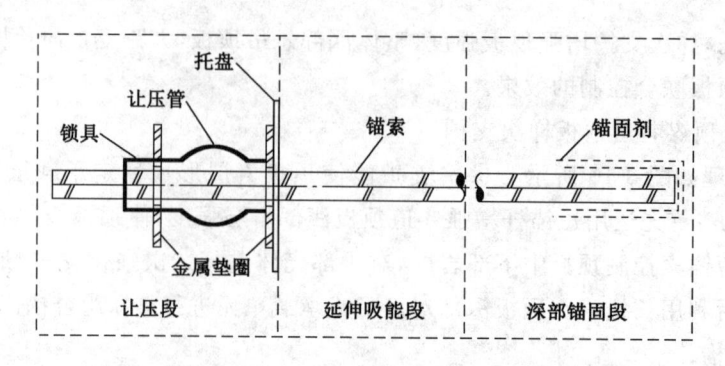

图 3-11　高预拉力让压锚索结构示意图

变形的基础上,运用锚索梁加固顶板煤体,缓解顶角应力。利用梯次支护在顶板上方构造稳定承载结构,利用液压抬棚减跨支护技术与之配合减小大断面巷道横向跨距,同时起到支撑顶板的作用,避免顶板离层与控制顶板下沉速度。巷道帮部使用高预拉力让压锚索加强支护技术,提高锚索工作载荷,利用锚索延伸特性使其吸收围岩变形能,增强帮部煤体强度,控制两帮位移。大断面托顶煤巷道主动修复技术结构如图 3-12 所示。

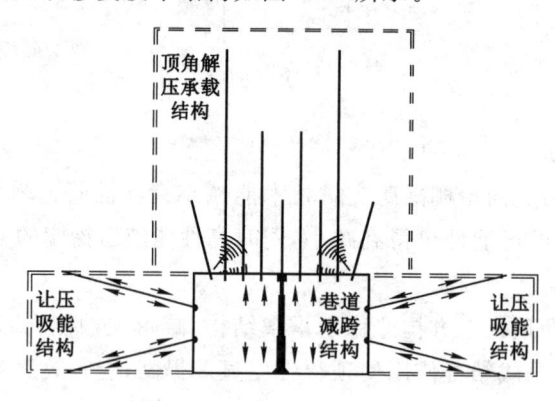

图 3-12　大断面托顶煤巷道主动修复技术结构示意图

三、综采工作面机械化安装、回撤工艺

(一)综采工作面安装、回撤工艺流程

综采工作面设备的回撤、安装工艺决定着整个回撤、安装过程是否科学、高效、规范。多年实践经验表明,综采工作面设备的回撤、安装不仅要建设一支专业化的队伍,配备专业人员,同时要有明确的工作流程:一是开工前的准备工作;二是设备的安装方法及工艺;三是工作面设备安装、调试;四是验收移交。

1. 工作面安装工艺流程

(1)安装工序:

① 地面准备:对入井设备严格进行检查、验收;加工、领取安装工器具和材料;下井设备装车、封车后,根据运输路线、安装顺序进行编号,标明方向,入井时按先后顺序、方向吊装上道运输。

② 井下准备:对设备经过的巷道、单轨吊梁进行安全检查,保证巷道安全间隙符合规定要

求;安装乳化液保障系统1套作为临时供液系统;安装DZ2200型和DZ1800型单轨吊机车作为支架搬运工具;需要井下组装的液压支架提前建造支架组装硐室。

③ 安装顺序:将转载机、破碎机、自移式带式输送机机尾运输至上平巷安装;将刮板输送机运至安装地点进行对接组装,并推至煤墙侧;将支架运至开切眼安装,当开切眼支架安装到滚筒窝处,停止支架安装;将采煤机零部件按照顺序运至安装位置;在预定地点安装设备列车(占用巷道长度80～100 m);工作面设备进行试运转。

(2) 设备安装:

① 输送机安装:采用单轨吊机车把刮板输送机各部件按顺序运至开切眼,由机尾至机头方向进行组装,也可在其他地点组装好一组(一组4节),再由单轨吊机车吊运至安装地点组装;运入刮板输送机机尾、过渡槽、电机减速机进行安装;利用绞车拖拉中部槽的方式进行相互对接工作,也可使用单轨吊机车吊运中部槽方式进行对接;根据工作面刮板输送机的特点,从变线槽安装1个带观察窗的中部槽,每隔7架安装一个带观察窗的中部槽;电缆槽、齿轨与输送机中部槽同步进行安装;电器设备安装结束后,接线试运转。

② 支架安装:以ZY5000-16/35型支架(支架中心距1.5 m)为例进行说明。根据开切眼长度计算支架数量并在图纸上规划支架位置,安装前期在煤墙侧每5架标注一次支架边线;采用单轨吊机车将支架运输至开切眼单轨吊梁末端卸车;采用双速绞车将支架拖拉至安装位置,接通支架进液管路,调整支架姿态。

③ 采煤机安装:按采煤机部件进入顺序运至开切眼内预留采煤机安装位置;采用支架配合或手拉葫芦起吊组装。

2. 工作面回撤工艺流程

(1) 准备工序:准备工序与安装期间的工序基本相同,不再赘述。

(2) 设备拆除。

① 输送机拆除:工作面刮板输送机断电前,将刮板输送机链条掐开,并拆下机头、机尾电机减速机;每节链条掐链一次,用绞车将链条抽出,装车外运;使用绞车不超过16节为一体拖至端头,掐开后使用单轨吊不超过4节为一体,吊出装车外运。

② 采煤机拆除:断电后将采煤机解体为5大件,即左、右滚筒,左、右摇臂(含行走部)和中间箱;采用单轨吊吊出装车外运。

③ 液压支架拆除:采用绞车将前两台支架拖拉至回撤通道内,调整架型,形成掩护架;释放第三架管路压力,掐开管路,把调向绞车钩头挂在支架底座箱上的连接板上,人员躲避后点动绞车调架,将支架调整90°向外短距离拖拉至单轨道吊梁末端,采用单轨吊吊装外运。

④ 掩护支架移架:先升紧1#掩护架降2#掩护架,收2#掩护架推移千斤顶,使用调架绞车拖拉2#掩护架,到位后升紧支架;同样移1#架。

(二) 新型工作面安装、回撤设备

1. 液压支架安装叉车

液压支架安装叉车主要用于巷道及开切眼刮板输送机、转载机、破碎机和液压支架等设备运输、对接工作,实现设备安装与转运装车。液压支架安装叉车是在工作面设备运输和安装的专用设备之一。安装叉车的底盘可以上下移、倾斜。底盘上设有旋转盘,可以360°旋转。液压支架放置在旋转盘上，通过自身的液压千斤顶按照需要进行自由旋转。液压支架的装车和卸车全部由液压操纵阀操作，通过叉车上的推拉装置可将液压支架拉到叉车上，调整好所需要的角度就可以运输到指定地点，再由叉车上的推拉装置将液压支架推移到安装位置，既方便快捷又安全可靠。井下组装和拆解需一个班次完成，主要用于开切巷运输刮板输送机部件和液压支架等设备。

液压支架安装叉车优势明显：该设备采用轨道运输，避免了设备在运输过程中跑偏卡挂和浮煤堆积的现象，有效地保护底板不被破坏，杜绝了矿用绞车钢丝绳断绳的安全隐患和矿用绞车损坏事故；上端头主副矿用绞车钢丝绳可重复使用，节约了钢丝绳更换成本；安装叉车装有转动盘，设备调向方便，可以将设备90°调向，避免出现调向处浮煤堆积，有利于标准化工作的开展；采用轨道运输后，在开切巷运输过程中，杜绝了频繁搬运单体调整支架拉偏现象，避免了使用单体调向过程中的人员伤害事故；组装前部刮板输送机时可以边卸车边组装，组装速度较以往纯手拉葫芦起吊组装速度快，在不穿刮板链的情况下每班可组装16节中部槽；支架就位后，拆卸的单体、一字梁等支护材料回收可装在安装叉车上运输至上端头，降低了职工的劳动强度，避免了人工搬运装车发生的伤害事故；在安装工作面运输就位支架时，在开切巷宽度满足的情况下，原地可完成支架的调向，快速就位。

2. 液压支架起重装置

液压支架起重装置配有接顶装置增加稳定性，是可在各种巷道条件下对液压支架进行组装与分解的专用组合起重装置。该装置借助乳化泵站的动力，通过液压油缸的动作实现多点同时起吊重物的目的。

液压支架起重装置采用液压千斤顶起吊，起吊速度快，只需5 min左右的时间，在运输和倒运支架能力满足要求的情况下每班可以组装3副液压支架，极大地降低了职工的劳动强度；组装架配有升降平台，可以将销轴放在升降平台上装配，避免了人工搬运销轴出现的伤害事故，并且易于调整销轴与销轴孔的位置，避免了支架安装作业出现安全隐患。

3. 矿用液压起重机

矿用液压起重机可完成对转载机、采煤机、破碎机、带式输送机等安装及拆卸时的起重、移位等工作，由工作面乳化泵提供动力，还可用于工作面支架、采煤机、中部槽及刮板链安装与回撤，装车和卸车快速安全，降低了劳动强度和起吊风险，提高了装卸车的效率。

4. 工作面回撤平台

液压支架回撤平台与液压支架回撤叉车配套使用，完成对液压支架的抽出和调向工作，调向完成后与液压支架回撤叉车进行对接。液压支架回撤叉车的底盘可以上下升降和前后调移，实现液压支架回撤平台与液压装车装置上的平板车进行平稳对接，是综采工作面液压支架回撤运输的专用叉车。

传统的回撤调向要在煤帮一侧打锚杆锚索，安装导向滑轮，使用矿用绞车进行长距离遥控指挥，从而导致液压支架调向作业前期准备工作烦琐，工作量增加，安全风险加大。

液压支架回撤平台采用液压动力系统，使用回撤平台的液压功能实现液压支架调向作业，比传统回撤调向方式更加安全。通过预估牵引力，保证矿用绞车和钢丝绳的安全性，保证设备不受损坏，安全可靠性强，大大节省调向时间，减轻工人的劳动强度。液压支架叉车带有液压支架自带锁车装置,减免液压支架捆绑环节,从回撤平台转到回撤叉车,一直到平板车装车,全部采用液压动力操作完成。回撤叉车在特制轨道执行运输任务,减少摩擦力,增加平稳度,能平稳运送支架,保证回撤通道的底板一直完好,确保运输安全。

5. 新型单轨吊运输系统

采用单轨吊机车可以从大巷直接将支架及设备吊运至工作面,运输效率高,过程简单,且长距离运输期间可采用多部设备配合转载;单轨吊机车在允许运行的坡度范围内(柴油机单轨吊不超过25°,蓄电池单轨吊不超过15°)对巷道的起伏适应性更为广泛,包括巷道拐弯;同时单轨吊运行对巷道底板不产生影响,设备运输过程中不需要额外铺设轨道,不需要设置装车平台等,系统简单。

四、岩巷掘进快速施工工艺(含 TBM 施工工艺、矸石连续储运工艺)

(一) TBM 施工工艺

TBM 是一套集掘进、支护、出矸、导向、防爆技术于一体的大型岩巷掘进设备,采用 TBM 成套设备进行破岩、装岩、临时支护、锚网支护、锚索支护、架棚加固、喷浆支护,实现了掘进、出矸、支护平行作业。

1. 主要工作原理

TBM 主要适用于硬岩,能利用自身支撑机构撑紧巷帮以承受向前推进的反作用力及反扭矩。支撑系统为刀盘提供推力。在推力作用下,安装在刀盘上的滚刀紧压岩面,随着刀盘的旋转,滚刀绕刀盘中心轴公转的同时绕自身轴线自转,在刀盘的推力、扭矩作用下,滚刀在迎面墙固定的同心圆切缝上滚动,当推力超过岩石的抗压强度时,盘形滚刀下的岩石直接破碎、成片剥落。矸石由铲斗铲起,经溜槽落入带式输送机出矸,连续掘进成巷。

2. 主要工艺流程

(1) TBM 掘进、出矸:全断面刀盘在 TBM 主驱动系统和支撑推进系统的共同作用下,滚、压、破碎岩体,岩渣被刀盘边缘的刮渣铲斗铲起进入刀盘内部,随着刀盘的旋转,沿溜渣板滑入主机带式输送机,主机带式输送机再将岩渣送至 2# 带式输送机,最后由连续带式输送机完成出矸。

(2) 前移盾体(换步调向):护盾贴紧巷壁,保持主机稳定,撑靴撑紧巷壁,为 TBM 推进提供反力,收起后支撑,推进油缸开始推进,TBM 掘进一段距离后结束推进,落下后支撑,收回撑靴,收回推进油缸,进行下一掘进循环时,重复以上动作;TBM 通过撑靴油缸和相应的传动机构实现左右调向,通过扭矩油缸实现上下调向动作。

(3) 临时支护:铺设钢筋网,然后采用钢筋网安装器对顶板进行临时支护,钢筋网安装器撑紧顶板并提供一定支撑力,确保钢筋网与顶板紧密连接,锚网支护结束后,收回钢筋网安装器。

(4) 支护作业:采用 TBM 配套的锚杆机对巷道顶板及两帮进行支护,永久支护紧跟盾体后方。施工完毕后通过撑靴及推进油缸实现后配套设备的前移。

(5) 喷浆封闭:TBM 成套设备配有混凝土喷射系统,喷浆小车前后移动,同时机械臂伸缩定位,喷头圆周旋转,喷射混凝土支护。采用单轨吊将喷浆料运至 TBM 后配套喷浆罐内,然后采用喷射机械手进行喷浆。为实现支护与喷浆平行作业,喷浆可滞后永久支护 10~15 m。

(二)矸石连续储运工艺

1. 矸石运输工艺的发展

矿井传统的矸石运输模式为：采用耙装机将矸石耙至矿车里，再采用电机车把矿车拉至井底车场，经罐笼提升至地面进行矸石排放。整个运输过程环节多，运输成本高，且效率低下。随着采矿业的发展，矿井建设规模越来越大，产量也随之提高，传统的辅助运输模式已很难满足矿井安全、高效生产的要求，制约了矿井开采能力的提高，制约了矿井自动化和集中化控制的实现和发展。因此，大型矿井迫切需要提高辅助运输的连续化和自动运输化，而实现矸石连续化运输需要设置矸石临时储存、中转设置，如采区矸石仓、井底集中矸石仓、地面装车站等。

2. 常见的连续运矸方式

（1）采区分矸式：工作面矸石经采区胶带巷运输至采区上部矸石仓，在采区上部矸石仓分矸至矿车内，采用电机车经大巷轨道运输至井底，经副井提升至地面。

优点：初期工程量小，能缓解采区斜巷提升紧张状况，系统简单，对煤流运输系统影响小。

缺点：采区分矸，后巷辅助运输工程量大，大巷轨道运输系统繁忙，占用人员多。

（2）井底分矸式：工作面矸石经采区胶带巷运输至采区上部矸石仓或煤仓，临时储存后通过大巷主运输胶带与煤炭分时段运输至井底集中矸石仓，分矸至矿车内经副井提升至地面。

优点：能缓解采区斜巷提升紧张状况，且大巷轨道运输工程量大幅下降，占用人员少，便于系统化管理。

缺点：对大巷煤流运输系统有一定影响，需严格划分胶带运输系统煤炭运输、矸石运输、检修时间；若矸石经采区煤仓储存转运会略微影响煤质，且会对给煤机的设备造成一定程度的冲击。

（3）地面分矸式：工作面矸石经采区胶带巷运输至采区上部矸石仓，临时储存后通过大巷主运输胶带与煤炭分时段运输至井底煤仓，经箕斗提升至地面后分矸。

优点：矸石经煤流运输系统直接提升至地面，矸石运输效率最高，占用人员最少，且最容易实现自动化控制，极大限度地解放了副井提升及轨道运输工作量，且运输安全性相对较高。

缺点：矸石运输过程中对煤仓、转载点、给煤机、箕斗的冲击较大，设备磨损加快，同时要求主运输系统有较大的富余量，且需对煤炭运输、矸石运输、检修时间进行精确划分。

3. 矸石储运设施的设置原则

根据矿井生产接替需要安排采区岩巷头面数量，根据生产工艺、生产进度、排矸量确定采区矸石容量，以此设计、规划采区矸石仓。

采用主煤流系统分矸的，依据大巷胶带运输能力、主井提升能力、煤炭生产规模计算主煤流系统富余时间，结合检修需要确定矸石分时段运输时间。

五、煤矿"三下"采煤新工艺(充填技术)

煤矿"三下"采煤是指在建筑物下、铁路下、水体下采煤。在建筑物下和铁路下采煤时，既要保证建筑物和铁路不受开采影响而破坏，又要尽量多采出煤炭。在水体下采煤时，要防止矿井发生突水事故，保证矿井安全生产。

煤矿开采地表沉陷是煤层开采破坏岩层原有平衡状态，采空区周围岩(煤)体发生在垂直方向和水平方向上的缓慢或突发性变形、破坏和运动的结果。近些年来，充填开采逐步成为减少"三下"采煤地表沉陷影响的一种重要技术工艺,其原理是通过对采空区充填物料实现对顶板的支撑,达到上覆岩层结构的"永久"平衡。

充填开采技术作为重要的绿色开采手段被放在重要位置,但不同类型的充填材料在压力作用下力学性能不同,从而对上覆岩层的控制效果也存在差异,常用的充填方法有固体充填、膏体充填、超高水材料充填。

（一）固体充填

固体充填指的是把矸石等固体物料用机械的方式输送到井下,适时充填采空区,固体材料充填物在顶板下沉压实过程中支撑控制采空区上覆岩层结构的采煤方法。

1. 材料性能

固体充填是将满足一定粒径要求(一般≤150 mm)的固体块体或颗粒直接进行使用,其优点是充填系统较简单,成本较低。目前应用最多的是矸石,其次是粉煤灰、建筑垃圾等。多位学者对固体充填材料压缩特性进行了研究,得出了较为一致的结论,以矸石为例,固体充填材料的压缩大致可以分为3个阶段:第1阶段为初步压实阶段。该阶段虽然载荷较低,但矸石块体间初始空隙量大,随着互相挤压,空隙减小,压缩量快速增加。第2阶段为破裂压密阶段。此阶段主要是矸石块体的变形、破坏,压碎矸石对细小空隙进一步填充、压密。第3阶段为整体稳定压实阶段。该阶段矸石的压缩变形量随着应力的增大以线性方式逐渐趋于平稳。

矸石充填材料大部分变形发生于前期,压缩变形幅度呈逐渐减小趋势,变形特性由散体介质逐渐向连续介质转换。在10～20 MPa应力作用下,矸石充填体的压缩量一般为30％～40％,矸石在初始较小应力(1～2 MPa)的作用下,其压缩量约为总压缩量的50％。

2. 固体充填优缺点

采用固体充填减少了提矸、运矸环节和人力投入,减少了运矸设备及工作量,解决了地面矸石山占地及由此造成的环境污染等问题,具有投入少、成本低等优点。由于固体矸石充填体压缩率较大,不接顶,地面岩层移动变形难以控制,无法达到地表建(构)筑物的防护等级要求,一般以解决矸石处置为主,且对"三下"压煤开采需要采用专用自夯式充填支架,投资较大,适应性不强,地表沉陷变形难以满足建(构)筑物防护等级要求。

（二）膏体充填

膏体充填指的是把矸石、粉煤灰、风积砂或黄土等物料加工制作成"无临界流速、不需脱水"的膏状浆体,通过充填泵和重力作用,经管道输送到井下,适时充填采空区,形成凝固体支撑控制采空区上覆岩层结构的采煤方法。

1. 材料性能

膏体充填材料由骨料(一般粒径≤15 mm)、胶凝材料、外加剂和水按照一定比例搅拌混合制成,质量分数一般为70％～80％,在管路输送过程中不沉淀、不离析,进入充填区域后几乎不泌水,凝固后形成单轴抗压强度为1～5 MPa的固结体,支撑顶板和覆岩。从材料性能、应用效果等角度将该类充填材料进一步细化为似膏体或高浓度,但由于原材料来源广泛,材料特性差异巨大,膏体指标量化具有一定困难,目前学界尚无公认的对膏体、似膏体和高浓度的区分标准,暂以膏体统称。

膏体各组成物料中,除采用矸石作为骨料外,建筑垃圾、细河砂、风积砂等也得到应用;胶结料一般采用水泥、粉煤灰等,近年来在利用工业废渣(尤其是利用钢渣、矿渣和粉煤灰)制备胶凝材料方面取得了一定的研究成果;外加剂对于调节充填材料凝固时间、流动性能等方面的能力逐渐增强,外加剂种类日益广泛。膏体充填材料存在先浆体后固体2种状态:相比固体充填材料,浆体具有流动性,在充填区域接顶率高;凝固后成为密实的固结体,强度高、压缩率小,因此在控制覆岩移动和地表沉陷方面具有明显优势。膏体充填材料配比应满足浆体状态时管道输送要求和固体状态时强度要求。充填体强度对充填效果起决定作用,不合理的充填体强度不但影响采矿成本,而且影响充填体的力学行为。影响充填体强度的因素主要有胶结材料种类与加入量、料浆浓度、颗粒级配及骨料的化学成分等。煤矿长壁工作面全采全充法所需膏体单轴抗压强度为 2~4 MPa,相当于软弱岩石,膏体压缩率为 0.5%~1.0%,变形表现为明显的塑性破坏。

2. 膏体充填优点和应用

膏体充填开采具有以下优点:充填料不泌水、不沉淀、不分层、不离析,稳定性、流动性、可塑性好,易于接顶,充填体抗压强度高,减少了冲击地压倾向,简化了辅助运输环节和充填系统;机械化程度高,充填速度快,有利于采场稳定和采矿作业安全;地表不沉降;水泥耗量少,可以适当降低充填成本;采用高压泵和管道充填效率高;能够解决高浓盐水问题;等等。

膏体充填开采既解决了矸石/粉煤灰排放环保问题,又提高了资源回收率,同时对地表建(构)筑物起到较好的保护作用。通常膏体充填开采技术从采煤工艺上又可分为综合机械化膏体充填开采和条带膏体充填开采两种方法,其中以条带膏体充填工艺为代表。

条带膏体充填即首先布置一个工作面,按照工作面倾向方向,使用连续掘进机或者综掘机间隔煤柱逐条掘进条带,然后再对采空条带进行端头封闭、充填,待达到设计强度后,再沿充填条带一侧依次掘进下一组条带,直至完成整个工作面回采。该方法采充分离,掘进和充填、封闭互不影响,充填产能主要受掘进及支护速度的影响。条带膏体充填方法具有投资少、适应性强、现场人员操作简单、顶板下沉控制好、地表建(构)筑物保护效果好等优点。

(三) 超高水材料充填

超高水材料充填是指用超高水材料制成水体积比占95%以上的低浓度浆体,在泵压和重力作用下,经过管道输送到井下,适时充填采空区,形成凝固体支撑控制采空区上覆岩层结构的采煤方法。

1. 材料性能

超高水材料与水混合制成浆体,经水化反应形成的固结体中水体积可达95%及以上,而材料本身所占体积小于5%。超高水材料由A、AA、B和BB这4种材料组成:A料主要由铝土矿、石膏等独立炼制成主料并配以复合超缓凝分散剂AA使用,加水制成A浆体;B料由石膏、石灰混磨成主料并配以少量复合速凝剂BB使用,加水制成B浆体;A、B这2种浆体以1∶1比例在充填地点混合后使用。超高水材料充填体由于所需固料少、含水量大,摆脱了实施充填开采依赖传统大宗固体物料的束缚。

超高水材料速凝早强,有利于工作面充填效率的提高。A、B两料单浆液可持续30~40 h不凝固,混合以后材料可在8~90 min快速水化并凝固。固结体初凝强度可达到最终强度的

20%,7 h 抗压强度可达到最终强度的 60%~90%,后期强度增长较慢,28 d 强度可达 0.66~1.50 MPa。存在的主要缺点是,超高水材料固结体由钙矾石、铝胶和游离水等构成,钙矾石是其中的主要物质,因此,该材料不适于在干燥、开放、高温环境中使用。

2. 超高水材料充填优缺点

超高水材料充填用水量高,所需固体材料少,克服了煤矿固体充填材料缺乏的问题;充填与工作面回采可同时作业,生产效率较高;采空区充填密实性与饱满度较好,其硬度超过实体煤,可有效地控制地表沉降;适应性强,在有水时也可进行充填作业,不会造成水害等。但是超高水材料充填体强度持久性不高且不稳定,易受风化影响,服务年限短,对地表岩层移动控制效果较差;虽然充填工艺简单,但充填材料成本相对较高。

第四节 煤矿采掘生产新材料应用

一、采掘工作面加固、注浆与充填材料

(一) 高强度螺纹钢锚杆

锚杆支护材料经历了从低强度到高强度到高预应力、强力支护的发展过程。金属杆体从圆钢、建筑螺纹钢,发展到煤矿锚杆专用钢材——左旋无纵筋螺纹钢。

高强度螺纹钢锚杆通过杆体结构与形状优化,提高了锚杆的锚固效果;通过开发锚杆专用钢材,达到高强度和超高强度级别。同时,研制出系列树脂锚固剂,W 型、M 型钢带,形成了高强度树脂锚固组合锚杆支护系统。这些支护材料已大范围推广应用,成为锚杆支护的主要形式。

锚杆杆体力学性能如表 3-1 所示。

表 3-1 锚杆杆体力学性能表

型号	公称直径/mm	屈服强度/MPa	抗拉强度/MPa	延长率/%
BHRB335	16~22	335	490	22
BHRB400	16~22	400	570	22
BHRB500	16~25	500	670	20
BHRB600	16~25	600	780	18

(二) 高强度、大延伸率锚索

预应力锚索通过尽可能少地扰动被锚固岩体,由锚固在稳定岩土体中的锚固段提供预应力,从而有效地提高了被锚固岩体的稳定性,是一种高效、经济的加固材料。随着矿井开采深度不断增加,支护难度越来越大,要求锚索具有高强度、大延伸率,目前矿井使用较广泛的锚索及其力学性能详见表 3-2。

表 3-2 锚索索体力学性能表

结构	公称直径/mm	抗断载荷/kN	延长率/%
1×7 结构	15.2	260	3.5
	17.8	353	4.0
	18.9	409	4.0
	21.6	530	4.0
1×19 结构	18.0	408	7.0
	20.3	510	7.0
	21.8	607	7.0
	28.6	1 194	7.0

(三) 高水速凝材料

高水速凝材料是选用铝矾土、石灰和石膏为主要原料,配以多种无机原料和附加剂,经磨细、均化等工艺,而配制成甲、乙两种粉料的水硬性胶结材料。该材料是"八五"国家重点科技项目成果,是一种具有独特性能的新型材料,其主要技术特征如下:

(1) 该材料由甲、乙两种固体粉料组成。

(2) 材料具有高含水性,其水和固体粉料体积比高达 6.7:1.0~9.0:1.0,质量比为 2.20:1~2.57:1。

(3) 材料具有可注性。甲、乙两种固体粉料与水搅拌制成的甲、乙两种浆液,单独放置可达 24 h 以上不凝固、不结底,流动性好,适应于远距离输送。

(4) 材料具有速凝性。甲、乙两种浆液混合后 30 min 内即可凝结成固体。

(5) 材料的强度性能。甲、乙两种材料浆液混合后开始凝固,1 h 抗压强度可达 0.5~1.0 MPa,2 h 可达 8 MPa,1 d 可达 14 MPa,7 d 后可达 30 MPa 以上。

(6) 材料本身无毒、无害、无腐蚀。

(7) 材料的酸碱性:甲料的 pH 值为 9~10,为弱碱性;乙料的 pH 值为 11~12,为碱性。

(8) 高水材料所形成的结石体早期破坏后还具有重结晶恢复强度的特性。

(四) 高性能无机注浆材料

高性能双液无机注浆材料采用的是 A、B 两种组分的无机材料,A 组分以超细硫铝酸盐水泥为主,B 组分以硬石膏和生石灰为主,并在各组分中添加适当添加剂而成,呈干粉状,使用时按设计水灰比加水搅拌,进行注浆加固。

高性能无机注浆材料能够满足层次注浆工艺技术的材料需求,其性能主要表现为以下几个方面:

(1) 材料采用双液形式组成。单一组分性能稳定,短时间(2~6 h)内不发生离析、泌水,两种组分混合之后,能够快速凝固,并且强度增长迅速,数小时后强度不低于 10 MPa。

(2) 材料性能优良,具备速凝、早强特性。双液混合后,0~5 min 失去流动性,5~15 min 完全固化,1~8 h 的强度能达 8~15 MPa 以上。

(3) 材料水灰比可调范围大(0.5:1~2.5:1),不同水灰比条件下浆料都具备较好的固化特性,结石率均可达100%,不同的水灰比仅导致材料黏度、流动性、固化时间的改变,能够满足不同区域的注浆要求和效果。低水灰比(0.6∶1~0.8∶1)条件下,浆料黏度较大,60~90 s失去流动性,5~7 min内完全固化,材料能够迅速失去流动性、快速固化,从而实现快速充填开放裂隙;高水灰比(0.8∶1~1.5∶1)条件下,浆料黏度较小,90~300 s内失去流动性,7~15 min固化,材料具备良好的流动特性,失去流动性时间和固化时间增加,渗透特性提高,适合深部细小裂隙充填。

(五)泡沫除尘材料

泡沫除尘技术是一项新型的除尘技术,由于泡沫除尘的效果好,除尘率一般可达90%以上,尤其对5 μm以下的呼吸性粉尘除尘率可达80%以上,且其耗水量与喷雾除尘相比减少一半以上,因此,这种除尘方式在美国、俄罗斯、波兰等国得到广泛应用。

国内关于泡沫除尘剂的研究起步较晚,自20世纪90年代以来,有关抑尘、除尘的研究成果不断出现,泡沫除尘剂的种类也日渐丰富,包括阴离子泡沫剂、阳离子泡沫剂、两性泡沫剂、非离子泡沫剂等,同时,针对泡沫剂的配方、发泡性能、稳定性、泡沫除尘机理以及产生泡沫的发泡器、发泡网材质等方面的研究也逐渐深入,泡沫除尘剂的研究和开发亦呈增长趋势,涉及的相关领域也在不断深入和拓宽。蒋仲安等利用多种表面活性剂合成泡沫并对发泡器构造进行了一定的研究,其除尘率可达96%以上,较喷雾除尘率提高了2~3倍,且耗水量减少了80%之多。由此可见,泡沫降尘技术具备广阔的应用前景和巨大的发展空间。作为一种新兴的除尘手段,泡沫降尘剂对粉尘治理具有良好的效果,势必将在除尘技术中占领重要位置。

1. 泡沫除尘机理

泡沫除尘之所以具有良好的捕尘效果,主要是靠碰撞、湿润、覆盖、黏附等多种机理综合作用,主要体现在泡沫及其液膜对粉尘具有良好的弹性、湿润性、隔绝性、粘连性等物理特点,使其可以捕集几乎所有与其相遇的粉尘,使之沉降。

(1)惯性、拦截和扩散机理。气流在运动过程中如果遇到泡沫,会改变流动方向,绕过泡沫前进,而粒径和质量较大的尘粒由于惯性,会继续保持原有运动方向运动而与泡沫碰撞,从而被泡沫捕集;粒径较小和质量较轻的尘粒将会沿气体流线方向前进,当气体流线距泡沫表面的距离在尘粒半径范围以内时,则该尘粒将与泡沫接触并被拦截;当尘粒粒径和质量均很小时,在气流中受到气体分子的撞击后,并不均衡地跟随流线,而是在气体中做布朗运动,当运动到泡沫附近时,微细尘粒可能与泡沫相碰撞而被捕集。当泡沫液喷洒到含尘空气中时,形成大量的泡沫粒子群,其总体积和总面积增大,在惯性、拦截和扩散机理共同作用下,将大幅增加与尘粒的碰撞效率。

(2)湿润。矿尘大多数是疏水性质,粉尘和水接触时形成的固-液表面张力太大,因此液体很难包裹和湿润煤尘,而泡沫剂内含有活性成分,能够降低固-液表面张力,使液体能够在固-液表面发生吸附,使湿润过程能够自发进行,从而在粉尘和泡沫之间迅速形成一层水化层,改变粉尘的疏水性为亲水性,使粉尘被湿润,从而被迅速沉降。

(3)覆盖。喷射泡沫所形成的无间隙泡沫体如同一个伞状物覆盖在煤壁和煤堆上,从而隔绝了粉尘与外界的联系,阻止了粉尘向外界飞扬和扩散;粘连成片的泡沫与风流中几乎所有粉尘均能发生碰撞或黏附,从而避免了单个泡沫流或水雾流不成片而造成粉尘逃逸的现象。

(4) 黏附。粉尘经过碰撞、截留和扩散等一系列作用后到达泡沫表面,被泡沫所黏附。在泡沫与粉尘发生黏附和降落的过程中,粉尘粒子可能逃逸,但在泡沫黏附作用下,泡沫表面黏附的粉尘越来越多,在泡沫质量的不断增加和重力的作用下,泡沫表面液膜逐渐变薄直至破裂,最终形成许多包裹粉尘的泡沫小碎片沉降下来。

2. 泡沫提高降尘效率因素分析

泡沫除尘技术之所以能够提高降尘效率,主要有以下几个原因:

(1) 泡沫能够无空隙地覆盖尘源点,从根本上阻止粉尘向外扩散。

(2) 泡沫液被喷射到空气中后,形成大量的泡沫粒子群,其总体积和总表面积均大幅度增大,增加了与粉尘的碰撞效率。

(3) 泡沫的液膜中含有特制的活性成分,能大幅度降低水的表面张力,发泡剂分子在水溶液和粉尘颗粒接触的界面上吸附,迅速改变粉尘的湿润性能,增加粉尘被湿润的速度,这一点对治理呼吸性粉尘也是有利的。

(4) 泡沫具有很好的黏性,粉尘一旦与泡沫接触将迅速被泡沫黏附,这一点对提高呼吸性粉尘的除尘效率特别有利。

(5) 泡沫液渗入煤孔隙裂隙内,泡沫覆盖于煤壁及落煤之上,在煤壁和煤堆上形成一层完整的泡沫层,防止了二次产尘现象。

二、采掘机械耐磨材料

(一) 高强耐磨料

高强耐磨料是一种水泥基干粉材料,由级配合理的非金属骨料、高强复合水泥、矿物掺和料以及特种外加剂按一定比例经工业化生产配制而成。该产品只需在施工现场加水搅拌均匀即可使用,通过人工涂抹、浇筑或喷涂,人工辅助收光,在仓壁表面形成一定厚度的耐磨层,正常养护后达到相关的技术指标即可。该材料具有以下特点:

(1) 易施工。施工简便、快捷,使用时按比例加水搅拌成砂浆状即可。

(2) 耐磨。养护硬化后耐磨损、抗冲刷。

(3) 强度高。与基层混凝、金属结构土黏结强度高,抗冲击性强。

(4) 整体性。不脱落、不收缩、不存在黏结缝。

(5) 耐高温。抗热性能好,耐久性好。

(6) 绿色环保。无毒、无味,对操作人员无身体伤害。

同传统的铁屑砂浆、铁屑混凝土相比,高强耐磨料耐磨性高,抗冲刷能力强,与基材混凝土之间黏结强度高,抗压强度高,耐久性好,使用期限长。同浇注料相比,具有施工方便、施工人员易操作、耐磨、损失量小、抗压强度高等优点。与铸石板及微晶板相比,施工简单易行,工作效率高,对施工人员无任何毒副作用,属于环保耐磨产品,符合当代绿色建筑的发展需求;造价低,节约大量工程成本;耐磨性相当,但铸石板、微晶板脆性大,抗冲击能力差,易碎,易脱落堵仓,损坏生产设备。

高强耐磨料可用于煤炭、选煤等行业的矸石仓、介质桶、刮板机、斗提机等。根据设备落差高度、运转物料的材质、运转物料的磨损强度,施工厚度建议选定在 40~100 mm。

（二）超高分子量聚乙烯 UHMW-PE

超高分子量聚乙烯 UHMW-PE 是一种线形结构的具有优异综合性能的热塑性工程塑料。其使用寿命高，摩擦系数小，自润滑，不吸水，不黏结物料，抗冲击性强度高，综合机械性能好，耐酸、碱、盐腐蚀，不老化，耐低温，卫生无毒，质量轻。其主要特性如下：

(1) 耐磨性：UHMW-PE 的耐磨性居塑料之冠并超过某些金属，且分子量越高其耐磨性越好。

(2) 耐冲击性：UHMW-PE 的耐冲击强度随分子量的升高而提高，在分子量为 150 万时达最大值，然后随分子量的继续升高而逐渐下降。此外，它在反复冲击后表面硬度更高。

(3) 自润滑性：有极低的摩擦因数（0.05～0.11），故自润滑性优异，其动摩擦因数在水润滑条件下是聚己二酰己二胺(PA66)和聚甲醛(POM)的 1/2，在无润滑条件下仅次于自润滑较好的聚四氟乙烯(PTFE)。当它以滑动或转动形式工作时，比钢和黄铜添加润滑剂后的润滑性好。

(4) 耐化学药品性：具有优良的耐化学药品性，除强氧化性酸液外，在一定温度下和深度范围内能耐各种腐蚀性介质如酸、碱、盐及有机介质。其他 20 ℃和 80 ℃的 80 种有机溶剂中浸渍 30 d，外表无任何反常现象，其他物理性能也几乎没有变化。

(5) 冲击能吸收性：UHMW-PE 具有优异的冲击能吸收性，冲击能吸收值较高，因而噪声阻尼性很好，具有优良的消音效果。

(6) 耐低温：UHMW-PE 具有优异的耐低温性能，在液氦温度（-269 ℃）下仍具有延展性，在液氮中（-196 ℃）也能保持优异的耐冲击强度。

(7) 卫生无毒性：UHMW-PE 卫生无毒。

(8) 不黏性：UHMW-PE 表面吸附力非常微弱，其抗黏附能力仅次于塑料中不黏性较好的 PTEE，因而制品表面与其他材料不易黏附。

(9) 憎水性：UHMW-PE 吸水率很低，一般小于 0.01%，制品在潮湿环境中不会因吸湿而发生尺寸变化。

UHMW-PE 可广泛应用于采矿业、选煤厂等的输送液体、固体、固液混合体的漏斗，漏槽，翻板，刮板输送机的滑道，跳汰机筛板，浮选机衬板，矿车、翻斗车车厢衬里等的耐磨耐腐方面。

（三）微晶铸石板材

微晶铸石板材是利用工业废渣（钢玉粉、玄武岩、冶金渣、选矿尾砂等）为主要原料，进行科学配料，经高温熔炼、浇铸压延成型、受控成核晶化而成的一种强度高、耐磨耐腐度高的高科技工业防护材料。

微晶铸石薄型板可用于煤炭行业的防磨设备，如分煤箱、储煤仓、溜槽、落煤斗等。

由于微晶铸石的特殊晶体结构，在其表面有很强的残留共价键力，当被输送物料（原煤）含水时，极易形成一层附着力很强的"水膜"，它不仅起到保护微晶铸石不被磨损的作用，同时又起到润滑剂的作用。

（四）铸石板

铸石板是以天然岩石如辉绿岩、玄武岩等或工业废渣为原料，加入一定的附加剂如角目岩、白云岩、萤石等，结晶剂如铬铁矿、钛镁矿等，经熔化、浇铸、结晶、退火等工序加工而成的一种非金属耐腐蚀材料。

设备一些部位上应用铸石作为钢、铁、铅、橡胶、木材等较为理想的替代材料,其具有一般金属所达不到的高度耐磨、耐酸碱腐蚀性能,而且具有延长设备使用周期、减少维修工时、提高生产效率、降低产品成本等优点。铸石具有结构紧密、吸水率小、抗压强度高、耐磨性好等特点。除了30 ℃以上的热磷酸、氢氟酸及溶碱外,铸石几乎对所有的酸类、碱类、盐类、水及有机溶剂等都有良好的抗蚀能力。铸石属于脆性材料,具有较高的硬度。

复习思考题

1. "一面三巷"大采长工作面中间巷的合理位置是哪里?
2. 急倾斜煤层的开采特点是什么?
3. 常见的深部软岩巷道控制技术有哪些?
4. 采煤机、液压支架、刮板输送机的发展趋势是什么?
5. 切顶卸压沿空留巷的切顶高度如何确定?
6. "三软"煤层支护技术有哪些?
7. 介绍常见的连续运矸方式及其优缺点。
8. "三下"采煤的充填方式有哪些?

第四章
煤矿"一通三防"及重大灾害防治新技术、新装备、新工艺及新材料应用

> 🔍 **学习提示** "一通三防"是煤矿安全生产管理工作的基础，水、火、瓦斯和冲击地压是煤矿灾害防治工作的重点。随着科学技术的进步，围绕煤矿瓦斯抽采、水害防治等重大灾害治理工作，国内各矿区形成了一批先进、实用、有效的新技术、新工艺、新材料和新装备，有力推动了煤矿自动化、智能化、信息化的发展，推动了煤矿安全管理和标准化水平的提高。
>
> 本章重点讲解了矿井通风、防尘防灭火、煤层增透抽采、水文地质探测等方面的新技术，瓦斯和水害治理等方面的先进技术工艺和装备，以及瓦斯抽采"三化一工程"管理和"十位一体"作业工艺。结合突出矿井瓦斯治理工程实践，对钻孔施工作业期间瓦斯超限分级防控体系构建进行了分析，帮助读者进一步了解煤矿相关技术的现状及发展趋势。

第一节　煤矿"一通三防"及重大灾害防治新技术

一、矿井通风与防灭火新技术

(一) 矿井通风新技术

智能通风及事故报警系统具备通风参数精测、典型巷道风速分布规律计算、风量监测有效性判识、通风网络在线监测、通风网络重大隐患预警、通风网络仿真与辅助决策、智能通风二三维一体化、通风设施设备远程控制、通风网络安全态势智能分析、灾变联动控制等多种功能,实现矿井通风系统合理、设施完好、风量充足、风流稳定、应急及时。

(1) 通风参数精测技术。基于超声波测速原理,采用高精度全量程煤矿用电子风速表,实现 0.15~15 m/s 范围风速高精度 360°全方位监测,最小可测定风速 0.15 m/s,环境温度误差≤0.25 ℃、湿度误差<2%。井下大气压检测装置采用检测实验室敏感大气压力测量元件,实现矿井通风阻力智能、快速、精准测定。

(2) 典型巷道风速分布规律计算。依据建立的巷道中央最大风速与平均风速比例系数库,结合超声波电子风速仪快速测量巷道中心位置点风速,综合计算巷道平均风速,分析典型巷道风速分布规律。

(3) 风量监测有效性判识。通过风硐可溯源检验标准的标准风速仪,确定风速传感器的安装合理位置及准确性。

(4) 通风网络在线监测。借助先进的监测手段实时在线智能化监测井巷关键位置通风参数,结合通风网络动态解算模型,实现对所有巷道通风参数实时显示及网络稳定性判定。

(5) 通风网络重大隐患预警。分析井下实时监测与动态解算数据,对包括风速超限、风流短路、循环风等通风异常情形以文字、图形渲染等方式进行智能报警,可查看报警信息详情。

(6) 通风网络仿真与辅助决策。建立通风网络改造模型进行通风系统仿真分析,实现调风预估,为通风系统方案选择、系统改造、系统优化提供决策依据。仿真误差控制在 5%以下。

(7) 智能通风二三维一体化。以二维编辑软件为基础编辑二维图形节点标高,一键式生成三维图形。通过与数据库关联,将二维与三维有效融合,实现二维编辑、监测、解算,三维展示结果,大幅降低三维系统维护困难问题,增强展示效果。

(8) 通风设施设备远程控制。通过通风设施(风门、风窗)及设备(局部通风机)的自动控制,实现采掘工作面及其他用风地点风量的自动调节。

(9) 通风网络安全态势智能分析。通过通风网络数据的实时监测,对动态网络分支数、角联分支数、风网富裕系数、循环风、短路、通风构筑物数量、通风总线路长度等进行动态评价,智能分析通风网络安全态势。

(10) 灾变联动控制。依据通风系统网络拓扑关系,模拟井下发生火灾、水灾等灾害时的避灾路线和灾害波及范围,为防灾、减灾、抗灾提供辅助决策手段。

(二) 矿井防灭火新技术

1. 矿井常用防灭火技术

煤矿井下常用的防灭火技术按主要作用机理可归纳为以下方面：

（1）控制漏风类技术。该类技术通过加强对工作面端头的管控，有效控制采空区悬顶面积，防止采空区遗煤氧化自燃，具体包括在回采过程中头尾端头退锚、喷涂高分子材料等。

（2）采空区惰化类技术。该类技术日常采用注液态 CO_2、注 N_2 等惰性气体的措施，可快速降低采空区 O_2 体积分数。

（3）吸热降温类技术。该类技术以降低采空区温度、完全熄灭火区为目的，具体包括注液态 N_2、注液态 CO_2、注浆、注水等。

（4）煤体阻化类技术。该类技术是为了降低煤与氧的结合速度，采取的方法主要为喷注盐类阻化剂，例如 $MgCl_2$、$CaCl_2$ 等化合物。

2. 矿井防灭火新技术

（1）三相泡沫灭火技术

① 灭火原理。三相泡沫是集固、液和气三相材料于一体的防灭火新型介质，将发泡剂（KSF）加入粉煤灰浆液之后，发泡剂使浆液表面张力有效降低，粉煤灰由亲水性转变为疏水性，实现物理发泡形成防灭火三相泡沫。泡沫注入采空区后，泥浆因注入空气体积大幅快速增加，并在采空区中向高处堆积，对浮煤进行覆盖，可使泡沫在较长时间内保持稳定性，并在气泡壁上黏附隔绝氧气，封堵漏风通道与煤体裂隙。在泡沫破碎之后，具备一定黏度的粉煤灰仍能够在浮煤上均匀覆盖，有效防止煤吸附氧出现自燃情况。

② 技术特点：

a. 产量大、覆盖面广，特别适合扑灭井下大空间的煤自燃火灾。

b. 质量轻，能够向高处堆积，泡沫破灭后产生的泥浆也会很好地覆盖在煤体上，对采空区形成三维立体全覆盖。

（2）液氮防灭火

① 灭火原理。液氮灭火使用工业级液氮，其自身温度较低，在气化过程中吸收周围热量，可对火区起到降温效果。同时，随着空气中氮气含量增加，氧含量降低，当氧含量降低至5%~10%以下时，可抑制煤炭的氧化自燃；当氧含量降低至3%以下时，可整体抑制煤炭等可燃物的自燃和复燃。液氮灭火还可以对火区进行淹没覆盖，起到隔绝氧气的作用，抑制矿井火灾可能引发的其他事故。

② 技术特点：

a. 可用于复杂地理情况的火情灭火，对环境的适应性强，使用具有广泛性。

b. 操作简单，灭火迅速，安全性高。

c. 液氮气化降温的过程中吸热达到灭火目的，整个过程只产生氮气并随时间缓慢排到大气中，不会对人体产生影响。

（3）液态二氧化碳防灭火

① 灭火原理。二氧化碳属于高价氧化物，是无色无味的气体，密度大于空气。液态二氧化碳能够在高温环境下瞬间蒸发为气体，被本身具备较好吸附性能的煤炭表面吸收，覆盖在煤

炭物体的表面。这一过程发生得十分迅速,可以高效隔绝煤炭与氧气接触,达到防治火灾的良好效果。

② 技术特点:

a. 灭火速度快,较为直接。液态二氧化碳吸附在煤炭表面,直接抑制了燃烧物与氧气的进一步接触;液态二氧化碳拥有膨胀特性,可阻绝外部新鲜空气的进入,隔绝氧气进入火场。

b. 可以防止火灾现场发生爆炸。液态二氧化碳的化学性质较为不活泼,属于惰性气体,在进行火灾防治的过程中不会与其他物体发生化学反应,从而可避免火灾现场发生例如瓦斯爆炸等灾害事故的风险。

c. 灭火成本较低。液态二氧化碳设备投入较小,操作难度低;液态二氧化碳的制作成本、运输成本、储存成本都不高,便于运输。

d. 无毒无害。二氧化碳没有其他灭火材料的特殊化学性质,附着在矿井内煤矿、设备等表面不会发生危险,只需要灭火完成后对矿井进行通风即可迅速恢复生产,较为安全,且方便快捷。

(4) 凝胶防灭火

① 灭火原理。凝胶是一种介于固态和液态之间的胶体特殊存在形式,既具有无流动性等一些固体性质,也具有与水溶液相近的扩散速率等液态特征。在用于井下防灭火时,成胶前的液态溶液渗入煤体孔裂隙,并与煤体形成凝胶整体,封堵煤裂隙与采空区的漏风通道;胶体在煤表面形成保护凝胶层,隔绝煤氧结合,阻隔氧分子进入煤体内部;凝胶中添加的促凝剂和基料,起到阻化剂的作用,阻止煤的自燃。

② 技术特点:

a. 具有固水、隔氧、耐热、阻化等防灭火技术特性。凝胶主要由基料、促凝剂和水按比例混合而成,其物理性质决定了其具有综合防灭火性能。

b. 具有灭火速度快、安全性好、火区启封时间短、火区复燃性低等特点。

c. 无毒无害。凝胶主料一般为硅酸钠水溶液,促凝剂为碳酸氢钠,对人体无危害,对设备无腐蚀,对环境无污染。

二、矿井综合防尘技术与装备

(一) 煤矿粉尘防治技术

1. 泡沫降尘技术

泡沫降尘技术是将水和泡沫降尘剂按照一定比例混合,通过发泡器将其变成泡沫喷洒到产尘源,有效清除粉尘颗粒,实现降尘目的。相较于清水雾防尘方式,泡沫与粉尘的接触面积更大,防尘液对粉尘吸附力更好,还可以抑制割煤过程中火花的产生,降低安全风险。

2. 活性磁化水降尘技术

活性磁化水降尘技术是通过外加磁场削弱水分子间的内聚力,使磁化后的水黏度降低、表面张力下降、溶解和吸附能力增强,增大水的雾化效果和捕尘能力,加大捕捉煤尘的概率,对降尘有着显著效果。该方法需要安装磁化器、雾化器和过滤器一体的高效磁化喷嘴,可以与内外喷雾等方法一起使用。磁化水对于呼吸性粉尘的降尘率比清水可以提高14%左右。

3. 活化剂降尘技术

活化剂降尘技术是在清水中加入以活化剂为代表的化学药剂,提高清水表面张力,改善水对粉尘颗粒物的湿润及吸附能力,配合适宜的注水工艺,具有良好的湿润煤的能力,可以使综采工作面的粉尘浓度降低70%~80%,降尘率比预注纯水提高20%~30%。

4. 吸尘滚筒除尘技术

吸尘滚筒除尘技术是运用高压水射流引射效应,针对综采工作面滚筒位置易产尘的特点,在滚筒轴附近合理设置小型引射器,将喷嘴喷射出的高压水均匀地分布到滚筒采动方向,使粉尘颗粒在与喷雾液滴结合过程中被湿润,遇到反射板后速度下降沉淀,提高综采工作面滚筒处降尘效率。在工作中合理运用该技术装备,可以使吸尘滚筒除尘效率达到60%~80%,有效减少产尘量。

5. 风井湿式共振栅除尘技术

风井湿式共振栅除尘技术是在排风道中或排风口设置高压喷雾系统、共振栅除尘系统及脱水系统,减少矿井生产过程中产生的及随矿井排风排到地面的大量的粉尘。高压喷雾系统由高压水泵、管路及高压喷嘴组成,产生的水雾喷向共振栅,使弦栅间隙形成水膜,更好地与粉尘结合,并在弦栅上形成下降水流,清洗被弦栅捕集的粉尘。共振栅是由一定尺寸的框架和细小直径的不锈钢丝纺成的中间留有一定间隙的弦栅,弦栅间隙可以简化为直径相等的多个毛细管,水滴在毛细压力的作用下产生毛细管湿润,形成柱状水膜。

(二)煤矿粉尘防治技术装备

1. 煤岩巷作业综合防尘技术装备

长压短抽通风除尘系统,主要由除尘器、吸尘罩、附壁风筒(控尘装置)、正压骨架风筒、负压骨架风筒等组成,如图4-1所示。系统通过附壁风筒将压入工作面的轴向风流改变成沿巷道周壁旋转的径向风流向迎头推进,在掘进机司机的前方建立起空气屏幕,控制飞扬粉尘向后方扩散,使含尘气流只能沿布置在司机前方的吸尘口被吸入除尘器净化处理,干净的风流再排至巷道中。

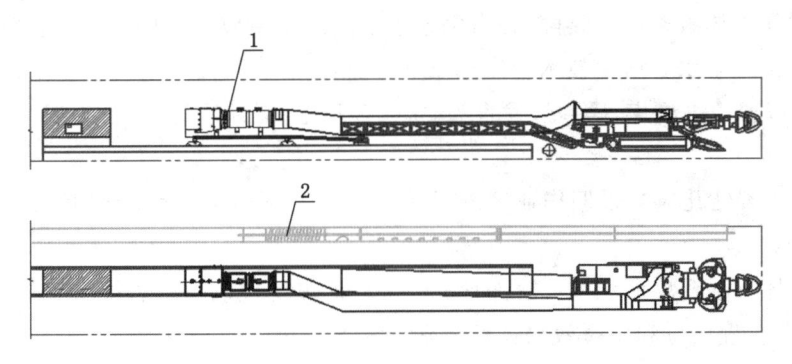

1—抽尘净化系统;2—风流控制系统。

图4-1 煤岩巷作业长压短抽通风除尘系统布置示意图

2. 钻孔施工防尘技术装备

孔内喷雾捕尘装置通过调节水量使水经过喷头进行第一次雾化,再通过与压缩空气充分混合后二次雾化,形成雾态水顺着风管与钻杆进入孔底。由于粉尘越细其比表面积越大,表面活性越强,越容易吸附水分子,水与压缩空气的混合气体可以把钻孔中的细小煤尘变成大颗粒的煤尘,并在压缩空气的推力下排出孔外,达到有效降尘的目的。孔内喷雾降尘防尘装置的结构简单,使用方便,可按照图4-2的方式安装使用。

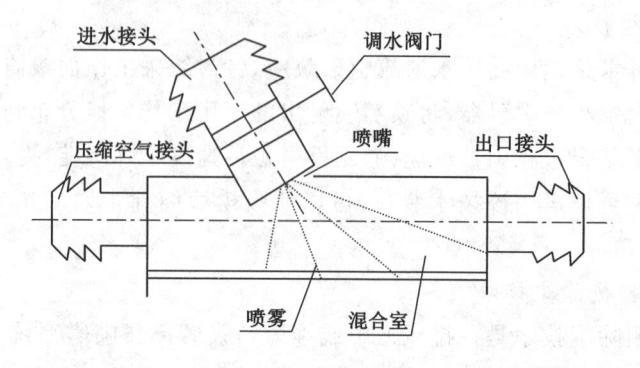

图 4-2 钻孔施工孔内喷雾捕尘装置

三、低透气性煤层增透新技术

伴随基础研究的不断深入和技术装备的发展进步,低透气性煤层增透技术工艺得到了丰富和完善。目前,煤矿普遍使用的增透技术工艺有以水力压裂、水力冲孔等为代表的水力化技术,以扩孔造穴、气动柔性刀具破煤等为代表的机械化技术,以及以深孔爆破、CO_2相变致裂、可控冲击波增透等为代表的爆破类技术,其他新技术还有超声波、注液氮冷加载等。

（一）水力化增透技术

1. 水力压裂技术

水力压裂技术最早应用于油气开发,在地面煤层气井增透抽采方面得到了推广验证。低透气性煤层可积极实施井下煤层水力压裂增透抽采,利用穿层或顺层钻孔实施本煤层压裂或虚拟储层压裂,改善煤层透气性。在压裂过程中,高压水通过压裂钻孔注入煤层,水压超过煤层起裂压力后使煤体破裂产生裂隙,并沿垂直于地层最小主应力方向延伸,达到提高煤层透气性的目的。实施井下水力压裂技术应注意以下方面:

（1）煤层以原生结构煤、碎裂煤发育为主,赋存稳定、无地质构造,压裂后应保证有效的抽采时间。

（2）水力压裂钻孔应与采掘作业区域保持足够的安全距离,确保预抽达标期内该区域无采掘作业活动。

（3）煤层坚固性系数小、不易成孔的区域,采取沿煤层顶（底）板岩层布置钻孔实施虚拟储层压裂时,应对合理层位和压裂效果进行考察。

（4）顺层压裂钻孔应沿煤层走向或倾斜方向布置,并保持正坡度,为压裂后钻孔排水创造条件;原则上不应布置倾角大于10°的负坡度钻孔。

2. 水力冲孔技术

水力冲孔是在突出矿井中使用比较成熟的增透技术,通过以岩柱或煤柱作为安全屏障向突出煤层内施工钻孔,利用高压水冲击、破坏钻孔周围煤体,诱导和控制喷孔形成空洞,促使钻孔周围煤体在地应力和瓦斯压力作用下发生径向位移、产生裂隙,达到提高煤层透气性的目的。实施水力冲孔技术应注意以下方面:

(1) 煤层坚固性系数较低或具有一定厚度的构造煤分层,作业空间与煤层之间应保证一定的岩柱厚度作为安全屏障。

(2) 利用穿层钻孔进行水力冲孔作业时,应尽量保证钻孔有一定的正坡度。

(3) 水力冲孔钻孔单孔冲煤量应达到设计有效抽采半径的要求,确保该区域煤体卸压均匀,避免抽采空白带。

(4) 水力冲孔增透技术所选用的冲孔装备,应充分结合煤体赋存特点,确保压力、流量满足破煤要求。

3. 超高压水射流割缝技术

水射流割缝技术通过高压水射流切割破碎煤岩体,可以在孔壁产生多条缝槽并排出煤粉,促使煤体大范围快速卸压,从而提高煤层透气性和降低煤层内部压力。对于坚固性系数高、常规水力冲孔难以破碎的煤层,超高压水射流割缝技术通过水力割缝成套装置,可以在 50~100 MPa 压力状态下进行水射流切割煤体,实现快速卸压增透。实施超高压水射流割缝技术应注意以下方面:

(1) 采用配套的超高压水射流割缝钻割一体化设备,加强超高压系统的安全防护,利用远距离操作台进行操作。

(2) 通过正坡度的穿层钻孔实施超高压水力割缝措施为主,避免负角度钻孔形成的水垫作用,提高水射流割缝的实施效率。

(3) 钻孔割缝间距、割缝直径和出煤量设计应匹配,满足不同出煤量条件下的有效抽采半径要求。

4. 脉冲磨料水射流割缝技术

磨料水射流割缝技术是在水射流割缝技术的基础上,通过向高压水流中添加一定粒度和强度的磨料粒子,提高水射流的磨削、穿透能力。通过调整连续水射流的流动和结构参数,可以将连续水射流调整为压力脉动的冲击式水射流,冲击力可提高 1.5~2.5 倍,进一步提高对煤体的冲蚀破碎效果。在松软煤层中实施脉冲磨料水射流割缝技术,可以有效避免塌孔问题;在硬煤层中实施,可以解决硬煤难以破碎问题。

(二) 机械化增透技术

1. 机械扩孔技术

常用的机械扩孔技术有大直径钻孔、机械造穴等工艺,通过特殊的钻具及钻探工艺增大钻孔直径,扩大钻孔卸压和抽采影响范围,实现钻孔周围煤体增透。对于软煤分层不发育或煤层全厚坚固性系数大于 0.5、单纯采用水力冲孔卸压增透技术效果较差的区域,可采用机械扩孔技术进行煤层增透卸压。为提高机械扩孔增透的实施效果,可以利用机械刀具并辅以高压水力冲孔,进一步提高煤孔段孔径和煤层暴露面积,增加钻孔卸压范围。

2. 气动柔性刀具破煤技术

气动柔性刀具破煤技术以高压气体替代水动力,带动柔性刀具在钻孔内进行破煤扩孔,可以有效避免水力化措施在松软煤层应用时的塌孔、水锁等负面效果。实施气动柔性刀具破煤增透技术,应采用包括空压泵、高压气管、钻机、钻杆、气动割缝设备、气动旋转装置、割缝装置等气动柔性刀具,合理确定钻孔出煤量指标。

(三)爆破类增透技术

1. 深孔爆破技术

深孔爆破技术利用爆炸作用对钻孔周围煤体产生物理破坏,诱导产生裂隙网络以提高煤层透气性,主要包括松动爆破、深孔聚能爆破和深孔预裂爆破技术等。对于构造煤不发育、打钻时喷孔严重、单纯采用水力冲孔效果差的区域,可以与水力冲孔技术配套使用,形成综合性的增透技术手段。实施深孔爆破技术主要应解决钻孔装药、封孔等关键问题,目前在一些矿井使用过程中该工艺已得到不断完善。

2. CO_2 相变致裂增透技术

CO_2 相变致裂技术利用 CO_2 由液态向气态快速转化所形成的体积膨胀力,在钻孔周围煤体中形成大量的连通裂隙,达到提高煤层透气性的目的。目前,国内已在液态 CO_2 充装设备研发、爆破能量当量计算、布孔参数设计等方面取得了突破,并研发了定向装置,形成了低渗煤层液态 CO_2 相变定向射孔致裂增透技术。

3. 可控冲击波增透技术

可控冲击波技术从页岩气勘探开发领域引入煤矿,该技术基于高功率脉冲技术,通过将储存的能量用很短的时间、很高的强度,以单个脉冲或受控的重复脉冲形式,瞬间释放给煤体,冲击波通过致裂、撕裂和弹性声波的作用模式,在各种岩层中产生毫米级甚至亚毫米级裂隙、裂缝,降低煤岩层力学强度,形成复杂的煤层裂隙(缝)网。该技术相关装备经过多代研发,已在国内多个矿区进行了应用,具有冲击波工作次数可控、方便移动等特点。

(四)其他增透新技术

近年来,国内学者研究了注液氮冷加载,注热蒸汽、微波辐射等热加载,高功率超声波激励,变频气动致裂等增透新技术。注液氮冷加载使煤体原生裂隙结构发生损伤和扩展,并沿层理方向延伸,提高裂缝的宽度和规模;热加载使煤体基质产生热膨胀而引发热开裂,促进煤体微裂隙扩展,实现煤体扩孔增渗;高功率超声波可提高煤体孔隙中的大孔数量,增大煤体有效孔隙度;变频气动致裂是利用气体的高度扩散性并通过低压变频抽压交替力学作用,使煤体裂隙产生疲劳扩展。

四、煤矿冲击地压和煤与瓦斯突出危险性感知技术

煤矿进入深部开采后,煤岩体物性、应力、瓦斯等因素发生显著改变,开采覆岩扰动范围及动静载荷显著增大,冲击地压、煤与瓦斯突出灾害并存甚至相互转化。针对深部煤岩动力灾害防控理论和技术装备的研究不断发展,为冲击地压、煤与瓦斯突出和复合煤岩动力灾害有效防控提供了理论支撑和技术途径。中国矿业大学(北京)孙继平等提出了基于温度、速度及多信息融合的冲击地压和煤与瓦斯突出感知报警及灾源判定方法,进一步提高了冲击地压和煤与瓦斯突出报警的准确率。

(一)基于温度的冲击地压和煤与瓦斯突出感知报警方法

地下煤和岩石温度随深度变化而变化,掘进和回采形成的暴露煤岩温度随暴露时间增加逐渐接近环境温度,未暴露的煤岩温度一般高于煤矿井下环境温度和已暴露的煤岩温度。通过相关研究,采用温度作为冲击地压和煤与瓦斯突出感知报警指标,使用红外热像仪等监测物体温度,使用甲烷传感器监测环境甲烷浓度。当物体温度高于煤矿井下环境温度和已暴露的

煤岩温度,并且高于环境温度和已暴露的煤岩温度的物体数量较多、体积和面积较大时,则判定发生冲击地压、煤与瓦斯突出、矿井火灾或瓦斯和煤尘爆炸事故;进一步判别高温物体温度,若大于设定的阈值,则判定发生矿井火灾或瓦斯和煤尘爆炸事故,反之,则判定发生冲击地压或煤与瓦斯突出事故;进一步分析甲烷浓度变化,若甲烷浓度迅速升高,则判定发生煤与瓦斯突出事故,反之,则判定发生冲击地压事故。

(二) 基于速度的冲击地压和煤与瓦斯突出感知报警方法

冲击地压和煤与瓦斯突出会导致大量煤岩突然破坏并抛向巷道空间,造成大量煤岩短时间移动速度异常增加。在正常情况下,煤矿井下作业人员和设备移动速度不大于 11.11 m/s,远小于冲击地压和煤与瓦斯突出发生时煤岩的喷出速度。基于速度的冲击地压和煤与瓦斯突出感知报警方法,使用激光雷达、毫米波雷达、超声波雷达、双目视觉摄像机等监测物体移动速度,使用甲烷传感器监测环境甲烷浓度。当物体移动速度不小于设定阈值时,则判定发生冲击地压、煤与瓦斯突出或瓦斯和煤尘爆炸事故;进一步判别速度异常物体的数量、体积和面积,若速度异常物体的数量较少、体积和面积较小,则判定发生瓦斯和煤尘爆炸事故,若速度异常物体的数量较多、体积和面积较大,则判定发生冲击地压或煤与瓦斯突出事故;进一步分析甲烷浓度变化,若甲烷浓度迅速升高,则判定发生煤与瓦斯突出事故,反之,则判定发生冲击地压事故。

(三) 多信息融合的冲击地压和煤与瓦斯突出感知报警及灾源判定方法

为进一步提高冲击地压和煤与瓦斯突出报警的准确率,根据煤矿冲击地压和煤与瓦斯突出特征,研究人员提出了多信息融合的冲击地压和煤与瓦斯突出感知报警及灾源判定方法。通过监测并融合温度、速度、加速度、掩埋深度、声音、气压、风速、风向、粉尘、甲烷浓度、设备状态、微震、地音、应力、红外辐射、电磁辐射、图像等多种信息,感知冲击地压和煤与瓦斯突出;通过不同位置参数变化的幅度、先后时序关系及传感器损坏情况,判定灾源。

五、瓦斯参数测定新技术

(一) 定点取样技术

1. 压风引射定点取样技术

压风引射定点取样技术采用 SDQ 深孔快速取样装置,可以实现煤层 90 m 或更大范围内任意点的快速定点取样,能够满足煤层瓦斯含量精准测定的需求。SDQ 深孔快速取样装置由旋风喷射取样钻头、双壁螺旋钻杆和双通道取样尾辫等组成,以压风为动力进行排渣,具有先进的喷射和多级引射技术特点,打钻连接和取样方式如图 4-3 所示。正常钻进时,双壁钻杆内管与环形空间同时进风排渣;取样时采用反循环钻进原理,压风由双壁钻杆环形空间进入,把旋风喷射取样钻头切削的煤样沿双壁钻杆内管正压吹出,实现快速取样。取样时间一般为 2 min,可根据需取煤样量适当延长取样时间。

2. 深孔定点取样技术

在实施定向钻孔预抽煤层瓦斯区域防突措施过程中,需要对相关区域煤层瓦斯含量进行准确测定,用于区域预测或措施效果检验。与常规钻孔相比,定向钻孔深度可达数百米以上,深孔取样技术要求更高、工艺更复杂。结合定向钻机钻进优势和特点,深孔定点取样技术工艺由清水泵、深孔密封快速取芯装置等组成,在取样过程中,钻进达到设计层段后停钻、快速退出钻具,安装取芯装置后继续钻进,在达到预定取样位置后,取芯钻头切割煤样进入内筒,截断阀

(a) 打钻连接示意图

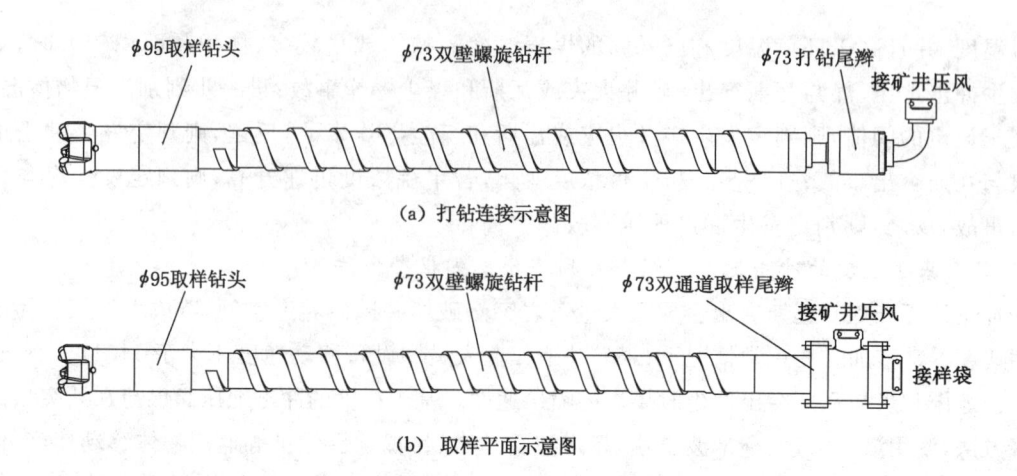

(b) 取样平面示意图

图 4-3　压风引射定点取样装置使用示意图

和球阀在清水泵的高压水流作用下快速封闭内筒，实现密封取样。取芯装置如图 4-4 所示。深孔密封快速取芯装置密封性强，能够防止取样过程中内筒中煤样解吸损失，煤样取出后可以直接在孔外进行现场解吸，取样可靠性高。

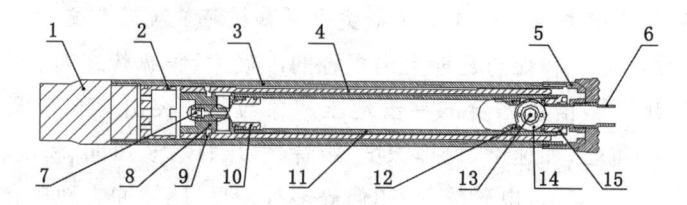

1—止回阀；2—截断阀；3—取芯外筒；4—取芯中筒；5—合金钻头；6—取芯薄壁钻头；7—解吸气嘴；
8—取芯内筒底座；9—固定螺母；10—取芯内筒下密封；11—取芯内筒；12—球阀密封垫；13—球阀；
14—球阀开关；15—取芯内筒上密封；16—封堵小球。

图 4-4　取芯装置参考图

(二) 瓦斯压力测定技术

1. 胶囊-密封黏液封孔测压技术

胶囊-密封黏液封孔测压技术利用黏液能够在压力作用下渗入钻孔周边裂隙的原理，采用"胶囊膨胀—黏液密封—胶囊膨胀"双重密封作用，能够有效解决松软岩层封孔测压过程中瓦斯易泄漏的问题，提高瓦斯压力测定的可靠性。该测压技术改变了传统水泥浆封孔工艺，封孔设备可膨胀回缩、实现重复利用，减少测试成本；增设加压储能罐，可实现胶囊封孔器自动补压功能，提高测试持续性和封孔质量；孔口测试系统配备三通接头，可实现主动式测压和被动瓦斯压力自然恢复双重测试方法。胶囊-密封黏液封孔测压系统如图 4-5 所示。

2. 免封孔煤层瓦斯压力快速测试技术

免封孔测压技术通过建立相应的煤层瓦斯压力测定系统，利用井下测压地点所采集的煤样进行实验室分析测定，并对相关环境参数进行恢复补偿，实现免封孔快速测定煤层瓦斯压力。免封孔煤层瓦斯压力测试系统如图 4-6 所示，可实现抽真空、解吸测定、常压定量补气、煤芯体积复原、储层环境瓦斯压力恢复、死体积标定及数据采集分析等功能。免封孔煤层瓦斯压

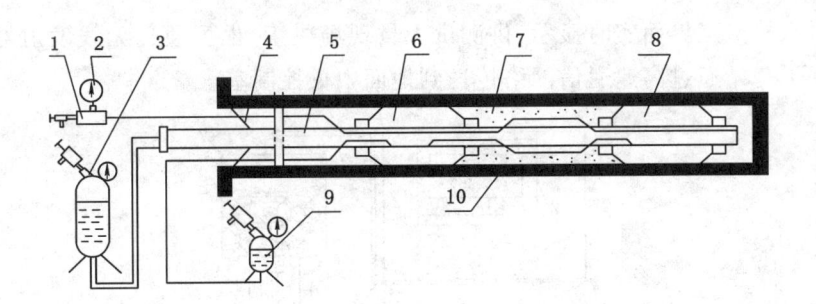

1—三通；2—压力表；3—密封黏液罐；4—阻退楔；5—输液管；6,8—胶囊；7—密封黏液；9—压力水罐；10—钻孔。

图 4-5　胶囊-密封黏液封孔测压系统示意图

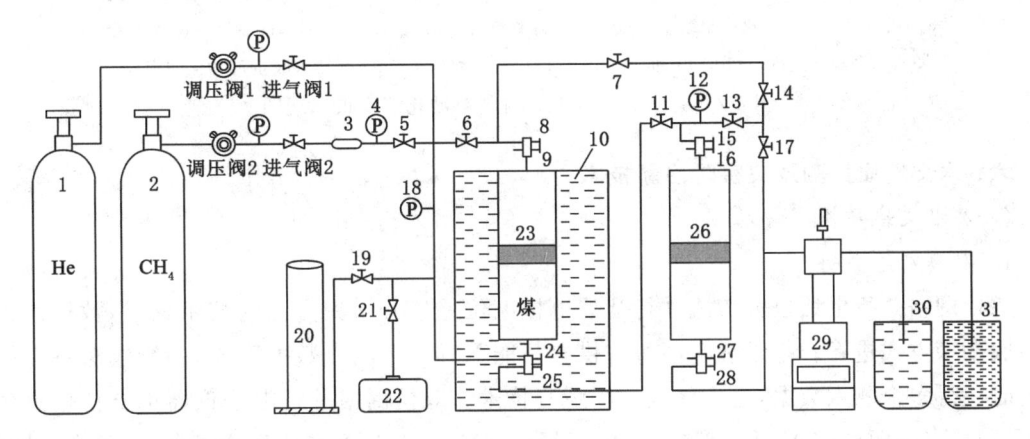

1—氦气瓶；2—高压甲烷瓶；3—参考罐；4、12、18—高精度压力传感器；10—恒温水浴；

5～9,11,13～17,19,21,24,25,27,28—阀门；20—解吸装置；22—真空泵；23—特制煤样罐；

26—活塞容器；29—恒速恒压泵；30—水杯；31—油杯。

图 4-6　免封孔煤层瓦斯压力测试系统

力测定技术不受测试地点和封孔工艺的限制，充分考虑了煤样采集过程中煤体瓦斯解吸导致瓦斯量漏失、煤样形态改变导致死空间体积变化、环境温度条件变化等因素，测压结果可靠，显著缩短了现场测压周期。

（三）煤层瓦斯含量井下一站式自动化测定技术

煤层瓦斯含量井下一站式自动化测定仪是新型的瓦斯参数测定系统，由井下煤样密封破碎系统、瓦斯解吸自动化计量系统和数据自动采集处理系统组成，其原理如图 4-7 所示。井下煤样密封破碎系统以井下压风作为动力源，利用高速旋转刀片对煤样进行破碎，在破碎罐与马达之间设置机械旋转密封件实现密封。瓦斯解吸自动化计量系统利用微流量气体质量传感器，高频读取瓦斯解吸时的瞬时流量并转换为累计解吸量，然后将瓦斯解吸数据和解吸时间同步传输至工控主板，实现瓦斯解吸量的自动测量与记录。自动化计量系统可以采集井下温度和大气压力参数，可将瓦斯解吸体积自动换算为标准状态条件下的数值。数据自动采集处理系统是控制井下瓦斯含量测定过程的核心软件，可以自动采集与存储解吸瓦斯量和解吸时间数据，根据内置的补偿模型自动推算损失瓦斯量，并自动生成测定报表。计算软件在得到测定结果后，通过人机交互界面实时显示，供测试人员现场决策，也可通过无线发射器传送至井下基站，再由井下基站通过高速通信网络传送到地面中央控制室。

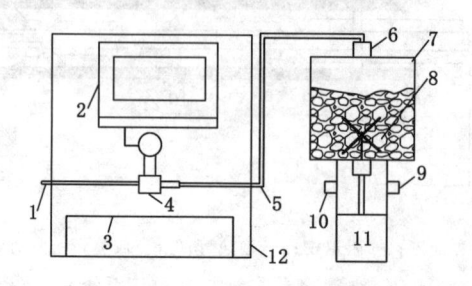

1—瓦斯解吸量自动化测定装置出气口；2—工控主板；3—本安型电池；4—本安型微流量气体传感器；
5—瓦斯解吸量自动化测定装置进气口；6—煤样破碎罐出气口；7—煤样破碎罐；8—破碎刀片；
9—气动马达进气口；10—气动马达出气口；11—气动马达；12—瓦斯解吸量自动化测定仪。

图 4-7　井下一站式瓦斯含量自动化测定仪原理图

六、水文地质探测及灾害防治新技术

（一）水文地质探测技术

1. 双模网络并行电法

双模网络并行电法以分布式并行智能电极电位差信号采集方法为技术核心，数据采集模拟地震勘探方式进行。与常规电法每次供电只能采得一个测点数据不同，并行电法每次供电可同时获得多个测点数据，是一种全电场观测技术。双模网络并行电法仪器可支持任意多通道，采用单点电源场（AM法）与异性点电源场（ABM法）同时采集处理电场数据，具有电测深、电剖面高密度组合功能，以及多装置、多极距数据采集优势，在数据采集时具有同时性和瞬时性，单次供电即可得到整条测线上全部电极的电位曲线，提高了视电阻率值的稳定性、可靠性。双模网络并行电法仪由一体化主机、分布式采集基站、线缆及双模式电极组成，其施工布置如图 4-8 所示。

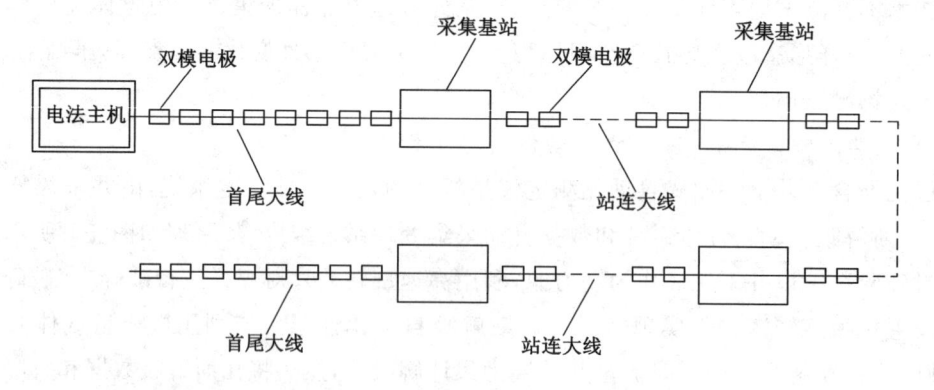

图 4-8　双模网络并行电法施工布置图

2. 浅层地震法

浅层地震法属于反射地震波勘探范畴。在指定的震源点（通常在巷道的侧帮）利用锤击或

少量炸药等震源激发产生的地震波,在煤岩层中以球面波形式传播。地震波在无异常构造的近似均匀煤岩层中传播时,不会产生反射信号或产生的反射信号很弱,检波器几乎接收不到反射信号;当煤岩层中存在地质构造异常体(例如断层、陷落柱、破碎带和其他岩性界面等)时,会产生波阻抗差异界面,当地震波遇到物性界面时,一部分信号反射回来被高灵敏度检波器接收,一部分信号折射进入探测方向前方介质。反射波的旅行时间与距反射界面的距离成正比,反射波的能量强弱、相位等信息与反射界面的位置、性质密切相关,分析反射波的各种特征即可判断探测区域内的断层、破碎带、岩性界面等的性质及其分布状况。浅层地震法施工布置采用地震反射共偏移布置方式,依据反射波勘探原理,在单边排列的基础上选定最佳偏移距,采用单道或多道叠加小步长顺移前进观测系统。采用小道间距的偏移成像技术,通过多道接收,在给定速度等参数后将地震时间剖面转换成空间剖面,可增强有效波、压制干扰波,对于构造等界面的探测最为有效。

3. 多频无线电坑透法

多频无线电坑透法基于高频无线电波在地下不同介质中传播时的差异性衰减特征来判断介质特征。电磁波在地下介质中传播时,断层、破碎带和陷落柱等地质异常体界面可造成电磁波的反射和折射,造成能量损耗,形成电磁波能量的强衰减区域。通过分析各衰减区的范围、强弱等特点并结合地质资料进行综合判断,就可推断和解释出工作面内部存在的断裂构造带位置、圈定陷落柱和薄煤带等的岩性变化范围。采用多频无线电坑透技术时,将发射机和接收机时间同步设置,发射机和接收机同步工作,由发射机定点、自动分时段发射不同频率的无线电波信号,接收机定点、自动对应时段、分频接收无线电波信号,一次性完成多个频率数据采集。数据采集效率的提高,能有效兼顾"穿透距离远"与"结果分辨率高",大幅度提高现场施工效率、探测成功率和物探成果分辨率。结合两巷定点交汇法,可对工作面全面覆盖、消除盲区,具体确定地质异常体的性质和空间位置、大小。

(二) 水文地质灾害防治技术

1. 矿井突水水源多元快速综合辨识技术

通过对矿井涌(突)水点水分分光度、化学特征和水源标准值偏离机理研究,结合水动力、水化学、水温和环境同位素等数据的快速识别技术,开发了涌(突)水水源快速辨别系统及装备,能够根据水化学分析测试结果和温度场、水位(水压)场实测值,快速辨识井下涌(突)水水源类型和补给来源,显著缩短辨识时间,提高辨识准确性。

2. 矿井水害随钻智能超前探测与动态监测技术

针对采掘工作面超前探测地质构造、富水性分布规律、水量大小、采空区分布位置与积水等情况过程中传统钻探与物探方法存在的问题和不足,矿井水害随钻智能超前探测与动态监测技术及装备集成了钻孔激发极化法、钻孔电磁波层析成像法、钻孔瞬变电磁法、钻孔雷达法随钻智能超前物探技术,以及基于微震与震电耦合、微震与直流电法耦合的立体动态监测技术,提高了超前探测和动态预警的可靠性。

3. 井下定向分支钻孔注浆技术

井下定向钻探技术通过井下定向钻机施工长距离钻孔,实现对采掘面前方及周边区域潜藏水体的探测,并通过布设的钻孔采取注浆封堵,实现对水害超前治理。依靠定向钻机的轨迹可控、可多分支钻进的特点,能够实现对注浆钻孔位置的精准定位和区域地质的精准探查,与常规钻孔注浆技术相比,井下定向钻探技术的勘探深度大、精度高、施工作业灵活。

4. 地面多分支定向钻探注浆技术

地面多分支定向钻探注浆技术通过在地面利用定向钻机施工多分支钻井,使井眼轨迹沿目标含水层延伸,能够准确探查并沟通更大范围的裂隙导水通道,利用地面系统注浆填充岩溶导水裂隙,更好地阻断水源补给路径,降低水害威胁程度。相对而言,地面定向钻探注浆系统占用场地小,可利用一个主井眼侧钻施工多个定向分支井,控制范围大、区域注浆效果好;地面定向钻进设备能力强,施工效率高;不受井下巷道空间限制,可以对矿井水害区域超前探查和治理。

第二节 新型瓦斯抽采设备与技术

瓦斯抽采是减少煤矿井下瓦斯涌出、消除瓦斯灾害的重要措施,以新型瓦斯抽采泵站、抽采钻机、高低浓度瓦斯抽采利用技术为核心的新型煤矿瓦斯智能抽采装备及技术,为煤矿瓦斯抽采技术进步提供了保障。

一、瓦斯抽采泵站

(一)水环式真空泵

水环式真空泵以水作为泵体工作液,通过泵体容积变化实现抽排瓦斯,具有真空度高、结构简单、运转可靠、安全性高的特点,适用于瓦斯抽采量小、管路长、需要抽采负压高、瓦斯浓度变化大的抽采系统。地面泵房冷却水宜采用敞开式循环系统,硬度较大的冷却水应采取软化处理。地面泵站常用的水环式真空泵主要有2BEC72、2BEC60、2BEC52、2BEC42等型号,井下泵站主要有2BEC52、2BEC42、2BEF42、2BE1303等型号。

(二)离心式瓦斯泵

离心式瓦斯泵通过叶轮的旋转产生离心力,带动瓦斯经吸入口进入叶轮,增加了动能与势能的瓦斯经扩散器排出,具有运转可靠、故障率低、供气均匀、流量高、噪声低等特点,适用于瓦斯抽出量大($30\sim1\,200\ m^3/min$)、管道阻力不高($4\sim5\ kPa$)的抽采系统。

(三)回转式瓦斯泵

回转式瓦斯泵通过两侧叶轮交替旋转改变工作容积,在抽排瓦斯的过程中可以始终保持进气与排气空间处于隔绝状态,抽采流量不受阻力变化的影响。在同功率、流量与压力条件下,与离心式瓦斯泵相比回转式瓦斯泵运行稳定,效率较高,但运转中噪声较大,压力高时磨损较严重,适用于流量要求稳定而阻力变化大和负压较高的瓦斯抽采系统。

二、煤矿瓦斯抽采钻机

(一)ZYWL系列履带式钻机

ZYWL系列履带式钻机包括ZYWL-2000Y、ZYWL-3200Y/SY、ZYWL-4000Y/SY等型号,可用于施工瓦斯抽采孔、注浆灭火孔、煤层注水孔、防突卸压孔、地质勘探孔及其他工程钻孔,尤其适用于高危环境下的钻孔施工。ZYWL系列履带式钻机具有以下技术特点:

(1) 自动上下钻杆技术。采用机械手、钻杆箱及双夹持器配合,实现钻杆的自动加接和拆卸,相比井下常规钻机,有效降低了钻机操作者的劳动强度。

(2) 无线遥控操作技术。通过无线遥控技术实现对钻机的远程操作,提高安全保障能力。配备无线遥控器可实时显示钻机的相关钻进参数,如旋转压力、推进压力及给进速度等。

(3) 一键全自动钻孔技术。通过程序控制钻机的各个动作,钻孔时只需按下控制键,钻机即可自动钻进及退钻,整个钻孔过程中再无须其他人工操作。

(4) 数据自动记录功能。钻机在钻孔过程中,可自动记录钻孔压力、转速、给进速度等动态参数及钻孔深度、钻孔时间等关键参数。

(5) 智能防卡钻技术。通过对采集的压力、转速及位移等参数的智能判断,利用自适应钻孔技术,控制钻机进行旋转洗孔、退钻等动作,防止钻机卡钻。

(二) ZDY 系列履带式钻机

ZDY 系列钻机包括 ZDY3500L(A)、ZDY4000L(A)、ZDY4000LP(S)、ZDY3500LP、ZDY3500LQ、ZDY4000LR(B)、ZDY6500LP、ZDY4500LFK、ZDY6500LQK、ZDY6500K、ZDY22000LK 等型号,整机稳固性能好、结构紧凑、可靠性高,倾角、方位角、开孔高度调节范围大、适应性强。

1. ZDY4500LFK 型煤矿用全自动智能控制履带式全液压坑道钻机(图 4-9)

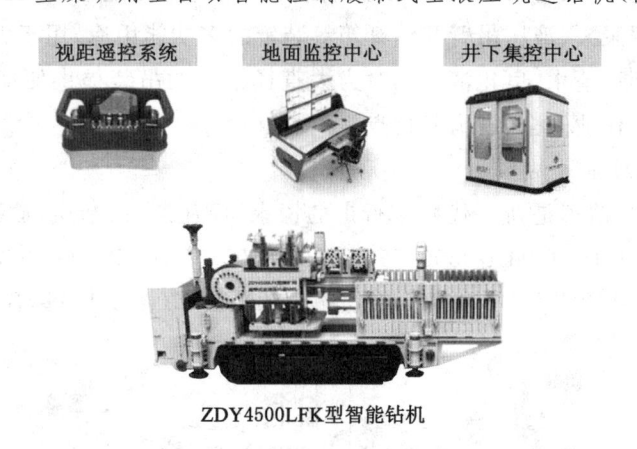

图 4-9 煤矿井下智能钻探系统

(1) 钻机集成模块化大容量钻杆自动装卸系统。杆仓容量 200 根,一次装填可完成 150 m 钻孔的全自动施工,正常钻孔施工作业状态下无须人员干预。

(2) 钻机集成先进的智能控制系统。控制系统基于多传感器融合技术,能够实现系统中关键传感器的工作状态监测,便于及时发现电控系统故障点,降低因传感器损坏造成事故发生的可能性。

(3) 钻机自动施工效率高。液压系统中钻进系统和钻杆自动装卸系统相互独立,同时工作时可互不干扰,有效保障了钻孔自动施工效率。

(4) 可实现远距离遥控控制。钻机配备本安型遥控器,额定续航时长达 30 h。集成有远程监测与控制系统,具有 Wi-Fi 等多种网络通信模式,能够满足多种通信协议要求,可以实现钻机井下作业视频和钻机工作状态的地面集中监测与控制。

（5）钻机施工安全系数高。钻机集成人员接近预警系统、声光报警系统等诸多系统，可以根据用户需求进行选配。

2. ZDY6500LQK 型煤矿用履带式全断面钻机

该钻机是一款整体式、低位孔、大转矩、全断面履带式遥控钻机，能够实现远距离遥控操作，适用于顺层低孔位钻孔及穿层全断面钻孔，运输及调角时占用空间小，在薄煤层双层孔或多层孔施工、邻近层瓦斯抽采钻孔施工、穿层孔施工方面具有突出优势。

3. ZDY6500K 型煤矿用全液压坑道钻机

该钻机是一款专门为煤矿 TBM 配套开发的大功率全液压分体式遥控钻机。主机钻进机构可沿 TBM 掘进轴线进行周向旋转，进行 TBM 掘进过程的超前探测及四周探测施工。钻机可配套多种钻进工艺，以应对煤矿 TBM 掘进过程中各类复杂地层。相较于 TBM 现有常规超前探钻机，本钻机转矩、推进力、起拔力更大，适合 300 m 以上的深孔超前钻探施工，可有效提高 TBM 综合施工效率。

4. ZDY22000LK 型煤矿用履带式全液压坑道钻机

该钻机是一款整体式大功率遥控钻机，能够实现远距离遥控操作，适用于回转钻进大直径钻孔施工，在"以孔代巷"大直径钻孔施工方面具有突出优势。配套的 BLY500/8K 型矿用履带式泥浆泵车具有泥浆泵、液压吊臂和钻杆箱等装置的多功能用途，用于大直径钻孔施工中向钻孔输送冲洗液（泥浆、清水、皂化液），同时为大直径钻具的吊装提供便捷，具有可自主行走、集成性好、操作方便、作业安全、省力等特点。

（三）CMS 系列履带式钻车

CMS 系列履带式钻车是新一代履带行走的探水、探瓦斯、探断层、放顶、注水等的钻孔设备，包括 CMS1-3300/45、CMS1-3500/55、CMS1-4000/55、CMS1-5600/75、CMS1-6500/75、CMS1-8000/90 等型号。CMS1-6500/75 型煤矿用深孔钻车（图 4-10）具有以下技术特点：

图 4-10　CMS1-6500/75 型煤矿用深孔钻车

（1）结构紧凑，全液压控制，操作方便灵活，履带行走、移位方便，机动性好，省时、省力，安全性能好。

（2）液压系统配备快速推进功能，带有装卸钻杆的部件，降低了操作人员的劳动强度，提高施工效率 2 倍以上。

（3）采用变量系统，空载转速快，随负载变化转速降低，扭矩逐步加大，钻进更加合理。

(4)采用遥控、双臂结构,可实现一机多用或钻机群施工作业,有效提高钻孔效率,减少人员配置。

（四）履带式定向钻机

1. 大功率履带式定向钻机

为适应瓦斯治理过程中定向钻进的要求,履带式大功率定向钻机及配套装备不断发展,主要有 ZDY12000/15000/25000LDK、ZYWL-13000/15000/18000/23000DS 等型号。大功率履带式定向钻机可用于煤矿瓦斯抽采钻孔施工,也可用于井下探放水、地质构造和煤层厚度探测、煤层注水、顶底板注浆等各类高精度定向钻孔的施工,尤其在大直径高位孔施工方面具有突出优势,钻孔施工长度可达 1 000 m 以上。

2. 小功率履带式定向钻机

为提高特殊条件下的钻孔施工精度,ZDY4000LD(C)型煤矿用履带式全液压坑道钻机经改进后,具备整体式窄体定向钻进特点,适用于孔底马达定向钻进、孔口回转钻进以及复合钻进等多种施工工艺,可用于煤矿瓦斯抽采钻孔施工,也可用于井下探放水、地质构造和煤层厚度探测、煤层注水、顶底板注浆等各类 300 m 以内的高精度定向钻孔的施工,特别适用于薄煤层定向长钻孔、超前探瓦斯条带治理及掘进巷道"钻掘交替"超前探等定向施工。

三、高低浓度瓦斯抽采利用

（一）矿井抽采及风排瓦斯浓度分布

煤矿开采过程中通过抽采、通风等方式涌出的瓦斯浓度一般存在较大的差异,在矿井未开采区域通过地面钻井或预抽钻孔抽出的煤层瓦斯,浓度一般可达 90% 以上;随着抽采时间的延长,大量空气沿煤层和钻孔周边的漏风裂隙进入井下抽采钻孔,导致瓦斯浓度降低且逐步衰减,一般为 30%～90%,后期甚至在 30% 以下;工作面采空区高位抽采等方式下瓦斯浓度较高,一般在 30% 以下;由于采空区漏风影响,本煤层采空区抽采期间瓦斯浓度一般为 1%～6%;煤矿风排乏风瓦斯浓度则小于 1%。瓦斯按浓度可细分为 5 类：超高浓度瓦斯（$90\% \leqslant \varphi_{CH_4} \leqslant 100\%$）,中高浓度瓦斯（$30\% \leqslant \varphi_{CH_4} < 90\%$）,中低浓度瓦斯（$6\% \leqslant \varphi_{CH_4} < 30\%$）,超低浓度瓦斯（$1\% \leqslant \varphi_{CH_4} < 6\%$）,乏风瓦斯（$0 < \varphi_{CH_4} < 1\%$）,其中超高浓度和中高浓度瓦斯统称为高浓度瓦斯,而中低浓度和超低浓度瓦斯统称为低浓度瓦斯。

（二）高浓度瓦斯抽采利用

高浓度瓦斯的抽采利用方式与天然气相仿,可以用作化工原料开发系列化工产品,如化肥、甲醇、炭黑、乙炔等。由于转化工艺复杂以及生产效率不高等问题,单独一个矿井的瓦斯远远不能满足建立一个大的化工厂的要求。作为洁净的金属加工工业炉、硅酸盐窑炉和工业锅炉燃料利用时,高浓度瓦斯不仅能够减少污染,而且能够改善工业产品质量。作为优质和卫生的能源,高浓度瓦斯可以作为民用、燃气锅炉和燃气发电机的燃料,1 m³ 纯甲烷（浓度 100% 的瓦斯）发热量约为 35.19 MJ,可折合 1.2 kg 的标准煤。多数抽采高浓度瓦斯的矿井,直接用管路将其供给矿井用燃料锅炉、职工和附近城镇居民,更好地替代了其他燃料消耗。

（三）低浓度瓦斯抽采利用

1. 内燃机爆燃式发电技术

低浓度瓦斯安全输送系统及内燃机发电机组,可利用 8%～30% 的中低浓度瓦斯。该项技术通过多级阻火和细水雾混合输送等实现低浓度瓦斯输送安全性,并通过精确的电控混合使甲烷和空气的混合气处在爆炸的最佳范围,从而令瓦斯在缸体内发生爆燃,产生的高温高压气体带动气缸活塞和曲轴运动实现发电。在瓦斯浓度低于8%时内燃机燃烧不稳定且容易熄火,因此对抽采管路的瓦斯浓度有一定要求。

2. 瓦斯提纯技术

瓦斯提纯技术是将低浓度瓦斯中的氧气和氮气去除,以提高瓦斯中的甲烷浓度,将低浓度瓦斯变为高浓度瓦斯后供给其他行业使用。

(1) 低温液化分离法。低温液化分离法是将气体混合物冷凝压缩使其液化,并根据混合气中不同气体组分的沸点不同实现气体分离,可得到很高浓度的甲烷气体。该项技术需要对低浓度瓦斯进行高压压缩,低浓度瓦斯中含有氧气,对其进行压缩时具有较高的爆炸风险。

(2) 膜分离法。膜分离法根据聚合物膜或碳膜等膜材料对不同气体组分的渗透率不同,将渗透率大的组分排出膜外,将渗透率低的组分留在膜内,实现气体分离。由于氧气和氮气的渗透率高于甲烷,从而可以实现对低浓度瓦斯内甲烷进行提纯。由于目前膜的耐久性达不到实际应用要求,且对于较大气量的气体分离成本过高,该项技术在低浓度瓦斯提纯领域未得到广泛应用。

(3) 变压吸附法。变压吸附是一种压力驱动的物理吸附过程,吸附力主要是分子间的范德华力,吸附解吸是完全可逆过程。由于吸附剂对不同气体具有选择吸附特性,在高压下吸附剂优先吸附某些气体组分,在低压下吸附剂脱附气体实现再生,因此可以通过周期性压力变化引起的吸附解吸过程达到气体分离效果。变压吸附是一种较为经济的气体分离方法,吸附剂可长期重复使用,因此是目前最适合进行低浓度瓦斯提纯的技术。

(四) 超低浓度瓦斯利用技术

由于超低浓度瓦斯中甲烷浓度过低,燃烧产生的热量小于散失的热量,使得燃烧不可持续,因此其燃烧无法用常规的燃烧方式,目前主要采用多孔介质燃料、脉动燃烧、催化燃烧等稀薄燃烧技术对超低浓度瓦斯加以利用。然而以上燃烧技术产生的热量有限,维持稳定燃烧的难度较大,通常难以有效提取热量用于推动汽轮机做功发电,因此技术效益较低。

(五) 乏风瓦斯利用技术

我国煤矿每年排放的乏风瓦斯量非常大,造成巨大的能源浪费和环境污染。由于乏风瓦斯中甲烷浓度小于1%,导致其利用困难。目前建立示范性工程的乏风瓦斯利用技术主要包括乏风瓦斯逆流氧化技术和掺混燃烧发电技术,但是由于技术尚不成熟、经济成本高等原因,目前并未在我国广泛应用。

第三节 煤矿"一通三防"及重大灾害防治新工艺

一、底抽巷穿层钻孔预抽瓦斯"三化一工程"管理

通过底板抽采巷施工穿层钻孔进行区域瓦斯治理,采取"三化一工程"精细化管理,即:抽采标准化、打钻视频化、计量精准化,做到"一钻一工程"。

（一）抽采标准化

1. 实施底抽巷钻孔施工准入验收

底抽巷穿层钻孔施工前,必须对底抽巷规格质量能否满足穿层钻孔施工需要进行验收,实行瓦斯治理验收准入制度。

2. 细化钻孔施工流程及操作工序

结合穿层钻孔施工重点环节划分12道工序,逐项制定标准,细化管理,并对6个关键工序实行举牌视频监控,如图4-11所示。

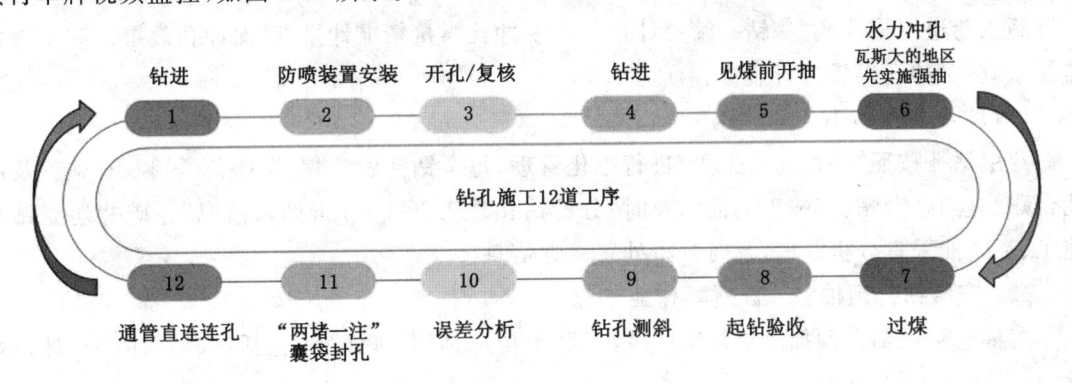

钻孔施工12道工序流程：
1. 钻进
2. 防喷装置安装
3. 开孔/复核
4. 钻进
5. 见煤前开抽
6. 水力冲孔（瓦斯大的地区先实施强抽）
7. 过煤
8. 起钻验收
9. 钻孔测斜
10. 误差分析
11. "两堵一注"囊袋封孔
12. 通管直连连孔

图4-11 钻孔施工12道工序示意图

3. 严格抽采管路铺设标准化管理

严格按照底抽巷瓦斯抽采设计铺设抽采管路,细化管路吊挂方式。主抽采管路、分单元管路、分源抽采管路应统一编号。钻孔封孔连抽后要对封孔管固定,防止通管连接点漏气。

（二）打钻视频化

1. 实施"一钻双视频"管理

实施瓦斯治理过程的安全管理和质量管控,利用高清晰视频装置实现"一钻双视频",做到质量可靠、过程可溯。

2. 加强视频监控系统管理

打钻视频监控系统实行24 h专人值班制度,确保系统运行正常、视频清晰,对各打钻作业地点钻孔进尺进行验收、统计。

3. 严格关键环节举牌管理

利用视频监控系统在打钻过程中对钻孔定位、冲孔、冲煤计量、撤钻、封孔、钻孔参数验收等环节进行监督,现场作业人员利用各环节标准牌板举牌确认。

4. 完善打钻视频档案管理

建立钻孔全过程视频台账,规范管理视频资料,做到钻孔台账、视频台账和井下原始记录三对照,实现钻孔视频资料可溯。

（三）计量精准化

1. 完善分单元计量装置

按照底抽巷每200 m一个单元敷设瓦斯抽采自动计量装置,实现分单元抽采自动计量和人工测定双计量,确保抽采计量准确。

2. 加强抽采计量管理

每10 d人工测定瓦斯抽采参数,与自动计量数据进行比对;每14 d对抽采自动计量装置进行一次调校,发现异常及时处理。

3. 建立分单元评价系统

建立基于煤层原始瓦斯含量、分单元瓦斯储量、抽采累计量和抽采趋势等参数的抽采达标预测模型,实现对分单元区域的瓦斯抽采效果智能监测。

4. 加强冲孔煤量计量管理

施工巷道严格落实"一钻一筛一计量",实现冲孔煤量精准计量,确保冲孔效果。利用视频监控系统,对冲孔煤量进行监督、验收。

(四)"一钻一工程"

穿层钻孔按照"一钻孔一工程"进行细化管理,每个钻孔做到"有设计、有视频、有施工及冲孔台账、有抽采台账、有竣工剖面",及时"分析钻孔竣工剖面、分析抽采情况"。矿井建立钻孔施工、瓦斯抽采日分析制度,及时分析处置异常信息。

二、穿层钻孔预抽"十位一体"作业工艺

底抽巷穿层钻孔预抽煤层瓦斯区域治理"十位一体"作业工艺,包括巷、钻、冲、分、计、运、筛、封、监、抽10个环节。

(一)"巷"

采掘工作面设计中必须包含底抽巷设计;底抽巷层位、断面、支护方式、平面位置选择必须综合考虑地质条件、钻机型号、清煤运输、钻孔掩护范围等因素;底抽巷供电、供水、运输、抽采、通风、监控等系统必须满足最多数量钻机施工需求;底抽巷施工前必须编制超前探设计和超前探施工安全技术措施,防止误揭煤层。

(二)"钻"

钻孔设计必须明确施工钻机型号、外形尺寸,综合考虑稳钻影响因素和地质构造、煤层厚度、倾角、岩柱大小及控制范围;钻孔施工必须严格按照设计组织,现场条件与设计不一致时必须及时修改设计、重新批准;每台钻机必须配备专门的钻孔施工原始记录,详细记录钻孔施工情况,准确在防突措施竣工图中标注,异常情况及时汇报;普通钻机施工钻孔时必须按照比例进行轨迹测定和分析,发现误差超过设计、不合格钻孔必须及时补孔和汇报,防止出现抽采空白带。

(三)"冲"

构造煤发育、打钻时喷孔、夹钻、瓦斯压力与瓦斯含量高的低透气性及难以抽采的突出煤层和地区实施水力冲孔措施,工艺流程应严格按照图4-12进行。

(四)"分"

实施水力冲孔增透措施,应根据底抽巷断面、钻孔开孔高度,选择煤池单独筛分计量、计量斗配合煤池筛分计量或其他筛分计量装置,实现对冲孔煤、水分离计量。

(五)"计"

水力冲孔煤量实行单孔单班计量、视频和现场相结合方式验收,依据考察的冲孔煤体积与质量转换关系系数,确定实际钻孔冲煤量。

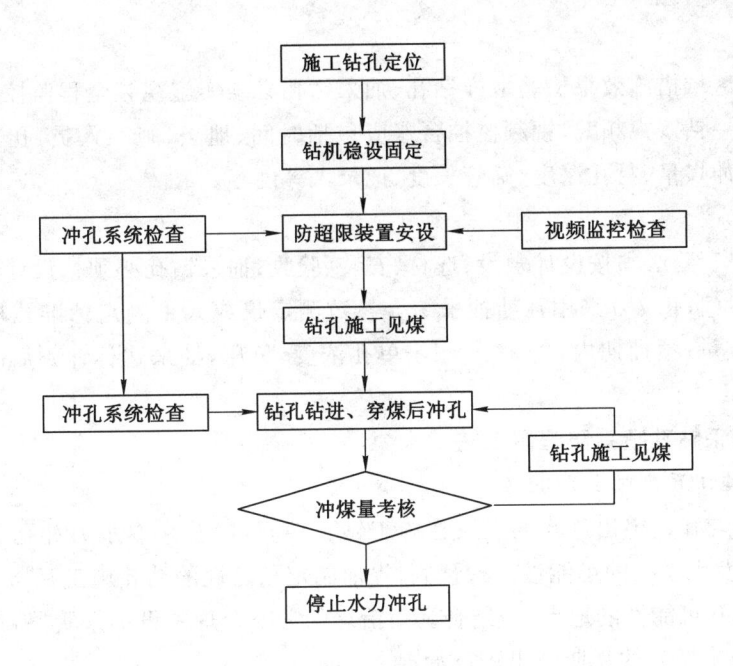

图 4-12 水力冲孔增透措施实施工艺流程图

(六)"运"

根据底抽巷巷道断面、钻孔施工等情况,选择带式输送机、刮板输送机等合适的冲孔煤外运方式,物料运输采用单轨吊或双向皮带运输,应避免对钻孔抽采产生影响。

(七)"筛"

钻孔封孔采取下筛管方式,筛管长度根据软煤至硬煤长度确定,<30 m 钻孔全段下筛管,>30 m 以上钻孔筛管长度不少于 30 m。钻孔成孔 1 h 内必须下筛管、封孔管封孔,确保筛管下到孔底、封孔严密;塌孔或堵孔无法下筛管时,必须重新透孔。钻孔下筛管应有全过程视频记录和现场签字验收。

(八)"封"

钻孔封孔应采用"两堵一注"或"三堵两注"带压封孔工艺,具体见图 4-13。穿层钻孔封孔时,封孔段长度不小于 5 m,封孔深度应超过围岩裂隙发育区。全段封孔时,封孔深度应达到煤岩交界处距离见煤点 0.5~1 m 位置。钻孔注浆期间及注浆后 24 h 内不得完全打开封孔管上阀门,确保钻孔注浆材料凝固。

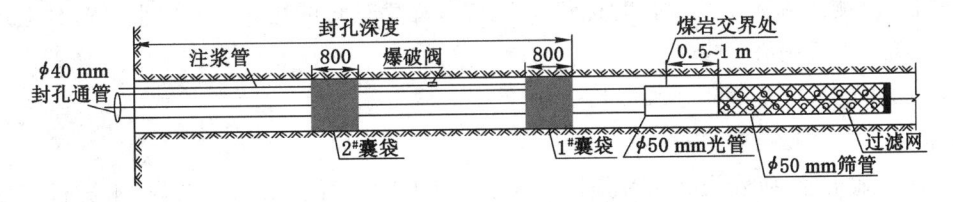

图 4-13 穿层钻孔封孔示意图

(九)"监"

区域预测、区域措施效果检验取样钻孔、抽采钻孔必须实施视频全程监控。采取水力冲孔措施时应实现"一钻双视频"。视频监控台账应包括时间、地点、施工人员、孔号、孔深、冲煤开始(结束)时间、冲煤量、封孔深度、筛管长度、记录人等内容。

(十)"抽"

底抽巷抽采管路必须按设计敷设、选材、安装、验收;抽采钻孔必须按设计连孔,留设负压、浓度观测孔和截门;每 7 d 采用瓦斯抽采综合参数测定仪或人工测定标准孔板(或导流管)瓦斯浓度、负压、流量;预抽期内,每 10 d 测定单孔浓度、负压,抽采达标评判后的在抽地点单孔测定周期为 30 d。

三、瓦斯抽采钻孔喷孔防超限工艺

(一)钻孔施工瓦斯喷孔防控原则

(1)具有煤与瓦斯突出危险的煤层在施工钻孔期间,以及采取水力冲孔等强扰动性措施期间,应对钻孔发生喷孔的可能性进行预判,提前制定预防性的钻孔施工瓦斯喷孔防控措施。

(2)具有喷孔可能性的地点,应结合瓦斯治理的需要合理敷设抽采管路,优先选用分源抽采系统对钻孔施工期间的瓦斯涌出进行治理。

(3)钻孔施工前,应对施工巷道控制范围内的煤层瓦斯含量、瓦斯压力、瓦斯放散初速度进行测定,并对该区域内的地质构造、应力集中区域进行分析,综合划分出防范钻孔喷孔的重点区域。

(4)容易发生钻孔喷孔的巷道必须满足配风量要求,保证巷道内所有电气设备安全可靠不失爆。

(5)巷道内安全监控系统必须安设合理、设置灵敏,一旦发生瓦斯超限必须能够及时断掉影响区域内所有电气设备的电源。

(6)依据钻孔施工期间发生喷孔的连续性和强度,将喷孔危险性划分为 3 个等级,分级采取针对性的防控措施。

① 轻度喷孔:钻进过程中间歇性喷孔,停钻即停,有少量煤粉喷出,钻机上下风侧 3 m 范围内瓦斯浓度增幅在 0.5% 以内。

② 中度喷孔:钻进过程中连续喷孔,停钻后持续 1~2 min,喷出煤粉直径较大,钻屑明显增多,抛出距离 1~2 m,钻机下风侧 3 m 范围内瓦斯浓度达到 1%~3%,持续时间在 5 min 之内。

③ 严重喷孔:停钻后连续喷孔超过 2 min,且带出大量钻屑;抛出距离大于 2 m 或伴有煤炮声;钻机下风侧风流瓦斯浓度瞬时达到 3% 以上,持续时间可达 5 min 以上。符合上述任一条件,即判断为严重喷孔。

(二)钻孔施工瓦斯喷孔分级防控设备

1. 孔口瓦斯喷孔抑制措施

(1)钻孔施工前,应安设孔口瓦斯防喷装置(图 4-14),对喷孔瓦斯及煤、水进行有效的分流引导。孔口防喷装置抽采口、排渣口连接管路应管径匹配,排渣管出渣口应低于防喷装置,使用期间应整体保持负坡度敷设,确保煤水能够顺利流出。

(2)对于发生中度以上喷孔危险的区域,可安装手动或自动控制型防喷装置,依靠人工观

(a) 普通型　　　　　　　　　　(b) 自动型

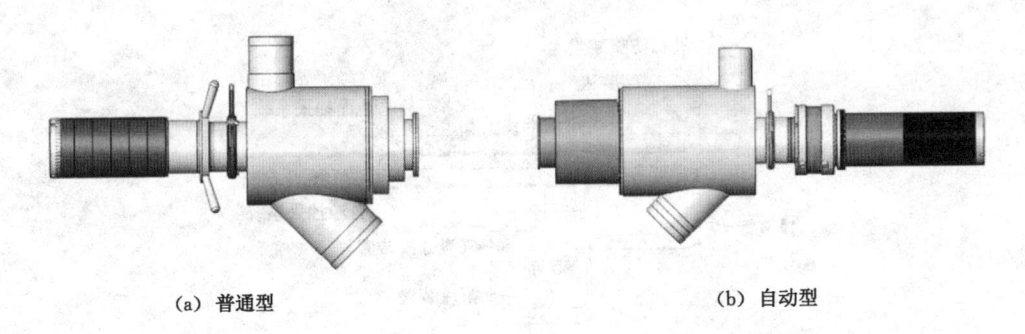

图 4-14　挤压膨胀密封式孔口防喷装置

察或传感器自动感应,提高防喷装置的动作灵敏性和可靠性。

(3) 使用自动或手动控制孔口防喷装置时,应按照规定敷设气动管路和控制箱,确保控制气压满足装置动作所需最低压力。自动型防喷装置传感器动作时间及感应浓度,应根据使用现场钻孔喷孔特征和钻机性能进行合理设定,确保喷孔时动作可靠。

2. 煤水分离排渣防控措施

(1) 与防喷装置出渣口相连的煤水分离排渣装置应具备密闭缓冲功能。排渣器上可安装抽采管路与巷道内分源抽采管相连,管径不小于 100 mm,进一步防止从排渣管涌出瓦斯进入巷道。

(2) 排渣器应满足中度以上喷孔发生时大量煤、水、瓦斯的缓冲储存需要,体积应不小于 $1 m^3$,严重喷孔危险区域排渣缓冲箱体积应进一步加大。

(3) 与防喷装置抽气口相连的煤、气、水分离装置也应具备一定的缓冲作用,防止严重喷孔期间发生堵塞。

3. 孔内止喷瓦斯防控措施

严重喷孔危险区域进行钻孔施工期间,应在钻头后侧与钻杆之间安装具有单向逆止功能的装置,防范掐接钻杆时孔内瓦斯从钻杆后端喷出。正向钻进期间,高压水流不受该装置影响;停钻拆卸钻杆时,逆止装置动作,防止瓦斯从钻杆内喷出。未安装孔内止喷防控装置时,在施工期间发生喷孔现象时,应持续通过孔口防喷装置进行分源抽采,直至孔内瓦斯持续涌出现象缓解。钻孔施工完毕退钻前,也应该进行不少于 30 min 的抽采,以减少退钻期间发生喷孔的风险。

(三) 钻孔喷孔分级防控措施

(1) 钻孔施工期间发生喷孔现象,在防喷装置能够可靠发挥作用时,应尽可能做到应抽尽抽,将孔内瓦斯压力降至安全范围后再继续进行施工。

(2) 不同喷孔危险级别区域采取的喷孔防控装置一般按照以下要求配置:

① 轻度喷孔危险区域可采用孔口防喷装置配合煤水分离器,有效引流打钻期间孔内涌出的煤、水和瓦斯,防止瞬时喷孔对作业人员的伤害。防控体系如图 4-15 所示。

② 中度喷孔危险区域可采用自动或手动控制型孔口防喷装置配合煤水分离装置,使用普通型孔口防喷装置,应加强钻杆与防喷装置结合点密封性检查,在发生钻孔喷孔时及时停钻,防止瓦斯溢出。防控体系如图 4-16 所示。

③ 严重喷孔危险区域应采用自动控制型孔口防喷装置配合煤水分离装置,煤水分离装置应具有缓冲功能,实现长时间喷孔期间大量煤和瓦斯的缓冲释放。防控体系如图 4-17 所示。

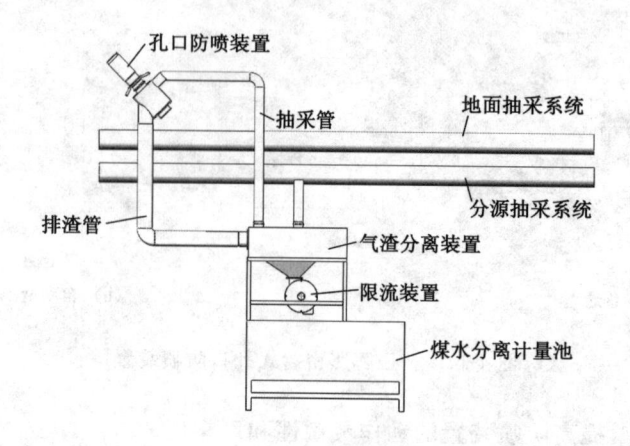

图 4-15　轻度喷孔防控措施布置示意图

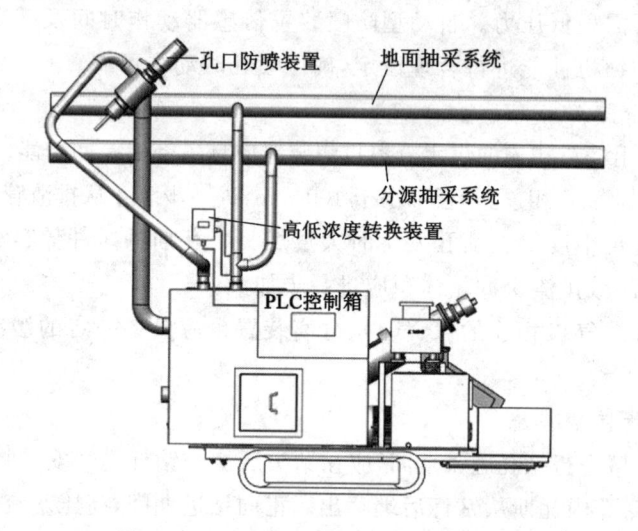

图 4-16　中度喷孔防控措施布置示意图

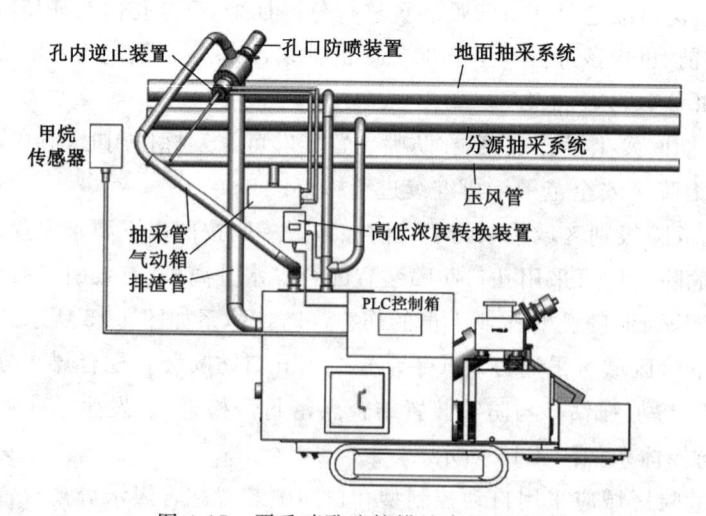

图 4-17　严重喷孔防控措施布置示意图

第四节 煤矿"一通三防"及重大灾害防治新材料应用

一、瓦斯抽采钻孔封堵材料

煤矿井下瓦斯抽采钻孔的封堵材料主要有水泥砂浆、矿用高分子材料、改性水泥、柔性膏体材料、微细膨胀粉料颗粒材料等,结合注浆封孔、囊袋式或封孔器封孔、"两堵一注"带压封孔、动压二次封孔等工艺,在特定的煤矿井下瓦斯地质与工程条件下具有不同的适用性。

(一)矿用高分子封堵材料及配套工艺

水泥砂浆封堵抽采钻孔后期会因水泥砂浆收缩干裂导致钻孔漏气,针对此类问题,矿用反应型高分子材料将基料和催化剂以一定体积比混合,具有良好的隔气性和发泡性,曾广泛应用于煤矿井下的瓦斯抽采钻孔封堵作业。封堵材料发泡后,可膨胀至最初体积的15~30倍,膨胀泡沫几分钟内即可凝固硬化。

矿用反应型高分子原料中往往含有一定挥发性的有毒有害有机物,长期大量接触后对井下作业人员的身体健康存在一定的危害性。同时,高分子材料反应过程中发热的特性导致其与煤炭等物质接触过程中可能发生阴燃,释放大量的烟雾或有毒有害气体,甚至产生诸多的可燃性气体转变成有焰火,引燃或引爆煤矿井下的瓦斯气体,造成更大的安全生产事故。近些年来,为避免相关事故隐患的发生,矿用反应型高分子材料使用范围受到了较大限制。

(二)改性复合封堵材料及配套工艺

随着新材料和新工艺的不断发展和完善,煤矿井下瓦斯抽采钻孔封堵材料研究不再局限于使用单一材料及传统封孔工艺,封堵性能优异、施工工艺简单的新型材料和施工方法不断开发,改性复合封堵材料应运而生,其中,以高水复合材料、新型CF封堵材料、PD复合封堵材料、柔性膏体封堵材料以及弱强度果冻状胶体材料等为主,配合注浆或"两堵一注"等方法逐步推广。

1. 高水复合材料

高水复合材料以硫铝酸盐水泥熟料和悬浮剂为基料,以石膏、生石灰、速凝剂等为辅料,使用时按照一定的水灰比配制成浆液,待充分混合均匀后,经注浆泵输送至钻孔的封孔段内。该种封堵材料具有凝结快速、流动性强的优点,且固化形成的封孔体强度高,同时具有微膨胀的特点,可与煤(岩)固体表面紧密黏结。

2. 新型CF封堵材料

新型CF封堵材料主要由普通硅酸盐水泥、石膏等无机添加剂组成,具备高水材料的优点,同时具有较高的抗压抗变形能力。

3. PD复合封堵材料

PD复合封堵材料是近年来新兴的一种瓦斯抽采钻孔封堵材料,其与高水复合材料、新型CF封堵材料相似,均以水泥为基料,不同之处在于其采用了先进的微胶囊化技术,可实现浆液在钻孔周围煤(岩)体裂隙系统内缓慢渗透,并在此过程中逐渐凝固、膨胀,从而实现对裂隙的高效封堵。

4. 柔性膏体封堵材料

为适应煤矿井下瓦斯抽采钻孔在地应力作用下产生的变形以及钻孔周围煤(岩)体裂隙场的演化特性,切实保障瓦斯抽采钻孔全寿命周期内的封堵质量,我国学者以常见的粉煤灰为基料,辅以纤维素、偶联剂等材料,研发了柔性膏体封堵材料。使用时,将柔性膏体材料与水进行混合搅拌,通过注浆的方式输送至钻孔的封孔段内。柔性膏体材料浆液的流动性强,且固化后具有极为显著的抗干裂与弹性。

5. 弱强度果冻状胶体材料

在封堵瓦斯含量较高的松软煤层抽采钻孔时,由于煤体的塑性软化和扩容效应的存在,致使后期钻孔周围煤体的塑性区半径增大,以上改性复合封堵材料及配套工艺可在封堵作业完成后的一定时期内具有良好的应用效果,但仍难以维系整个抽采时期内的钻孔密封质量。弱强度果冻状胶体是一种吸收高分子树脂材料,与前述 PD 复合封堵材料配合使用时,PD 复合封堵材料浆液在封孔段前后两端形成阻挡,弱强度果冻状胶体材料则在封孔段中部完全充填,进而形成"强弱强"的格局。该种封孔工艺在多个矿区工业性试验均取得了极为明显的应用效果,但其施工流程复杂、作业效率低,且成本较其他封孔方法高,故目前推广应用的范围有限。

6. 纳米扩散膨胀剂(EDA)

纳米扩散膨胀剂是以硅酸盐无机材料和纳米氧化物为主要成分的新型封孔材料,在使用过程中通过注浆系统能够更好地注入煤岩体微裂隙内部,具有更强的渗透性和黏结性。采用纳米扩散膨胀剂进行注浆封孔,使用量为传统膨胀水泥材料的 20%～30%,结合二次补注浆修复工艺,可以显著提高钻孔的抽采效果。该封孔材料在多个矿区工业性试验后,提高了钻孔的初始抽采浓度,降低了瓦斯抽采衰减系数,具有一定的推广应用前景。

(三)微细膨胀粉料颗粒材料及二次封孔工艺

微细膨胀粉料颗粒材料由水泥、黄泥和工业淀粉等原料按照一定比例配制而成,与其配套的封堵方法为二次封孔工艺。该种方法与前述的工艺截然不同,在实施抽采钻孔封堵时,预留一定的二次注料的空间,待抽采瓦斯浓度降低时,应用高压空气将微细膨胀粉料颗粒注入预留空间内,而后,微细膨胀粉料颗粒进入钻孔周围煤(岩)体的裂隙内。该种封孔方法实际属于钻孔封堵修复的一种,可在一定程度上适应煤(岩)体变形、应力场变化引发的钻孔周边裂隙扩张、发育对封堵效果的影响,但是也存在一定的不足,即:钻孔周围煤(岩)体的塑性区持续发育、发展时,颗粒材料难以对后期形成的裂隙实现有效封堵,在钻孔内负压的驱动下颗粒材料存在吸入钻孔内的可能;颗粒材料极易遇水在裂隙内形成类似于"密闭墙"的封堵体,在钻孔周围煤(岩)体应力场发生改变的情况下易发生错动,进而导致封堵失效。因此,微细膨胀粉料颗粒材料及其二次封孔工艺适用于坚固性系数较高且含水较少的煤层,而对于塑性软化、扩容特征明显的松软煤层则其适用性势必受限。

二、新型堵水注浆材料

(一)威尔浮

威尔浮注浆加固材料是一种高分子聚合物,由体积相等的 A、B 两种化学材料组成。该材料具有较好的渗透性,与煤岩体有较高的黏合力。一般采用专用的压注设备将 A、B 两种化学原料等量压注到破碎煤岩体内,经充分混合后发生一系列复杂的化学反应,生成对煤岩体具有较高黏结性的有机弹性体,人为改善松软破碎煤岩体的物理力学性能,有机弹性体在破碎煤岩体内膨胀、渗透、充满整个裂隙面形成网络骨架,起到补强加固、充填密实的作用,在高压作用下甚至涨开、涨大微小的节理发育层面,浆液充填所有的裂隙。其主要技术性能指标为:

(1) 乳化时间:5~10 s。
(2) 不沾手时间:30~40 s。
(3) 固结体密度:40~120 kg/m³。
(4) 抗压强度:0.3~5 MPa。
(5) 阻燃性能:阻燃氧指数小于26%。
(6) 黏结强度:0.1~0.5 MPa。
(7) 浆液密度:1 250 kg/m³。
(8) 浆液黏度:125~300 MPa·s。
(9) 双液混合比:1:1。

(二) 波雷因

波雷因是一种有机高分子双液型改性聚氨酯注浆材料,在注浆过程中的最高反应温度不超过120 ℃,通过加入高效抗氧剂,将其反应生成物的抗氧化温度提高到135 ℃左右,可以有效解决聚氨酯类注浆材料容易自燃的难题。波雷因材料由A、B两种液体组分组成,施工时按1:1的质量比充分混合后,其膨胀系数为2~3倍,如遇水则膨胀倍数可达15倍。波雷因分为加固型、堵水型两种不同用处材料。加固型波雷因材料注浆施工时,浆液可产生二次渗透压力,渗透至岩层深部微细裂隙内,有效地对破碎围岩进行加固,主要用于工作面煤壁注浆加固防止片帮、断层破碎带预注浆加固防止冒顶、小煤柱加固和井下钻孔固管等。堵水型波雷因材料浆液反应后生成的泡沫体为闭孔结构,透气性差,主要用于井壁、巷道及工作面等各种出水点的快速封堵、含水破碎岩层固结、探水孔管固管和快速构筑水闸墙等。波雷因注浆材料具有以下特点:

(1) 黏度低、渗透性好,可渗入岩层微细裂隙内。
(2) 材料均质性好,在使用时无须搅拌。
(3) 黏结强度高,可与岩层形成一道较强的黏着带。
(4) 弹塑性较好,可随岩层的移动而变形,但不破坏其整体性。
(5) 材料本身与水反应,可用于注浆堵水。
(6) 机械强度较高,可与支护结构一起对岩层产生支护作用。

(三) 固邦特

RF固邦特加固材料是由A、B两种材料组成的高分子复合加固材料,主要用于岩(煤)层的加固和裂隙的封闭。该材料采用独特的增韧改性技术,耐冲击、抗疲劳,具有良好的柔韧性;黏度较低,渗透流动性好,能很好地渗入岩(煤)层细小的裂隙中;适宜环境温度范围广,能在不同环境温度下固化,强度高、不开裂、不脱落;反应热量低,A、B料配比可调,不遇水时膨胀系数为2~5倍,遇水时膨胀系数为10~20倍,硬化时不收缩。成品抗压强度大于50 MPa,黏结强度大于10 MPa。

（四）改性脲醛树脂

改性脲醛树脂化学注浆材料由 A、B 两种材料组成，A 料以脲醛树脂为主料，添加辅料（饱和剂）和一定比例的添加剂（调和剂、增塑剂、增强剂）制成；B 料为酸性促凝剂，采用 6%～15% 的无机酸或有机酸稀释液。在对富含水裂隙岩层或砂层进行加固堵水情况下，一般采用双液注浆，即通过控制 A、B 料的比例来缩短浆液的絮凝和胶凝时间，有效预防浆液受水稀释，以取得快速封水的技术效果。在注浆体无水或小水情况下，可采用添加调和剂的 A 料单一注浆方法，结石强度明显高于 A、B 料混合浆液 25%～40%，但单液注浆的胶凝时间相对较长，可控时间一般为 6～12 h。其主要技术指标为：

(1) 浆液浓度的调节范围：30%～60%。
(2) 起始黏稠度：2.5～15.0 cp（正常室温条件下）。
(3) 黏结强度：1.8～3.8 MPa。
(4) 结石强度：0.8～3.0 MPa。
(5) 固砂强度：1.3～3.5 MPa。
(6) 抗渗透性：10^{-5}～10^{-8} cm/s。
(7) 絮凝时间可调幅度：19 s～24 h。
(8) 最佳控制范围：3 min～1 h。
(9) 固化时间可调幅度：1 min 15 s～30 h。
(10) 最佳控制范围：10 min～3 h。

（五）马丽散

马丽散是一种低黏度、双组合合成高分子聚亚胺胶酯材料，具有高度黏合力和很好的机械性能，与岩层产生高度黏合，可持续与工作面一致的寿命。马丽散注入岩层后，低黏度混合物保持液体状态几秒钟，渗透进入细小的裂缝后发生膨胀和黏结，将垮落区内松散岩石胶结在一起，有效地加固围岩松动圈，提高围岩的整体承载能力。在围岩渗水较严重的巷道应用马丽散，能有效地起到堵水的作用，及时改变围岩的松散结构，提高岩体的整体强度，加快施工进度。在煤矿生产的其他环节，如采煤面的片帮、冒顶，工作面及巷道堵水、采空区密闭等类似情况均可应用该材料进行注浆治理。马丽散具有以下特点：

(1) 黏度低，能很好地渗入细小的裂缝中。
(2) 具有极好的黏合能力，可与松散煤岩体形成很好的黏合。
(3) 凝固后有良好的柔韧性，能承受随后的采动影响。
(4) 可与水反应并封闭水流。
(5) 可提高煤岩支撑力，机械阻力高。
(6) 工艺简单，操作简便，无须提前封堵注浆区域。

复习思考题

1. 安全可靠的矿井通风系统应达到哪些要求？
2. 矿井防灭火技术按照作用机理有哪些分类？

3. 煤矿防降尘技术的主要作用机理是什么？
4. 针对不同赋存特征的煤层应如何选择有效的增透措施？
5. 反映煤矿冲击地压危险性的敏感指标特征有哪些方面？
6. 影响煤层瓦斯基础参数测定准确性的因素有哪些？
7. 穿层钻孔预抽煤层瓦斯技术措施的关键作业工序有哪些？
8. 钻孔施工作业期间防控瓦斯异常逸出的措施有哪些？
9. 瓦斯抽采钻孔施工作业防超限分级防控应如何进行？

第五章
煤矿机电运输新技术、新装备、新工艺及新材料应用

> **学习提示** 在煤矿生产中,从井上到井下,从采掘到辅助,无论是供电系统、通风系统、排水系统、提升运输系统,还是采掘生产系统,乃至通信及安全监控系统,机电设备越来越多,系统越来越复杂,技术越来越先进,自动化水平越来越高,机电管理发挥的作用越来越重要。
>
> 本章着重对煤矿机电运输的新技术、新装备、新工艺、新材料做了详细阐述与分析,以帮助安全生产管理人员真正掌握"四新"知识,抓住机电管理的关键要素,创新性地开展机电管理工作。

第一节 煤矿机电运输自动化管理新技术

一、煤矿机电设备健康状态检测与故障诊断(预警报警)技术

影响煤矿机电设备状态及引发故障的主要因素有以下几点：

第一，运行环境因素与设备缺陷带来的影响。很多煤矿机械设备运行的环境相对复杂甚至恶劣，在实际作业时，往往会受到粉尘、潮湿环境影响导致机电设备运行状态不稳定，加之很多煤矿机电设备在设计或制造中存在缺陷，导致设备在运行过程中容易受到水、粉尘或杂质的影响，从而产生事故隐患。

第二，人为因素导致故障。煤矿机电设备在运行过程中，虽然具备了一些自动化或智能化功能，但部分操作仍需人工完成，如果操作人员专业水平不足，或没有依据相关操作流程规范化执行，就容易造成设备故障；若维护不及时，设备部件老化或破损严重，也会引发故障。

煤矿设备健康状态检测与故障诊断技术主要有以下几个方面。

(一)设备振动检测

机械设备振动是诊断设备运行状态的一种物理信号，不同的煤矿机械设备在不同运行环境中所产生的振动也有很大的不同，因此在煤矿设备日常运行过程中，将设备所产生的振动信号进行采集和分析，提取有用的信息数据作为机械设备状态监测与故障诊断的依据。

首先，进行机械设备整体振动强度的测定，进而判断机械设备运行状态。其次，通过频谱分析，按照发生振动的异常位置进行判定，从而诊断是否发生故障。最后，通过特殊技术对煤矿机械设备的零部件，包括齿轮、滚动轴承等进行分析，测定其整体强度，再提出针对性的检测和故障诊断定位，从而准确查找到发生异常振动的零部件。

(二)煤矿机械设备无损探伤

所谓无损探伤技术，就是在不破坏或拆卸煤矿机械设备基本构造的状态下，针对其零部件运行状态和内部缺陷做出准确检测。一般来讲，煤矿机械设备当中使用的焊接件、锻铸件等部件内部常会出现杂质、裂纹和气孔等缺陷，而在其表面无法用肉眼观察到，导致在设备的实际运行过程中引发一定的故障隐患，一旦恶化，就会出现新的故障。大部分重要的零部件设备需要在确定其材质和焊缝不存在缺陷或危险性的基础上才能够正常使用。无损探伤技术则主要针对上述问题进行早期的故障诊断。目前，主要应用的无损探伤技术包括渗透探伤、磁粉探伤和超声波探伤。另外，也有部分煤矿使用光导纤维技术和激光全息影像技术。

(三)红外测温状态监测及故障诊断技术

煤矿机械设备运行状态是否正常可以通过对温度的检测进行判断，但煤矿机械设备的温度参数无法进行直接检测，需要借助能够实现温度检测的其他物理特性，例如，通过对热点效应、热膨胀反应和辐射能的检测来测量设备温度，目前主要应用激光测温、微波测温、红外测温等技术。如在矿区运输干线两侧轨道设置红外测温仪，逐个进行轴箱的扫描并输出对应信号与记录，如果某一脉冲信号较强，则表明这一轴箱的温度超高，再结合具体的脉冲信号位置，实

现对温度超高轴箱的判断，及时进行维护。

（四）根据煤矿机械设备润滑油样来进行状态监测与故障诊断

在煤矿机械设备正常运行过程中，随着润滑油的循环性流动，油样所携带的大量设备状态信息对有效监测设备运行状态及判断零部件磨损程度、磨损部位、磨损类型是否会引发故障有着十分重要的作用。例如油样铁谱分析方法，主要是指依据所设计的操作流程在玻璃片或试管中进行油样的稀释，并在磁场作用下进行不同磨粒和经过距离判断，进而根据磨粒的沉淀情况来进行零部件磨损状态的判定，再通过显微镜观察磨粒残渣，从而判断出残渣的具体成分，再结合铁道分析方法诊断出磨粒的成分、形状、大小、力度和数量等相关信息，从而掌握煤矿机械设备运行的状态和判断煤矿机械设备是否存在故障。另外，煤矿机械设备润滑油样监测还包括油液监测技术，该技术主要是针对煤矿机械设备所使用的油液来进行深入分析，进而判断出机械设备运行状态。目前应用较多的设备监测技术主要包括微量滴定仪器、油料多元素分析等。

二、煤矿主运输自动化管理系统

（一）主井提升自动化系统

由于煤矿主井提升系统涉及的子系统较多，且数据量大，目前主井提升系统各子系统仅从逻辑关系上实现闭锁，数据都为信息孤岛，所以煤矿主井提升无人操控系统逐渐受到各生产矿井的重视。主井提升无人操控系统主要特点如下：

(1) 主井提升数据融合与控制系统融合了配电、电气控制、调速装置、信号系统、液压制动等各子系统的数据，形成了主井提升系统数据库和诊断平台。

矿井提升子系统分为高低压配电系统、电控系统、液压制动系统、润滑系统、装卸载及信号系统、装载运输设备及给煤机控制系统等。各子系统信息相互独立，形成一个个信息孤岛，无人化运行控制就是将各系统之间的网络打通，形成控制网络和视频网络独立的网络布局。

(2) 主井提升的热成像、AI视觉、无线传输技术的智能感知装置，对全系统机械、液压、电气进行全方位实时监测和健康巡检。

利用高精度传感器及智能设备，对提升系统进行全方位、无死角的实时监测，建立基于大数据驱动的矿井大型机电设备健康预警系统。结合监测对象的特点，有针对性地对设备各运行状态参数进行连续监测，利用大数据挖掘分析方法，重点挖掘考察设备缺陷、故障状态结果与设备状态参量之间的关联度，实现设备故障诊断预警，对设备进行健康评价，变故障停机为计划停机，减少停机或避免事故扩大化，对设备的维修管理从计划性维修、事故性维修过渡到以状态检测为基础的预防性维修。

鉴于以上因素，安装提升机系统数据智能感知装置，实现提升机尾绳、装载位置、天轮、卸载位置、主电机、主滚筒两侧轴瓦、润滑站、液压站、电控系统数据、动力电缆表面温度、变压器温度等数据智能采集及控制，实现远程数据传输、异常报警功能；将采集数据接入提升机控制系统，并配合深度开发提升机控制界面及程序，实现监测数据与提升机智能联动，判断异常情况严重程度以做出相应报警动作。

(3) 提升机天轮、主轴等的温度、振动、摆幅智能感知技术。利用大数据分析技术，对采集数据和视觉分析结果进行汇总分析，通过曲线分析、比对分析、阈值预警、趋势判断等方法，对天轮、滚筒、电机、箕斗是否卸空及重复装载等关键要素进行数据建模分析，对设备运行情况及趋势进行预判。

目前主井提升系统主要存在人员安全、设备故障、定期巡检、操作规范等方面的问题，影响系统的安全、稳定运行。采用人工智能视频识别技术，对关键位置或需人员实时监控的位置进行视频智能分析，如对尾绳、卸载篦子是否堵塞、清煤硐室篦子是否卡堵及卡堵面积进行实时判断，对箕斗卸载煤流时间进行准确计算，对装、卸载气缸行程及完好性进行状态分析，对井口、滚筒、电机等转动位置进行区域安全防护。

利用边缘计算服务器实现一个智能监控终端处理多种算法，采用前端处理和后端处理结合的方式，完成多个功能的场景分析，能广泛应用在关键位置视觉分析、设备状态分析、危险区域安全防护和行为分析等场合，并能和对应控制系统进行闭锁（图 5-1）。

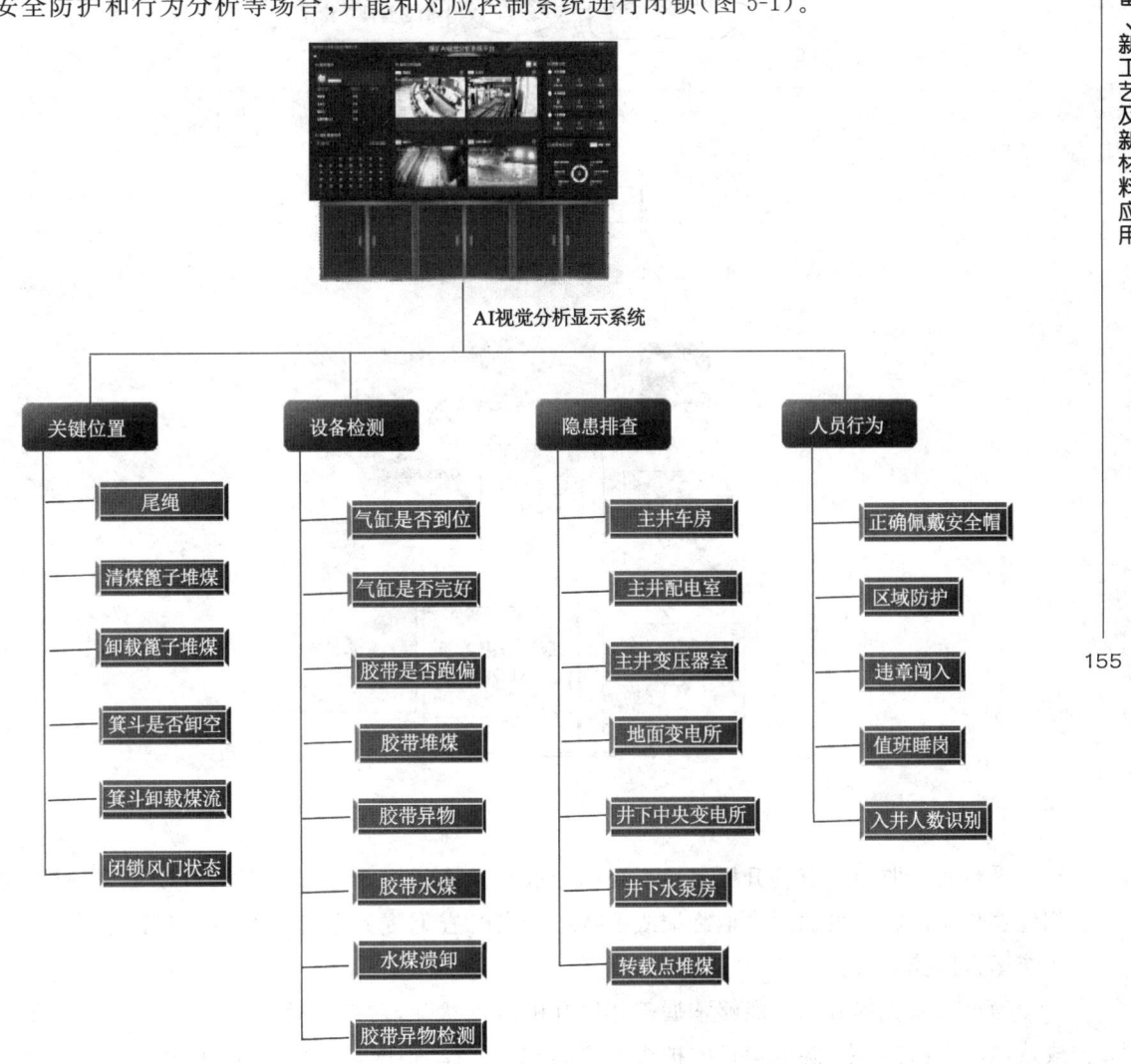

图 5-1　系统功能图

(4) 提升系统远程监控平台。平台基于大数据分析与挖掘,开发以日常维护信息管理、设备工况实时监测、典型故障模拟及预知维护决策为核心功能的"4M"故障预测诊断系统(图5-2),实现故障的早期预判,保证提升机的安全运行。还开发有基于物联网的智慧变流器与变频器智能管家系统(图5-3、图5-4),实现系统的远程故障诊断及管理。

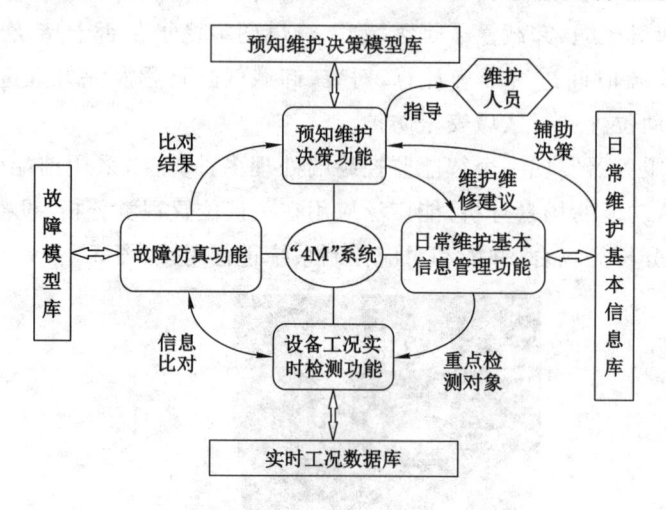

图 5-2 "4M"故障预测诊断流程图

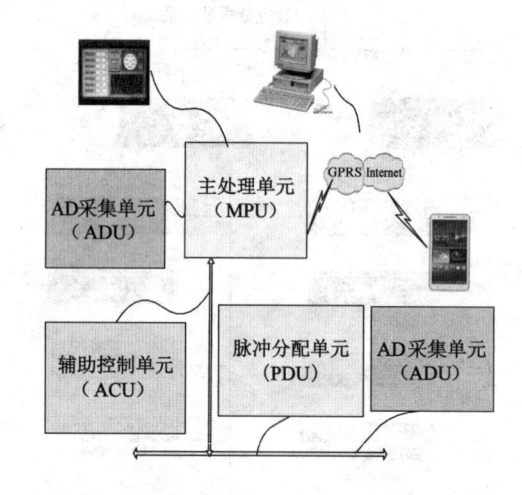

图 5-3 智慧变流器系统图

平台实时监控所有提升机电控系统运行状态和诊断信息,具有预警诊断功能,实时发布到相应客户端。客户可通过本地终端或手持终端实时查询提升系统运行参数和诊断信息,便于系统运行监控和维护。

通过自动化提升系统能够掌握矿井提升机运行状况,对传统控制方式的提升机进行升级改造,提高设备效率,降低运行维护成本,减轻工人劳动强度,减少安全隐患。

(二) 带式输送机安全监控、巡检系统

带式输送机是煤矿井下运输的关键设备。由于经常运行在高速重载工况下,带式输送机托辊容易发生故障,驱动装置及张紧装置等部位容易卡矸石等异物,造成胶带撕裂。当前井下

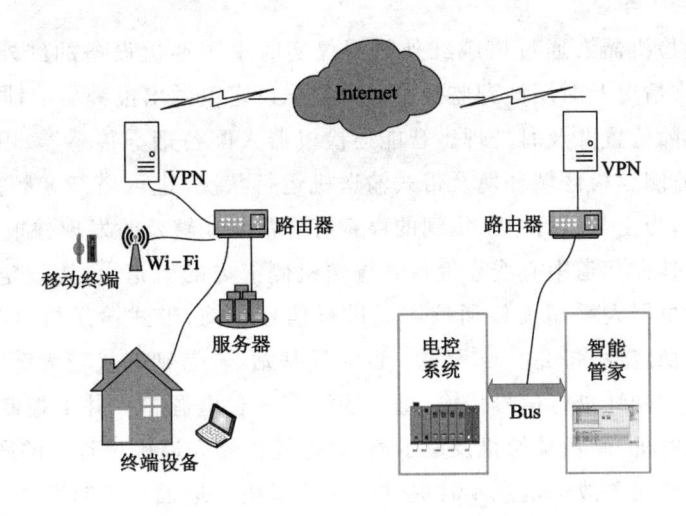

图 5-4 变频器智能管家系统图

长距离带式输送机故障监测以人工巡检为主,但该监测方法无法保证高可靠性和实时性,因此需要采用带式输送机智能安全监控、巡检系统,对带式输送机的运行状态进行多维度实时监测。

1. 安全监控系统

该系统可以对带式输送机运行怠速、是否过载、胶带是否打滑、胶带是否有划伤以及是否有断带情况进行实时安全监测。同时,它也能监测带式输送机的联轴器是否断开、胶带是否跑偏,也能同步检测烟雾、温度等有关参数,并且能及时地对相应故障做出预警,从而减少事故的发生。

安全监控系统主要功能包括:

(1) 利用 X 射线输送带在线监测装置扫描输送带生成扫描图像,实时监测输送带内部钢丝绳芯损伤情况,以及输送带接头是否出现断裂、输送带表面是否有裂纹等,并进行实时报警以及确定输送带故障位置,从而降低输送带断带、磨损、撕裂等故障率。

(2) 利用 PLC 监控系统对带式输送机运行过程中电机运行情况进行实时监测,避免电机出现超温、电流冲击等故障,同时实现对本条带式输送机的启动、停机、监测、保护等功能。另外通过光纤与地面调度监控中心带式输送机分控台通信,实现地面调度监控中心对主煤流运输系统的集中远程控制及显示运行状态等功能。

(3) 利用 AI 摄像仪对输送带运输的物料进行监测,发现运输煤矸中存在大块、金属等异物时可及时对输送机断电闭锁,防止异物撕裂输送带。

(4) 利用 AI 摄像仪对输送机运输煤量进行实时监测,并通过煤量大小适当控制输送带运行速度,从而实现带式输送机智能控制、节能降耗的目的。

2. 智能巡检系统

智能巡检系统由运行轨道、巡检机器人、无线通信基站以及监控中心组成。巡检机器人沿着设定轨道运行,利用传感器及摄像机采集带式输送机的运行数据,通过无线通信进行数据传输。系统能够在生产过程中对带式输送机托辊、滚筒、电机等设备进行连续、高质量、长时间的往复巡检。智能巡检机器人通过搭载红外热视仪实时采集巡检设备的红外热像图及各点温度,将设备温度异常情况及时反馈到监控中心并根据设定值做出报警显示,同时利用识别卡和图像准确地定位故障位置并及时处理。智能巡检机器人配备烟雾传感器、甲烷传感器和高清摄像机,可以实时监测巡检区域环境及带式输送机运行状况,也可搭载音频拾音器,实时对比历史音频数据文件,当正常运行中采集到的声音有异常时能够及时发现并报警。

巡检机器人吊挂在巷道中心线靠近带式输送机侧上方的轨道上,按设定方式对带式输送机进行巡检。巡检机器人采用无线通信方式进行信号传输,带式输送机沿线设置无线基站。为确保信号传输的稳定性,每 200 m 设置一台无线基站,若遇到起伏较大等特殊地段,需增加基站。基站之间通过光纤进行信号传输,每台基站配一台电源箱。井下控制硐室设置矿用隔爆兼本安型自动化主机、硬盘录像机及显示器,将巡检机器人巡检过程中的图像、红外热成像、气体等相关参数以及相关故障信息及时提供给现场司机。地面设置远程控制站,系统通过矿井的工业环网将数据传输至地面进行远程监控。

三、煤矿自动化辅助运输系统

(一)电机车自动驾驶系统

当前,煤矿井下运输方式以带式输送机运输为主,原有轨道机车运输成为矿井生产的辅助运输。辅助运输系统的移动目标分散,机车行车规律性差,多为物料车、载车、空车、空机头作业任务,通常无明显的时间限制,行车路线不固定,每列车司机单点作业,经常会随意停放物料空车,造成运输轨道区段被长时间占用,其他车辆经过时需人工判断,临时避让,现有技术手段又无法实现规则化、程序化的可统筹调度有机整体。

1. 电机车自动化驾驶系统概述

(1)实现电机车运输作业的可视化监控与自动调度,通过信号机、道岔的自动或远程闭锁控制,确保运输安全。

(2)实现矿车物料的自动跟踪与管理,促进矿井物流运输信息化水平的提升。

(3)建立开放式的 Wi-Fi 网络,为系统数据、移动视频的实时传输提供无线通道。

(4)系统的所有过程数据都存储在配备的数据服务器中,后期根据集成需求设相应标准的数据接口和数据格式,便于数据共享,为智能化矿山建设提供相关数据基础。

以电机车自动驾驶系统为主体,以轨道监控、调度指挥和视频监控为辅助,将井下机车的运行状态、监测参数、机车位置、动态视频、信号灯状态、道岔状态、重要地点视频、调度信息等直观地在控制室内上位机显示器集中显示。机车操作人员可根据上位机画面的反馈,通过上位机或操作台实现井下电机车的自动或遥控运行、自动或远程遥控状况显示等功能。所有机车操作者可安排在同一个房间内操作机车,方便调度人员下达生产运输指令并迅速得到机车操作者的回应信息,从而保障运输安全,提高运输效率,推动实现矿山的自动化。系统自动运行或遥控运行时,应禁止人员进入,杜绝安全事故的发生。在控制室系统停电时,UPS稳压电源可提供 2 h 以上的后备供电。

2. 矿井无人驾驶电机车系统的应用

(1)机车跟踪定位系统。系统根据读卡设备感应接收车辆标识卡的信息,能识别出机车的车号、车类及位置信息。其中对运输大巷内电机车采用 UWB 技术进行高精度定位,行进中的定位精度不大于 5 m,关键道岔口、车场的定位精度不大于 50 cm。对于矿车物料采用 RFID 定位方式,实现区域定位。

(2) 自动驾驶系统。系统监控范围内实现 4 台电机车的自动驾驶功能,具有手动驾驶、遥控驾驶(远程或就近)、自动驾驶等 3 种工作模式。

(3) 网络通信系统。整个通信网络包含工业以太环网和 Wi-Fi 网络,核心部分采用光缆传输,通过百兆、千兆、万兆交换机构建一个工业以太环网。通过在巷道顶或巷道壁安装轨旁基站,实现井下 Wi-Fi 信号的全覆盖。机车车头安装有车载基站,采用双模块设计,实现车载基站在漫游过程中稳定过渡,不断线不丢包,保证无线通信的稳定可靠。

(4) 信集闭系统:

① 运输调度指挥系统软件。智能车载控制器将位置信息和车号传回调度中心,系统主机软件以电子地图形式直观显示机车位置和车号,实现机车实时动态跟踪。系统主机软件还具有实时监控信号机、道岔、区段以及整流变、分区开关功能。监控室生产调度人员能实时、准确地掌握各台机车的运行状况及各运输子系统的状态,通过 Wi-Fi 通信系统对机车进行控制。系统主机软件可以自动生成机车运输任务计划,调度人员只需设置机车运行目的地,通过 Wi-Fi 通信系统下达运输指令给机车智能车载控制器,即可让机车自动驾驶。

② 道岔联锁控制和敌对进路联锁。由于机车具有实时动态跟踪和前视障碍物自动识别功能,可以实现大部分轨道所有机车运输的移动闭塞。运行过程中道岔和信号的申请控制由机车车载控制器和系统主机软件自动完成,实现信号机和转辙机联锁控制和敌对进路联锁功能。当有多辆机车需要通过同一个道岔口时,由系统主机软件以机车申请的先后顺序判断哪辆机车优先通过,然后其他机车依次通过,实现联锁功能。

(二) 单轨吊自动化驾驶系统

煤矿单轨吊机车无人驾驶系统是基于 AI 技术,面向井下低照度、危险环境的矿用单轨吊无人驾驶遥控系统。系统以高速无线通信及工业以太环网为传输平台,以矿用轨道运输监控(信集闭)系统为安全依托,采用井下 GIS 技术、图像识别处理技术和单轨吊机车安全运调技术,并结合单轨吊机车智能化控制的矿井安全生产运输综合监控系统,实现物料起吊自动化。

1. 系统组成

单轨吊自动化驾驶系统的控制系统由井下单轨吊车载智能驾驶监控系统、井上辅助运输智能监控与调度系统组成,其中井下单轨吊车载智能驾驶监控系统主要包括配套单轨吊车辆监控子系统、路口道岔智能控制系统、车载视频、语音通话、应急呼叫子系统、车辆精准定位子系统,井上辅助运输智能监控与调度系统主要包括地面视频监控系统、地面远程控制系统和语音通话系统等。

2. 主要功能

(1) 实现单轨吊机车点对点运输物资,无人驾驶,并能够实现车辆运行状态参数的智能监测,实现智能调度。

(2) 单轨吊智能环境感知。井下巷道环境感知是井下单轨吊无人驾驶的关键和基础,可实现对巷道的基础设施检测、道岔状态检测、地理位置标定、巷道道路检测(直道检测、弯道检测)、障碍物检测、交通信号灯控制等;构建巷道传感器感知系统与车上视频识别和防撞预警系统,采用防撞感应、视频识别及各种感应元件等设备,综合判断单轨吊前方和周围设施,以判别自己所处的状态,达到对周围环境的智能感知和判别。

(3)地面辅助运输智能监控与调度系统可根据任务调度实现自动优化路径,驱动进路管理(转辙机控制)、单轨吊自动巡航控制、语音报警器控制,并协同语音调度、视频监控、信息引导,实现单轨吊系统的智能化调度。

(4)车载监控子系统具有单轨吊控制、参数收集、定位、接收调度信息等功能。运输监控系统采用先进的定位技术,能无线检测到井下单轨吊的位置、运行方向等参数。驾驶室摄像机用于监控驾驶室实时情况,驾驶室室外摄像机用于监控单轨吊两端视频,以供调度人员观察。超声波采集障碍物信息,用于单轨吊防撞预警。

(5)定位系统采用UWB无线定位模块计算机车前行速度以及距离,对井下移动车辆的实时位置、运行轨迹、分布情况等进行定位跟踪,并记录他们在各区域及各监测点的停留时间。采用无线通信协议,配合定制的无线信号算法,实现单轨吊机车的精确定位。

(6)数据采集箱通过单轨吊接口采集单轨吊控制器及柴油机保护器等信息,并通过CAN总线发出加减速、停车、制动、启停和急停命令。

四、煤矿自动化供配电技术与系统

(一)矿用开关信息感知与无线测温系统

煤矿井上、井下变电所内的供电设备直接影响煤矿的正常生产及安全运行,因此很有必要对变电所进行实时在线监测,以及时发现故障,及时检修。

目前煤矿变电所的巡检方式是人工巡检,采用的检修方式为定期检修更换元件。对于负荷不是特别大的供电设备可以采取定期检修方式,但对于负荷特别大,会异常发热引起故障的设备,根据相关分析,预防型检修是比较适合的检修方式之一。

无线测温系统可以对监测点的温度进行实时在线监测,实时显示当前温度,通过数据分析预测触点的故障趋势和温度变化率,分析历史数据和异常数据,当温度超限时能及时报警,并准确提供电缆、触点的故障部位,这是实现预期型检修方式的重要途径。

井下高低压开关无线测温系统包括矿用隔爆型测温主机、无线温度传感器以及井上系统监控主机等。考虑井下的工作环境,测温主机采用隔爆型,可实现多通道下的光转换,为直观了解其运行状况,设置有多种预警指示灯,系统精度更高且分辨率更强;提供网口、串口、USB等多种接口方式,可以将监测数据通过矿上已有的通信监控网络传输到地面,从地面进行远程监控。

无线测温系统主要由HS-TC系列无线温度传感器、HS-TZ系列测温主机以及配套的电丁丁APP应用软件和WEB端监管服务平台组成,原理是通过无线温度传感器实时采集高低压开关柜内易发热的电气连接部位,如上下触头、隔离刀、电缆搭接头、母排等部位的实时温度,并通过无线射频通信的方式将数据传送至测温主机,测温主机再通过内置的4G模块将数据实时同步至云端和配套的APP及WEB端平台,从而对建筑配电系统关键配电节点的温度数据进行实时监测和预警,避免重大配电安全事故的发生。

HS-TC系列无线温度传感器与HS-TZ系列测温主机之间采用通信距离远、穿透力强、绕射能力出众的433 MHz射频通信技术,有效通信距离可达400 m。HS-TC系列无线温度传感器又分为HS-TC-1无源型和HS-TC-2有源型两种,无源型温度传感器适用于工作电流持续大于5 A及以上的配电回路,传感器通过合金取电片感应取电。

（二）可视化电气作业安全管控系统

1. 当前管理现状

目前,煤矿井下电力系统的运维管理主要依据《煤矿安全规程》、机电管理制度等进行。工作票、操作票以人工手拟的方式编制,以人工流转的方式进行签名确认,以纸质方式进行存档保管;高压设备无防误操作强制闭锁手段,电工根据手写的操作票进行操作;设备检修通过挂牌的方式提示相关设备正在进行检修工作,禁止合闸。

2. 传统管理方式存在的问题

（1）当前的工作票、操作票采用人工手拟的方式,票的准确性完全依赖于拟票人员的技术水平、经验和责任心,缺少防误规则的判断,容易开出错误的操作票,进而导致倒闸操作误操作。

（2）工作票、操作票手写效率低,流转烦琐,影响工作效率,延长设备检修时间,影响矿井生产。

（3）现场高压设备缺乏强制闭锁,大部分开关柜只有手车与开关的机械联锁,仍然无法避免走错间隔、带电开关柜门及带电挂接地线等误操作行为。

（4）进行设备检修工作时,没有强制的安全措施保证防止误合上级电源、向检修设备通电的行为,给检修人员带来极大的安全风险。

3. 建设方案及应用效果

随着煤矿智能化、无人化趋势的发展,高效、安全地为煤矿的生产提供电力是煤矿电网系统的发展目标。可视化电气作业安全管控系统基于网络拓扑、操作仿真、图票一体化、微机防误等技术,实现工作票、倒闸操作票的智能生成、防误规则校核、自动模拟、全流程智能化管理以及倒闸操作过程的强制闭锁、防误在线校验与解锁等实用功能,通过技术手段杜绝误操作事故的发生。因此,推广实施煤矿井下电气作业安全管控系统,能够通过先进的"技防"手段构建煤矿电网系统运维倒闸作业的智能化安全保障体系。

（三）输配电地理信息协同设计系统

1. 地理信息智能化协同设计系统简介

地理信息智能化协同设计系统是计算机科学、地理学、测量学、地图学等多门学科综合的技术。从功能的角度看,该系统是采集、存储、检查、操作、分析和显示地理数据的系统。从应用的角度看,可以将其分为各类应用系统,如土地信息系统、城市信息系统、电力信息系统、规划信息系统、空间决策支持系统等。从工具的角度看,它是一组用来采集、存储、查询、变换和显示空间数据的工具的集合。从数据库的角度看,它的数据有空间次序,并且提供一个对数据进行操作的操作集合,用来回答对数据库中空间实体的查询。

2. 地理信息智能化协同设计系统的发展趋势

随着地理信息智能化协同设计系统技术和配电系统自动化水平的不断提高,当前配电网地理信息系统的开发出现了如下的发展趋势:

（1）功能模块化。将整个系统划分为子系统、功能模块和不同层次的组件分别开发,既提高应用程序重用度,又可以在一定程度上节省资金和时间的投入。

(2) 数据充分共享。利用分布式数据库技术实现数据共享,不仅节省数据存储资源,降低网络通信开销,克服数据更新困难,还为网络化管理提供了数据支持。

(3) 管理网络化。Internet/Intranet 技术的应用实现了远程采集、监视、控制和综合管理,使配电管理更方便、快捷、透明。

(4) 系统结构开放化。开放式的分布结构和软件平台,透明的插件式的开放应用接口,便于不同应用功能的用户即时接入和使用。

(5) 友好的人机界面。菜单、按钮和汉字操作提示简单明了,使操作人员只需经简单培训,就能使用计算机处理复杂的业务工作。

五、煤矿自动化供排水系统

在当前,我国矿井使用的水泵仍普遍采用传统的排水系统,通过人工手动操作,应急能力较差,自动化程度不高,还不能根据水位或其他参数自动起停控制,存在很大的安全隐患。针对现有排水系统存在的弊病,结合煤矿井下的实际情况,在传统排水系统控制的基础上进行改造,使水泵的自动化控制系统能够在无人值守时自动运行和自我诊断。该控制系统主要是通过远程控制对相关设备进行自动控制、自动检测,从而使运行设备达到最佳的工作状态,达到节约电能、降低成本、延长设备使用寿命、提高设备自动化水平的目的。

(一) 自动化供排水的特点

由于矿井涌水的复杂性和危险性,以及矿井结构布置的不同,对矿井排水及排水泵房的要求比一般机电硐室的要求更严格,对排水设备的可靠性要求更高,要求其必须保证及时排除矿井涌水。因为矿井涌水在井下流动的过程中混入和溶解了许多矿物质,并含有一定数量的煤炭颗粒、泥沙等杂质,所以要求排水水泵要具有较强的抗腐蚀性和耐磨性。此外,由于排水系统安装在硐室内,硐室空间比地面空间小,安装和维修都不方便,为了保证矿井的安全,矿井水泵房要求安装使用、备用、待修的水泵台数较多;再者,矿井排水设备的耗电量很大,一般会占到全矿井总耗电量的 25%~35%,有的矿井会超过 40%甚至更多。

(二) 矿井排水泵房自动化控制的重要性

(1) 矿井排水泵房自动化控制系统能根据水泵的水位启动或停止运行水泵,有效提高水泵的利用率,从而降低水泵的运行成本。

(2) 矿井排水泵房自动化控制系统可以在无人值守的情况下自动运行、自我诊断,这样就可以减少水泵的维护人员,减少维护人员的工资总额,可以增加设备的检修队伍的力量,提高设备的维护质量,从而减小事故的发生概率,提高运行设备的使用率。

(3) 矿井排水泵房自动化控制系统可以减少设备的故障率,从而保证矿井的安全生产,并能有效地改善井下的工作环境,提高劳动生产率。

(4) 矿井排水泵房自动化控制系统能有效地保护水泵电机等设备的正常运转,延长水泵电机等设备的使用寿命,从而减少发生事故的停机时间,提高排水系统的排水能力。

(5) 矿井排水泵房自动化控制系统能有效调整水泵停机、开机的时间,有效避免电力负荷高峰期的出现,从而做到削峰填谷,节约大量的电费开支。

(三) 矿井排水泵房自动化控制系统的组成

矿井排水泵房自动化控制系统能有效实现对水泵机组及其附属设备的自动控制和综合保

护,通过控制网络实现多水平排水系统的联合控制,并能结合先进的控制逻辑合理调度设备运行,提高排水效率。矿井排水泵房自动化控制系统主要由地面监控主机、就地控制箱、测量传感器等组成,可以实现数据的自动采集、自动轮换、自动控制、动态显示及故障记录报警和通信接口等功能。系统还可以通过检测水仓水位和其他性能参数,控制水泵轮流工作与适时启动备用水泵,合理调度水泵运行。系统能通过上位机显示屏以图形、图像、数据、文字等方式,直观、形象、实时地反映系统工作状态以及水仓水位、电机工作电流、轴承温度、排水管流量等参数,并通过通信模块、光纤与地面监测监控主机实现数据交换。

煤矿排水泵房自动化控制系统能较好地实现矿井泵房的无人值守,使排水系统能够根据水仓水位、峰谷电价时段等因素,在无人干涉的情况下自动控制运行,提高了矿井生产的安全性和自动化程度,降低了运行成本,延长了设备使用寿命等。

六、煤矿自动化通风与压风系统

(一)自动化通风系统

矿井主通风设备的监测管理是煤矿全面自动化管理的重要组成部分。目前矿井主通风机性能在线监控系统成功地实现了矿井含尘、潮湿、气流脉动等恶劣通风环境下风量的在线监测,并在通风机性能在线监测、面向新型控制要求的分布控制、一键启停控制、自动控制、监测参数微机处理和联网通信等各方面有所创新。

矿井主通风机性能在线监控系统由高压柜控制、风门控制、换向柜控制、换向控制柜控制、视频监控以及PLC控制柜和微机终端等组成。各环节的设计充分考虑了煤矿应用环境的特点,风机房内的相关设备均采用符合煤矿防爆要求的防爆设备(防爆摄像头、防爆压力/差压传感器、防爆振动传感器等),并将信号由各监测点采集至防爆控制箱,再由防爆控制箱引至监控室的PLC控制柜,由控制柜将电信号转换为数字信号通过通信线路传送到微机终端,通过计算机采集、处理显示监测结果。

该系统的主要功能有:

(1)现场实时监测数据的各种动态图形及动画模拟显示。

(2)各种监测数据的存储及查询:各种监测参数包括风压、风量、轴承温度、电流、电压、功率等定时存储在硬盘中,以便用户进行数据报表的打印,也方便管理部门(如机电科、通风科、调度室等)查看、分析有关数据,强化通风机的管理。

(3)事故报警功能:风机运行监测数据出现异常时系统能在各相关界面给予声光报警提示。

(4)控制功能:控制功能即通过系统可以实现风机及相关辅助设备的正常启停操作。通过本系统操作时,需要将所有设备切换到远程或PLC控制状态。本系统提供分布控制功能与自动控制功能。分布控制功能是指通过本系统可以单独控制每台(个)高压柜及风门等,这些设备互相之间没有互锁。自动控制是指一键启动、一键停止、一键倒机、一键反风以及故障自动倒机等。

(5)网络通信:为加强通风机的远程自动化管理,提高矿井管理水平,应用软件通过网络,以标准接口OPC可以将所有监测数据提供给矿井自动化平台。

(6)数字滤波:工业监测监控环境比较恶劣,干扰源比较多,如环境温度、电场及磁场、振动等。为了减少对采样值的干扰,提高系统的性能,在进行数据处理之前,先对采样值进行数字滤波,即通过一定的计算程序对采样信号进行平滑加工,增强其有用信号,消除或减少各种干扰和噪声,以保证计算机系统的可靠性。在应用程序中采用复合滤波算法。复合滤波是中值滤波和算术平均滤波的综合,这种滤波算法主要适用于压力、流量等信号的平滑加工。这类信号的特点是信号往往在某一数值范围附近上下波动,即干扰是周期性的。

通风机是煤矿安全的重要设备,用该系统实施管理可增加煤矿通风安全性,提高设备管理水平,促进煤矿管理的自动化、科学化和信息化。

(二) 自动化压风系统

煤矿压风设备是确保井下安全生产的重要设备之一,它的安全与高效运转为煤矿正常生产提供了前提保障。煤矿压风设备自动化水平较低,系统突出表现为控制方式落后,已不适应现代化矿井管理。为了提高空气压缩机的管理水平和经济效益,达到减人增效的目的,通过对设备进行自动化改造,提高设备自动化程度,从而实现空气压缩机的无人值守控制。

1. 自动化压风系统组成

自动化压风系统由监控主机和PLC集控系统两部分组成。

(1) 监控主机。在矿井空气压缩机房及矿调度室配置工控机,工控机与可编程控制柜通过工业以太环网通信,进行信息交换,能够实现空气压缩机设备动态画面监视。工控机负责存储、查询和统计分析泵房系统运行数据、曲线、事件信息、操作记录、故障报警,远程监视设备运行情况,远程操作控制设备的运行和试验。

(2) PLC集控系统。PLC集控系统负责空气压缩机控制及设备状态参数采集,通过通信方式采集空气压缩机运行状态、运行参数及故障信息,采集高压启动柜电流、电压、功率因数等信息,并显示温度、压力及其他数据信息;控制设备启停、电动闸阀以及其他设备开停;进行自动程序操作控制、集中程序操作控制、运行状态和数据显示。

2. 自动化压风系统主要功能

(1) 数据采集与检测:

① 实时采集压力数据包括空气压缩机出口压力、油分离器压差、空气过滤器压差、主机喷油压力;温度数据包括空气压缩机出口温度、主机出口温度、冷却介质温度及油分离器温度等工况参数和曲线。

② 实时采集显示高压柜进线及电机启动柜的运行三相电压、电流、功率因数等电参数和曲线。

③ 实时显示断路器、空气压缩机开停等开关量数据和状态。

④ 实时显示空气压缩机、电机的各种报警信息。

(2) 保护功能:

① 空气压缩机主电机保护:具有主电机过流、过压、欠压、短路、电机过热、堵转、电机缺相保护功能。

② 空气压缩机主机保护:具有排气超温保护、排气超压保护、风包超压保护、风包超温保护、润滑油超压保护、润滑油失压保护、冷却介质温度超温保护等功能。

③ 系统保护:具有通信故障、防止误操作、非法操作保护功能。

④ 超限和故障数据自动监测报警,有动画图像、文字窗口、声音提示。

(3) 控制功能:

① 本地控制:可实现多台空气压缩机的就地、远程控制的转换。

② 远程控制:可实现自动启动和手动启动转换,远程自动控制可实现一键式启动空气压缩机,远程手动控制时需用户逐步操作。只有具有一定权限的用户方可通过工业监控上位机或工业以太网实现远程控制操作。

③ 远程整定:具有权限的用户可远程整定风机的各项运行定值。

④ 定时切换和故障自动切换功能:可编程设定定时切换和故障自动切换功能。

⑤ 优先级控制:具有手动—远程控制不同优先级顺序设置和闭锁;远程控制失灵时,系统能自动转入就地控制。

⑥ 可远程启动或停止空气压缩机,可根据风包压力自动控制开机的数量,实现最大化节约电能,当用风量增加时自动开机。

(4) 主机联控。控制系统采用工业以太环网的方式。空气压缩机作为从机通过主机控制(PLC/PC)进行多台联控运行。主机联控适用于多台机组联合供气的场合,达到节能集中控制的要求。多台空气压缩机组与一个主机组成了主机联控网络。联控主机根据管线压力以及各种状态信息控制多台空气压缩机自动启动、停止和加/卸载,以适应系统对系统用气要求,在达到用户供气要求的前提下,合理控制机组,提高整体的工作效率。

当某一台机组需要停机检修时,先使用功能菜单将此台机组切换成近控方式,脱离网络,使本机进行自我控制然后再按停机按钮使机组停机。为了安全起见检修时应切断电源,若出现无法切断电源或者不允许断电的情况则必须按下紧停按键。若不切换成近控方式就按停止按键虽然机组也会停机,但主控设备发现有备用机组会自动发出启动命令,使本机组自动启动,从而发生危险。

(5) 工作方式转换。每台空气压缩机设置有"就地""集控"两种工作方式。

① 就地方式:在空气压缩机本体上进行操作,通过空气压缩机本体的控制器进行控制。

② 集控方式:通过新增加的 PLC 控制柜,对所有的设备进行控制,对各种参数进行监测。

(6) 主要监测参数:

① 空气压缩机:出口压力值、温度值、运行时间、加载时间、电机电流、油气桶压力、油气桶温度、运行状态、主电机振动值、空气压缩机运行环境温度及烟雾。

② 高压柜系统:高压柜的运行状态及运行参数。

(7) 主要故障报警信息。主要故障报警信息有自动运行停机、排气压力异常、风机接触器故障、主断路器故障、油压过低、风机过流、油滤压差、油细压差、空滤压差、主电机过流、相序错误、排气高温、主电机振动、空气压缩机运行环境温度及烟雾报警等。

(8) 历史数据查询功能:

① 可查询统计历史开停记录、历史报警及故障事件记录、用户操作记录、整定记录。

② 可查询空气压缩机历史运行工况参数、电机历史运行电参数。

(9) 多级用户权限及网络安全:

① 可设置不同用户的查看、操作设置、整定权限。

② 可设置不同用户接收的报警内容。
③ 具有远程控制权限的用户客户端控制,防止非法控制操作。
采用多级密码校验,防止非法用户的恶意操作。
(10) 网络功能:
① 提供数字化信息平台通信接口,实现系统的数据共享。
② 具有网络自诊断和自恢复功能。
③ PLC控制系统通过RJ45接口,就近接入工业以太环网交换机。
(11) 系统自检测和冗错功能:
① 节点设备通信失败、设备工作异常告警。
② 自动屏蔽用户的非法操作、误操作。
(12) 在线监测功能。

实时显示空气压缩机气缸压力、气缸温度、冷却介质温度、润滑油温度、排气压力、排气温度、电机振动等工况参数和曲线;实时显示配电系统及电机运行三相电压、电流、功率因数等电气参数和曲线;实时显示断路器、风机开停等开关量数据和状态。实时显示空气压缩机、电机的各种报警信息。以上监测部分均需预留接口,可根据情况决定是否安装。预留接口保证在以后需安装时顺利接入。通过统计分析,得出各监测参数超限位的次数及最大值、各点温度参数统计报表、温度与振动参数的趋势分析、振动参数的频谱分析等。

自动化压风系统运行安全、可靠,操作简便。集控机组能够根据实际用风负荷的变化,适时自动调整运行状态,提高了整个压风系统的安全可靠性。另外,由于实现了无人值守,减少了人员的操作量,从而相应减少了人为因素带来的安全隐患。对主供气管路的压力进行实时监测,对空气压缩机运行状态进行检测和报警,对高压开关柜电压、电流及储气罐温度等参数进行实时在线监测,保证了设备正常运行,不仅解决了矿井的压风问题,提高了设备的管理能力,而且节能效果好,达到了减人增效的目的。

七、煤矿辅助生产自动化系统

(一) 煤矿信息化矿灯管理系统

矿灯房是每个煤矿企业必不可少的管理单元,也是煤矿安全管理最基础的单位,主要为每位下井职工提供矿灯和自救器,也部分承担着统计入井人数和员工升入井时间等工作。为了给人员考勤提供参考依据,矿灯房需要安排专门人员每天进行大量的数据统计。因此,为了提高工作效率,保证信息数据的准确统计和及时传输,信息化矿灯管理系统应运而生。

1. 信息化矿灯管理系统组成

(1) 智能充电柜。智能充电柜适用于锂电池矿灯充电,具有分路管理模式,当一路供电出现故障时,不影响其他路矿灯正常充电、监控及上位机软件的运行。智能充电柜柜门开启以虹膜检测为主,同时矿灯房维修人员具有能够打开所有的充电柜的权限,在所有电子锁均失效或矿灯柜停电,柜门不能打开的情况下,矿灯房管理人员能够手动开锁。柜门上显示灯架号、人员姓名、所属单位、矿灯状态等信息,矿灯架上显示在架矿灯总数、充电数、充满数、待检数等信息。每台充电柜和集控台之间信息使用网线传递。满足每盏矿灯足够的充电量,在电池充电饱和后自动停止充电。每台智能充电柜上方安装双面LED单色显示屏,实时数据动态显示,具有自由编辑功能,显示模式为滚动或翻屏。

(2) 矿灯在线监控系统。在线监控系统为监控用工控机 2 台,一用一备,另配备矿灯房视频监控系统软件。在线监控系统能够实时显示充电柜及矿灯运行状态,并实现矿灯充放电状态检测、矿工管理、矿灯状态查询、矿灯状态统计、矿灯分布情况统计、剩余充电次数统计、矿工信息查询、数据维护、运行记录、考勤管理、数据备份、矿灯房数据汇总、下井人数汇总、矿灯使用超时报警汇总记录、故障报警(故障信息包括但不仅限于矿灯充电异常、矿灯未关闭充电、柜门超时未关闭、充电线路异常等)汇总记录、通信异常报警汇总记录、长期不使用矿灯统计记录等数据查询维护功能,且各项统计数据准确,可实现报表打印功能。各报警信息能够自动弹出,并发出语音报警信息,同时具备外部查询功能。

(3) 视频监控系统。视频监控系统能够实现 24 h 不间断监控。视频监控信息储存时间不低于 1 个月,储存期满 1 个月后,每天自动覆盖最早时间的储存数据,以便对矿灯房内发生的各种事件进行记录,为事件调查提供依据。

2. 信息化矿灯管理系统的主要功能

(1) 信息实时传输:通过上位机软件查看每个矿灯的实时充电信息。

(2) 充电历史记录查询:通过上位机软件查看每个矿灯的充电记录和次数等信息。

(3) 考勤功能:上位机软件可以根据每个矿灯的存取、充电记录生成每个员工的考勤信息及用户方所需要的各种考勤报表,并可以实现打印。

(4) 数据存储安全:系统须对各种数据信息长时间(一年以上)存储、备份,保证数据的安全性。

(5) 矿灯管理:可对矿灯有关信息录入、删除、修改与查询,也可将不同矿灯生产企业的产品信息录入、删除、修改与查询,通过查询有关记录对比各生产企业产品的优缺点,以便于产品选型。

(6) 矿工信息与员工档案管理:能够以友好的界面提供充电柜内的任意充电位的详细信息,即把充电位编号、矿灯与矿工姓名、单位、年龄、工种、职务、联系方式等相关个人信息关联起来,做到人与灯位(灯和自救器)相一致。也可按工种、工段和职务等对所有员工的有关信息进行录入、删除、修改和查询。

3. 使用效果

(1) 信息化矿灯管理系统的使用实现了矿灯、自救器"超市化、无人化"管理,减少了管理成本,提高了工人工作效率,减少了矿灯房工作人员的数量,节约了工资投入,同时还减少了工人上、下井的领灯、交灯时间,取得了良好的经济与管理效益。

(2) 实现了矿灯智能化管理,提高了矿灯管理水平。智能充电确保矿灯使用寿命,提早发现矿灯故障,避免由于矿灯问题出现事故。

(3) 实现了矿灯房安全信息化管理。避免了矿灯丢失、拿错等问题的出现,可以实时监测矿灯的使用情况及统计职工的出勤情况,为职工的工作量统计提供参考依据,辅助做好矿井工资管理;准确统计超时未升井人员的信息,为人员安全管理、科学决策提供基础依据。

(二) 注浆站集中控制系统

煤矿注浆站集中控制系统主要监测和控制浆料密度、供砂量、固井量、供水量、混合罐液位和填充浆料流量等工艺参数以及主要工艺设备的运行情况。

煤矿注浆站集中控制系统可靠性高,操作灵活。例如,当计算机出现故障时,主过程参数可由单回路调节器控制。当单回路调节器出现故障时,可以手动控制输出以确保正常生产。操作员可以轻松切换到仪器系统,继续控制整个制浆和灌装过程,整个控制系统灵活可靠。

1. 给水泥控制系统

双管螺旋给料机用于输送水泥,水泥用量由冲压流量计测量,水泥电机的速度由变频调速器调节,从而自动调节水泥用量。为防止水泥拱堵塞,水泥中的料斗上部设有专用吹管的上下层,在计算机软件中设计了自动闭锁、自动清除和定时清除程序,还可采用手动强制清除工作模式,彻底消除了原有的拱形阻塞现象,并且降低了工人的劳动强度。

2. 煤矿注浆站自动化制浆智能综合控制系统设计

采用 SUPCON 组态软件,设计了全局图、工艺流程图、历史趋势图、报警图、控制组图和生产报表打印软件等,系统软件完善。控制组屏幕包含砂量和混合罐液位的自动比例控制、填料浆流选择控制和水泥系统的自动判断和清除控制。

制浆过程要求填充浆料的流速稳定且不能太小,否则会引起电流中断事故。浆料在混合罐中应保持一定液位,若液位过高则会溢出,若液位太低,则桶中的浆料将被抽空,导致流动破裂。为了确保安全生产,设计采用混合罐液位和灌装体流量选择控制(图 5-5)。同时,为了防止流动中断,限制调节器输出以确保浆料流量,并且防止阀门开口太小导致电流中断。

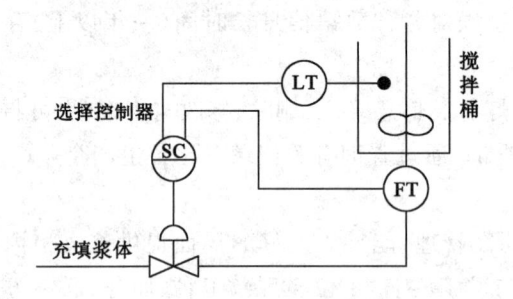

图 5-5 搅拌桶液位和充填浆液流量选择控制图

第二节 新型煤矿机电设备

一、远距离供液、供电设备

(一) 远距离供液系统

为了提高资源回收率,煤矿企业对综采工作面的设备要求越来越高。引入电液控液压支架,同时提高供液距离,减少工作面设备布置,对配套的综采乳化液泵站系统提出了新的要求,即流量大、压力高、低噪声、长寿命和智能化。

智能型乳化液泵站系统作为综采工作面液压支架设计的液压动力源,要保证其配合采煤机快速采煤,要求支架成组快速升架和移架,是实现工作面高产高效的关键设备。其工作的连续性、稳定性与可靠性对于保证煤炭企业的安全生产和提高经济效益具有非常重要的意义。

另外,本着节约资源、降低成本、减少污染的原则,乳化液自动配比装置需实现浓度在线检测、自动反馈。该系统必须时刻保证按照设计浓度要求配比,避免浪费,同时又要保证高产液压设备的介质使用性能要求,减少后期的维护维修成本。同时,综采工作面设备对水质的要求也越来越高,面对水质条件恶劣的情况,为了保证所有设备的安全高效运行,要求泵站系统水处理的配套技术完善,性能优越。

1. 系统应用的关键技术

(1) 实现远距离供液系统设计、泵站选型。

(2) 配液用水处理技术。

(3) 乳化液浓度自动配比技术。

(4) 恒压供液技术。

(5) 与井下综采集控系统可常通信,并将控制功能集成在工作面集控系统中,实现工作面设备的协调控制。

(6) 根据乳化液泵的运行特点,编制合理的控制程序和控制策略,实现乳化液泵的变频调速控制和节能管理。

(7) 更换现有乳化液泵站,泵体、泵箱、电机上安装各类传感器,可靠采集各类运行信息。

2. 智能化功能

由中央集控系统、乳化液泵本质安全型控制系统(供液站主控单元、乳化液泵分控单元、乳化液箱分控单元、智能高压反冲过滤站分控单元)和智能型乳化液自动配比控制系统组成的集中分布式自动控制系统,提出了乳化液泵"主、次、备"轮换运行控制策略和高压反冲过滤站智能控制模式,实现了智能化控制。

(二) 远距离供电设备

随着矿井开采深度的加大,综采工作面采动压力越来越大,瓦斯含量越来越高,采动压力区内棚梁压弯,巷道变形,现象非常突出,通风和行人断面多无法保证安全生产。高突采煤工作面规定,开关列车必须布置在机巷,机巷同时布置带式输送机及设备列车,巷道空间相当拥挤,布置和频繁移动非常困难。所以近距离供电的弊端日益显现,已不能适应高产高效矿井发展的需要,远距离供电的要求日益迫切,需从实际生产需要出发,设计出远距离供电方案。

近距离供电的弊端主要表现在以下几点:开关列车距采煤工作面太近,没有躲过采动压力区,开关列车影响通风、行人、运料,不利于安全生产;开关列车工作环境差,事故多,开关列车每天外移,劳动强度大,不利于减人提效;开关列车占道布置,不利于质量达标。

远距离供电应用的技术条件及注意事项为:

(1) 论证该面地质条件及通风系统,确定移动泵站布置在风巷或机巷。

(2) 科学合理选择配套设备。

(3) 合理计算变压器容量进行选型。

(4) 合理计算馈电、启动器容量进行选型。

(5) 根据电缆选型原则,正确计算电缆负荷电流,合理选用电缆截面。

(6) 合理整定各级保护值,保证供电安全稳定。

(7) 验算供电系统电压损失。

对供电系统的变压器、干线、支线电压损失进行计算，如果总的电压损失小于允许电压损失，便可认为按允许负荷电流所选电缆截面全部满足要求，如果总的电压损失大于允许电压损失，则需采取以下措施：

第一，应考虑加大电缆截面。当采取加大电缆截面的措施后，必须重新计算总的电压损失，直到供电系统的总电压损失小于允许电压损失为止。

第二，如果按允许电压损失计算的电缆截面过大，可选用两根电缆并联进行供电。

第三，将变压器的高压输入端改为接在-5%抽头上，这样可使变压器的二次空载电压提高5%；例如，网路额定电压为1 200 V时，变压器二次空载电压将会提高为1 260 V。

二、组合式供电设备

（一）组合馈电开关与电磁启动器

1. 组合馈电开关

(1) 组合馈电开关主要技术特征：

① 组合馈电开关将一台总馈电和多个分支馈电开关集装在一个箱体内，实现了多台馈电开关一台设备控制，大大节省了设备投资和占地空间，特别适用于采区变电所、掘进工作面和井下临时配电点。

② 各馈出回路采用模块化抽屉式结构，各回路出线具有独立的接线腔，在各回路检修或接线时不会相互影响。

③ 为设备提供信息查询和参数设置，真正实现人机对话。全中文液晶显示，菜单式操作，控制操作简单、显示信息丰富。除保护功能外，还具有自诊断功能，开关状态、负荷电流电网电压、有功功率等实时显示功能，故障类型及故障参数的记忆查询功能，漏电闭锁和模拟漏电试验功能，漏电闭锁保护功能，绝缘电阻值在线显示功能，风电、甲烷电闭锁功能。

④ 配有远程通信的以太网接口（MODBUS-TCP/IP协议），支持"四遥"功能，便于接入井下电网综合自动化系统。

(2) 组合馈电开关的操作：

① 总馈电开关的操作：首先把分支馈电两门之间的闭锁盘逆时针旋转到位，当手柄打至电源位置时，电源变压器有电，工控机显示屏亮，智能综合保护装置对负载侧进行检测，检测一切正常后继电器得电，常开接点变成闭点。按下合闸按钮，给断路器一个合闸的触发信号，其靠本身的机构保持，此时断路器工作正常。分闸时，按分闸按钮，给断路器一个分闸的触发信号后，断路器分闸。液晶显示器上显示开关的系统状态，即系统线电压、在线绝缘电阻值、分合闸状态时间和日期，此时断路器等待合闸。按合闸按钮时断路器合闸，显示器显示合闸状态及工作电压、工作电流的大小。

② 分支馈电开关的操作：组合馈电开关根据本回路的负载大小，分别将其整定在各自的电流值上。分馈电单个回路的工作原理为：馈电开关当电源开关打至"接通"位置时，变压器有电，时间继电器得电；保护装置对负荷侧进行漏电检测，检测正常后继电器闭合；小型继电器及失压电磁铁得电，常开接点变成闭点。按下合闸按钮，中间继电器吸合，常开点接通，断路器的吸合线圈有电，断路器合闸，并靠本身的机构保持；同时时间继电器断电，接点变成开点，中间

继电器断电,常闭点打开,线圈不再有电,此时断路器工作正常。分闸时,按分闸按钮,失压线圈失电,断路器分励线圈得 50 V 电压后,断路器分闸,辅助开关的常开接点打开,保证断路器分励线圈不再工作。多个回路的工作原理过程相同。

2. 组合电磁启动器

(1) 组合电磁启动器的主要技术特征:

① 组合电磁启动器主回路采用抽屉式结构,前门为快开门结构,隔离换向开关采用真空隔离换向装置。

② 主显示窗口配备宽屏彩色液晶屏(嵌入式一体化工控机),外置按键式鼠标键盘,为设备提供信息查询和参数设置,真正实现人机对话。全中文液晶显示,菜单式操作,控制操作简单、显示信息丰富。

③ 组合电磁启动器控制与保护采用可编程控制器(PLC)对系统进行实时监控。配备相应应用软件,可对组合电磁启动器进行参数和单机控制、顺序控制、联锁控制、高低速切换、互投互备控制、混合控制等多种控制方式设定,并有工作状态和故障类型的显示和记忆查询功能。

(2) 操作注意事项:

① 控制原理:组合电磁启动器有单回路控制运行、多回路顺序控制运行、双速控制运行 3 种运行方式。其中双速控制又分为单机双速、双机单速、双机双速 3 种控制方式。组合电磁启动器内部控制电源由转换开关单独控制,与总电源真空隔离模块完全独立。组合电磁启动器启动前,将控制电源开关置于"接通"位置,电源变压器有电,向可编程控制器(PLC)控制系统供电,此时各回路处于分闸待机状态,可编程控制器(PLC)对各回路的绝缘电阻进行检测,若某一回路绝缘电阻值小于闭锁电阻值,则该回路被闭锁不能启动,在顺序控制运行方式和双速控制运行方式的各回路均不能启动。在分闸待机状态下,可根据需要通过显示器和各功能按钮进行参数和控制方式的设定。

② 单回路控制运行方式:

启动:合上总电源真空隔离模块和控制电源开关后,可编程控制器(PLC)对所控制的回路进行漏电检测,若一切正常,按下所要启动回路的远方启动按钮,向可编程控制器(PLC)发出启动信号,可编程控制器(PLC)接收到信号后向相应的中间继电器发出启动信号,中间继电器的常开触点闭合,主回路接触器线圈带电吸合,接通主回路,使该回路控制的电动机投入运行。

停止:按下控制回路的远方停止按钮,向可编程控制器(PLC)发出停止信号,可编程控制器(PLC)接收到信号后向相应的中间继电器发出停止信号,中间继电器断电,其常开触点打开,主回路接触器线圈断电,主回路被切断,电动机停止运行。

③ 多回路顺序控制运行方式。组合开关可设定 A 组顺序控制运行方式。任意一个回路均可作为顺序控制运行方式时的首台、中间或末台(投入 A 组顺序控制运行方式的回路不得重复),每组最多可投入顺序控制运行方式的回路数为 4 个(如果使用回路数的不足 4 个,后面设为 0 即可)。如组合开关 A 组确定 1 为首台,依 1→2→3→4 投入顺序控制运行方式,可设定为:A 顺序控制:1→2→3→4(此时控制回路数可以随意设定顺序)。

④ 就地停止和紧急停止:

就地停止：上述任何一种控制方式下运行的电动机，只要将组合开关面板上真空隔离换向装置相应的闭锁停止按钮按下，都能使在运行中对应的电动机立即停止运行，实现就地停机。

紧急停止：在组合开关运行中，如有特殊情况需要切断全部电源时，只要按下组合开关面板上的急停按钮，即可切断电磁启动器所有负荷。

（二）动力负荷中心

KJZ系列矿用隔爆兼本质安全型动力中心（以下简称动力负荷中心）应用于电压3 300 V、1 140 V(660 V)线路中，当设备出现过载、短路等故障时能自动切断电源并显示故障信号，运行中能显示各支路状态参数。动力负荷中心采用IPC控制，具有友好的人机界面，采用全中文液晶屏显示及中文提示，更为直观，性能稳定，可靠性高，特别适合现场操作。其结构特征为：

（1）外壳结构。动力负荷中心的外壳为钢板焊接结构，带有隔爆腔、闭锁装置及门板，可装4个隔离开关，可对各回路进行单独、正反转控制。

（2）闭锁装置。根据规定，厂家必须保证隔爆封闭式外壳开门之后无法操作开关手把，所有隔离换向开关都必须与中央快开门闭锁装置耦合，同时开门后所有隔离换向开关处于分断状态且它之后所有导电部位应不带电。

（3）内部结构。动力负荷中心内部主要由主回路、控制回路及各种保护电路组成，其主要部件为IPC，更可靠，更合理。主回路的各部件装于主箱内，主要部件有隔离换向开关、接触器、变压器、过压保护装置等。

（4）隔离换向开关。每个隔离换向开关的操作杆分别与同回路的快速停止按钮耦合，在操作隔离换向开关手把断电时，必须先将按钮按下，使本回路所有的接触器分断，方可使隔离换向开关无负载分断。在操作换向功能时，必须使手把先置于"0"位，回位一下，然后再打向另一个方向，否则易损坏它的转换机构。

（5）接触器。接触器是安装在通用的支架上的。该支架可以很方便地安装在主腔的后壁上。在每台接触器出线端电缆上分别装有电流传感器，用来作为过载和短路保护取样。

（三）矿用隔爆型永磁同步变频调速一体机

矿用隔爆型永磁同步变频调速一体机是在永磁直驱电机和伺服控制器研发和使用的基础上开发出来的新一代驱动动力设备。该设备包含低速永磁直驱电动机和专用矢量型变频器，可进一步提升负载的传动效率。

1. 技术原理分析

电机采用单绕组单转子结构，结构简单，内部绕组布置规律，按照TPS生产体系，过载能力为额定功率的2.2倍以上，控制算法与软件根据煤矿使用工况单独开发。变频部分使用三电平技术，输出波形近似于正弦波，更加符合电机的使用工况。变频的特种算法控制IGBT的开启闭合，可极佳地控制零点漂移，有效降低电机绕组的高频谐波冲击电压和永磁体的瞬间去磁大电流，延长电机寿命。三电平结合专用的滤波器可降低谐波的含量，减少对井下自动化环网的干扰。产品有各种通信接口，可满足各种通信协议要求。

2. 应用前景

随着煤矿使用的设备越来越多，煤矿驱动设备应具备一定的调速功能。由于受启动性能的限制,需要增加软启动装置。例如带式输送机中的胶带是一个弹性体,在静止或运行时胶带内储藏了大量的能量,在启动过程中,如果不加设软启动装置,胶带内储藏的能量会很快释放,形成张力波并迅速沿着胶带传出去,过大的张力波对带式输送机机架有极大的破坏作用,因此《煤矿安全规程》规定带式输送机必须加设软启动装置。目前煤矿使用的调速和软启动装置多采用液力耦合器,而随着变频器技术的发展,能够实现变频器调速的开采设备由于具有诸多优点而越来越受欢迎。变频器比液力耦合器具有明显的节能效果。

传统传动方式在使用中会出现对轮销切断、液力耦合器损坏、减速机一轴折断等情况,严重制约生产。且煤矿井下条件恶劣,巷道狭窄,要求生产设备必须满足体积小、重量轻、系统故障率低、电磁干扰小、能耗少、系统成本低等特点。矿用隔爆型变频调速一体式电动机具备软启动功能、系统故障率低、能耗低、系统维护成本小,能有效降低检修工作量。

(四)可视化高压配电装置

可视化高压配电装置采用双稳态永磁高压固封式断路器,额定开断电流 31.5 kA。设备采用高压智能综合保护装置作为设备的控制保护系统,具有短路、过载、漏电、绝缘监视、过压、欠压等保护功能。人机界面采用中文彩色液晶屏显,前门面板设有显示观察窗和操作按钮,通过观察窗可以看到设备的运行状态、三相电压、负载电流、时钟等实时运行参数,并可以实现功能的整定及参数的校准。可视化新型高压配电装置性能稳定,动作灵敏可靠。其技术优势及功能特点为:

(1)设备采用双稳态永磁高压固封式断路器,额定开断电流 31.5 kA。

(2)电动小车采用智能伺服控制,可现场操控或地面遥控小车的自动插接和退出。

(3)设备采用 WTG-800 型高压智能综合保护装置,采用高性能的微处理器作为保护和监控核心,具有强大的数据处理能力,运算速度快,运行稳定可靠。

(4)人机交互界面使用大尺寸的中文彩色液晶屏显,能够直观清晰地显示当前系统状态和各项运行参数,操作十分便捷。

(5)具备标准的 RS485 通信接口、CAN 总线接口、光纤接口以及视频接口,提供标准的通信协议,具有"四遥"功能,方便组建变电所现场监控系统,并实现地面远程集中监测和监控,实现变电所的无人值守。

(6)具有多点无线测温预警功能。

(7)井下现场和地面均可以实时监控小车隔离端口的视频,实现远程可视化操作。

(五)集成式高压供电设备

1. 高压组合开关

现有的高压断路器都是三相一组的开关,为无功功率补偿投入电容器需要多组开关。高压组合开关可实现多个高压开关的功能,占地面积小,操作方便,并可降低成本。高压组合开关具有一绝缘转盘,在绝缘转盘的圆周设置有一段做动触头用的触片,其余部分为绝缘片,在绝缘转盘外侧设置有与触片相配合的静触头。在绝缘转盘的圆周做动触头用的触片端部设置有做辅助触头用的触片,两触片之间接有限流电阻 R。工作时,其中一个静触头接电源线,当绝缘转盘旋转到不同位置时,触片与相应的 1 个或几个静触头相导通,从而实现多个开关的功能。当触片刚接触到静触头时,容易产生大的电流,而由于触片与触片之间有限流电阻 R,避免了大电流对电容器的冲击。使用时,将开关置于密封的气体箱中。

2. 集成高压开关柜

煤矿生产中,通常高压开关柜的功能较为单一,比如仅可作为进线柜使用或仅可作为高压互感器柜使用。这样不仅占用了较大的面积,且增加了用户的费用支出。

集成高压开关柜集成度较高,从而占地面积小且节约资金。集成高压开关柜的进线柜在具有断路器的基础上加装了高压互感器,集进线、PT 为一体,从而仅使用 1 台开关柜即可达到原有技术至少 2 台开关柜所具有的功能,进而可为每个用户的每个变电站节省至少 1 台柜体,为煤矿用户节约了变电站的面积和资金。

3. 高压矿用防爆组合变频器

矿用高压防爆组合变频器主要包括变频系统和控制系统,其特征在于:变频系统包括整流单元和逆变单元,整流单元与逆变单元相连,其中逆变单元有 3 个,每个逆变单元连接在变频器直流母线正负极之间,3 个逆变单元之间为并联关系,每个逆变单元分别连接有负载;控制系统包括主控器和逆变单元分控器,逆变单元分控器有 3 个,分别与 3 个逆变单元相连,主控器与 3 个逆变单元分控器分别相连。该变频器可以实现 3 300 V 矿用变频器多回路独立输出的组合变频控制,能够更好地满足煤矿井下 3 300 V 电压等级大功率设备多机驱动的需要。

三、矿用新型辅助机械设备

(一)远程喷浆机组

PYC6Z 型液压转子式混凝土喷射机如图 5-6 所示。

图 5-6 PYC6Z 型液压转子式混凝土喷射机示意图

1. 工作原理

PYC6Z 型液压转子式混凝土喷射机主要由行走装置、料斗、锥形给料装置、喷射系统、液压泵站、气路系统、润滑系统及除尘器构成。设备的所有零部件均固定在行走装置上,行走装置由履带底盘、底板焊接件等构成;喷射系统的驱动部分固定在行走装置上,喷射系统主要包括气料室、叶片轮、减速机和马达,气料室上固定有锥形给料装置和料斗,通过锥形给料装置的定量锥形转子的旋转将物料送入气料室内,再通过叶片轮的旋转将物料在风压的作用下输送出去;喷射机采用全液压驱动方式,配套的液压泵站与控制系统提供所需液压动力,通过手动控制来实现各动作。

2. 设备结构

(1)料斗由锥形圆桶、筛网、振动器构成。

(2) 行走装置由履带、底盘焊接件构成。由液压马达驱动减速机构带动链轮及履带实现行走,履带张紧机构由油缸和弹簧控制,油缸可调整履带的张紧程度。同时同方向操作左、右行走换向阀可实现设备前进和后退,操作其中一个换向阀可实现设备的左转或右转。

(3) 锥形给料装置由锥形壳体、定量锥形转子、马达构成。锥形壳体由金属壳体和衬胶构成;定量锥形转子通过马达的带动在锥形壳体内旋转,实现物料转送。

(4) 喷射系统由气料室、叶片轮、液压马达、减速机、链轮组、链条构成。气料室是连接锥形给料装置和输送管道的中枢结构,呈圆桶状。叶片轮是圆锥体底部的叶片轮料杯,围绕在圆锥体底部。叶片轮将混凝土分成一个个的小单元,减少了单次喷射混凝土的质量,再加上气料室内部的密闭环境,使得混凝土获得 0.5 MPa 压强的初速度之后,在输送管道中速度大致不会减少太多。叶片轮的设计在一定程度上实现了长距离喷射混凝土的作业效果。叶片轮在液压马达、减速机、链轮的驱动下旋转,同时调节叶片调速阀可实现叶片轮无级调速。

(5) 液压泵站与控制系统由电机、双联泵、油箱、调速阀、操纵阀、压力表、冷却器、过滤器、液压管路等组成,液压泵站布置在行走装置上。

(6) 气路系统由阀门、管路、压力表构成。

3. 应用效果

PYC6Z 型液压转子式混凝土喷射机在充分了解现有井下喷浆工艺及喷浆设备结构的基础上,积极响应煤矿"减员、安全、高产、增效"的要求,着重研究远距离、无尘化的喷浆装备和自动化、机械化、适用性高的喷浆工艺,最终达到增大喷浆距离、降低粉尘浓度、降低作业强度、提高喷浆质量的目的。

(二) 多功能巷道修复机

1. 多功能巷道修复机简介

WPZ-37/600 三节臂巷道修复机既可挖掘、卧底、扩帮,又可破岩、铲运、清帮、吊装、平整巷道。该机作为矿下的"多面能手",可大幅减轻工人的劳动强度,显著改善井下作业条件,有效提高生产工作效率。

WPZ-37/600 三节臂巷道修复机工作臂可以无障碍 360°破碎挖掘,左右摆动±65°(摆动幅度≥7 600 mm)。

2. 多功能巷道修复机主要特点

(1) 采用三节臂的设计可以根据巷道大小调节臂的高低,避免触碰锚杆、锚索、巷顶板,从而使修复机在不同高度的断面内灵活作业。

(2) 配有推土铲可满足平整巷道工作面和支稳机身的作用。

(3) 一机多用。该产品配备了冲击锤、铲斗、铣挖头 3 个可快速拆卸的配件掘进,集破、铲、装、铣功能于一体。

(4) 适用范围大。具有挖掘、卧底、扩帮、侧掏、破碎、破岩、铲运、清理、装车、平整巷道等各种功能。

(5) 该机辅助臂可以 360°无障碍破碎挖掘。

(6) 三节臂油缸采用内藏式结构,可有效地保护油缸,且设有保护套,避免工作过程中发生碰撞而损坏油缸。

3. 巷道修复机结构

巷道修复机主要由工作装置总成、上平台、底盘、矿用隔爆型启动器、机车灯组成，如图 5-7 所示。

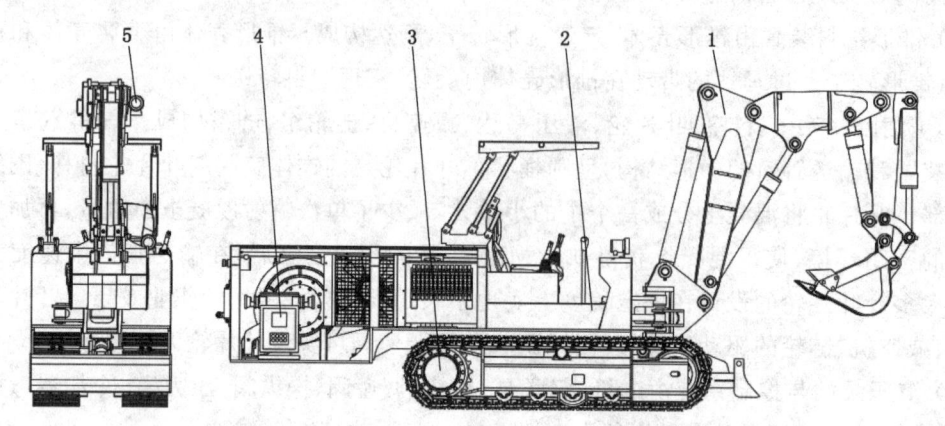

1—工作装置总成；2—上平台；3—底盘；4—矿用隔爆型启动器；5—机车灯。

图 5-7 巷道修复机结构示意图

（三）双臂支护钻车

双臂支护钻车是用于煤矿井下工程中对巷道顶板、侧帮及底部进行锚杆（索）支护的综合装备，可实现打孔、装药卷、安装锚杆、自动锁紧锚杆的全流程机械化作业，是连续采煤机或掘进机主要的配套设备。

钻车具有钻进功能，工作安全性高，可降低工人劳动强度，尤其是工人在使用钻车进行锚杆锚索支护作业时能大大缩短支护作业时间，提高支护效率和支护质量。钻车采用窄体机身设计，机构紧凑，运转灵活，操作方便，是实现巷道掘进支护快速、高效、机械化的一种装备。钻车在设计上充分考虑功能的多样化，针对目前矿井有掘必探的要求，利用钻臂动作灵活性增加了施工探测孔的功能，从而使得该机不仅能施工锚杆（锚索）孔，而且能施工巷道迎头的炮眼孔、探水孔及探放瓦斯孔。该钻车进行机械化施工作业，扩大了设备的作业范围，优化了巷道设备配置。

双臂支护钻车的性能特点为：

（1）采用窄体机身设计，零部件强度高、刚性好。

（2）液压系统采用负载敏感控制，既减少了能耗，又降低了系统发热失效的可能性。

（3）行走机构采用液压马达＋减速机驱动。

（4）设有两组钻臂及钻孔推进机构，均由液压系统控制，且两组钻臂及钻孔推进机构可独立并同时作业。

（5）两组钻孔推进机构可实现不同位置和角度的旋转，可进行顶板、侧帮、锚杆、锚索、迎头炮孔及探测孔的施工作业。

（四）切缝钻机

切缝孔的施工是煤矿切顶卸压沿空成巷无煤柱开采技术的关键工序，必须满足成孔质量好、钻孔角度符合规定、所有钻孔呈一条直线的要求。基于高质量成孔的要求，使用自动成巷

超前切缝钻机,其主要特点如下:
(1) 结构合理紧凑、动作灵活。
(2) 体积小,采用履带行走,具有良好的通过性。
(3) 定位切缝孔时,操作简单。
(4) 2台钻机可独立旋转,能够满足钻孔轴线与铅垂线夹角的要求;当液压钻车处于斜坡上时,通过摆动机构对钻机的调整,可满足所有钻孔平行度的要求;避免出现交叉孔、钻孔轴线与铅垂线夹角不符合要求等原因造成的顶板垮落不充分。
(5) 侧向移动机构对钻机的驱动可使所有钻孔在一条直线上,使顶板沿预裂切缝线切落后成巷质量较好。
(6) 钻机配备大扭矩马达,可提高钻孔效率。
(7) 钻机配备钻杆夹持机构、钻机支顶装置,能够方便钻杆的装卸及钻杆的导向,降低工人的劳动强度且成孔质量较好,易于装入爆破聚能管。
(8) 液压系统采用德国品牌,变量控制,系统稳定可靠。

(五) 单轨吊机械支护设备

单轨吊液压临时支护机是煤矿井下巷道一种主动式临时支护装置,其以单轨吊为载体,割煤结束后可以自行移至迎头,同时支架可以探至迎头实现零空顶化,实现机械化支护作业,而且单轨吊自带吊装功能,实现一机两用,促进工序间合理平行作业,提高进尺效率,并减少装备占用。

1. 结构和原理

(1) 单轨吊液压临时支护分为单轨吊部分和临时支护部分。它以单轨吊为载体,将支护装备与其有机地结合在一起。工字钢轨道悬挂在巷道锚杆上,单轨吊采用无线遥控操作,单轨吊安装在工字钢轨道上,运输物料时电动葫芦将物料或设备从地面吊起,启动行走电机,电机将动力传递给减速箱,经减速后传递给行走齿轮,行走齿轮与轨道上的齿条相啮合牵引,从而驱动行走机构沿轨道行走,达到运送物料的目的。行至轨道终点时,有终点限位架压下行程开关,电机停止并制动。

(2) 临时支护分为液压部分、底盘部、连杆部以及顶架部。液压部分采用电磁阀全无线遥控操作为各部液压缸提供动力,同时它还起到配重的作用,使支护部分能平衡地连接于单轨吊上。液压部分通过4根螺纹轴将其与支护底盘连接在一起,底盘通过悬挂轴将临时支护与单轨吊连接在一起,连杆部通过4根连杆以及4个连杆座组成两组平面四杆机构将底盘及顶架连接在一起并使得顶架始终平行于水平面运动,其运动源于两根液压油缸的收放,以实现对巷道空顶区的预紧支撑。

2. 使用方法

(1) 割煤结束后,将单轨吊液压临时支护机开到迎头安全区域内,将顶架下落到地面1.2 m左右,打开侧伸板和手动翻板,将钢带和锚网放置在顶架梁上,将配重块推移到最左侧,保持平衡。缓慢升起顶架梁,当钢带距离顶板大约100 mm时,调整钢带的排距,达到要求后将顶架梁顶紧顶板,对顶板有一定的初撑力。

(2) 利用扒装机出料,迎头余煤达到顶板约为1.8~2.0 m时,进行支护作业,先将临时支护架梁上的站腿油缸打开,将站腿外伸垂直与顶板,油缸伸出撑地。

（3）进行锚桩作业，全部锚杆施工完后，将站腿收回，顶架梁下落，收回侧伸和手动翻板，将整机后退安全距离。

第三节　新型煤矿运输设备

一、新型带式输送机

（一）永磁直驱带式输送机

近年来，永磁变频同步直驱系统在煤矿带式输送机得到广泛应用。永磁直驱技术作为高效节能的新型软启动和功率平衡技术，已逐步取代原有的液力耦合器、CST和交流变频调速等带减速器的传统驱动方式。与传统驱动方式相比，永磁直驱技术效率更高，特别是在轻负载情况下，节能效果更为明显。对于整个驱动系统而言，永磁直驱技术取消了减速器，不仅提高了系统的传递效率，还大幅减少了现场设备维护量，提高了设备可靠性。永磁变频同步直驱系统的驱动装置主要包括永磁同步电动机和永磁同步电动滚筒两类。

永磁同步电动机由定子、转子和端盖等部件构成。定子与普通感应电动机基本相同，也采用叠片结构以减小电动机运行时的铁耗。转子铁芯可以做成实心的，也可以用叠片叠压而成，永磁体安放在转子上，经过预先磁化（充磁）以后，不再需要外加能量就能在其周围空间建立磁场。永磁电动机采用变频控制器启动，启动转矩大，启动电流小，可以实现永磁同步电动机的软启动，避免了由电网直接全压启动时电流过大对负载设备和电网的不利影响。目前我国开发的永磁直驱同步电动机功率涵盖 30~1 600 kW，电压等级涵盖 380 V/660 V/1 140 V/3 300 V/6 000 V/10 000 V 等各个等级，常用转速范围为 60~90 r/min，其中已在煤矿井下应用的单机功率达 800 kW。

永磁同步电动滚筒为永磁同步电动机的一种特殊类型，将永磁同步电动机与滚筒相结合，其内部采用高性能硬磁材料组成复合磁系，具有磁场强度高、深度大、结构简单、使用方便、不需维修、不消耗电力、常年使用不退磁等特点。在永磁同步电动滚筒外壳的内壁上固连有偶数多边形磁块安装筒，该安装筒通过非导磁螺钉连有永久磁条，且各永久磁条由多块极性方向一致的磁块紧密贴靠叠加组成。永磁同步电动滚筒在矿山、磁选、水泥、钢铁、化工等行业应用较多，与带式输送机配套使用代替驱动滚筒。目前，国内已开发出 315 kW/1 140 V 隔爆型永磁同步电动滚筒并已实践应用，成为未来带式输送机驱动系统升级换代的新发展方向。

（二）新型转弯带式输送机

近年来，随着技术的发展，多种新型转弯带式输送机问世并投入使用，在煤矿井下煤流运输系统的优化中发挥着重要的作用。传统的带式输送机作为一种直线运输设备，只能适用于平直巷道。在井下运输路线存在巷道转弯时，往往需要安装多部带式输送机首尾搭接，通过接力运输将煤从工作面运出。此类运输方式运输设备安装数量多，操作及维护人力投入巨大。在巷道存在 3°左右的小角度时，也可以通过用防跑偏辊纠偏的方式实现带式输送机小角度转弯，但这种转弯方式会加速胶带磨损，需频繁更换胶带。新型转弯带式输送机的问世则解决了以上问题。新型转弯带式输送机通常由普通带式输送机配合转弯装置来实现带式输送机转弯,具有巷道适应性强、减少设备安装数量及人员维护工作量等显著特点。带式输送机转弯装置根据实现原理及转弯角度不同,可分为DZ-V型转弯装置和DTG1000/800-30型拱式转弯装置。

(1) DZ-V型转弯装置由转向装置、改向装置、缓冲受料装置、平托辊、清扫器等部分组成。这种转弯装置使用两组改向装置实现带式输送机转向。改向装置由改向架和改向滚筒组成,胶带缠绕在改向滚筒上实现转向。两组改向装置的改向滚筒不同,负责转运卸煤改向装置的改向滚筒负责胶带转弯,表面安装有若干个小滚轮,改向滚筒固定在改向架上不能转动,确保调整好的胶带不会跑偏,胶带通过改向滚筒表面小滚轮实现运转,防止摩擦改向滚筒。另一组改向装置的改向滚筒为普通滚筒,滚筒上安装有轴承座,胶带运行期间滚筒一同转动。

DZ-V型转弯装置可实现0°~180°的转向角,适合各种巷道条件下的带式输送机转弯需求;适应带宽500~1 600 mm,可实现水平转弯、上下转弯、组合转弯、上下变坡运行等多样的转弯方式,在上下变坡运行中可以实现压带功能,防止产生飘带;阻力系数$K=1.05\sim1.10$,整体结构比较复杂,安装及调试工序烦琐,对日常使用和维护要求较高。

(2) DTG1000/800-30型拱式转弯装置。拱式转弯装置主要由托辊组、中间架、支腿等部件组成,是一种新型带式输送设备,可实现带式输送机0°~30°的转弯运输,自由弯曲,减少转载点,可使带式输送机实现多维度转弯运行。转弯装置两侧安装有纠偏盘,防止运行期间胶带向转弯巷道内侧跑偏。转弯装置两侧安装有可调支腿,在转弯位置胶带向一侧跑偏时,通过调整可调支腿,将胶带跑偏方向适当抬高,实现胶带平稳运行。拱式转弯装置转弯半径≥10 m,转弯角度越大,要求巷道曲率半径越大,巷道适应性小。整体结构比较简单,安装及调试工序不复杂,对日常使用和维护要求较小。

二、单轨吊

早在20世纪60年代,一些先进的采煤国家就开始着手解决煤矿井下辅助运输机械化的问题,并对单轨吊进行了研发。到了20世纪70、80年代,单轨吊运输成为西方一些国家煤矿的主要辅助运输装备,并产生了巨大的经济效益和安全效益。

单轨吊系统是一列在工字形钢轨上运行的机车,钢轨吊装在巷道顶板上,利用了巷道的上部空间,特别适用于底板压力大容易导致轨道变形的矿井,可实现人员、物料的直达运输以及液压支架的整体搬运。单轨吊机车系统由机车单元、提升单元及轨道系统组成。根据动力源的不同,单轨吊机车分为柴油发动机驱动、压缩空气驱动、钢丝绳牵引、电气动力以及蓄电池驱动等不同种类,目前在煤矿中,柴油发动机单轨吊机车应用较为广泛。

(一) 系统组成和工作原理

单轨吊主要分为驾驶室、驱动单元、主机部分、提升梁(分为重型梁和轻型梁)、电控部分。牵引力与驱动单元的数量有关,每个驱动单元的牵引力在20 kN左右,根据实际需要,可适当增减驱动单元的数量,一般为4~8个,特殊情况下可以安装至14个,牵引力可达280 kN。运行最大速度为2.0 m/s,适应最大倾角30°。轨道系统由轨道、道岔、悬挂装置以及相关附件组成。根据单点负载能力,轨道一般分为轻型轨和重型轨,同时根据地质条件和载重工况,轨道有不同长度规格,轨道之间用法兰连接。在坡度较大、巷道湿滑或载重量较大时,可在特殊区间增加齿轨装置,采用齿轮+摩擦轮的混合驱动模式。电控部分实现单轨吊系统各种状态信号的采集和保护、机车的定位和跟踪。

(二)主机部件

(1)驱动单元安全制动。单轨吊机车的驱动部由一对液压马达驱动的摩擦轮组成。驱动装置配备紧急制动抱闸。行走时动力将紧急制动闸的弹簧装置打开,当遇到过速或者液压系统故障时,弹簧抱闸实现紧急制动。

(2)吊机车齿轨装置。在坡度较大、轨道湿滑或者载重量较大时,驱动部的摩擦轮可能会出现打滑的现象,影响机车的正常运行。克服这一问题的有效方法是在特殊区间增加齿轨装置,采用齿轮+摩擦轮的混合驱动模式。

(3)提升梁单元。根据不同的运输任务需要配置不同的提升装置。提升梁分为重型梁和轻型梁,均由机车单元提供液压动力。提升梁由马达齿轮箱、控制阀门、提升链条和梁体等部分组成。通过操作控制阀门,可使液压马达运转,齿轮机构带动提升链条上下移动,实现物料吊装。重型梁主要用于吊运重型设备,提升能力可高达 45 t;轻型梁用于运输相对较轻的物料,提升能力设计为 5~8 t。两类提升梁都具有操作简单、提升物料快等特点。

(4)轨道系统单元。轨道系统由轨道、道岔、悬挂装置以及其他相关附件组成。根据单点负载能力,轨道一般分为轻型轨和重型轨,同时,根据地质条件和载重工况,轨道有不同长度规格,以合理分配载荷。轨道系统的安装质量直接影响单轨吊机车的正常行驶。轨道系统必须由专业人员根据综合地质条件、运输条件以及设备选型进行合理设计。

(三)定位跟踪系统

定位跟踪系统由监控主站、无线基站、信号装置、车载台、电源箱、手机、电缆或光缆等组成。通过在单轨吊运输巷道布设无线基站,完成巷道整体的无线信号覆盖。单轨吊上的车载台收集单轨吊运行时的当前位置以及各种状态信息,通过无线基站的接收传输到单轨吊控制室的监控主站,监控主站可实时监测单轨吊运行状态,跟踪单轨吊运行位置,保障绞车系统的高效安全运行,同时可以实现绞车驾驶室和前方的打点通信、移动通信、广播对讲。

(四)发展前景

随着煤矿生产技术的发展,生产效率不断提高,综采设备以及液压支架单件的重量越来越大,在巷道坡度起伏较大、工况复杂的环境中,单轨吊系统能够实现最高效率的运输。相比于其他辅助运输方式,单轨吊系统安全性、可靠性高,设备成本低,但目前应用较多的以柴油机为动力的驱动方式存在噪声污染和环境污染问题,以动力电池驱动的电动单轨吊具备噪声小、无污染等优势,是单轨吊未来的发展趋势。

三、无轨胶轮车

随着我国高产高效矿井的不断壮大和发展,无轨胶轮车的应用已经越来越普及。无轨运输作为一种新型的辅助运输方式,因其具有巨大的载重能力、灵活的使用方式、强大的爬坡力和多功能等优点,被大量应用到煤矿的生产中。无轨胶轮车最早由国外引入,在不断改进和发展的基础上,逐步推广到煤矿井下作业,提高了生产效率,提升了生产质量。新型无轨胶轮车逐步取代了传统运输工具,极大地改善了运输条件,提高了工作的效率和安全性。

（一）井下无轨胶轮车的特点

(1) 新型无轨胶轮车与人体工学结合，将驾驶室设置在最上面，与各种废气进行了隔离，兼顾安全性和透气性，设有通风管道，使装置内、外温度保持不变，改善了工作环境。

(2) 设备的操作系统具有小巧灵活、操作方便的特点。每一辆无轨胶轮车只需要两个工人就能完成整个运输过程。

(3) 无轨胶轮车在坑坑洼洼的矿井中如履平地，效率较高。在煤炭的运输中，前半部车内设备对煤炭进行简单的预处理，提高煤炭的储存容量。在采矿效率方面，采用前轮加压、后轮铲挖的方法，可降低不必要的开采能耗，提高采收率。

(4) 使用方式灵活。例如，支架搬运车可以进行安装、运输，拆除重型液压支架、采煤机和输送机等 25~35 t 的大型设备，而且搬运完一个工作面的设备后，支架搬运车还可以用来作为一般的井下多功能运输车：拆去铲板，换成不同的工作机构选装件后，可以用于运输材料和人员；配上绞车可以帮助吊运；装上铲斗，就变成铲车使用了。

（二）无轨胶轮车在应用中存在的问题

随着我国煤炭工业的迅速发展，在许多矿井推广使用了无轨胶轮车。然而，由于其应用范围的扩大，存在的诸多问题也随之显现。

(1) 车辆尾气排放量大。以柴油为燃料的无轨胶轮车会产生大量的废气、烟雾和刺激性气体，在封闭的矿井里，空气流通不畅，有毒的气体长期充斥其中，会对人体造成伤害，轻则导致眼睛、鼻子、咽喉等不适，重则导致呼吸系统的慢性疾病。

(2) 重型车辆重载爬坡易出现高温。在煤矿中，无轨胶轮车是实现辅助运输的重要组成部分，在使用时要注意保养。通常在满载煤炭的情况下，汽车的引擎很可能会因为长时间的超负荷运行而产生高温，长期处于高温的话，很可能会发生缸盖开裂、抱缸等严重故障。

（三）无轨胶轮车的发展现状及前景

(1) 井下无轨胶轮车的发展现状。我国 20 世纪 80 年代中期开始研制柴油机无轨胶轮车，如河北煤炭科学研究所等单位研制了 DZY16 防爆低污染支架搬运车和 WY-20 无轨胶轮车等机型，但未得到推广应用。在矿井巷道狭长、通风受限的条件下，防爆柴油机胶轮车的高排放、大油耗、强噪声等问题日益显现，给井下环境和工作人员生命健康带来威胁。消除防爆车辆污染，改善巷道空气环境是井下辅助运输亟待解决的重大技术难题。纯电动无轨胶轮车的研发推广解决了上述问题。纯电动无轨胶轮车主要由蓄电池系统、电驱动系统、传动系统和辅助系统构成。与发展仅受限于动力电池技术的地面纯电动车辆不同，纯电动胶轮车的发展还与防爆驱动电机调速、传动系统效率等关键技术密切相关。

(2) 井下无轨胶轮车的应用前景。采用无轨胶轮车，既可以使煤矿的生产能力、运输效率得到显著提高，又可以保证煤矿的安全生产。首先，采用无轨胶轮车运输，工人的劳动强度大为减轻，生产效率得到提高。工人们用无轨胶轮车上班，可以大大减少往返的时间，使他们有足够的能量来进行生产。采用无轨胶轮车可以简化辅助运输流程，降低事故发生的概率，提高工作效率。采用无轨胶轮车，为开采工作提供了有利的条件。新建成的矿井将彻底实现辅助运输的无轨化，无轨辅助运输设备也将完全国产化和系列化，企业也将继续研发新产品，以适应不同矿井的特殊需求。

四、电机车

(一)矿井电机车的分类

矿井电机车多为窄轨电机车(轨距小于 1 435 mm),以下简称电机车。电机车的分类如下:

(1)按供电方式,可分为架线式、蓄电池式和复式能源式电机车 3 种。

蓄电池式电机车按安全性能可分为增安型、隔爆型和防爆特殊型电机车 3 种。

(2)按黏着质量可分为 1.5 t、2.5 t、3 t、5 t、7 t、8 t、10 t、12 t、14 t、20 t 电机车等。

(3)按轨距可分为 600 mm、762 mm、900 mm 轨距电机车 3 种。

(4)按电压等级可分为 48 V、90 V、110 V、132 V、140 V、250 V 和 550 V 电机车等。

(二)电机车的适用条件

(1)架线电机车是由牵引变流所供给电源。它的适用条件为周围空气温度最高+40 ℃,最低-25 ℃;海拔不超过 1 000 m;最湿月月平均最大相对空气湿度不大于 90%,同时该月的月平均最低温度不高于+25 ℃;巷道坡度一般限制在 3‰~5‰,局部轨道坡度不超过 30‰。

(2)蓄电池式电机车的适用条件为周围环境温度-20~+40 ℃,最湿月月平均最大相对空气湿度为 95%(同月月平均最低温度不高于+25 ℃)。某些防爆特殊型蓄电池胶轮机车可使用在 10‰坡度(约 5.7°)巷道中牵引列车。

(三)矿井轨道

(1)矿井轨道的作用是把车轮的集中载荷传播、分散到地面和井下巷道的底板上,使列车沿轨道平稳、高速运行。

(2)《煤矿安全规程》规定:新投用机车应当测定制动距离,之后每年测定 1 次。运送物料时制动距离不得超过 40 m;运送人员时制动距离不得超过 20 m。

(四)架线电机车

(1)架线电机车按电源性质不同,可分为直流电机车和交流电机车两种。

(2)矿用电机车的机械部分包括车架、轮轴及传动装置、轴箱、弹簧托架、制动装置、撒砂装置、连接缓冲装置及空气压缩系统。

(3)架线电机车的供电系统主要由牵引变流所、馈电线、架空线、轨道、回流线组成。

(4)架线电机车牵引网络由馈电线、架空线、轨道、回电线、分段开关、分段绝缘等组成。牵引网络的作用是供给架线式电机车的直流电源并组成电机车电流通路。

(5)架线电机车的电气设备有集电器、自动开关、电阻器、控制器、照明装置和牵引电动机等。

(6)控制器由换向器和主控制器两部分组成,用来操作电机车启动、调速、停止、电气制动、前进或后退。主控制器具有完成电机车的启动、调速以及电气制动等功能。

(五)蓄电池电机车

1. 蓄电池电机车的组成

蓄电池电机车主要由特殊型电源装置、机械部分、电气部分构成。由于工作环境的需要,其电气设备的电源插销连接器、控制器、电阻器、照明灯、牵引电动机及各种仪表都为隔爆型。

(1)防爆特殊型电源装置。电源装置由特殊型蓄电池、蓄电池箱和隔爆插销等部件组成。

(2) 电气部分。电气部分由隔爆型直流牵引电动机、隔爆控制器、隔爆电阻器、车载断电稳压装置、隔爆照明灯、蓄电池放电指示器组成。

(3) 机械部分。机械部分由车架、行走部件、制动装置、撒砂装置、司机室、顶棚等组成。

2. 锂电池永磁同步电机车

锂电池电源采用钛酸锂电池 331.2 V/160 A·h，配备 BMS 管理系统，工作温度 $-20\sim 50\ ℃$，无须加热和散热措施，寿命循环不小于 2 000 次，配有快速充电插座，兼容充电机，正常充电 60 min 以内可以完成(最快 30 min)。电机车使用过程有电量显示，充电不需要更换电池和起吊，利用交接班时间完全可以充满电。充电过程无须人工值守，司机下班将充电插头插好插座，按运行充电机自动充电，充电完成自动停止。

(1) 采用高频开关式充电技术和智能化充电工艺，相比传统充电技术具有以下优势：

① 节能：采用新的技术可以大幅降低充电装置本身及充电过程因发热损失的能量，充电过程中降低能耗 30% 以上。

② 延长电池使用寿命：延长铅酸电池的使用寿命。

③ 减员增效：可实现智能充电和集中监测监控，避免了人为经验因素，操作简单可靠，具有完备的保护措施，起到减员增效的效果。

④ 兼容性：在同一设备上，可以实现对不同类型电源装置进行充电。

(2) 智能充电机技术。充电机三相交流 380 V AC/660 V AC 电压输入，功率 60 kW，7 寸触摸屏，采用新型高效三相 PFC 电路拓扑结构，功率因数大于 0.99，谐波畸变率低($\leqslant 5\%$)。高频开关电源模块采用了全桥移相软开关技术，执行效率高。先进的数字化均流技术有效提高了均流精度和抗干扰性。智能化的充电过程控制和完善的充电过程监视及保护，操作简单。具有定时充电、定量充电、自动充满等多种充电方式可供选择；实时显示已充电量、充电时间等信息及运行状态。预留 CAN 通信接口，模块热插拔技术使维护更方便。

(3) 锂电池永磁同步电机车的优势：

① 整车结构合理，具有液压制动功能(可实现行车制动、驻车制动、自动驻车)，启动平滑，刹车距离短，提高了机车运行的安全性能。

② 采用永磁同步电机及其控制系统，车辆具有电制动功能，制动距离短，安全性高。

③ 充电机采用开关电源式技术，转换效率高，相对可控硅技术节能达 20% 以上。

④ 铅酸电池由于没有管理系统，过充现象非常普遍，能量浪费比较严重。锂电池则不存在这一问题。

⑤ 永磁电机及其控制系统相对于直流电机及其控制系统节能效果明显，续航里程普遍提高 20%～30%。

⑥ 锂电池不存在铅酸电池使用过程中重金属铅和硫酸污染问题，对煤矿从业人员和环境非常有利。

(六) 电机车调速方式

电机车在运行过程中常常需要变换速度，如过道岔、进入弯道及调车等。

矿用电机车常见的调速方式有电阻调速、脉冲调速(也叫斩波调速)、变频调速和永磁同步电机调速 4 种，其他的如断电滑行、机械制动及电气制动等也可用于电机车的调速。

1. 电阻调速

老式电机车调速的传统办法是将电阻串入电机车电枢控制回路,通过控制电阻的阻值大小来改变电动机两端电压调节电流大小,进而控制电动机的输出功率,最终达到调速的目的。这种方法的最大缺点是:调速过程中串入的电阻要将电能变成热能损失掉,很不经济;调速采用了分段切除电阻方式,这样分段增加了电动机两端的电压,于是电机车的速度呈台阶式变化,调速不平滑。

2. 脉冲调速

脉冲调速法就是利用斩波器改变电动机两端的直流电压进而控制电流大小从而控制电动机功率,最终达到调速目的。不过它控制电流的方法与电阻调速不同,是通过调节开关的动作频率或改变直流电流接通和断开的时间比例来改变电动机电压、电流的平均值。主控元器件为可控硅、IGBT 等,可实现无级调速,能量损耗相对较小。

3. 变频调速

变频调速是将直流电转换为交流电,通过控制电源的频率从而控制电动机的转速。

随着信息技术、电力电子技术、电机驱动技术的不断开展,变频技术日臻完善。三相异步电动机及其控制主要采用变频技术进行,由于三相异步电动机的效率较低,变频技术在车辆上应用故障率较高,电机车的电池电压低等问题直接限制了该技术的推广应用,因此该技术用于高压(如架线电机车)上比较多,在蓄电池电机车上推广应用较少。

4. 永磁同步电机调速

随着电力电子技术、微电子技术、新型电机控制理论和稀土永磁材料的快速发展,永磁同步电机得以迅速推广应用。与传统的电励磁同步电机相比,永磁同步电机具有损耗少、效率高、节电效果明显等优点,新型变频控制永磁同步牵引防爆蓄电池电机车得以推广应用。

永磁同步电机的定子指的是电动机在运行时的不动部分,主要由硅钢冲片、三相对称同分布在它们槽中的绕组、固定铁芯用的机壳以及端盖等部分组成,和异步电动机的定子结构基本相同。空间上三相对称绕组通入时间上对称的三相电流就会产生一个空间旋转磁场,旋转磁场的同步转速 $N=60f/p$,其中,f 为定子电流频率,p 为电动机极对数。图 5-8 为永磁同步电机定子与转子的示意图。

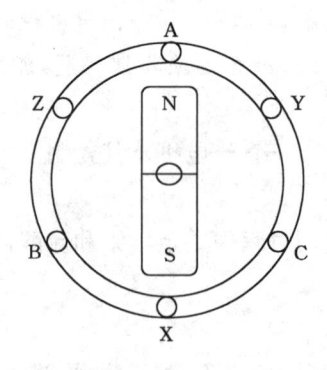

图 5-8 永磁同步电机定子与转子示意图

永磁同步电机的转子是指电动机在运行时可以转动的部分。转子采用永久磁铁励磁,目前一般使用稀土永磁材料,通常由磁极铁芯、励磁绕组、永磁磁钢及磁轭等部分组成。磁极铁芯由钢板冲片叠压而成,磁极上套有励磁绕组,励磁绕组两出线端接到两个集电环上,再通过与集电环相接触的静止电刷向外引出。励磁绕组由直流励磁电源供电,其正确连接应使相邻磁极的极性呈 N 与 S 交替排列。转子的主要作用是在电动机的气隙内产生足够的磁感应强度,并同通电后的定子绕组相互作用产生转矩用来驱动自身的运转。永磁同步电机的励磁磁场可视为恒定。

综上可知,永磁同步电机调速具有以下特点:

(1) 电动机的转速与电源频率始终保持准确的同步关系,控制电源频率就能控制电机的转速。

(2) 永磁同步电机具有较硬的机械特性,对于因负载的变化而引起的电机转矩的扰动具有较强的承受能力。

(3) 永磁同步电机转子上有永久磁铁无须励磁,因此电机可以在很低的转速下保持同步运行,调速范围宽。

五、防爆柴油机履带运输车

防爆柴油机履带运输车是一种以隔爆发动机为动力的履带运输车,可在爆炸性气体环境中使用。其采用压缩气启动,电保护,安全系数高,整机出现异常时自动保护装置会自动发出声光报警,并在 1 min 内自动切断油路迫使整车停机。该车适用于煤矿井下有甲烷等爆炸性气体混合物但通风良好的巷道环境,是一种矿山运输设备,主要由防爆柴油机、随车吊、履带底盘、车斗、驾驶室、液压系统等组成。

(1) 该运输车采用液压驱动履带行走方式,省去传统变速箱传动,性能可靠,并且采用单手柄操控整车的前进、后退及转向,操作简便、准确。

(2) 采用履带行走,接地比压小于 0.15 MPa,适用于松软巷道运输。

(3) 整机宽度小,通过空间 140 mm,适用于窄巷道运输。

(4) 采用双向驾驶,有效解决巷道内空间不足、转弯不便的难题。

(5) 整机配有随车起吊臂,装卸重物方便安全。

第四节　煤矿机电运输新工艺与新材料

一、主要提升机首绳快速更换工艺

随着矿井深部开采技术的推进,矿井提升机向重型化、大型化发展,主提升钢丝绳直径也相应增大,且矿井提升机静张力差受到提升机性能影响,采用传统的换绳工艺不能满足主提升更换施工要求。为实现矿井主提升绳的快速更换,实现安全高效生产,采用快速换绳车两两更换工艺。

淮南矿区某矿主井东车 4 根主绳由南向北编号为 1#、2#、3#、4#;中间箕斗为主钩,边箕斗为副钩。钢丝绳直径 50 mm。以 1#、4# 主绳更换为例进行阐述。

(一) 换绳设施的布置

(1) 收、放绳绞车布置。将 4 台收、放绳绞车布置在井口一侧,中间两台为收旧绳绞车,两侧两台为放新绳绞车。

（2）换绳车布置。利用拖车将换绳车运至井口,通电将换绳车从拖车上直接开至安装位置,并按照要求固定在混凝土基础上。

（二）副钩侧卡绳梁布置

将副钩落至井底,主钩起至井口便于做新绳头位置。先在副钩侧布置卡绳梁,卡绳梁选用两根双40#工字钢,分别布置在锁口大梁主绳两侧。调整两根大梁位置,使其尽可能靠近主绳,并将工字梁分别与锁口大梁焊接牢固。

（三）引主钩侧引绳

将主钩下落至井口以下约10 m处,后在主钩侧井口将翻绳用引绳(ϕ48 mm钢丝绳)穿过换绳车中间两个单元体后引至主钩侧,将引绳与主钩侧1#、4#主绳用两副Y-50绳卡卡紧。开动绞车和换绳车,上提主钩将引绳向上带至井口20 m。

（四）引副钩侧新绳

启动放绳绞车吐新绳,将两根新绳穿过换绳车最外侧单元体引至井口并穿过布置好的对应导向轮。在井口将两根新绳与副钩侧对应的1#、4#旧绳采用两副Y-50钢丝绳卡卡牢。启动换绳车和主提升机,以0.2 m/s的速度下落主钩约20 m,将主钩落至井口方便做主钢丝绳绳头位置。

（五）布置副钩侧卡绳器

将4对20#工字钢(1 m/根)按井字形布置在40#工字钢上,每对20#工字钢靠在主绳两侧,同时将20#工字钢断续焊接至40#工字钢上。然后将4个卡绳器布置在卡绳梁上,并将4根主绳在副钩侧进行卡设。

（六）利用调绳机开断主钩1#、4#旧绳

在主钩侧1#、4#旧绳悬挂装置上方横梁上挂设4只手拉葫芦,将1#、4#悬挂装置留住。以0.2 m/s的速度开动换绳车收紧主钩侧两根引绳。操作主钩侧调绳机,用2#、3#旧绳将主钩侧箕斗提起。然后将主钩侧1#、4#旧绳由悬挂装置上口割断。

（七）1#、4#旧绳拨离滚筒绳槽

主钩侧1#、4#旧绳开断后,以0.2 m/s的速度开动换绳车将主钩侧的两根引绳松动,主提升绳在车房处松弛且容易拨出绳槽时停止开动换绳车。将1#、4#旧绳拨出滚筒绳槽放至滚筒衬垫压块上。

（八）断开副钩侧1#、4#旧绳

以0.2 m/s的速度开动换绳车,收1#、4#新绳并将副钩侧的1#、4#旧绳双头向井筒外牵引盘至井口。启动换绳车收1#、4#新绳的同时松主钩侧引绳,将主钩侧割断的旧绳留住。在收新绳同时也要开动放新绳绞车将主绳缠至新绳盘上。当副钩侧1#、4#新旧绳卡接位置到达井口后,在副钩侧1#、4#旧绳由绳卡下方割断。

（九）翻1#、4#新绳

启动换绳车收引绳放新绳。换绳车将主钩侧引绳引至换绳车后停住,拆除绳卡后将主钩侧1#、4#旧绳分别穿过穿引绳两个单元体。启动换绳车翻绳,用旧绳牵引新绳翻过天轮、滚筒至主钩侧。通过井口挂设导向尼龙滑轮,将新绳拽至井筒外,留够做新绳头量,在井架上将新绳反留套架顶梁上。

（十）连接主钩侧 1#、4# 新绳头

用挂设的手拉葫芦调整 1# 主绳悬挂，使其处于垂直状态去除销轴。用大锤及销冲将主绳悬挂销轴冲出。拆除旧绳后将新钢丝绳按照顺序对应穿至悬挂装置腔体内，然后将悬挂装置鸡心安装好，利用手拉葫芦对新绳头进行收紧后固定。1#、4# 主绳头固定好后，将绞车房内新绳拨入绳槽内。对 1#、4# 主绳悬挂油缸充压平衡。

（十一）放新绳、收旧绳

启动换绳车，收紧新绳。将换绳车上引主钩侧主绳单元体内的旧绳全部吐出，将副钩侧 1#、4# 旧绳重新穿入该单元体内，按换绳车提供技术参数调整单元体压力，并将 4 个单元体的常闭式机械锁锁定，利用单元体将两根旧绳压紧压牢。启动换绳车同时启动提升机，以 0.2 m/s 的速度点动使副钩侧的 4 个卡绳器松动。卡绳器松动后静置约 5 min，对换绳车进行全面检查，避免出现滑绳。将卡绳器拆除，启动换绳车收旧绳、放新绳，同时启动收绳滚筒收绳，再启动提升绞车（0.25 m/s），利用换绳车下放新绳、收旧绳。在下放新绳、收旧绳的过程中，每 400 m 利用调绳机和换绳车配合，收紧一次新绳，防止新绳在井筒中有余绳后打绞。循环施工直至副钩侧悬挂到达井口位置。

（十二）连接副钩侧 1#、4# 主绳

放新绳、收旧绳后，在主钩侧 4 根主绳利用调绳机卡设。副钩侧 1#、4# 新绳分别用手拉葫芦在调绳机平台位置反留。留够新绳的连接长度后，将 1#、4# 新绳割断并由换绳车内吐出，然后参照主钩新绳头连接方法进行连接。平衡 4 个悬挂装置油缸，按照同样的施工工序更换 2#、3# 主提升绳。

二、远距离喷浆料工艺

（一）国内外现状和发展趋势

煤矿井下巷道喷浆方法主要有干喷、潮喷和湿喷 3 种。美国在 20 世纪 50 年代就研制出了湿喷机（Eimco 公司研制成功的风送罐式湿喷机），之后出现多种机型。在美国、德国、英国等国家，湿式混合物料喷装机已成为喷浆作业的主要设备，很多国家的应用已经达到 80% 以上，且在某些工程中已经要求必须采用湿喷工艺。目前应用较多的湿喷机机型有活塞泵式湿喷机、挤压泵式湿喷机、螺杆泵式湿喷机、转子活塞式湿喷机、叶轮式湿喷机、FSP-1 型湿喷机组等。

我国煤矿井下大多使用转子式混凝土喷射机进行混凝土喷射作业。喷射机密封单元可靠性差，粉尘大，摩擦件易损更换频繁。喷射距离 60~100 m，很多运输条件不具备的位置无法进行喷浆作业。靠人工搬运机器和喷浆料，劳动强度非常大。尤其是斜巷必须把喷浆料车和喷浆机倾斜布置，危险系数高，工序烦琐。

远距离喷浆工艺是在现有井下喷浆工艺及喷浆设备基础上，采用锥形给料装置，通过锥面贴合进行密封，采用叶片轮与气料室结构排料，水平最大喷射距离可达 800 m 的高效无尘化喷浆工艺。在实际应用中，对远程喷浆机进行了优化和改进，以发挥其最大效能。

（二）远距离喷浆工艺的工程应用

喷射混凝土施工设备，国内煤矿井下大多使用转子式混凝土喷射机。如 PZ-5B 型转子式混凝土喷射机，其给料部分、喷射部分为一体，机器结构较为紧凑，操作使用具有一定的便捷性。但该喷射机也存在诸多缺点,如密封结构不可靠,易出现磨损致密封失效;喷射距离短,喷射距离仅能达到40～60 m;产生较大粉尘;料腔通过出料口频率较低;喷射时脉冲大,物料不能连续;等等。

1. 新机型应用

PYC6ZL型液压转子式混凝土喷射机主要由行走装置、料斗、锥形给料装置、喷射系统、液压泵站、气路系统、润滑系统、除尘器等部件构成,喷射功率大,采用全液压驱动方式,平巷喷射距离最大达800 m,喷射输出量为0.3～8.0 m³/h。

其作用原理为:将混合均匀的喷浆料(现场拌制或预拌混凝土)送入喷浆机料斗,通过振动筛将大颗粒异物筛除后落入液压马达(转速可调)驱动的转子料杯内,当料杯口转到朝下时,料杯内喷浆料落入充满压缩空气的气料室,同时另一只空料杯口转到朝上开始接料斗内的喷浆料,如此循环往复就实现了喷浆料通过锥形给料装置连续给气料室送料。气料室下部有一个转速可调的锥形叶片轮,喷浆料落在旋转的叶片轮上,由于叶片轮锥形结构使喷浆料堆积成锥形并逐渐向各个方向自由塌落。在气料室的出料口有一个进气与出料一体化的鹅颈管,布置在叶片轮喂料杯上方,塌落入喂料杯的喷浆料通过鹅颈管吹向出料口,通过输料管道吹向喷浆枪头。叶片轮不停旋转,喂料杯不断被喂料,不断经过鹅颈管被清空,实现了喷浆料连续输送。叶片轮的转速可以无级调节,实现物料均匀送向喷枪。

2. 实施应用与创新

(1) 施工工序优化。合理优化"掘-喷-锚-喷"施工工序,形成正规的作业循环。当班破岩后,对顶板进行敲帮问顶、临时支护,开展初喷作业。初喷厚度根据破岩面效果确定,一般为50～150 mm,初喷循环进度一般为1.2～1.8 m。复喷作业在锚网支护完毕后进行,一般复喷作业选取集中复喷方式进行。生产班组连续生产施工4～8 d,进尺累计达到16～36 m后,再对顶板锚网支护巷道进行复喷浆,防止顶板网片锈蚀,造成支护弱化。复喷作业一般按照覆盖网片、托盘即可,复喷厚度约为20～50 mm。采用远距离喷浆机进行喷浆作业,优化工作面生产组织和循环工序,复喷布置在迎头12 m向后的巷道内实施,单次集中喷浆距离长,对工作面迎头的平行作业不造成影响,施工效率提升明显。

(2) 喷浆管路选择。延接喷浆管路期间,从喷浆机出口需延接一根高压胶管,用于连接喷浆机和喷浆铁管,保证管路延伸期间可以随巷道或料场转弯。喷浆管路中段采用无缝钢管进行延接,能够提高喷浆料的输送能力,防止喷浆料在输送管路中段发生堵塞。在喷浆管路末端,采用普通胶管和喷浆嘴进行连接,便于喷浆作业人员操作喷嘴和扫射喷浆作业。工程应用中发现,堵塞管路多为混合料内混入直径较大的石子或砂粒造成。在喷浆作业期间,除加强职工上料控制外,应加强混合料拌料质量管理,避免混入直径30 mm以上的石子或砂块。

(3) 应用改造创新。在喷浆机应用期间,结合现场空间和运输条件进行适应性改造,以减轻劳动强度、提高施工效率和作业质量。针对运料、上料存在的问题,采用侧卸开帮矿车运送喷浆料,加工改造风动传送带辅助喷浆上料,降低员工上料劳动强度。研究创新顶板垂吊式喷头作业臂,降低抱喷头作业人员的劳动量,实现现场操作简单省力、重量轻、搬运和回收方便。

(4) 粉尘防护措施。应用远距离喷浆机作业期间,强化粉尘防护措施管理,避免对员工造成职业危害。拌料期间使用潮料并充分搅拌,降低水泥尘量。规范喷浆料、速凝剂和水量,喷嘴出料期间高压高速飞向岩壁，通过挤压黏结在一起，减少了喷浆料的回弹量，实现节约材料及减尘的目的。喷浆作业效率高，缩短职工粉尘环境下的作业时间，同时采用巷道防尘喷雾、个体防护等综合措施，保证作业人员的身心健康。

（5）强化管理提升。在推广应用期间，强化设备管理，通过日常检修维护和规范操作，消除设备对生产施工影响。规范设备操作期间上料、压风、喷射角度等操作控制，降低喷浆回弹率。加强设备部件检修维护，利用巷道掘进施工不喷浆作业间隙开展料盘、密封件等部件检修更换，做好预防性检修，实现喷浆作业零影响。

3. 常见问题及处理方法

（1）因气源压力不足引起的喷浆管路堵塞。为避免供风风压、风量不足造成喷浆管路堵塞，开机喷浆前，应首先检查机械供风压力表是否达到要求。风压要达到 0.5~0.7 MPa，否则不得开机作业。气压表压力增高，说明有喷浆料堵管可能，应立即确认，如果堵管，马上停止上料，进行处理。

（2）转子转速与定子排量不匹配引起的喷浆管堵塞。定量腔压紧力必须满足要求，操作转子换向阀，转子开始运转，观察转子表面有润滑油膜后开始调节转子定子间隙。通过调节顶紧螺母松紧 3 次转子，确保定子与转子之间覆盖润滑油膜，并且确保间隙良好。按要求调整定量腔压紧力，首先启动电机，然后打开冷却水阀门和卸料气路阀门，操作转子操纵阀，使转子转动起来（正转），使用中检查转子是否出现反风，如果定子入料口出现反风，可使用钎杆旋转转子端头的压紧装置（调节螺母），顺时针为"张紧"，逆时针为"调松"。调节螺母要适量慢慢张紧，不要过度张紧。通过手动操作转子换向阀，转子正向运转起来。转子调速阀旋转一周，转子转速增加或减少 2 周，以此调整与定子相匹配排量。

（3）铁管与软管连接处因通径改变及软管折叠引起的管路堵塞。原厂接头采用软管加接头采用铁丝绑扎，不但容易折叠，而且容易脱扣。将软管接头压接不低于 200 mm 的钢管，并焊接法兰，用螺栓和铁管连接起来，能够较好地解决此问题。

4. 优化改进方案

（1）现场喷浆过程中，根据长距离喷浆风压需满足需求要求，喷浆手占用人员多，且一旦出现喷浆堵管现象，由于大倾角上下山作业，容易造成操作人员重心不稳甚至造成人身伤害。改进方案：利用轨道作为生根固定点，加工卡箍对管路进行固定，并加工能够使枪头滑行的支架，把枪头固定在支架上，避免人工抱枪头对操作人员人身安全造成危害。

（2）软硬管连接采用拔哨连接方式，铁丝绑扎，不仅易造成喷浆管路堵塞，而且由于拔哨出口与 DN50 管直径不匹配，满足不了喷浆正常设备输出量需求，易造成故障。改进方案：将软管接头压接不低于 200 mm 的钢管，并焊接法兰，用螺栓和铁管连接起来，能够较好地解决此问题。

5. 实施效果

（1）通过装备应用远距离喷浆机，提升矿井装备水平，避免了喷浆作业期间喷浆机、耙装机等频繁挪移问题，降低了职工体力劳动强度。

（2）远距离喷浆工艺的应用，能够有效地提高喷浆效果，降低喷浆回弹率，避免材料浪费和职工装运喷浆料的无效体力劳动。拌料地点固定，避免了频繁变换拌料地点底板混合料回收使用不彻底，减少了材料浪费。

（3）远距离喷浆工艺的应用，密封性能好，喷浆作业回弹率低，附近产生粉尘少，减少了粉尘污染，改善了职工作业环境。

（4）远距离喷浆工艺的应用，优化了传统岩巷喷浆巷道施工作业循环组织模式，合理优化"小循环"和"大循环"生产，促进了矿井岩巷施工单进提升，岩巷施工单进水平由传统的55～60 m/月提升至85～100 m/月。

（三）远距离喷浆工艺的发展趋势

对喷浆设备选型、输浆管选型、浆体远程输送、喷浆机搅拌粉尘控制及喷浆机自动上料等方面的研究，解决了巷道喷浆粉尘量大、工人劳动强度大及长距离喷浆造成的管道堵塞等问题，提高了工作效率，具有较高的经济价值和社会效益。

远距离喷浆工艺技术的研究，实现了煤矿井下远距离混凝土喷浆的要求，解决了边远巷道喷浆封闭没有运输路线、无法运料和移机的难题，加快了巷道掘进、支护和喷浆的连续作业速度。在保证喷浆质量的同时，减轻了职工的劳动强度，节约了成本，效果显著。简易风质净化器和混凝土加压输送装置结构简单，安装使用方便，无论在平巷和上、下斜巷中都能够使用。远距离喷浆工艺一方面可应用于边远巷道喷浆封闭，另一方面也可应用于巷道掘进过程中喷浆支护，具有较高的推广价值。

三、带式输送机辅件新材料

（一）聚乙烯托辊

聚乙烯托辊是以塑代钢的技术产品，主要原料是超高分子量聚乙烯，并根据托辊表面材料的变化，对其制造结构也做了相应改变，使其耐磨、转动等系数得到提高，与金属托辊或陶瓷托辊相比，使用性能上具有诸多优势。

（1）超高分子量聚乙烯为线性柔性分子结构，表面硬度低，摩擦系数小，自润滑性能高，不会对胶带造成磨损，使胶带寿命延长了1～2倍。

（2）超高分子量聚乙烯托辊在雨水、冰雪及其任何酸、碱液体中都不会受到腐蚀，使用寿命比金属托辊延长了3～5倍。

（3）超高分子量聚乙烯托辊由于材料自身的抗黏附性，即使在有水或油媒介下，转动部位也不会因粉尘滞垢而影响其运作。

（4）重量轻，安装、更换轻松方便。转动无噪声，工作环境得以净化。

（5）在跌落或硬物撞击情况下，也不会产生火花。加之其自身具备的抗静电性能，应用在特殊工作环境下，安全性得以保证。托辊使用寿命的延长，使得更换维修次数减少，既减轻了工作人员的劳动强度，又使设备的维护费用降低，并提高了使用效率。

（二）滚筒陶瓷包胶材料

陶瓷包胶是滚筒包胶的一种方式。它的主要特点为：每块陶瓷胶板的表面都将几百个独立的小块陶瓷片铸进耐用的橡胶板中，每块陶瓷片都有凸起的特征，在一般的输送带压力下，几千个独特铸造的凸点能够产生积极的牵引，防止打滑，延长了输送带滚筒的使用寿命。同时，底层橡胶所具有的弹性能够起到很好的抗冲击作用。每块陶瓷胶板都有间隔一定距离的沟槽，使滚筒上的异物（粉尘、泥土）沿沟槽排出，使滚筒具有自清洁功能。

1. 常见规格

胶板厚 15 mm,陶瓷片为 20 mm×20 mm×5 mm,带红色半硫化层。

2. 滚筒陶瓷包胶适用范围

(1) 输送带速度在 4.5 m/s 以内。

(2) 胶带接头不适合铁扣固定的。

(3) 胶带输送物料的温度在 80 ℃ 以内。

(4) 适用于对湿黏物料的输送,适用于胶带经常打滑、表面包胶不耐磨的驱动滚筒或改向滚筒。

3. 滚筒陶瓷包胶优势

(1) 将具有高耐磨性的表面陶瓷用到带式输送机驱动滚筒上,特殊结构的陶瓷、特殊的排布方式以及特殊的橡胶结构,使其与胶带间的摩擦系数增加,防止胶带打滑。

(2) 在同等的负荷下可以降低胶带的张力,延长胶带的寿命。

(3) 陶瓷的耐磨性使驱动滚筒的使用寿命是原滚筒的 10 倍以上。

(4) 适用于高磨耗、易打滑及物料或周边环境潮湿等极端恶劣的条件。

4. 滚筒陶瓷包胶技术特点

滚筒陶瓷包胶无论在湿滑泥泞还是干燥恶劣的环境下都有很好的使用效果,兼具高摩擦力和自清洁能力,是在恶劣工况条件下提高输送机运行效率的最优选择。

滚筒陶瓷包胶是使用冷硫化工艺现场包胶的,所用的材料有清洗剂、金属底漆、DLZB 陶瓷耐磨橡胶板、DLZB3000 超强黏结剂。

清洗剂可以在滚筒经过打磨喷砂之后深度清洁滚筒表面,为后续的黏结提供良好环境,提高胶板与滚筒之间的黏结力。但是清洁完毕后一定要晾干,避免清洗剂残留在滚筒表面。

金属底漆可以保护滚筒避免生锈,还可以大大提升橡胶和金属之间的黏结力,需要在滚筒清洁完毕后均匀地涂刷在滚筒表面。

陶瓷橡胶板的表面镶嵌有均匀分布的三氧化二铝陶瓷块,每个陶瓷块都均匀分布着凸起,几千个凸起可以产生积极的牵引,有效防止输送带打滑。同时陶瓷也有更强的耐磨性,寿命是普通耐磨橡胶板的 3～5 倍。底层的橡胶有很好的缓冲性能。陶瓷块之间的沟槽可以有效地排水排泥,使滚筒可以自清洁,适合恶劣的工况环境。

DLZB3000 是一款双组分(分别为黏结剂和固化剂)的工业黏结剂,适用于金属与橡胶、橡胶与橡胶、织物与橡胶之间的高强度黏结,是输送带冷硫化黏结、修补、滚筒陶瓷包胶以及各类橡胶衬垫材料应用的理想黏结剂。

(三) 机架涂层材料

煤矿井下带式输送机机架常年工作在潮湿、高温的环境下,部分运行段还有降尘喷雾,基材表面会处于干湿交替工况;带式输送机在运输过程中基材表面还会受到硬物冲击,传统的防腐涂料抗表面冲击能力差,漆膜一旦出现裂纹,金属腐蚀严重,长期的锈蚀会使金属构件面临失效的危险,一旦机架腐蚀失效,会影响设备的正常运转并造成经济损失。

煤矿井下金属机架和管道目前所用的机架涂层材料多为醇酸调和漆和热浸锌、热镀锌,但是醇酸调和漆厚涂能力差,防腐效果不理想,热浸锌和热镀锌由于不能满足目前防腐行业环保施工的要求,已经很少使用了。新型达克罗涂层材料、喷涂聚脲弹性体涂层材料、聚脲-环氧杂化涂层材料应用越来越广。

1. 达克罗涂层材料

达克罗涂层材料(DACROMET)是一种鳞片状锌铝铬盐防护涂层,膜层主要由鳞片状锌粉和铝粉在基体表面上有规则地横向叠加,铬酸对锌铝片包裹钝化,并对钢铁集体钝化形成铬的氧化物。

达克罗涂层材料主要具有以下特性:① 优秀的耐腐蚀性。② 极佳的耐热性。③ 无氢脆性。④ 优异的耐候性和耐化学品性。

2. 喷涂聚脲弹性体涂层材料

喷涂聚脲弹性体涂层材料(spray polyurea elastomer,简称 SPUA)技术是国外近 10 年来,继高固体分涂料、水性涂料、辐射固化涂料、粉末涂料等低(无)污染涂层技术之后,为适应环保需求而研制、开发的一种新型无溶剂、无污染的绿色涂层技术。

聚脲弹性体的主要性能特点如下:① 凝胶时间短,能在任意曲面、斜面及垂直面上喷涂成型。② 100% 固体含量,无 VOC。③ 一次施工厚度在 1 mm 以上,能一次成型,避免多层施工的弊病。④ 物理性能优异,热稳定性好。⑤ 优异的耐磨性能。喷涂聚脲弹性体的耐磨性是碳钢的 10 倍、环氧树脂的 3~5 倍。

3. 聚脲-环氧杂化涂层材料

聚脲-环氧杂化涂层材料是在现有聚脲涂层材料配方的基础上通过改性研究研发出的一种厚涂能力强、附着力优秀、环保性能好的新型涂层材料。

聚脲-环氧杂化涂层材料主要研发过程如下:

(1) 采用共混、共聚的方法合成适当微相分离结构的重防腐涂料;采用规整度高的氨基聚醚,提高其微相分离性能,并加入液体橡胶,提高其回弹性。

(2) 通过引入功能性填料,如超高分子量聚乙烯微粉、聚四氟乙烯微粉、二硫化钼等,降低其摩擦系数,提高其撕裂强度。

(3) 合成含氟元素的扩链剂,利用化学的办法对聚脲进行改性,提高其低摩擦系数的持久性。

(4) 通过环氧树脂改性的方法提高聚脲与各类底材的附着力,尤其是湿态附着力。

通过以上的研制和改性实验,最终研发的聚脲-环氧杂化涂层材料在保持聚脲弹性体材料厚涂能力强的前提下,附着力提升更加明显,且可以在潮湿环境下在带有闪锈的金属基材表面进行施工,对煤矿井下现场的防腐涂层修补提供了重要的修复方案。

复习思考题

1. 锂电池永磁同步电机车的优点有哪些?
2. 切缝钻机在施工过程中有哪些安全要求?
3. 智能安全监控系统的主要功能是什么?
4. 防爆柴油机履带运输车在倾斜状态下起吊重物的防范措施有哪些?

5. 双臂支护钻车启动前应对哪些部位进行安全检查？
6. 信息化矿灯管理系统的主要组成有哪些？
7. 带式输送机智能巡检系统由哪几部分组成？
8. 传统的电气作业安全操作存在哪些问题？

第六章
煤矿综合信息化与应急管理新技术及新装备

> **学习提示**　随着互联网信息技术、工业自动化技术的革命性突破和发展，各类新技术、新装备不断在煤矿生产综合信息化和应急管理中得到推广和应用，并取得较好的使用效果。本章从煤矿综合信息化新技术及装备，讲到煤矿安全生产机器人和煤矿应急救援智能化装备，着重对新型煤矿工业控制网络及安全防护体系建设情况、煤矿安全生产机器人的研发和使用情况，以及煤矿应急救援智能化成套装备的运用情况进行了详细阐述与分析，以帮助安全生产管理人员及时掌握当前煤矿综合信息化与应急管理方面的新技术、新装备、新理念，便于在实际工作中进行应用和拓展。

第一节　煤矿综合信息化新技术及装备

一、煤矿信息基础设施

（一）矿井工业控制网络安全

1. 工业网络安全现状

伴随着互联网信息技术、工业自动化技术的革命性突破和发展，工业互联网应运而生。经过近些年来的发展，工业互联网的推广普及为工业经济发展提供了更多的内驱力。由于工业互联网打开了工业控制的封闭环境，就要面对互联网中原本存在的病毒、黑客等安全威胁。近年来，针对工业控制系统的攻击事件逐年增加，工业互联网的安全形势不容乐观，必须引起高度重视。

国家高度重视工业控制系统安全方面的建设和发展，各相关部门陆续出台政策和文件，包括《网络安全法》、《工业控制系统信息安全防护指南》（GB/T 22239—2019）、《信息安全技术网络安全等级保护基本要求》等，以强化顶层设计，对煤矿工业控制信息安全防护工作进行监督和指导。

2. 工业网络安全主要方案

（1）方案背景

当前，煤炭工业控制网络的工业控制系统已广泛应用，主要包括集散控制系统、安全仪表系统、可编程逻辑控制器、安防视频监控系统、工业机房门禁控制系统、火灾报警系统等，在煤炭企业运行中发挥着巨大的作用。从网络安全角度来看，由于通信协议、交互方式、部署环境等方面的特殊性，工业控制系统安全与传统网络安全建设方案相比，具有一定的差异化要求。根据工业控制系统的特性，结合煤炭企业生产控制系统的实际情况，建议从外到内构成"纵深防御、分区防护"体系。

（2）方案架构

① 边界安全防护。在各生产业务系统间冗余部署工控防火墙，实现区域边界防护；在生产自动化系统与 ERP（企业资源计划）系统、办公网间部署隔离网闸，实现不同安全域间的隔离防护；设置严格的访问控制策略，通过 IP、端口、协议等访问控制设置，杜绝控制系统被非法访问，隔离网络攻击和病毒的跨区域传播，确保工业环网安全运行；实现不同系统之间的逻辑隔离，解决生产网各工控系统之间、管理网与生产网之间的违规访问等问题。

② 网络监测与审计。在工业以太环网交换机、核心交换机上旁路部署工控安全监测审计系统，监测审计引擎可以对工控流量进行监测分析，识别出工控协议，并对工控协议深度解析。解决生产网络工控系统因病毒、木马等攻击引发的安全隐患，并对违规操作、误操作行为进行监测。

③ 入侵检测安全。在网络关键节点处通过入侵检测系统进行入侵攻击行为识别，发现并防止网络攻击行为，尤其针对工业控制漏洞、工业控制异常指令、恶意代码以及关键事件进行

及时告警，避免入侵行为或疑似入侵行为发生。

④ 安全运维管理。在安全管理中心部署运维堡垒机，进行集中账号管理、集中登录认证、集中用户授权和集中操作审计，解决运维人员在资源访问和操作过程中无法做到权限控制、安全审计、事后溯源等问题。

⑤ 数据安全。在安全管理中心内部署数据库审计系统，对越权访问、异常数据库操作以及对数据库关键数据或关键指令操作过程进行全面审计，检测识别非授权操作行为，避免数据库被删除、篡改和异常访问等情况发生。

（二）矿井有线网络系统

随着国家和社会对煤矿安全生产工作愈加重视以及新技术革命的发展，各种新技术、新设备、新工艺不断被应用于煤矿生产中，促进了煤矿生产方式的不断变革，煤矿生产信息化、自动化、智能化程度不断提高，越来越多的信息化设备接入工业以太环网系统之中，相应的，对煤矿工业信息网络的传输效率、通信能力、稳定性等方面都提出了更高要求。

1. 传统工业以太环网

针对煤矿企业日益增加的信息网络和通信要求，原有的百兆、千兆交换机已经无法满足需求，井下万兆环网交换机应运而生。该装置具有通信能力强、传输效率高、安全稳定可靠等优点，是煤矿企业建设现代化高效万兆工业以太环网必不可少的信息设备。以井下万兆环网交换机为核心建设的煤矿企业工业以太环网系统，实现了煤矿企业各种信息设备和系统数据的传输和交换，是煤矿信息化、自动化的网络基础。

井下万兆工业以太环网交换机严格按照工业级电磁兼容性抗干扰标准设计制造，具备优异的抗电磁干扰性能，能够在有电磁干扰的环境中正常工作。另外，交换机采用光纤组网，能够确保数据在传输过程中不被电磁干扰。总之，井下万兆工业以太环网交换机能够在电磁干扰的煤矿井下高效、准确地完成数据传输。

2. 全光工业网（F5G）

（1）全光工业网概述

近年来，国家大力推广矿用全光网络建设，以 F5G 全光网络为代表的新型工业互联网技术以此为契机，在陈四楼煤矿建成了全国首家国产自主创新的煤矿 F5G 矿山商用项目，有效解决了井下设备组网/拆网难度大、接口单一等问题。矿用 F5G 全光网络具备网络极简的特点，能够助力煤矿打造一张架构简洁的网络，将为煤矿智能化建设提供一张面向未来的信息高速公路，进一步推进煤矿智能化建设，加强煤矿多源信息实时感知、闭环安全管控风险。

F5G 全光网络技术的应用不只局限于我们所熟知的电子设备领域，F5G 智慧矿山、F5G 智慧港口、F5G 智慧钢铁厂、F5G 智慧电网、F5G 远程医疗等项目均已实现落地，成为示范项目。

（2）全光工业网架构

矿用 F5G 全光网络采用环形结构，以提升网络可靠性。矿用 F5G 网络技术又叫工业光环网 IOR(industrial optical ring)，由光环网头端设备 ORH(optical ring head)、光环网终端设备 ORE(optical ring end)和无源光环网设备 ORP(optical ring passive) 3 部分组成。整个 F5G 网络架构中，ORH 通常部署在井上，ORE 通常部署在井下，中间通过 ORP 连接，ORE 通过标准以太网光口和电口连接井下设备。F5G作为井下主干网络，统一接入井下各类系统。

(3) 全光工业网主要特点

F5G全光网络的井下ORP为无源器件，可以进行本安认证；井下ORE将进一步简化井下网络，基本实现井下"0"防爆箱，井下免熔纤，现场施工即插即用，避免了传统熔纤造成电火花的安全风险隐患。

网络架构极简，两层架构，汇聚被无源分光器取代；无源ORP免取电，节能；广覆盖，ORP可以覆盖40 km；一纤多业务，统一承载和管理；网络大带宽，单口可达10 G带宽；网络安全可靠，手拉手保护，30 ms极速倒换。

(三) 矿井无线通信网络系统

1. 矿井无线通信系统概述

矿井无线通信是智慧矿山建设的基础和关键，目前无线通信技术主要有5G和Wi-Fi6等。矿井无线电信号传输衰减严重、无线电传输衰减模型复杂多变、卫星信号无法穿透煤层和岩层到达井下、煤矿井下有瓦斯等易燃易爆气体、矿井巷道长达10 km等一系列问题制约着地面宽带无线通信技术和设备在煤矿井下的直接应用。

矿井宽带无线通信系统除应满足传输速率高、时延小、并发数量大、可靠性高、性价比高等要求外，还应满足以下特殊要求：

(1) 需无线全覆盖煤矿井下长达10 km的巷道。煤矿井下巷道长达10 km，巷道中布置有机电设备、车辆和行人，需实现无线全覆盖。

(2) 无线发射器必须本质安全防爆。煤矿井下有瓦斯等易燃易爆气体，无线发射器必须本质安全防爆。

(3) 无线工作频段不宜过高。矿井无线传输衰减大，受巷道断面、分支、弯曲、支护、电缆等影响，无线电传输衰减模型复杂多变。无线工作频段越高，传输衰减越大，传输距离越近，绕射能力越差。

2. Wi-Fi6通信系统

1997年，全球最大的专业学术组织——电气与电子工程师协会(Institute of Electrical and Electronics Engineers，IEEE)推出了世界上第一个无线局域网标准802.11，工作频段为2.4 GHz，数据传输速率为2 Mbit/s，实现了无线上网，解决了上网受网线束缚的问题。为满足日益增长的无线上网需求，IEEE又先后推出了802.11a、802.11b、802.11g、802.11n、802.11ac等标准，得到了大量厂商支持，获得了广泛应用，特别是广泛应用于机场、车站、体育馆、会场等室内场所。

为满足人们对无线网络接入的需求，IEEE 802.11工作组从2014年开始研发新的无线接入标准802.11ax，数据传输速率高达9.6 Gbit/s。2018年10月，Wi-Fi联盟为便于人们区分802.11ax和之前的Wi-Fi标准，决定将802.11ax标准命名为Wi-Fi6，802.11ac标准称为Wi-Fi5，802.11n标准称为Wi-Fi4。

Wi-Fi6与Wi-Fi5相比，在传输速率、并发数量、时延等方面均有较大提升。Wi-Fi6工作在2.4 GHz和5 GHz频段，传输速率达9.6 Gbit/s，每个Wi-Fi6接入点最多可接入1 024个无线终端，并发用户数最多可达74个，网络时延不大于20 ms。Wi-Fi6不但能满足机场、车站、公园、高校、体育场馆等人员密集场所的无线上网需求,还可应用于智能楼宇、智慧园区、智慧仓储等联网设备高度密集的场景。

3. 5G 通信系统

5G 是第五代移动通信技术的简称,是新一代蜂窝移动通信技术,是 4G(包括 TD-LTE 和 FDD-LTE)、3G(包括美国 CDMA2000、欧洲 WCDMA 和中国 TD-SCDMA)和 2G(GSM 和 CDMA)蜂窝移动通信技术的发展。5G 标准由第三代合作伙伴计划(The 3rd Generation Partnership Project,3GPP)发布。国际电信联盟(International Telecommunication Union,ITU)定义了 5G 三大应用场景:增强型移动宽带(enhanced Mobile Broadband,eMBB)、高可靠低时延通信(ultra-Reliable Low-Latency Communication,uRLLC)和大规模机器类型通信(massive Machine Type Communication,mMTC)。

eMBB 具有较高的数据传输速率和频谱使用效率,支持 3D/超高清视频等大流量移动宽带业务,支持 8K 视频的流畅播放和更先进的虚拟现实技术,支持实现生活和工作云端化,用户可随时随地使用强大的云计算技术,对信息数据进行计算和存储,处理复杂的数据,并减少能源消耗。

uRLLC 具有数据交换快、时延低和 99.99% 的高可靠传输等特点,支持对时延和可靠性非常敏感的业务。

mMTC 支持大规模物联网业务,支持大量的低成本、低能耗和长寿命的设备连接到网络中,实现家庭设备远程操控、大规模无人机精确控制、智能物流、智能交通等,促进智慧城市的发展。

5G 上行峰值传输速率达 10 Gbit/s,下行峰值传输速率达 20 Gbit/s;在 eMBB 场景下时延小于 4 ms,在 uRLLC 场景下时延小于 1 ms;可在高速移动环境下使用。

(1) 煤矿 5G 专网常见组网方案

① 虚拟专网:虚拟专网与公网共享 UDM、5GC CP、UPF、MEC 和 5G 基站,也就是端到端网络切片,用户信息和数据流量的安全性取决于网络切片能力。

② 混合专网:混合专网方案是目前使用最多的方案,专网和公网之间共享 5GC CP 和 UDM(RAN 和控制平面共享),专用的 UPF 和 MEC 内置于煤矿,煤矿专网的 gNB 和 UPF 通过 N2/N4 接口连接到运营商的网络并由其管理。

③ 独立专网:从无线基站到核心网用户面、控制面,端到端为煤矿用户单独建设,提供物理独享的 5G 专用网络。单从技术角度看,5G 独立专网方案最适合煤矿需求:5G 系统和公网完全隔离,数据不出矿区,确保数据的安全性和私密性。

(2) 5G 系统架构

煤矿 5G 无线通信系统主要由 5G 核心网、基带处理单元(BBU)、远端汇聚站(RHUB)、5G 基站、信号转换器、本安型 5G 终端及 5G 承载网等构成。5G 核心网、BBU、RHUB 及 5G 基站之间由 5G 承载网连接,实现各网元之间信令传输;井下采用 5G 基站及天线实现井下无线信号覆盖,基站通过 RHUB 进行汇聚后,与 BBU 相连并接入 5G 核心网;RHUB 支持链型、星型、混合型组网,并可以级联 2 级,RHUB 与 BBU 之间拉远距离达 10 km。

(3) 主要应用场景

煤矿 5G 无线通信系统提供了井上下语音、数据、视频等信息一体化无线高可靠宽带传输平台,支持多种通信终端的接入及互通,为矿井各系统融合及信息综合利用提供了技术支持,为矿井高清视频监控、VR/AR、智能工作面、实时远程控制等行业应用提供了可靠的通信保障。

(四)矿井云计算数据中心

1. 云计算技术概述

云计算是一种终端用户通过网络按需灵活使用各种计算资源的模式。用户使用的应用程序和保存的文件存储在特定的服务器,而用户可以根据自己的需求,灵活使用各种终端通过网络来运行应用程序、服务、数据以及高性能的设备等。

随着矿井智能化的发展、自动化程度的提高,新系统逐渐增多,对服务器的要求也越来越高,造成机架式服务器的数量不断增加。为满足要求,设备布置、供电设施和线路、散热系统等都需要进行改造,但受机房空间和改造成本的限制,改造工作很难推进。此外,用电以及采购的成本也在逐渐递增,随着服务器的老化,故障率不断上升,也需要定期更换,加上设备的日常维护及管理成本,服务单元在矿井智能化建设中的问题逐渐凸显。

2. 云计算主要技术

(1) 虚拟化技术

虚拟化是云计算的核心技术之一,它为云计算服务提供基础架构层面(IaaS层)的支撑,主要包括CPU(计算资源)、硬盘(存储资源)、网卡(网络资源)等,是ICT服务快速走向云计算的最主要驱动力。

(2) 分布式技术

分布式技术也是云计算的核心技术之一,可保证数据的高可靠性。这种分布式存储技术将数据存储在不同的物理设备中,不仅摆脱了硬件设备的限制,同时扩展性更好,能够快速响应用户需求的变化,及时、高效地处理海量数据。

(3) 编程技术

云计算是一种新的互联网交付模式,由各种IT技术组合而成,其中必不可少的就是编程技术。同时,云计算是一个多用户、多任务、支持并发处理的系统,旨在通过网络把强大的服务器计算资源方便地分发到终端用户手中,同时保证低成本和良好的用户体验。

3. 云计算常见部署方式

(1) 公有云

云端资源开放给社会公众使用。云端的所有权、日常管理和操作的主体可以是一个商业组织、学术机构、政府部门或者它们其中的几个联合。云端可能部署在本地,也可能部署于其他地方。

对于使用者而言,公有云的最大优点是,它所应用的程序、服务及相关数据都存放在公有云的提供者处,自己无须做相应的投资和建设。但该模式目前最大的问题是,由于数据不存储在自己的数据中心,其安全性存在一定风险。

(2) 私有云

端资源所有的服务不是供别人使用,而是供自己内部人员或分支机构使用,这是私有云的核心特征。一般企业自己采购基础设施,搭建云平台,在此之上开发应用的云服务。私有云可充分保障虚拟化私有网络的安全。私有云的部署比较适合拥有众多分支机构的大型企业或政府部门。私有云部署在企业自身内部,因此其数据安全性、系统可用性都可由自己控制。缺点是投资较大,尤其是一次性的建设投资较大。

(3)混合云

由私有云和公有云构成的混合云是目前最流行的部署方式,当私有云资源短暂性需求过大时,自动租赁公共云资源来平抑私有云资源的需求峰值。混合云是供自己和客户共同使用的云,它所提供的服务既可以供别人使用,也可以供自己使用。相比较而言,混合云的部署方式对提供者的要求较高。

二、煤矿安全生产综合监控系统

基于云计算、物联网、协同GIS、虚拟现实、大数据等先进技术,结合矿井智慧矿山需求,建立统一的数据标准、统一的GIS平台、统一的智能安全生产管控平台及大数据分析决策平台,开发生产技术协同"一张图"专业系统,建立透明化矿山和透明工作面,研究灾害评价预警、安全动态诊断等大数据分析模型,为实现煤矿智能化开采和智能化管控提供自动化、信息化支撑手段。

(一)主要技术体系

1. 采用B/S+C/S运行模式,分级部署,联网传输架构

B/S模式是一种以Web技术为基础的信息系统运行模式,它把传统C/S模式中的服务器分解成为一个数据库服务器与一个或多个应用服务器(Web服务器),从而构成一个三层结构的客户服务器体系。C/S架构的全称是Client/Server,即客户端服务器端架构,其客户端包含一个或多个在客户机上运行的程序,而服务器端是数据库服务器端或Socket服务器端,客户端通过程序访问服务器数据库接口或Socket接口。B/S模式的优势为客户端只需通用的浏览器软件、简化了系统开发和维护、用户操作简单、适用于网上信息发布,缺点为安全性差、网络流量大、速度较慢等。C/S模式的优势为可以实现丰富的客户需求,能满足安全、性能等要求,缺点是需要专用客户端,系统升级维护困难。

2. 采用统一GIS平台

基于统一GIS服务平台就是以分布式、协同化的网络服务技术为纽带,以新一代的GIS技术为支撑,实现矿山日常生产和安全管理、煤炭运销、地形地貌基础地理等多源数据的汇交更新、综合集成与分析、展示,并与矿山计划审批、政府安全管理执法等监管系统相叠加,共同构建一体化的安全综合监管平台,为安全生产、经济运行、行业监管、决策支持提供矿图数据和服务,实现"以图管矿、以图管量、以图防灾(救灾)"的"一张图"集成服务,确保对煤矿实时可视化监管,保证煤矿安全生产。

3. 使用统一通信、可视化交互、移动平台等技术

统一通信技术的使用,能够使业务系统由平面文字交流变成直观立体及时的全方位交流。移动平台技术的使用,一方面能够使监控人员不受地域的影响,随时随地查看实时状态,另一方面能够为监管机构随机抽查和交叉检查提供有效的技术手段。

4. 采用工作流引擎技术

工作流引擎是指workflow作为应用系统的一部分,决定信息传递路由、内容等级等核心解决方案,是整个工作流产品的核心部分。工作流引擎一般分为引擎内核、业务逻辑、封装、接口应用管理。

5. 数据分析技术

数据分析软件(BI)指用地理信息系统(GIS)结合数据仓库技术、线上分析处理技术、数据挖掘和数据展现技术进行数据分析,以实现技术服务与决策的目的。

(二) 平台主要功能

1. 建立智慧矿山智能管控数据标准规范体系

梳理煤矿安全生产与经营管理业务流程,分析综合自动化及监测监控、综合调度等数据,结合行业相关数据集成标准、制图规范、煤矿安全规范以及煤矿企业的具体情况,建立一套综合数据集成标准。

2. 实现矿井GIS"一张图"协同和服务分布式在线协同

建立GIS图形,通过煤矿地测、通防、供电、采矿设计等系列专业技术手段,实现稳定可靠的分布式"一张图"协同服务系统,解决采、掘、机、运、通的空间数据存储、查询和版本管理等核心技术,实现矿井各专业、各部门之间数据的即时动态更新,大大缩短了数据的更新周期。

3. 建立3DGIS+BIM+TGIS技术构建的透明化矿山和透明工作面

基于3DGIS+BIM技术全面构建煤矿的采、掘、机、运、通各专业子系统及工厂建筑仿真模拟系统,实现全矿井"监测、控制、管理"的一体化,最终形成基于3DGIS+BIM平台的网络化、分布式综合管理系统,为煤矿安全生产管理提供保障。基于3DGIS+TGIS技术建立透明采掘工作面,实现采掘生产的智能化。

4. 实现安全生产的信息融合和一体化管控

自动化建设初期,矿井各业务部门通常围绕各自核心业务建立管理信息和监测监控系统,导致各专业子系统自成一体,数据来源不一致,数据标准不统一,相互间缺乏协同和数据共享功能。分散投资严重,造成系统实用性不高,预期效果不明显。通过建立综合管控平台,实现矿井多部门、多专业、多管理层级的空间数据集中应用和共享交换。

5. 建立大数据融合分析及预测预警决策支持平台

对于预警系统,企业往往会把人员、设备、环境、管理四大安全要素分开来考虑并建立不同的管理信息系统。但是,任何一个安全问题和异常现象通常都是人员、设备、环境和管理四大要素综合作用的结果,也通常会对人员、设备、环境和管理过程产生影响。因此,煤矿安全生产的诊断必须把人、机、环、管四要素综合联系起来总体评判,从而对煤矿安全生产的各类信息进行展示、分析、推理、诊断并概括现势安全状态,预测未来安全形势。

通过构建基于大数据技术的安全生产智能分析与预警模型,以及基于云计算、物联网、数据挖掘技术的相应模型,实现煤矿安全生产态势的动态诊断与"一张图"的可视化预警、风险预控和"三违"、隐患治理。

三、煤矿精确定位实时监测技术

(一) 煤矿精确定位现状

精确定位系统是智慧矿山的一个重要环节。智慧矿山的智慧体现在人、机(设备)、环境的连通互动上,精确定位系统的主体是智慧矿山中最重要的因子——人,即煤矿各级工作人员。对煤矿人员的定位管理一直是煤矿现代化建设的一个重要领域,目的是实现对人员的位置跟踪、考勤管理、状态查询等,为煤矿安全和高效生产服务。

矿井定位要求对井下人、车全覆盖,重点设备全覆盖,同一时刻被定位的目标在数百个以上,大型矿井甚至达到数千个。对矿井中数量众多的目标进行定位,可行的技术是通信式定位,目前井下使用的定位技术按定位精度从低到高依次是 RFID(radio frequency identification)、Zigbee 和 UWB(ultra-wideband)技术。

（二）煤矿精确定位系统组成

煤矿精确定位系统一般包括主机、定位分站、定位卡、便携式定位仪、网络交换机、电源箱、天线、光缆、电缆、服务器/工控机、显示屏、终端机等硬件设备,以及部署在服务器/工控机上用于计算标识卡位置的软件模块、基于位置数据的管理软件和系统管理模块等。

（三）煤矿精确定位系统主要定位技术

1. RFID 定位技术

早期的矿井定位使用 RFID 技术,在井口、巷道出入口等处设置 RFID 定位分站,定位标识卡经过定位分站时与分站通信,定位系统据此获知该标识卡位于这个分站的信号覆盖范围内。RFID 定位是区域定位,只知道目标在哪一个区域,不知道目标在哪一点。

2. Zigbee 定位技术

Zigbee 是基于 IEEE802.15.4 协议的短距离、低速率、低功耗的无线通信技术,组网能力强,使用 Sub 1 GHz/2.4 GHz 频段,且支持接收信号强度检测。Zigbee 技术成熟,器件便宜,应用广泛,研发门槛低。利用 Zigbee 技术构建一个通信网络,需要将通信基站布设在矿井巷道内,在定位目标上设置一个小体积的 Zigbee 通信机(定位标识卡),标识卡与基站进行通信,基站可获得标识卡号、接收信号强度等信息,据此系统可计算出标识卡的位置,Zigbee 定位系统由此诞生。由于信号强度易受环境、来往人员与车辆的影响,基于 RSSI 测距的定位误差在几十米以上。

3. UWB 定位技术

UWB 超宽带技术是基于 IEEE802.15.4z 协议的通信技术,利用纳秒级的窄脉冲传输数据,没有载波,现阶段矿井定位使用的频段为 3.1~4.75 GHz。UWB 技术使用了极窄脉冲通信,可以获得纳秒级的时间精度,且具有较强的抗多径效应能力,使用飞行时间法 TOF 的测距误差≤30 cm。

（四）井下应用及技术要求

1. 人员位置监测

人员位置监测的特点是定位目标数量多,目标移动速度慢,要求定位系统的并发量大,巡检周期可选择 2 s 或以上；轨迹、巡检、禁区、车上乘员等要求定位精度高、定位可靠,轨迹不能飘、不能缺失数据；对网络时延不敏感,井下工业以太环网基本能满足数据传输要求。

2. 车辆及交通管理系统

车辆及交通管理系统的特点是目标移动速度快,定位目标数量中等,要求定位巡检周期短,定位巡检周期为 1 s 时,目标时速 40 km/h 时的动态误差已经达 11 m 以上,对限速监测有影响；对单基站并发量有要求；红绿灯等交通管理设备采用现场控制时,井下工业以太环网也基本能满足数据传输要求。

四、煤矿安全生产物联网技术

（一）煤矿物联网概述

煤矿安全生产物联云平台实现煤矿各系统的智能化，是实现矿井无人化、少人化的重要技术手段。

当前，我国正在推进工业4.0，工业物联网则是实现工业4.0的重要手段，因此工业物联网技术得到了快速发展。物联网技术在煤矿生产中的应用给生产过程带来了颠覆性变革，信息交互更加及时、可靠性更高。感知矿山是物联网技术在煤矿生产中应用的典型代表，结合数据感知技术、信息传输及其处理技术等，将煤矿地质数据信息、煤矿测量数据信息、生产安全数据信息等进行收集与融合，基于数据信息实现矿山管理的数字化和可视化，可对煤矿生产全流程进行有效监控，提升煤矿开采过程的智能化水平。

（二）煤矿物联网主要技术

1. LoRa 通信技术

LoRa 通信技术具有长距离、低功耗、多连接、信号穿透性强、抗干扰能力强等优点，但其缺点是传输速率低、实时性低，不适用于数据传输速度要求快、带宽要求高、实时性要求高的应用场景。根据煤矿物联网建设需求以及 LoRa 技术特点，LoRa 可应用于井下人员定位、工作面矿压监测等。

2. NB-IoT 通信技术

NB-IoT 在物联网应用中的优势显著，是传统蜂窝网技术及蓝牙、Wi-Fi 等短距离传输技术无法比拟的。首先其覆盖更广，在同样频段下，NB-IoT 比现有网络增益 20 dB，覆盖面积扩大 100 倍。在 3GPP 协议中，eMTC/NB-IoT 已经被认可为 5G 的一部分，并将与 5GNR 长时间共存，意味着 NB-IoT 将在 5G 时代扮演更加重要的角色，NB-IoT 将会用在一些对速率和延时要求较低而对于功耗要求较高的场合。

3. 超低功耗无线智能传感技术

针对传统感知技术无法在现场部署大量智能感知单元导致矿山感知能力受限的问题，首先要从降低感知单元本身功耗方面入手。许多科研院校和企业都在开发低成本、低功耗、小体积的传感器，推出了加速度传感器、压力传感器、气体传感器，并在健康、医疗、空气质量监控、工业有毒气体检测等方面开始应用。

第二节　煤矿安全生产机器人

煤矿智能化作为我国煤炭工业高质量发展的核心技术支撑，已成为行业广泛共识，应用机器人将工人从危险繁重的井下作业中解放出来是实现煤矿智能化的重要途径和目标。2019 年 1 月，国家煤矿安全监察局出台了《煤矿机器人重点研发目录》，该目录结合煤矿机器人研究现状，将重点研发的煤矿机器人分为掘进、采煤、运输、安控和救援共 5 类、38 种，聚焦关键岗位、危险岗位，对每种机器人的功能提出了具体要求，对煤矿机器人研发应用具有重要的指导作用。

一、国家鼓励重点研发的煤矿机器人

（一）掘进类

1. 掘进工作面机器人群

基本要求：研发基于信息化、网络化和智能化技术的矿井掘进工作面机器人群，具备井巷掘进作业设备机群自主决策控制功能，实现工作面掘进、临时支护、钻锚、运输等多机器人高效协同、一键启动、自动掘进。

2. 掘进机器人

基本要求：研发能够自主决策、智能控制的掘进机器人，具备定位导航、纠偏、多参数感知、状态监测与故障预判、远程干预等功能，实现掘进机高精度定向、位姿调整、自适应截割及掘进环境可视化。

3. 全断面立井盾构机器人

基本要求：研发面向煤矿建井工程的全断面立井盾构机器人，具备自主掘砌与迈步、矿井围岩与环境感知、模板与撑靴等设备状态监测及自动调控等功能，实现立井全断面机器人化掘进。

4. 临时支护机器人

基本要求：研发掘进巷道围岩状态智能感知、自主移动定位临时支护机器人，具备支撑力自适应控制、支护姿态自适应调控、多架协同及远程干预等功能，确保掘进巷道临时支护及时可靠，提高掘进效率及安全性。

5. 钻锚机器人

基本要求：研发由锚杆机、锚杆仓及智能控制系统组成的钻锚机器人，实现锚杆间排距自动定位、机单元自动或遥控行走、钻孔、填装锚固剂、锚杆装卸、锁紧锚杆等功能，满足井下巷道的快速支护要求。

6. 喷浆机器人

基本要求：研发集成行走、扫描、泵送、配料、搅拌及喷射等工序的喷浆机器人，具备巷道复杂作业区域的快速扫描、空间建模、网架识别、喷射区域智能划分、臂架运动智能控制及喷射路径智能规划等功能，实现井下巷道喷浆支护自动作业。

7. 探水钻孔机器人

基本要求：研发自主或遥控移机、精确定位及自动装卸钻杆的探水钻孔机器人，具备自动调整钻姿、智能钻孔规划、钻孔定位、自动纠偏钻进、孔口防喷、钻屑参数与钻孔水情实时监测及遥控作业功能，提高探水钻孔施工的精度。

8. 防突钻孔机器人

基本要求：研发自主或遥控移机、精确定位及自动装卸钻杆的防突钻孔机器人，具备自动调整钻姿、智能钻孔规划、钻孔定位、钻进速度与瓦斯压力自适应、钻孔轨迹与孔口环境瓦斯浓度实时监测、自动防喷孔及遥控作业功能，提高防突钻孔施工安全性。

9. 防冲钻孔机器人

基本要求：研发自动上下钻杆、遥控操作的防冲钻孔机器人，具备自主或遥控移机、精确定位、自动调整钻姿、智能钻孔规划、钻孔定位、自适应钻进、钻屑参数与地压实时监测及遥控作业功能,实现高地应力环境下大孔径防冲钻孔施工自动化。

(二)采煤类

10. 采煤工作面机器人群

基本要求:研发适合煤矿复杂地质与环境条件的采煤工作面机器人群,具备回采工作面设备机群自主决策控制、煤岩界面的自主识别等功能,实现工作面采煤机、刮板输送机、液压支架、转载机及超前支架等设备自主运行、多机协同联动作业。

11. 采煤机机器人

基本要求:研发能够自主决策、智能控制的采煤机机器人,具备精准定位、采高检测、姿态监测、远程通信控制、煤岩识别、状态监测与故障预判、可视化远程干预等功能,实现采煤机自主行走、自适应截割及高效连续运行。

12. 超前支护机器人

基本要求:研发巷道围岩智能感知、自主移动超前支护机器人,具备支撑力自适应调整、支护姿态控制、多机协同及远程干预等功能,确保采煤工作面推采过程中巷道稳定,提高开采效率及安全性。

13. 充填支护机器人

基本要求:研发用于工作面充填区支护与充填一体化的机器人,具备输料和充填过程实时监控、充填率自动判别及充填体形态自动识别等功能,实现可靠支护条件下的自主充填作业,确保充填率和质量符合要求。

14. 露天矿穿孔爆破机器人

基本要求:研发适用于露天开采的穿孔爆破机器人,具备爆破系统三维模拟、孔位自动定位、孔深自动检测、穿孔过程远程控制与监测等功能,实现露天矿爆破作业无人化。

(三)运输类

15. 搬运机器人

基本要求:研发矿用物料自动识别、抓取、搬运和码放机器人,具备物料识别定位、路径规划、自主移动、安全避障及远程干预等功能,实现生产物料的按时、按需搬运,提高搬运效率。

16. 破碎机器人

基本要求:研发工作面大块煤岩体破碎或人工构筑物破除机器人,具备机动能力、破碎目标自动辨识、定位、闭锁、破碎及效果评判等功能,实现精准、高效破碎作业。

17. 车场推车机器人

基本要求:研发车场推车作业机器人,具备矿车位置及数量识别、运行方向判断、自主规划摘挂钩及推车动作、安全闭锁确认等功能,实现车辆的摘挂钩分离及推车作业机器人化。

18. 巷道清理机器人

基本要求:研发具有刷帮、起底、破碎、铲装功能的巷道清理机器人,实现自主或遥控移机、巷道变形快速检测、精确定位作业位置、变形巷道修复及评测等功能,提升巷道清理工作效率。

19. 煤仓清理机器人

基本要求:研发储煤筒仓自动化清理、疏通机器人,具备蓬煤、粘壁、冻煤趋势预判、目标识别、清理等功能,安全有效地替代人工解决落煤不畅和煤仓阻塞难题。

20. 水仓清理机器人

基本要求:研发水仓煤泥自动挖掘、脱水、运输机器人,具备煤泥自动清挖、自动输送、固液分离、煤泥块装运等功能,实现水仓煤泥及时、高效清理。

21. 选矸机器人

基本要求:研发运输过程中矸石及其他非煤杂物智能分拣机器人,具备目标破碎、自动识别、精确定位、快速选拣、分类投放等功能,实现煤矸高效分离。

22. 巷道冲尘机器人

基本要求:研发巷道冲洗降尘机器人,具备自主行进、巷道煤尘量自动检测、自主规划冲洗作业流程、自适应设定冲尘参数及环境监测等功能,替代人工对巷道进行自动冲洗。

23. 井下无人驾驶运输车

基本要求:研发煤矿井下无人驾驶运输车,具备精确定位、安全探测、自主感知、主动避障、自动错车、风门联动等功能,实现井下运输车无人化驾驶。

24. 露天矿电铲智能远程控制自动装载系统

基本要求:研发露天矿电铲智能远程控制自动装载系统,具备矿区环境感知与三维重现、无线通信与远程监控、自动装车对位、移动铲位、故障智能识别与报警等功能,实现露天电铲作业智能化与无人化。

25. 露天矿卡车无人驾驶系统

基本要求:研发适用于露天煤矿的运输卡车无人驾驶系统,具备远程无线通信、GPS定位、自主行走、导航避障、装载自动识别等功能,实现矿用卡车的无人驾驶和卡车车队的智能调度。

(四)安控类

26. 工作面巡检机器人

基本要求:研发适用于井下回采工作面作业环境巡检机器人,具备自主移动、定位、图像采集、智能感知、预警、人机交互等功能,实现煤壁、片帮、大块煤、有害气体、温度、粉尘、设备状态等监测。

27. 管道巡检机器人

基本要求:研发瓦斯、风、水等管道巡检机器人,具备气体测定、管壁检测、缺陷定位、清淤、除垢及封堵等功能,为管道维护、检修及更换提供依据。

28. 通风监测机器人

基本要求:研发基于巷道断面变化观测的回风巷通风状况监测机器人,具备围岩断面变形判识、积水探测、通风参数采集、智能分析及危险预警等功能,对巷道维护和通风系统调整提供依据。

29. 危险气体巡检机器人

基本要求:研发井下环境中危险气体巡检机器人,具备复杂巷道自主行走、定位、危险气体浓度与浓度分布、环境温度感知、数据处理与预警及人机交互等功能,替代人工巡回检测。

30. 自动排水机器人

基本要求:研发井下巷道排水机器人,具备复杂地形泵体自主或遥控行走、精准对接、快速接管、自动排水与追水、远程干预等功能,实现巷道涌水的快速排水。

31. 密闭砌筑机器人

基本要求:研发井下巷道密闭砌筑机器人,具备自动或遥控行走、精确定位、快速掏槽、自动砌筑、填充与抹面、作业环境监测等功能,替代人工实现井下掏槽及砌筑施工。

32. 管道安装机器人

基本要求:研发井下风、水管路安装机器人,具备管路抓取、精确调位、快速连接、遥控操作等功能,替代人工实现井下风、水管路的自动安装。

33. 皮带机巡检机器人

基本要求:研发皮带自动巡检机器人,具备自动行走、自主定位、皮带运行参数检测、温度与烟雾感知、煤流监测、环境参数监测及预警等功能,替代人工实现皮带运输的智能化监测。

34. 井筒安全智能巡检机器人

基本要求:研发井筒安全智能巡检机器人,具备自主井壁爬行、环境参数检测、支护缺陷与危险源识别、井壁裂纹等状态评估和预警,提升建设期及服役期井筒的安全保障能力。

35. 巷道巡检机器人

基本要求:研发具有设备设施巡检、环境探测等功能的巷道巡检机器人,实现自主移动、精确定位、设备运行工况检测、设施状况诊断、巷道变形检测、有害气体检测等功能,替代人工对巷道进行巡检。

(五)救援类

36. 井下抢险作业机器人

基本要求:研发巷道塌方、堵塞等狭小空间快速抢险救援作业机器人,具备自主行走、精确定位、井下环境识别、挖掘、钻扩、运送、远程遥控等功能,实现抢险作业无人化。

37. 矿井救援机器人

基本要求:研发适用于煤矿井下水、火及瓦斯灾后救援机器人,具备自主行走、导航定位、被困人员生命探测、音视频交互、紧急救护物资输送等功能,实现灾后的恶劣环境被困人员自主搜寻。

38. 灾后搜救水陆两栖机器人

基本要求:研发灾后搜救水陆两栖机器人,具备GPS拒止环境下导航定位、陆基自主或遥控巡检、透水事故后水下航行器自动分离、被困人员搜索等功能,实现透水事故后井下快速搜救。

二、煤矿机器人应用实例

(一)掘进工作面机器人群

基于信息化、网络化和智能化技术的矿井掘进工作面机器人群,集智能截割、自动运网、自动钻锚等技术为一体,能有效提高支护质量,提升掘进水平,实现安全高效掘进,彻底解决复杂地质条件下大断面巷道掘进难题。

1. 系统功能

智能快速掘进机器人群,主要集掘、支、锚、运、通风与除尘等掘进施工的各工艺环节于一体,集智能截割、自动钻锚等技术为一体,通过一键启停、截割断面精准定型、定向掘进、掘锚平行、多机器人智能协同等先进功能,实现巷道安全高效快速掘进。

"掘":由智能化掘进机进行落煤,后部带式输送机进行运煤。

"支":掘进后,单轨吊液压锚杆钻车开至迎头,铺网后使用机载临时支护设备进行支护施工。

"锚":单轨吊液压锚杆钻车配备4个或6个钻臂,同时进行多个锚索孔的施工。

"运":利用蓄电池单轨吊进行辅助运输,保证物料供应。

2. 类型结构及性能特点

智能掘进机器人群主要由智能化掘进机、带式输送机集中控制系统、单轨吊液压锚杆钻车、智能单轨吊运输系统、局部通风机在线监测系统、掘进工作面矿压监测系统等组成,通过集控平台将各系统集成在一起,通过智能截割、自动钻锚、智能局部通风、智能运输等技术,实现高效掘进。其中,智能化掘进机采用先进的检测、数据处理、组合通信及智能化控制技术,实现掘进机的智能化控制;单轨吊液压锚杆钻车通过利用掘进工作面"上部"空间,实现掘进与支护作业的平行作业;智能单轨吊运输系统发挥运力大数据分析手段、减少人员工作量、规范物料运输管理;局部通风机在线监测系统由远程监控中心、工业数据传输网络、井下局部通风机监控设备3部分组成,在组态软件和PLC的控制下完成智能化控制工作,并以文字、图像等多种形式显示在上位机上,实现远程试验自动倒台、远程监测备用风机电源状态、远程监测局部通风机运行状态和末端风筒状态;掘进工作面矿压监测系统通过各类传感器采集围岩离层范围及离层量、锚索载荷应力、巷道变形及围岩应力等数据并进行数据分析,实现顶板采动、围岩运动和应力的预测、预警,指导安全生产。

3. 应用状况

目前该套系统已在河南能源焦煤公司、郑煤集团、贵州豫能、淮南矿业集团等多个矿井使用。系统能够实现掘、支、锚、运等工序的高效作业,降低职工劳动强度,实现安全高效掘进。

(二)采煤工作面巡检机器人

1. 系统功能

采煤工作面巡检机器人以工作面刮板输送机电缆槽外侧的轨道为平台,以电池供电驱动行走机构实现快速移动,轨道之间采用具有一定承载能力的柔性连接件。巡检机器人搭载惯性导航系统、三维激光扫描装置、红外热成像摄像仪、可见光摄像仪、无线移动终端等装备,具备对工作面直线度与水平度检测、工作面精确定位、工作面点云模型、采煤机运行状态检测与工作面快速巡检等功能,并通过无线通信网络将传感数据准确、快速回传至集控中心。

2. 类型结构及性能特点

一是基于电力驱动柔性综采工作面巡检机器人,其轨道安装在刮板输送机电缆槽外侧,可适应刮板输送机相邻两节溜槽之间水平和垂直方向的错位变化,轨道移动弯曲时不会出现挤压现象,采用柔性连接能够有效防止巡检机器人经过连接处时出现颠簸震荡。二是巡检机器人精准定位导航技术,通过综合利用惯性导航、超宽带、激光三维雷达和视觉测量等定位技实现巡检机器人自我感知定位。三是高可靠控制技术,通过 F5G＋远程控制,借助 F5G 低时延、大带宽、高可靠性的特点,满足智能巡检机器人通信传输控制要求。四是三维采场模型构建,利用巡检机器人搭载的惯导系统、三维激光扫描系统、煤岩界面识别装置及可视光视频监控图像相互融合的方法,实现对工作面的三维扫描并生成模型,进行采场三维模型构建,实现综采工作面的有限透明化。

3. 应用状况

目前该套系统已在陕煤榆家梁煤矿、黄陵矿业一号煤矿等矿井应用。系统具备自主移动、定位、图像采集、智能感知、预警、人机交互等功能,可实现煤壁、片帮、大块煤、有害气体、温度、粉尘、设备状态等监测,为智能化无人采煤工作面树立了典范。

(三) 水仓清理机器人

1. 系统介绍

井下水仓环境及工作条件恶劣,淤积物中含水量大,难以彻底清理,多年来一直采用传统水仓煤泥清理技术来完成,存在诸多问题,严重制约矿井的安全生产,如工人工作环境危险性大;设备繁多,故障率高;无法实现对水仓积淤状态的实时监控、预警。

为解决这一难题,结合矿井的实际需求,利用互联网＋机器人智能化技术等相关学科的先进理论与技术,目前已研制出集视觉导航模块、智能监测模块、远程遥控模块等为一体的水仓清淤机器人,提高了清淤效率,实现了井下无人或少人的清淤作业。

2. 类型结构及性能特点

水仓清淤机器人主要由循环集料机构、行走装置、泵送机构、液压动力系统、环境感知系统、无线遥控电气系统等组成,可自主规划路径进行清仓作业,实现设备自主或人工遥控完成清淤作业。设备启动后,螺旋马达带动集料斗开始旋转收集物料,旋转过程中将水仓前部及螺旋搅拌范围内的煤泥在螺旋齿面的推动下向中部吸料口运动。当煤泥浆被推到中部后,提斗将物料输送到料箱中。泵送机构的主油缸带动料缸通过夹管阀油缸带动的夹管阀从料箱中吸出煤泥浆的同时,另一组泵送机构的油缸带动料缸将已经吸入的煤泥浆从泵送输出管挤压到高压管中,由高压管再配送到指定地点或煤泥处理装置中。此外,水仓清淤机器人通过搭载激光传感器＋双目视觉传感器,后部配置监控摄像机与超声波避障传感器,实现与清淤装置的联动控制,其视频画面可集成到控制软件内,具备遇到障碍自动调整或停机的能力,实现紧急停止功能。煤矿水仓清淤机器人和油压泵站通过搭载的油温油位传感器,实现在油温油位出现异常时自动报警和停车。

3. 应用状况

目前该类型设备已在神火国贸梁北煤矿和泉店煤矿、郑州煤电超化煤矿、晋能控股集团长平煤矿和岳城煤矿、山西兰花集团唐安煤矿、山西潞安集团李村煤矿和高河煤矿、山西焦煤集团经坊煤矿等多个矿井投入使用。水仓清淤机器人主要解决了矿井水仓周期性清淤导致水仓有效蓄水量减少、矿井水仓手动式或半机械化清淤导致清淤效率不足与常规水仓清淤耗费大量人工及安全性低等问题,井下工作人员只需在安全地区操控智能清淤机器人即可。

4. 使用维护要点

按时检查轴承的机油、液压油是否充足,管路和电缆连接是否牢靠,设备有无变形损伤,管路是否存在漏油、漏浆;检查控制及通信装置完好情况;检查各类传感器固定及完好情况。

(四)井筒安全智能巡检机器人

1. 系统介绍

立井提升是煤矿重要的运输方式之一,由于多种原因造成的立井变形可能造成罐道的偏斜或变形,进而引发卡罐、掉罐等重大事故。人工日常检查井筒装备又存在耗时、费力、作业风险大,且无法做到及时、全面、细致等问题。

立井井筒内设备繁多,空间相对狭小拥挤,各种用途的立井井筒内基本均设有罐笼,因此,目前研发的井筒巡检机器人主要以罐笼作为移动平台,随着罐笼的运行实时对井壁以及井筒环境进行监控,大大提高了巡检效率和安全性,减少了人工成本,对建设数字化矿山具有重要意义。

2. 类型结构及性能特点

设备按功能可分为机械本体、控制箱、无线通信系统以及后台软件4部分。机械本体、控制箱安装在罐笼上,包括摄像仪、超声波距离传感器、陀螺仪、发电机、电池等,其中:通过摄像仪获取井筒环境视频,并对罐道间隙进行识别、监测;通过超声波距离传感器获取井筒装备间距;通过陀螺仪监测罐笼运行状态;通过在罐笼上安装滚轮摩擦发电机,在罐笼运行时自动给电池箱充电,向各种检测设备供电,电池箱不需要人为取下拿到地面充电,大大方便了检测、检修和维护工作。无线通信系统分别安装在罐笼和井架平台,用于垂直覆盖井筒内部,通过对传实现数据的高速无线传输。软件在地面上位机上设计完成,包括大数据平台、AI视频分析软件、距离数据处理软件、智能监控算法软件等,可在上位机实时监视井筒环境、井筒装备间距并生成数据报表。

3. 应用状况

目前该类型装置已在河南能源城郊煤矿、赵固二矿、华阳集团一矿、中煤集团大海则煤矿等矿井使用。设备能够利用数字化视频、声音、距离获取技术和Wi-Fi远传装置,实时监测井筒装备间距、变形及磨损情况,通过AI算法智能识别井筒隐患并进行预警、报警,同时实时全景还原井筒环境,对井筒装备进行远程在线监控,有效提升主提升系统安全性。

4. 使用维护要点

需强化设备的日常检查,防止摄像仪、传感器等设备元件的固定螺栓因长时间振动造成松动、脱落;需加强设备充电装置的维护,及时更换易磨损件;及时清理镜头。

(五)选矸机器人

1. 系统介绍

煤炭通过主井提升到达原煤车间,传统的捡杂、捡矸工作由人工手选完成,职工劳动强度大、工作环境差,而且人工手选容易产生误选,分选精度低,导致原煤带矸率高,制约了后续的洗选系统处理能力。目前研发的智能选矸系统,采用智能识别方法,使块煤在布料器上达到均匀单层布料,当煤与矸石通过X射线装置时,由于煤与矸石所含元素不同,它们对辐射的吸收量不同,矸石吸收能力强而煤的吸收能力弱,探测器根据接收到的射线强弱不同,建立与不同的煤质特征相适应的分析模型,通过大数据分析,对煤与矸石的元素、位置等进行数字化识别,从而通过智能喷吹系统将密度较轻的煤喷出。

2. 类型结构及性能特点

TDS 型选矸机器人(智能干选系统)包括给料、识别、执行等主要系统,以及供风、除尘、冷却、配电、控制等辅助系统。主机可分为智能布料系统、智能识别系统、智能执行系统、辐射防护系统、电控系统、智能 REC 系统、除尘系统、温控冷却系统、自动报警系统、视频监控系统、现场检测仪器及智能算法软件系统等。

智能布料系统采用布料效果好的带式布料器。带式布料器是以胶带作为牵引承载机的连续运输设备,采用了无吸收带、后驱动形式,驱动滚筒采用橡胶包胶,滚筒轴承采用 SKF、NSK 或 FAG 进口轴承,减速器采用 SEW 减速器,电机采用国产防爆电机。

TDS 型选矸机器人的识别系统主要包括 X 射线防爆箱和 X 射线探测器防爆箱。X 射线装置为辐射装置,其安装于 X 射线防爆箱内并采用锁具封闭。X 射线源属于Ⅲ类射线装置,在地级市环保部门办理生产许可证即可。

TDS 型选矸机器人的执行系统位于带式布料器前端的箱体内,采用封闭集成式高压气枪。

TDS 型选矸机器人配套有完善的辐射防护系统,设备运行时,外壳四周辐射强度均低于 $2.5\ \mu Sv/h$,远低于国家标准。

TDS 型选矸机器人的电控及 REC 系统是 TDS 智能干选机的大脑中枢。电控系统主要包括配电及 PLC 控制,配电部分负责给 TDS 型选矸机器人内部相关仪器仪表供电,PLC 控制部分主要负责 TDS 内部各电机及执行部件的启停逻辑控制,以及各测量仪表数据的采集显示、故障报警等。REC 系统为选矸机器人的计算中心,硬件由 REC 控制盒及多台服务器和板卡组成,运行有智能识别算法程序、智能喷吹算法程序、智能故障分析程序,主要负责物块识别、轨迹计算、喷吹、故障分析及预警。PLC 与 REC 共同控制整套 TDS 系统的正常运行。

TDS 型选矸机器人配套滤筒式除尘器回收设备分选时产生的粉尘。TDS 除尘器与机头分选室联合布置管道短,除尘器设有连续智能反吹清灰系统,清除的灰尘通过下方的自动卸灰阀直接排入生成系统中。

温控冷却系统主要控制防爆射源箱内的温度,保证射源在特定温度范围内工作。该装置采用涡流管控温技术,将压缩空气输入涡流管,压缩空气以高速旋转的方式流向排气口,在气流运动过程中,外层的空气会发热,内层的空气会变冷,冷气沿着涡流的中心反向回流,形成制冷源。

TDS 型选矸机器人配备视频监控系统,对设备的运行状态、喷吹状态进行实时监控,并将监控画面显示在上位机上。

3. 应用状况

目前该类型装置已在河南能源新桥煤矿、赵固二矿、赵庄选煤厂、西山晋兴斜沟煤矿、新奥王家塔煤矿、准能集团哈尔乌素选煤厂等单位使用。选矸机器人采用智能识别方法,建立与不同煤质特征相适应的分析模型,通过大数据分析,对煤与矸石的元素、位置等进行数字化识别,最终通过智能喷吹系统将矸石或煤喷出。

4. 使用维护要点

TDS 选矸机器人局部采用含铅外壳,此区域严禁动火作业或靠近高于 250 ℃ 热源;严禁对此区域外部进行撞击、锤砸。带式布料器是 TDS 设备重要的组成部分,承担了布料、运输等功能,也是容易出现故障的部分,需要在日常使用中做好维护以及定期检修保养,以保证带式布料器的稳定可靠运行。TDS选矸机器人的识别系统主要包括带式布料带面以上的X射线防爆箱和探测器防爆箱。X射线机为辐射装置,其安装于X射线防爆箱内采用锁具封闭,严禁未经授权开启X射线防爆箱。X射线防爆箱严禁焊接、气割操作,严禁水冲洗。探测器防爆箱严禁开启;严禁焊接、气割操作;严禁水冲洗。TDS选矸机器人的执行系统主要为高压喷嘴,设备运行中应按要求定期检查。

第三节　煤矿应急救援智能化装备

煤矿应急救援智能化装备是近几年来的发展重点。研究表明,煤矿事故发生后,及时采取有效的应急救援是保障矿工生命的一项重要举措,相比未采取救援措施的情况,有效应急救援可以将事故损失降低94%。在井下矿工被困时,救援人员及时、有效地探测到井下被困人员的位置、建立通信、实施救助并消除灾情是救援工作的核心。而有效的应急救援离不开先进可靠的救援装备。

在《"十四五"国家安全生产规划》中,国务院将强化应急救援处置效能、救援处置能力建设工程列入主要任务和重大工程。而煤矿应急救援装备智能化、信息化是应急救援装备的主要发展方向。

本节内容主要介绍煤矿应急救援智能化装备在矿井灾害远距离侦测、灾害区域人员定位、灾害区域智能钻孔、煤矿救援机器人等方面所取得的显著进展,同时重点介绍由煤炭科学研究总院等单位研发的矿山灾害生命保障救援通道的成套装备及技术,使广大煤矿安全生产管理人员了解我国煤矿应急救援智能装备方面的研究现状和发展方向,便于在实际工作中应用和拓展。

一、矿井灾害远距离侦测装备

近年来,救护队员在救援实施过程中遭受二次灾害伤害的事故屡屡发生。因此,采用智能侦测装置代替救援人员对高危险区域进行探测,准确掌握灾害区域的环境温度、有毒有害气体和地质灾害等情况,对保障救援人员的人身安全、辅助现场指挥人员正确决策具有重要的意义。目前,世界范围内已经研发出大量的矿井灾害远距离侦测装备,它们在不同的环境、不同的灾情中发挥着重要作用。

(一)矿井灾害远距离探测装备

在我国,按照探测装置的载体类型,可将矿井抢险救灾智能探测装置分为3类。

1. 地面智能载体探测系统

中国矿业大学研制出了我国第1台用于煤矿救援的CUMT-1型矿井搜救机器人,该装备由低照度摄像机、气体传感器和温度计等设备组成。随后的几年,中国矿业大学又陆续研发了四履带两摆臂移动的CUMT-2A型、CUMT-2B型煤矿环境探测机器人,采用主动摆臂形式,两摆臂分别由两直流电动机驱动;CUMT-3型机器人采用了摆臂结构以增强其越障性能;

CUMT-4型机器人通过改变履带形态进一步增强其越障性能,自适应能力得到了很大提升;随后又相继研制出CUMT-5履带式煤矿救灾机器人、KQR24Z矿用本安型机器人、KSJ24矿用隔爆兼本安型水下机器人、KQR48矿用灾区侦测机器人等。此外,地面仿生越障机器人(如仿蛇、仿蚂蚁、仿蜘蛛、仿壁虎等)、灾区侦测装甲车和便携式矿用本安救援探测机器人等陆续出现。

2. 空地远程弹射越障智能探测系统

常见的有KT138(A)矿用远距离灾区侦测系统、ZCJ4超前环境参数检测装置、KQR48矿用灾区侦测机器人和跑跳式机器人等。

3. 无人机载体智能探测系统

国内公司开发了一种本质安全型矿用救援飞行器,包括充气壳体、基座、平衡杆、两个螺旋桨(桨叶、桨毂和防爆直流电机)等。中煤科工集团研发出了多旋翼WRJZ-200矿用无人机(本质安全型矿用救援飞行器)。

(二)井下巷道救援生命信息探测装备

在传统的应急救援过程中,救护人员进入井下采用呼喊、敲击等方式搜寻井下被困人员,这种方式较为低效,同时可能对救援人员造成二次事故伤害。而采用寻人仪、主动式生命探测仪等搜寻被困人员,并取得联系实施救援的方式,可以大大提高救援效率。此方法主要根据感应探测声波、无线电波、人体信号的方式进行搜寻,包括井下生命探测仪和探测机器人等。

1. 生命探测仪

这是目前井下生命信息探测中最主要的应用装备。人体的生命信息(如心跳、脉搏等)会以声波、光波、电波、红外辐射等能量方式向外释放,生命探测仪通过各种不同的传感器采集这些不同形式的波,通过分析信号,确定被困人员的位置、数量和生存状况,从而完成准确、高效的营救行动。生命探测仪依据探测所使用的传感器的不同分为音/视频探测仪、红外探测仪、共振探测仪和雷达探测仪等。

2. 煤矿探测机器人

煤矿探测机器人可以代替救护人员,快速地深入矿井灾害区域进行环境和生命信息的探测工作,避免了人员贸然进入井下危险空间而引发的生命威胁。

探测机器人的构架包括运动平台和延伸机构。运动平台是机器人的运动驱动机构,延伸机构是机器人的执行机构(机械臂等),再配以机器人设备内部的多个传感器,实现机器人的自动化、智能化,机器人就可以在地面或基站的远程监控下自主进行救援探测工作。它可以在井下采集瓦斯、温度、煤尘、塌方、水位等信息传到地面监控点,为救援工作提供实时灾情,也可以深入人员无法进入的区域,探测该区域是否存在被困人员等。

目前,美国、日本、加拿大等发达国家对救援机器人的技术研究比较成熟,机器人广泛应用于战场侦察、矿难和地震等灾害的探测、救援工作中。例如,美国卡内基·梅隆大学研发的Groundhog探测机器人,采用激光技术测距的传感器,附有黑夜环境工作的摄像功能,还能建立矿床的3D模型供参考。日本大阪大学研发的蛇形机器人身形十分小巧,适合进入较狭小的缝隙里,利用头部安装的摄像机将采集到的画面传输出来。国内对于煤矿救援机器人的研发较晚,但随着对机器人技术的不断研发也取得了不错的进展,如唐山开诚电器集团研发的矿用探测机器人等。

二、灾害区域人员定位智能装备

在事故救援中,精确的人员定位技术是实现成功救援的核心。目前,主要应用的井下人员定位技术有射频识别(RFID)、ZigBee 技术、超宽带技术 UWB、Wi-Fi、蓝牙技术等。

(一)基于 RFID 的射频识别技术及装备

该技术是目前主要的井下人员定位系统技术,具有成本较低、信号穿透性强、使用方便快捷、使用寿命长等特点。该技术是利用在井下主要区域安装的射频读卡器读取进入其识别区域的电子标签,电子标签安装在矿工的衣帽表面。

(二)基于 ZigBee 的网络技术及装备

相对于现有的井下无线定位技术,ZigBee 技术具有功耗和成本低、复杂度低和容量高等特点,并且有着比 RFID 精准的定位性。

(三)基于 UWB 的定位技术及装备

该技术利用 TOA(信号到达时间)和 TDOA(信号到达时间差)进行距离测量。UWB 定位技术传输速率高、抗干扰能力强、定位精度可达到厘米级,但由于该技术以电磁波的方式传输数据,需要配备高精度的硬件设备,导致了更高的建设成本。

(四)基于 Wi-Fi 技术的井下人员定位系统

该系统利用井下以太网建立若干基站,实现井上下的信息传输。优势是具有较快的信息传输速度和较长的有效距离,与其他设备兼容性好。但在井下发生灾害事故后,巷道内的网络系统会受到大范围破坏,影响了系统实际的使用效果。

另外,还可借助地音仪、探测定位仪等设备监测井压变化判断塌方、冒顶位置,配合大地音频、三维地震等技术作为地下人员位置信息探查的辅助手段。美国在矿山救援中曾使用过此类设备寻找井下幸存人员。

三、灾害区域智能钻孔装备

当煤矿井下发生爆炸、水灾及顶板灾害等事故造成巷道阻塞时,救援人员无法从井下巷道展开救援工作,只能采取由地面打钻的方式实施救援。近年来,地面大直径钻孔作为应急救援的通道,已受到矿山安全领域的广泛关注和应用。

(一)大直径钻孔技术及装备

矿区地面大直径钻孔能够实现地面与井下直接连通,连接通道除了可用于瓦斯排放、电缆铺设、排水、通风、溜渣外,也可作为煤矿井下应急救援的重要逃生通道。2015 年 12 月 25 日,山东省平邑县某石膏矿发生坍塌,在事故救援过程中,有 4 名矿工通过地面大直径钻孔升井获救,开创了国内利用地面大直径应急救援钻孔成功救人的先例。国际类似的救援案例有:1955 年,德国 DahlBusch 矿 3 名矿工通过深 42 m 的大直径钻孔升井获救;1963 年,德国 LengedeMathilde 矿 11 名矿工通过孔径 480 mm、深 56 m 的大直径钻孔升井获救;1998 年,奥地利 Lassing 矿救援钻孔孔径 660 mm、深 60 m,1 名矿工获救;2002 年 7 月,美国宾夕法尼亚州魁溪煤矿 9 名矿工通过地面大直径钻孔从 78 m 井下获救;2010 年 8 月,智利圣何塞铜矿发生井筒坍塌事故后,利用地面大直径钻孔作为逃生通道,将被困井下 700 多米的 33 名矿工救出。

地面大直径钻孔能够实现救援逃生主要基于两方面条件:一是精准透巷,钻孔精确钻透被困人员所在巷道或避难硐室;二是钻孔直径足够大,人员或救生舱能够通过。

在此基础上,按照"以人为本、安全优先"的事故救援要求,钻孔施工还必须遵循"高效、安全"的原则。所谓高效,是指从大直径救援钻孔整个成孔周期考虑,以最短的时间、最快的施工效率完成钻孔施工,不能局限于局部孔段的快速钻进;而安全则要求在救援钻孔施工过程中,特别是透巷瞬间,不对井下有限空间内的被困人员造成二次伤害。因此,大直径救援钻孔设计应着眼于成孔目的和施工原则,为优快成孔提供指导。

大直径救援钻孔施工装备需要满足"快"和"稳"的要求。"快"要求装备具有良好的机动性,能够迅速到达现场、快速安装、快速开钻;要求装备具有较强的施工能力,实现快速钻进。"稳"要求在正常保养情况下,无故障工作时间长;不同工艺条件下运行平稳。目前已初步形成了以车载钻机、双壁钻具、大直径潜孔锤为代表的大直径救援钻孔装备体系。

(二)矿用应急救援提升装备

矿用应急救援提升装备成为矿难应急救援中的关键一环。提升舱是对井下被困人员进行救援的直接载体。为满足井下大直径钻孔救援的需要,提升舱外形一般为圆筒结构,主要由舱体、导向装置、防断绳保护装置、信号传输设备、缓降机、舱体内摄像头、对讲耳机、安全销、脱开装置、舱底摄像头、舱底缓冲装置等构成。

四、煤矿救援机器人

在《煤矿机器人重点研发目录》中,救援类机器人主要包括井下抢险作业机器人、矿井救援机器人和灾后搜救水陆两栖机器人3类。

(一)井下抢险作业机器人

井下抢险作业机器人能在巷道塌方、堵塞等狭小空间进行快速抢险救援作业,应具备自主行走、精确定位、井下环境识别、挖掘、钻扩、运送、远程遥控等功能,实现抢险作业无人化。井下抢险作业机器人的主要作用就是代替人工去清堵、清淤、清道。瑞典 Brokk 公司制造出小尺寸破拆机器人,作业效率是手持风镐的8倍,可用于煤仓清堵作业。

(二)矿井救援机器人

矿井救援机器人主要用于煤矿井下发生水灾、火灾及瓦斯灾害后的救援行动,应具备自主行走、导航定位、被困人员生命探测、音视频交互、紧急救护物资输送等功能,实现在灾害后的恶劣环境中自主搜寻被困人员。1998年美国研发出世界上第一台井下救援机器人,2006年我国中国矿业大学研制出中国第一台矿山救援机器人。目前,我国取得 MA 标志的井下探测机器人有唐山开诚电器集团研制的 KQR48 矿用侦测机器人和中国矿业大学研制的 ZR 矿用探测机器人。

近年来,国内外对救援机器人的研究十分活跃。根据事故类型的不同,救援机器人可以分为消防救援机器人、地震救援机器人、矿山救援机器人、核事故救援机器人和水下救援机器人等。美国、德国等西方发达国家对于消防机器人的研究已经取得了一些成果,如德国的 LUF60 消防机器人已得到了实际应用。我国从1997年开始对消防机器人进行研发,2002年上海强师消防装备有限公司研制出我国第一台消防灭火机器人。中信重工开诚智能装备有限公司研制的消防机器人可拖动2条60 m 长充满水的80型水带行走,能够远程控制消防炮回转、俯仰,具有大流量、高射程、多种喷射方式的优点,并具备互联网通信、远程诊断、环境探测、热眼检测、声音采集、图像采集和自主避障功能等。

（三）灾后搜救水陆两栖机器人

灾后搜救水陆两栖机器人主要具备在 GPS 拒止环境下导航定位、陆基自主或遥控巡检、透水事故后水下航行器自动分离、被困人员搜索等功能，实现透水事故后井下快速搜救。

五、矿山灾害生命保障救援通道的成套装备及技术

矿山发生重大灾害事故时，会导致井筒、巷道被破坏，人员被困井下。目前，应急救援主要有井下和地面两种方式。井下具备施工条件时，构建穿过坍塌段的大直径救援通道，是最直接的救援方式。被困人员距离安全出口较远或有二次灾害发生的风险，短时间内难以形成井下救援通道时，地面钻孔应急救援成为解救更多生命的有效手段，通过构建小直径生命保障孔进行人员搜寻、信息联络、给养输送，通过构建大直径钻孔实现人员升井脱困。

开展上述救援通道所需的技术与装备研发是时下的热点和难点。为此，煤炭科学研究总院等单位以"救援通道构建装备研制—生命保障通道构建技术开发—大直径救援通道构建技术开发—地面提升救援装备开发—技术与装备集成及工程试验"为主线，开发钻孔救援关键技术与装备，在地面钻孔成套装备，救援提升装备，生命保障孔快速、精准钻进技术，大直径救援井精准安全高效钻进及透巷技术和大直径顶管技术及装备5个方面取得了突破。

（一）ZMK5550TZJF50/120 型救援车载钻机及配套机具

车载钻机及配套机具是地面钻孔救援施工的主要装备。ZMK5550TZJF50/120 型救援车载钻机及配套机具主要包括钻机、钻具加卸系统、电液控制系统3个部分。救援井开孔直径一般大于 800 mm，施工工艺复杂，在泥浆正循环、空气正循环等常规工艺基础上还可能用到泥浆反循环、空气反循环、气举反循环、孔底密封局部反循环等工艺；时效要求严格，救援井钻进过程中需要对钻具进行大量的移动、排放、上卸丝扣作业；钻压、转速控制响应速度要求快，钻机连续运行时间长，对电液控制系统响应速度和可靠性提出了较高要求。

1. 适应多工艺的大能力地面救援车载钻机

救援车载钻机包括动力头、给进装置、专用车辆底盘3部分，动力泵站为钻机提供动力和控制源。其中，动力头采用大直径高压旋转密封、大通孔主轴、大通径冲管、气举反循环气管安设接口等设计，转速转矩调节范围宽，可满足多种钻进工艺，具备施工大直径钻孔和处理事故能力。给进装置采用钢丝绳倍速伸缩桅杆式机构，可实现强力解卡等事故的处理。专用车辆底盘采用10×8前、后各2桥的驱动形式，带有高、低两挡速比分动箱，分动箱与驱动车桥均有差速器和差速锁，可以实现钻机车对多种路面的全时越野行驶，充分适应钻机车在矿区及公路的行驶、抢险、救援等多种作业需求；配备发动机辅助制动系统，能有效改善下长坡时车轮过热、轮毂老化过快等现象，显著提高行驶安全性。

2. 一体化钻具自动加卸系统

钻具自动加卸系统集 HG2-01 型换杆装置、ZMK135/920PT 型井口平台、液压提引装置为一体，实现了钻进过程自动、高效、安全起下钻具。钻具自动加卸系统实现了起下钻作业由人力向机械化的转变，提高了起下钻效率、减轻了工人劳动强度、提高了安全操作水平，为救援孔快速施工提供了保障。

3. 基于钻压自适应控制的电液控制系统

救援车载钻机电液控制系统采用分布设计、集中控制和远程数据监控，实现钻机及配套机

具的一体化集成控制。各机构之间采用CAN总线通信,实现相关控制,司钻人员可全方位掌控钻场情况。操纵室控制箱内部的数据记录仪可实时记录并传送钻机运行数据,实现不间断存储3个月。

(二) 生命保障孔快速精准钻进及人员探寻技术

生命保障孔是地面钻孔救援的第一步,往往根据井下灾害情况分析结果、被困人员位置推断等进行布设,核心内容包括3点:一是精准定向,确保与井下构筑物连通;二是快速成孔,实现短时间内发现被困人员;三是人员探寻,在保障孔内搜寻人员方位和生命状态。生命保障孔快速精准钻进及人员探寻技术流程如图6-1所示。

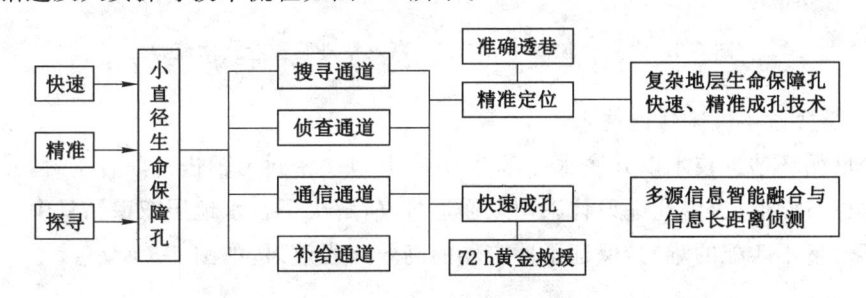

图6-1 生命保障孔快速精准钻进及人员探寻技术流程

1. 复杂地层生命保障孔快速成孔技术

快速成孔技术应从钻头结构和水力参数优化两方面重点加强。首先建立钻头优化设计体系,针对示范点地质条件,设计适合于中软且涌水复杂地层的高效PDC钻头,作为"一趟钻"提速增效的关键技术。同时针对松散层开发了射流快速钻进技术,平均机械钻速30 m/h以上。开发了松散覆盖层等复杂条件下空气潜孔锤跟管快速钻进技术组合,进行了空气钻进工艺与地层适应性分析。在山东栖霞笏山金矿救援施工中进行了应用,68 h钻进583 m,钻速8.57 m/h,取得了显著效果。

2. 超短距离螺旋纠偏技术

精准定向方面,采用超短距离螺旋纠偏技术对生命保障孔轨迹控制、管柱屈曲、摩阻扭矩等进行分析,在增、降井斜同时,围绕垂直井眼轴线进行扭方位作业,延长纠偏距离,降低纠斜段井眼曲率变化,减小井眼内钻柱摩阻扭矩和钻柱轴向压力,以达到井眼平滑、钻柱安全的目的。该技术在山东栖霞笏山金矿救援中进行了应用,60 m超短距离内成功纠偏7.41 m,贯通了一条生命救援通道。

3. 长距离孔内超宽带雷达生命信息探测技术

采用音视频、雷达、气体等多源信息动态感知与融合的关键技术架构与方法,基于超宽带雷达生命信息探测识别技术,构建400 MHz超宽带雷达穿透探测系统平台,获得了煤种、穿透厚度、探测距离等多因素对探测的影响规律,生命信息识别效果与煤的变质程度呈正相关关系,变质程度越高,生命信息识别范围越大,识别效果越好。基于此,研制了生命信息探测的成套仪器,雷达穿透距离达8 m以上,无线传输距离达550 m,可连续工作10 h以上。

(三) 大直径救援井精准安全高效钻进及透巷技术

地面大直径救援井能够实现救援逃生主要基于两方面条件:一是快速成孔,减少人员井下被困时间;二是精准安全透巷,精确钻透被困人员所在巷道或避难硐室,同时尽量减少钻井介质溃入数量,避免对人员产生伤害。该技术从快速钻进技术、大直径钻具及透巷方法3方面保证大直径救援井的精准快速安全贯通,为救援提升设备提供通道,如图6-2所示。

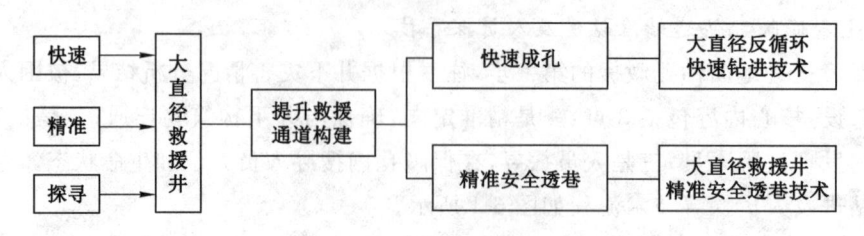

图6-2 大直径救援井精准安全高效钻进及透巷技术流程

1. 大直径反循环快速钻进技术

大直径反循环钻进技术以井底水柱密封为主、井口硬密封为辅进行联合密封,井底软密封通过地层水柱自然形成,潜孔锤设计采用双通道排气,解决了含水地层双壁钻具中心流道输排能力与循环气量不匹配的难题,保证了冲击器的高效碎岩效果,如图6-3所示。

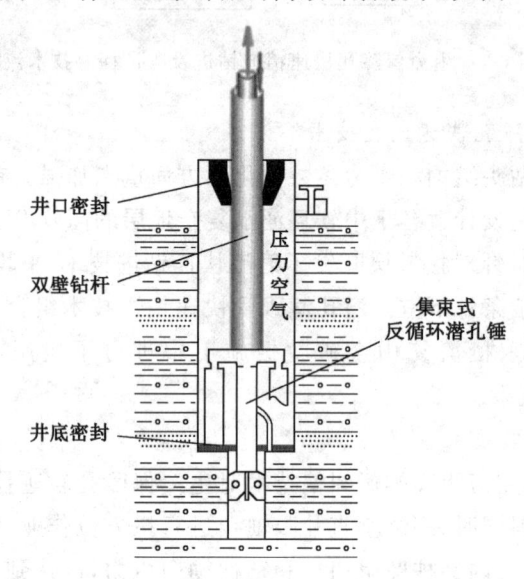

图6-3 大直径反循环快速钻进技术示意图

2. 大直径集束式潜孔锤及配套钻具

研制的 ϕ580 mm、ϕ680 mm、ϕ830 mm 系列集束式潜孔锤及配套钻具设计了近三角异形及平底钻头结构,增加多边齿数量,提高碎岩效率和锤头寿命。采用弹簧预压式PDC切削钻头,替换气动单锤,形成孔底冲击碎岩与切削碎岩于一体的混合碎岩模式,在中硬岩段最大机械钻速可达4 m/h。

3. 大直径救援井精准安全透巷技术

采用超声成孔检测仪和高精度MWD减震探管,在井口设定仪器的初始方位角,磁干扰条件下测量不同井深套管与垂线距离,计算覆盖层底部井眼中心坐标,实现了工程试验的精准透巷,提出了先导孔轨迹精确动态控制方法,确保 $\phi 346$ mm 先导孔轨迹平滑。

基于数值模拟分析和工程实践验证,结合巷道顶板地层特性,分析透巷过程中顶板塑性破坏及位移情况,为确定安全透巷距离提供设计依据。透巷采用空气欠平衡钻进方法,可将介质溃入量控制在 10 m³ 以内。

(四) XZJ5240JQZ30 型救援提升车

救援提升车是地面钻孔救援装备的重要组成部分,当大直径救援井成井后,通过提升舱将被困人员从井下提升至地面,对其主要有 3 个方面的功能要求:一是具备优异的通过能力且操作平顺,可以快速安全地实施救援提升工作;二是提升舱应具备二次逃生、辅助支撑等保护功能,为被困人员提供安全防护;三是地面操作人员能够与舱内人员实时互动通信,了解被困人员状态,在救援提升过程中实时采集井下环境参数、井筒结构及状态参数等,并将获得的信息实时传输到地面进行重构和显示,实现救援过程的精准操作和科学决策。

1. 高可靠性救援提升系统

具备通信功能的大容绳量稳定提升系统针对大直径钻孔救援通信的特殊需求,基于钢丝绳内嵌电缆和 ADSL2 技术,将井下信号经过 848 m 钢丝绳稳定可靠地传输至地面,实现了信号长距离、高速率、低功耗传输。一方面,通过多因子绳长算法和液压控制技术提高绳长计算精度,解决了起升换层速度平顺性控制的难题;另一方面,开发了臂架挠曲预测算法、起重机作业幅度自动补偿控制算法,实现多因素影响吊臂变形预测,动态消除吊臂幅度偏移量,解决机电液系统响应慢的难题。

2. 多功能柔性救援提升舱

提升舱上下舱体弯曲角度 2.2°以内柔性可调节,具有更好的通道适应性。基于人机工程学设计的载人舱体参数和辅助结构符合人体体型正态分布。救援提升舱作为被困人员、通信系统、信息重构系统的载体,同时可通过缓降机、底部脱开装置协作实现二次逃生。

3. 提升救援井重构方法与通信监测控制系统

基于最小二乘圆法确定井筒中心线,基于最大内接圆法确定井筒通过直径,基于 OPGL 软件重构救援井筒三维模型。同时,搭建了多传感器信息融合的通信监测控制系统,通过不同类型传感器及通信仪器,实现提升力、提升速度、提升舱位置、主屏显示、分屏显示、场景录制与回放等多种信息融合,现场可及时了解人员升井过程中可能出现的各类状况,指导提升救援。

(五) 井下大断面顶管救援技术及装备

井下坍塌巷道救援时效要求紧迫,在快速破碎、清理坍塌体内岩石的同时,需对开挖空间的围岩进行有效控制,以保证救援队伍和装备的安全,避免被困人员受到二次伤害。

1. 井下大断面顶管救援装备

ZDG1500 型井下顶管机管体直径 1 630 mm,顶推力 8 541.2 kN,大开口刀盘可在破碎岩石的同时为被困人员提供逃生通道,从刀盘转矩、支撑强度、开口率等技术要求出发,确定刀盘结构,共配备 10 把滚刀、10 把切刀、2 把刮刀。大流量排渣技术和大角度纠偏技术实现了破排一体的不间断作业及松散、非稳定地质条件的定向,可输送最大粒径 300 mm 的渣石,运渣量 10 m³/h;模块化、自支撑主顶快速组装技术实现顶管救援装备快速组装和施工支护,提高施工效率。

2. 干式顶管施工技术

坍塌巷道为未知性强、危险性高的工作环境,通过开发基于多目标规划的坍塌性巷道顶管快速施工技术和异常工况识别技术,构建了井下快速运输与预施工技术体系,如图6-4所示。采用有限元-离散元耦合的方法获得较好的掘进参数组合,优化结果为转速3 r/min,顶进速度为0.12~0.18 m/min时,顶管作业的顶进效果最佳。

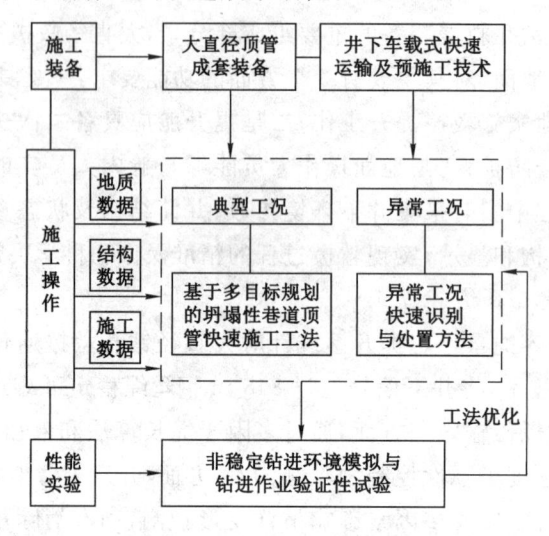

图 6-4 干式顶管施工工艺流程

(六) 典型应用

该项成套技术在山西茂华万通源煤业透水、湖南源江山煤矿透水、山东栖霞笏山金矿爆炸、新疆昌吉丰源煤矿透水、宁夏宁煤清水营矿冒顶事故5次矿山灾害应急救援中进行了应用。其中,复杂地层生命保障孔快速、精准钻进技术成果参与了山东栖霞救援,前期其他救援队伍在施工3号孔钻至521 m后发现已偏差7.41 m,面临无法透巷即将报废的难题,采用超短距离螺旋纠偏技术,实现60 m超短距离成功纠偏,贯通3号孔,为挽救11名被困矿工生命做出突出贡献;同时,利用多源信息智能探测器,在井深586 m处"连线"被困矿工,探测了井下巷道空间、积水情况,为技术专家、医疗专家制定后续救援技术方案提供了可靠的资料。

复习思考题

1. 煤矿工业控制系统安全建设包括哪些内容?
2. 矿井宽带无线通信系统应满足哪些要求?
3. 云计算技术主要能够解决哪些问题?
4. 煤矿精确定位主要有哪些定位技术?
5. 煤矿安全生产机器人主要分为多少类,多少种?
6. 井筒安全智能巡检机器人的主要维护要点有哪些?
7. 地面大直径钻孔能够实现救援逃生主要基于哪些条件?
8. 对提升舱的功能要求主要有哪些?

下 篇

煤矿安全生产管理人员管理能力提升相关知识

第七章
煤矿安全生产管理能力、管理机制与创新管理

> **学习提示** 安全生产是煤矿企业永恒的主题,是煤矿安全生产管理人员的首要职责。在长期的煤炭生产建设中,煤矿安全管理不断得以加强,已形成了许多行之有效的管理理念、管理原则、管理方法、管理制度和措施,在今后的实践中应得到继承、完善和创新。
>
> 本章从煤矿安全生产管理人员应具备的素质与能力建设入手,介绍了煤矿安全生产管理的管理工具和方法、基本原则和相关理念等,对煤矿正在开展的安全风险预控、隐患排查治理和标准化"三位一体"新体系建设工作作了重点阐述,介绍了部分煤业公司及矿井应用"三位一体"安全管理法的创新做法。安全生产管理人员应了解和掌握这些管理要素,运用现代科学技术手段统筹谋划,进行煤矿安全生产治理体系与治理能力现代化建设,实现煤矿的高质量发展。

第一节　煤矿安全生产管理人员的素质和能力

素质,是人的先天秉性加上后天学习而形成的稳定的心理和生理特性在思想和行为上的体现。能力,则是素质的外在表现,是完成一项目标或者任务所体现出来的综合素质。我们这里所讲的煤矿安全生产管理人员的素质,是指其适应工作环境而养成的可保障其正确履行职责所需要的思维习惯、知识技能储备与职业化倾向;能力,则是通过学习培训和实践锻炼,表现出来的在日常和紧急状态下维护其个人、他人和集体的生命财产安全的能力。

一、煤矿安全生产管理人员应具备的素质

煤矿安全生产管理人员在企业安全生产管理与发展中担负接受工作任务、落实工作责任、实现工作目标的重要职责。要成为一名合格的安全生产管理人员,主要应具备以下素质。

（一）政治素质

政治素质是指煤矿安全生产管理人员应具有一定的政治责任感和敏感性。知道国家、社会、企业在提倡什么、鼓励什么、支持什么,反对什么、批判什么、禁止什么,站稳政治立场,树立正确的世界观、人生观和价值观。政治素质是管理人员的灵魂,它对管理者及其所从事的管理活动的政治方向起着极大的影响作用。作为煤矿安全生产管理人员,要关心社会发展形势,学习国家有关方针、政策和法令要求,明确政治方向,坚定理想信念,强化责任担当,有职业发展规划,始终把国家财产和职工生命安全放在首位。在工作与学习中保持对理想的追求,坚持原则,有正义感、社会责任感、创新精神等。在企业里具备与企业文化相适应的价值观,认同组织及其文化,践行企业文化要求,正确处理国家、集体和个人之间的关系,牢固树立全心全意为人民服务的意识。

（二）道德素质

道德是一种社会意识形态,是人们共同生活及行为的准则与规范,是社会主流价值观下的非强制性约束。作为煤矿安全生产管理人员,在从事安全生产管理活动中的行为标准和要求,首先是正确认识所在岗位所应承担的社会责任和价值追求,加强自我教育、自我改造和自我完善,坚持维护社会公共利益,尽职尽责完成本职工作,对自己的职业行为负责。比如在工作中要做到爱岗敬业、诚实守信、遵章守法、安全第一、公道正派等。同时,要注意遵从社会公德,比如文明礼貌、乐于助人、爱护公物、保护环境等;提升个人品德修养,比如正直善良、勤奋努力、自立自强、见义勇为等;培养家庭美德,比如尊老爱幼、勤俭持家、男女平等、邻里和睦等。

（三）安全素质

安全素质是人们的安全意识、安全知识和安全技能的总和。煤矿安全生产管理人员必须让安全成为一种习惯,做到自身安全、成长安全和工作区域的安全。一是树立安全意识,善待生命,增强健康意识、风险意识、防范意识、科学意识和守法意识;二是熟悉安全知识,了解生活安全、公共安全、职业卫生、自然灾害等方面的安全知识,尤其是要学习煤矿安全生产技术知识,熟知其中的危险因素及预防和应对方法;三是掌握安全管理技能,运用现代科学技术辨识和管控工作中的风险,排查和治理事故隐患;四是从拓展意义上讲,安全素质还包括理论、情感、价值观、职业道德、行为准则等人文素质,其内涵非常丰富,包括安全意识、法制观念、安全技能知识、文化知识结构、心理应变能力、承受适应能力和道德行为规范约束能力等。

（四）科学素质

科学素质是人作为主体尊重科学、学习科学、发展科学、运用科学的精神、态度、方法、知识的综合,是人的主体性的重要部分。煤矿安全生产是一项复杂的系统工程,只有用科学理论指导生产,保证各生产环节的稳定、可靠,实现人的本质安全,才能确保安全生产。作为煤矿安全生产管理人员,一要尊重科学,正确认识煤矿安全生产与灾害防治的规律,切不可头脑发热盲目决策;二要发挥专业技术人员的智慧,向科学管理与煤矿技术体系要安全生产管理的手段和方法;三要依靠科技进步的力量,坚持"管理、装备、素质、系统"四并重,多措并举构建本质安全保障体系,确保矿井安全生产。

（五）心理素质

心理素质是在实践活动中逐步形成的心理潜能、能量、品质与行为的综合。煤矿井下特殊的作业环境和工作节奏容易对人产生不良影响,使人出现紧张、恐慌、焦虑、急躁等情绪与思维。煤矿安全生产管理人员的管理行为容易受到观察力、判断力、记忆力、情感、意志、性格的影响,应注意培养健康的心理状态,如自知、自信、自律、自强,乐观、开朗、合群、善良,承受挫折,充满理想等。煤矿安全生产管理人员在心理修养方面,一要学习一些心理学知识,适当运用知觉对强度的敏感特征,运用不同事物的对比,增强自己的知觉印象;学一些心理暗示方法,自我排解与疏导,培养自己抵抗诱惑的稳定性、临危不惧的胆略和缜密的思维方式。二要有宽广的胸怀,在工作中面临内外环境方面不同的声音、不同的观点甚至是批评的声音和压力时,能以正确的方式、正常的心态来处理;有开放的心态,能积极地了解和接纳新事物,与时俱进。三要有坚韧的毅力和意志力,在遭遇风险时,能积极采取措施,沉着应对;有个人的自我控制力,遇见各种不正常、不正当甚至是违反道德、违反法律的诱惑时,能保持定力。四要在开展安全生产管理和教育过程中,重视职工的性格差异与情绪反应,不简单粗暴,多顾及职工的心理感受和承受能力,才能取得工作效果。

（六）体能素质

体能素质主要指煤矿安全生产管理人员应该拥有健康的体魄、良好的生活习惯、旺盛的精力等。煤矿安全生产管理人员事务繁杂,编写措施规程时,挑灯夜战,奋笔疾书;下井带班时,与工人同上同下,班前安排工作、筹划生产组织、隐患处理等,下班后还要总结汇报;遇到现场灾害时,还要靠前指挥,甚至冲锋在前,身先士卒,都需消耗较大的体能。所以煤矿安全生产管理人员要有意识地加强体能训练与身体锻炼,坚持体育运动,作息规律,健康饮食,少熬夜、少玩网络游戏、不抽烟、不酗酒等。

（七）法纪素质

法纪素质是人们通过学习法律知识与规章制度,理解法纪本质,运用法治思维,依法依规维护权利和履行义务的素质、修养和能力,对于保障人们尊崇法治、遵规守纪、正确行使权力具有重要意义。人之为人,最首要的是其言行举止受到各种规范的约束,如党纪国法、规则规矩、各种社会礼仪规范等。煤矿安全生产管理人员法纪素质的提高,一要培养法治思维理念。首先,在工作中经常思考"合不合法,合不合程序",使法治思维成为一种自发的心理需求,养成依法履职、依规办事的习惯。其次,在遇到权力与权利冲突、公共利益与个人利益冲突时,要坚持依法办事,使决策既合法合规又合情合理。二要加强学习安全生产法律法规与企业规章制度。既要增强法纪知识以及与履行职责相关的规则学习,又要重视法纪原则、法治精神等法治思维能力的培养。三要提升依法依规履职水平。敬畏法律法规制度,建立健全分管职责范围内的规章制度体系,正确行使手中的权力。

二、煤矿安全生产管理人员应具备的能力

(一)适应环境能力

适应环境能力是指煤矿安全生产管理人员生活与工作期间在心理、生活以及人际交往方面,能较快地认识、了解和熟悉外部环境,并形成协调一致的能力。适应社会和改造社会是对立统一的两个方面。煤矿作业条件相对艰苦,现实生活常常不尽如人意,一些煤矿安全生产管理人员面对现实生活中的消极现象常常产生不安、不满的情绪,而常常以改造社会为己任却忽视了适应社会这个前提。适应社会,正是为了担当社会赋予我们的职责和使命。适者生存,生存正是为了发展。对社会、对环境的适应,应是主动的、积极的适应,不是消极的等待和对困难的反应,更不是对消极现象的认同,煤矿安全生产管理人员只有在现场实践锻炼中培养自己的社会适应能力,适应不同的管理模式、管理方式,才能走向成熟,更好地发挥自己的聪明才智。

(二)专业技术能力

专业技术能力是专门从事某一特殊领域工作或职业所需要的职业认知、理论、操作技能和技巧。随着科学技术的进步与发展,社会分工越来越细,我们获得一种职业一个职位,只能承担某个行业、某个专业、某个层次的工作任务。作为煤矿安全生产管理人员,需要掌握管辖范围内矿井的生产环境、地质条件、主要灾害因素等,了解本专业生产技术的发展状况与主要装备的应用情况,能够合理运用本系统的生产要素开展管理工作,参加抢险救灾等。

(三)自我决策能力

自我决策能力是一个人独立思考、果断处事和独立完成某项工作的能力。对于煤矿安全生产管理人员来说,在工作过程中会遇到各种各样的意见和忠告,最终要靠自己决定,这就要靠自己凭知识、经验、智慧来做准确判断。完成一项自我决策要经过一个系统的思维过程。企业管理人员的决策能力主要包括目标的辨识能力、开放的提炼能力、准确的预测能力和准确的决断能力。作为煤矿的安全生产管理人员,一要明确待处理事项,把目标按优先次序依次排列出来,分清要解决的主要矛盾和矛盾的主要方面。二要以开放和包容的思想及态度获取尽可能广泛的决策方案,并对各种决策方案进行提炼,把握其本质和核心,分析各个方案实施的可能性。三要正确地评估每个方案的条件及效果,准确地预测确定方案后有符合本事项预期的满意结果。四要从众多的决策方案中选取满意的方案,当机立断应对危机。在做自我决策时,可以问自己几个问题:① 不同的选择,可能带来的后果以及利弊是什么? ② 这些利弊与后果,哪些是自己可以承受的,哪些是自己不能承受的? ③ 如何将选择带来的风险降低到最小?

(四)掌握信息能力

现在是信息爆炸的时代。煤矿安全生产管理人员应该具备获取和利用信息的能力。能熟练使用各种信息工具,特别是网络传播工具,根据自己的学习目标有效地收集各种学习资料与

信息,运用阅读、访问、讨论、参观、实验、检索等方法获取信息;能对收集的信息进行归纳、分类、存储记忆、鉴别、遴选、分析综合、抽象概括和表达等处理;在收集信息的基础上,能准确地概述、综合、履行和表达生成所需要的信息;在多种收集信息的交互作用的基础上,迸发创造思维的火花,从而创造新信息,并运用接收的信息解决问题,为我所用。要注意信息免疫,浩瀚的信息资源往往良莠不齐,需要有正确的人生观与价值观、甄别能力以及自控、自律和自我调节能力,自觉抵御和消除垃圾信息及有害信息的干扰和侵蚀,并且完善合乎时代的信息伦理素养。

(五) 组织管理能力

组织管理能力是指为了有效地实现目标,灵活运用各种方法,把各种力量合理地组织和有效地协调起来的能力。在企业经营管理活动中的组织管理能力,一般包括计划与决策能力、组织与人事能力、领导与沟通能力、控制与信息处理能力、创新与团队精神等。作为煤矿安全生产管理人员,需要根据工作性质、任务、目标的不同,以较强的组织、协调与沟通能力完成工作目标。一是有贯穿全局的工作思路,把握总体目标与具体措施之间的关系,不会"胡子眉毛一把抓";二是建立制度并维持其严肃性,能够保证制度的稳定性、可操作性以及在执行过程中的原则性和激励性,全面体现制度的严肃性和人性化管理;三是有针对性的宣传鼓动及激励措施;四是及时与上级、同级、下级和单位内部、外部做有效的沟通协调。

(六) 带领团队能力

管理从来不是一个人的事情,富有发展潜质的管理者表现出团队取向的工作风格。煤矿安全生产管理人员在实际管理工作中要善于营造一种团队协作、平等沟通的文化氛围,善于运用头脑,团结集体的智慧。团队合作对安全生产最终成功起着举足轻重的作用。作为煤矿安全生产管理人员,一要注重个人的职场形象,有良好的状态和气质,在一个团队里发挥身先士卒、以身作则的示范作用;二要具备真才实学,不管是专业技术知识还是现场经验阅历,都应该展示高度的理论政策水平和引领能力;三要真心实意对待自己的团队和下属,能够平等沟通、知人善任、公平公正等,帮助下属进步和成长;四要有令人信服的做事风格和方法,传递自己的理念与想法,用事实和结果获得团队信任和下属支持。

(七) 创新思维能力

创新思维能力就是突破现成思路的约束,寻求对问题全新的独特的解决方法的思维过程,也是在技术和实践领域不断提供具有经济价值、社会价值以及生态价值的新思想、新理论、新方法和新发明的能力。也可以表述为:创新思维能力是个体运用一切已知信息,包括已有的知识和经验等,产生某种独特、新颖、有社会或个人价值的产品的能力。它包括创新意识、创新思维和创新技能等三部分。煤矿安全生产管理人员培养创新思维能力,也是提高自身综合素质的重要途径。一要做有心人,以总结以往的得失来积累知识、经验,形成新思路与新方法;二要善于学习,着眼于先进技术、装备与管理手段的应用,提升管理现状;三要钻研攻关,针对现场卡脖子问题或重大缺陷,成立攻关小组或与科研院所合作,开展理论研究和技术提升。

(八) 应突处变能力

应突处变能力是指面对突发意外事件等压力,能迅速做出反应,并寻求合适的方法,使事件得以妥善解决的能力。通俗地说,就是应对变化的能力。煤矿生产处在一个变化多端的复杂环境中,管理就在这样一个内外环境条件下运作,条件的变化导致管理的重点与方式要随机应变。作为煤矿安全生产管理人员,一要有丰厚的知识储备,能在变化中产生应对的创意与策略;二要能控制自己的情绪,冷静、忍耐、摸底,弄清事情的真相,从而审时度势,随机应变;三要保持定力,在变动中辨明方向,寻找突破,出奇制胜,比如在事故发生时要勇于负责,果断采取措施,将损失降到最小。

三、煤矿安全生产管理人员素质能力的养成

(一)善于学习——做终身学习的践行者

学习是人永无止境的需要,是与其他动物的根本区别。学习力是企业竞争的最终决定力,当今煤矿不单单是一个生产型组织,而且也是一个学习型组织。组织要不断地发展、进步,就要求成员践行终生学习的理念,不断补充新的知识。在当今日新月异的信息社会,安全生产管理人员更应该不间断学习,不学习或凭老一套经验很难适应安全管理的形势和发展需要。只有通过学习才能不断提高自身素质,以更好地开展工作,引导和培训员工进步。

煤矿安全生产一直受水、火、瓦斯、煤尘、顶板、地压等多种自然危险因素的影响,身为安全生产管理人员,必须掌握各项安全生产知识、技术和技能,掌握系统全面的安全技术知识、技能。

(二)勤于反思——煤矿安管人员成长的必由之路

反思是我们成长的重要途径,是成长的加速器。煤矿安全生产管理人员要常怀反思之念,倾听发自心底的声音,欣赏成长的脚印,反省自己的生产实践活动,反思自己的所作所为,体悟自己每天的得与失、成与败、酸与甜、苦与乐,感悟自己的收获、喜悦、成功与成长。

做好安全管理工作要三思:思危、思退、思变。

思危,就是思虑危险、感受危机、应对危急。比如,煤矿工作有哪些危险性?工作的地方有哪些危险因素?现场的重大危险源有哪些?哪些重大隐患酿成事故的概率更大,需要重点防范和治理?制度健全吗?责任分解吗?有措施和规程吗?职工对技术和工艺了解吗?执行力怎么样?安全技术措施不健全、落实不到位会产生什么样的后果?等等。通过思考危险性的来源来认识煤矿安全生产工作的重要性和艰巨性,摆正安全与效益、与稳定、与发展的关系,做到不安全不生产。

思退,考虑退路、退步,清楚可能出现的情况及应对办法。比如,后路、退路、安全防范措施考虑周全了吗?有备用方案吗?万一发生冒顶、瓦斯、水灾、火灾事故,该如何自救,最佳避灾路线是哪条?当矿群关系紧张时,是不是退一步换位思考一下,给对方提供一些方便,看看怎样实现双赢而不是两败俱伤?

思变,就是要与时俱进,在变化中提高。比如,这次来检查和上次来现场条件有什么不同?施工的环境相同吗?施工人员相同吗?工艺流程相同吗?自己的素质与能力还有多大的提升空间?管理效果与上级要求还有多大差距?等等。世界上唯一不变的就是变化,煤矿安全生产管理人员要不断变化思维方式,能够变换角色、变换角度来分析问题、解决问题,在学习和思考中提高。

(三)认真规划——做一个有目标有追求的人

煤矿安全生产管理人员要了解自己的职业个性,树立职业理想。了解职业个性是一个人

提升素质的关键。社会人力资源的研究成果表明，职业个性对个人事业的成功与否有密切的联系。每个人都有自己独特的能力模式和人格特征，每个人格模式的个人都有与其相适应的职业，人们要想在职业生活中充分地施展自己的个性特点，实现自己的个性要求，获得尽可能大的自由感、满足感和适应感，就应该了解自己所属的个性类型及其职业适应性，使自己的兴趣、能力与工作机会匹配一致。职业理想是人生对职业未来的向往和追求，一个人树立坚定正确的职业理想，才能在职场里奋发进取、顽强拼搏，锲而不舍地按照自己的职业需要充实完善自我，实现未来人生的职业目标。正确的职业理想，还有助于正确处理国家、社会和个人之间的关系，自觉将国家需要与个人利益相结合。

煤矿安全生产管理人员要提升自己的职业品质，修炼职业技能。提升职业品质是提升素质的着力点。煤矿安全生产管理人员职业品质是指在职业行为、工作作风方面表现出来的思想、认识、态度和品质等。提升职业品质的过程，也是帮助我们实现社会化的过程。职业品质包括积极的人生态度、开拓创新精神、沉着应变能力、团队合作精神、敬业精神。培养职业技能是提升素质的落脚点。相应的技能是煤矿安全生产管理人员立足职业领域的资本。要把知识转化为技能，一定要经过反复实践和体验。煤矿安全生产管理人员要学会整理自己的技能清单，了解这些技能与自己的职业目标之间的差距，以及职业技能培养的途径和认识的方法。

第二节 煤矿企业安全管理的工具与方法

一、煤矿安全生产责任体系

煤矿安全生产必须建立健全"党政同责、一岗双责、齐抓共管、失职追责""管行业必须管安全，管业务必须管安全，管生产经营必须管安全"的责任体系，强化和落实生产经营单位主体责任与政府监管责任。

(一) 建立健全责任体系相关制度

各级党委必须担起"促一方发展，保一方平安"的政治责任，统筹好发展与安全工作，将履行安全生产责任情况作为对党委政府领导班子和有关领导干部考核、有关人选考察的主要内容，建立完善巡查督查、考核考察、激励惩戒等制度，加强对安全生产工作的组织领导。各级政府应把安全发展理念具体落实到经济社会发展各领域、各环节，组织制定政府领导干部安全生产"职责清单"和"年度任务清单"，并加强督查检查。地方安全监管部门应依法依规编制安全生产权力与责任清单，公开接受社会监督。

煤矿企业应履行主体责任，结合各类岗位人员的工作内容，以落实岗位安全职责为重点，对各个管理层级和所有人员进行全面摸排梳理，逐级逐岗位建立健全覆盖企业管理人员、职能部门、区队、班组、各工种的岗位安全生产责任制，制定全员安全生产责任清单，明确各层级、各岗位的安全生产职责，明确考核标准、奖惩办法等内容，做到所有从业人员都有明确的岗位，任何岗位都有明确、清晰的安全生产职责，形成企业全员安全生产责任体系。

（二）推进安全生产责任网格化

推进安全生产责任网格化管理，目的就是把全员安全责任压实到现场、岗位、具体措施，形成"全员参与、责任到人、人人有责、逐级负责"的动态安全管理模式，解决安全生产管理与监督工作中的责任缺失问题。科学划分安全生产责任网格，确定网格安全生产责任人，制定网格化管理清单，制作网格划分平面布置图等，让各级安全生产管理人员"手中有清单、肩上有责任"，督促网格责任人对照责任清单，严格履职，做到"明责知责、履责免责、失责追责"，实现全员、全过程、全方位、全天候的安全生产全链条责任落实机制。

（三）加强安全生产责任落实的监督

煤矿安全生产管理要做到权责分明、分层管理，就要有行之有效的安全管理考核方法，以科学的考核奖惩制度，督促责任的落实。各级党委、政府与安全生产监管部门必须依法开展安全生产大检查，排查重大风险隐患，列清单、明要求、压责任、促整改，严格执法，"打非治违"。煤矿企业必须拥有独立、完善的安全监督监察体系与流程，严格执行国家安全生产的法律制度，以严格的考核与奖惩落实相关责任。

二、煤矿安全文化

煤矿企业安全文化就是企业围绕安全生产过程中人的生命和健康问题，刻意培育的共同愿景、理念意识、行为习惯，以及物化到企业全部安全工作中的灵魂个性和精神动力。安全文化是事故预防的一种"软实力"，是利用文化的导向、凝聚、调适、激励、约束、同化、辐射与传承等功能，引导全体职工采用科学的方法从事安全生产活动，在企业内部形成统一的思维习惯和行为习惯，进而提升企业安全目标、政策、制度的贯彻执行力。

（一）煤矿安全文化建设的主要内容

煤矿安全文化通过发挥文化的功能来进行安全管理，注重通过提高人的思想观念和精神素质来实现各种安全管理要求，落实执行"顺理成章"，进而实现企业安全生产目标。

1. 精神文化

企业安全文化首先是企业的一种安全精神文化，也可称为安全理念文化。精神文化着眼于塑造企业职工的安全意识和提高人的安全素质，通过各种形式的安全思想教育、职业道德建设、安全生产榜样示范等，在企业成员的灵魂深处，把自我的安全要求与企业的发展结合起来，在企业全体成员中形成良好的职业素养、科学的思维方法以及安全观念。

2. 物质文化

企业安全文化是企业的一种物质文化。物质文化是利用物质条件，为企业所有人员创造有利于调动工作与生活的积极性、有利于提高效率与创造安全的工作环境。物质文化对人的感觉、心理产生一种影响，使人更加容易遵守安全生产管理的特定要求，规范自己在安全生产过程中的言行，达到企业安全生产的目的。

3. 治理文化

企业安全文化中的治理文化又包含以下三种文化，即目标文化、制度文化、行为文化。

（1）目标文化。目标文化是企业通过对自己的安全生产治理能力的客观评价，根据自身的客观实际、所处的社会环境和应尽的安全生产主体责任，确定企业的安全目标及发展战略。企业的目标文化不能脱离现实，空喊口号。目标文化对外宣示了企业作出的安全承诺；对内展示了企业全体成员同心同德为之奋斗的安全目标。

(2) 制度文化。制度文化是指按照现代科学管理的原则,用科学的管理方法制定一系列保障安全生产的条文,规范、约束企业全体成员的行为,保护全体成员在生产过程中的安全和健康的制度管理机制。优秀的制度文化,体现在制度建立、执行、反馈的全过程,不仅只体现在让制度成为全体成员的行为准则,而且更要体现在让制度成为激励成员前进的动力。制度建设要紧扣治理内容、工作范围,同时应该具有可操作性,定性定量适宜,并要具有连贯性,易于贯彻执行。

(3) 行为文化。行为文化是企业全体成员的安全意识在实际行动中的体现,包括全体职工安全达标的行为方法,各级领导干部科学规范的管理方法及全体成员良好的素质等。它促进企业成员积极参与企业的安全生产活动,把理想、信念、激情转化为实际的行动,为实现企业的安全目标而努力。

企业的物质文化是整个企业文化的基础,它决定和制约着企业的精神文化和治理文化;而企业的精神文化是核心、治理文化是手段,它引导着职工的行为,反作用于物质文化。因此,安全文化的三个主要方面是一个有机的整体,只抓物质文化建设而忽略精神文化和治理文化的建设,将达不到安全文化建设的预期目的。

(二) 安全文化建设的重要意义与创新

安全文化是作用于每一个人身上的一种无形的磁场,控制着每一个人的行为。因此,安全文化是预防事故的基础性工程。高度优异的安全文化能使人们认识到安全是发展的前提,理解安全的重要地位,进而明确自己的安全行为。安全文化贵在创新。要坚持"以人为本",从人的需求出发,把关心人、理解人、尊重人、爱护人作为安全文化建设的出发点;注重总结群众性安全文化建设和发展的好经验,引导和启发人们从生命价值中体会安全文化建设的重要性,增强安全文化的亲和力和亲切感;注重环境的熏陶,寓教于乐,使人们在参与中得到启迪,受到教育,形成安全第一的习惯。

(三) 煤矿安全文化建设建议

(1) 执行《企业安全文化建设导则》(AQ/T 9004—2008)。设计和建设合理的安全理念条目,根据煤矿安全文化的核心元素提出企业安全文化建设的理念。

(2) 定期开展安全文化建设水平测量。通过与煤矿行业安全文化建设整体水平进行对比,发现当前安全文化水平与同行业对比存在的不足,并进行改善。

(3) 开展针对性培训。根据不同人群存在的不同安全文化理念缺陷,开展针对性的培训。

(4) 建设良好的安全宣教载体。安全文化传播依附于载体,通过建设安全文化活动载体开展丰富的活动,如知识竞赛、公众号、文化长廊等。

(5) 建设完善的安全文化培训体系。为保障安全文化培训体系的有效性,从安全文化培训需求出发,做好培训策划,并有效实施,最后进行培训效果评价。

三、煤矿安全心理学

安全心理学是心理学分支学科,是指以解释、预测和调控人的行为为目的,通过研究、分析人的行为,揭示人的心理活动规律,最终减少或消除事故的学问。安全心理学研究人在劳动过程中心理活动的规律和心理状态,探讨人的行为特征、心理过程、个性心理和安全的关系,发现和分析不安全因素、事故隐患与人的心理活动的关联以及导致不安全行为的各种主观和客观的因素,从心理学的角度提出有效的安全教育措施、组织措施和技术措施,预防事故的发生。

(一)安全心理学的研究对象

(1)研究生产设备、设施、工具、附件如何适合人的生理、心理特点,如研究机械设备的显示器、控制器、安全装置如何适合人的生理、心理特点及其要求,以便于操作,减轻体力负荷,保持良好姿势,从而达到安全、舒适、高效的目的。

(2)研究工作设计和环境设计如何适合人的心理特点。如研究改进劳动组织,合理分工协作,制定合理的工作制度(包括适宜的轮班工作制),丰富工作内容,减少单调乏味的劳动,制定最合适的工时定额,营造适宜的工作空间、适宜的工作场所布置和工作环境,建立良好的群体心理气氛等。

(3)研究人如何适应机器设备和工作的要求,包括通过人员选拔和训练,使操作人员能与机器的要求相适应;研究人的作业能力及其限度,避免对人提出能力所不及的要求。根据现代心理学的学习理论加速新工人的职业培训和提高员工的技术水平及对训练的绩效进行评价等。

(4)研究人在生产过程中如何相互适应,诸如与安全生产有关的人的动机、需要、激励、士气、参与、意见沟通、正式群体与非正式群体、领导心理与行为、建立高效的生产群体等。

(5)研究如何用心理学的原理和方法分析事故的原因和规律,诸如研究人的行为、与行为有关的事故模式、人在劳动过程中的心理状况、与事故有关的各种主观和客观的因素(如人机界面、工作环境、社会环境、管理水平、个人因素,特别是个人因素,如智力水平、健康状况和身体条件、疲劳程度、工作经验以及年龄、个人性格特征、情绪)以及事故的规律等。

(6)研究如何实施有效的安全教育,如根据心理学的规律研究切实可行、不流于形式的安全教育方法,引人注目的能起到宣传效果的安全标语和宣传画,培养员工的安全习惯等。

总之,在研究这些问题时,首先要研究人的心理过程的特点以及这些特点对劳动者个人的作用,其次还必须考虑个性心理以及某些个人生活因素。

(二)培养职工心理个性,调控安全行为

多数煤矿事故的发生都是由于人的不安全行为这一直接原因所导致的,其中包括两方面:作业人员因存侥幸、麻痹心理的违章行为;情绪心理变化而导致操作上的失误。控制不安全行为是以人作为对象的,因此搞好安全管理工作的重要途径之一,就是从对作业人员的个体性格的研究和掌握入手,配以合理的管理方法,使之达到调控作业人员安全行为的目的。

具体来说,人本身具有许多种不同的性格、不同的心理状态及承受能力。实践证明,可通过有效的管理,引导矿工以不同的个性去适应和服从煤矿井下不同时间和地点的工作,发挥其性格积极的一面,减少或消除事故的隐患,从而实现所制定的安全目标。

(1)根据作业人员的不同性格,调配其工作岗位。人的性格从不同角度大致可分为内向和外向型、急滞和冒进型、冷静和急躁型、责任心强和责任心弱型等。根据作业人员的不同性格,为其选调有利于安全工作的岗位。例如,井下瓦斯检查员就适合责任心强的人员担任,爆破工就适合沉着冷静的人员担任。

(2)根据作业人员不同的性格,选用不同的管理方式。在煤矿,由于作业人员性格的不同,在处理安全与矿工的关系上,按照不同的对象和其不同的性格,选用不同的管理方式,才能有效地发挥人员性格中的积极作用。例如,建立有效的作业人员安全心理配置管理系统,对每位矿工的心理规律及变化进行研究分析,适时地做好岗位调整,降低事故隐患的出现概率。

(3) 根据作业人员不同的性格,合理搭配班组成员。对煤矿而言,班组是井下最基层的安全生产单元,其工作稳定性直接关系到全矿井的安全状况。合理搭配班组成员,使大家在生产工作中具有较强的互补、互助性,发挥团队精神,能达到减少操作失误,实现安全生产的目的。

四、安全目标管理

安全目标管理是企业内部各个部门以至每名职工,从上到下围绕企业安全生产的目的,层层展开确定各自的安全目标,确定行动方针,安排安全工作进度,制定实施有效组织措施,并对安全成果严格考核的一种管理方法。

煤矿作为高危行业,其事故具有突发性、紧迫性、灾难性和社会性的特点,故煤矿安全管理是一个复杂的难题,从而需要制定安全目标,以提高安全生产理念、坚持以人为本、创造安全生产条件为出发点,制定详细的安全目标,再通过安全目标管理实现安全目标。

安全目标管理的实施过程可分为四个阶段,即安全目标管理体系的建立、安全管理目标的制定、安全管理目标的实施、目标的评价与考核。安全目标必须围绕企业生产经营目标和上级对安全生产的要求,结合安全生产的特点,按如下原则制定:

(1) 突出重点,分清主次。安全目标应突出生产安全事故、重大灾害治理、安全生产标准化等级等指标,同时注意次要目标对重点目标的有效配合。

(2) 安全目标预期结果做到具体化、定量化、数据化。如安全生产事故方面要做到零死亡、零重伤,重大灾害治理方面要做到零突出、零超限、零透水等。

(3) 目标要有综合性,又有实现的可能性。制定的企业安全管理目标,既要保证上级下达指标的完成,又要考虑企业自身的安全生产实际。

安全目标管理涉及各层级各单位,是关系安全生产全局的大问题,为此应将总目标分解到各基层部门或系统,做到横向到边、纵向到底,纵横交错,形成网络。安全目标管理是一项长期任务,必须始终不渝地进行决策、实施、检查、整改、总结、提高的循环管理。在实现安全目标过程中,要依靠和发挥各种安全管理方法的作用,如建立安全生产责任制、制订安全技术措施计划、开展安全教育和安全检查等。只有两者有机结合,才能使企业的安全管理工作做得更好。

五、安全计划与决策管理

(一) 安全计划

安全计划是根据煤矿企业安全生产发展目标,结合内外部环境、地质条件、开采技术条件、各种资源状况及其发展特点,确定逐步解决安全问题的方针、策略、措施和基本对策。安全计划作为各类决策的基础、应变的前提、管理的保障、控制的手段,是企业发展计划的重要内容,企业在制订发展计划时必须同时制订企业安全计划。

(二) 安全计划种类

安全计划根据期限分为三种类型,即长期计划、中期计划和年度计划。

长期计划又称长期规划,计划期限一般为5~10年。长期安全计划是一种目标计划。

中期计划一般称发展计划,由长期计划衍生而来,是企业设定未来2~5年内欲努力发展的目标及战略,用以执行长期计划。安全中长期计划应包括企业安全生产方针、发展目标、基本对策和重点措施,确定安全投资计划、人才培训计划和安全装备计划。

年度计划一般称为执行计划,应包括安全工作的具体目标、内容、方法、措施、经费、实施日期、应取得的效果和评估方法、矿井灾害预防与处理等内容。

(三)安全计划的内容与编制

1. 安全计划的内容

《煤矿安全规程》规定的煤矿企业需编制的安全计划有安全技术发展规划、安全技术措施计划、年度灾害预防和处理计划、突出矿井必须编制区域防突措施规划和年度实施计划、冲击地压矿井必须编制中长期防冲规划与年度防冲计划、应急演练计划等。

2. 安全计划编制的依据

安全计划的编制要充分分析和认真研究煤矿企业各方面情况,依据社会环境、经济环境、技术环境、地质条件、开采技术条件、安全生产各种数据、资料,通过对积累资料的系统分析,总结安全生产的规律,研究各种因素对安全生产的影响,预测发展趋势。要注意各类计划之间的内在关系以及长期、中期和年度计划的衔接。

3. 安全计划的编制程序与执行

安全计划由主要负责人组织,各单位和职能部门在认真研究并组织广泛讨论的基础上,编制本单位安全计划。安全计划与生产计划同时下达。安全计划的执行要按预定的目标、标准来控制和检查,经常对计划运行情况进行修订和调整,发现偏差,迅速予以解决。

(四)安全决策

安全决策是针对生产经营活动中的危险源或特定的安全问题,根据安全目标、安全标准和要求,运用安全科学理论和分析评价方法,系统收集、分析信息资料,提出各种安全措施方案,经过论证评价,从中选择最优控制方案并予以实施的过程。安全决策是事故预防与控制的核心,是安全管理的首项职能。

六、安全信息管理

(一)安全信息的内容及作用

安全信息管理是为了有效地进行决策和控制,对有关资料进行收集、整理、分析处理,使之成为有价值的信息,并传递给决策者的过程。安全信息管理的基本内容是对各种类型的数据按照一定的规格进行加工处理和综合分析处理,得出系统总体的安全信息。安全信息收集与处理系统是否完善,很大程度上决定着企业的安全管理水平的高低。安全信息经过收集和处理后,传递给决策者,由决策者组织制定并采取针对性措施,能够有效避免安全事故的发生和事故的扩大。

(二)安全信息的收集与处理

安全信息发生在生产经营过程中,信息广泛、复杂、数量多,常用的收集方法有两种:一种为检查人员查处和上报安全信息,再由信息收集人员进行分类归档;另一种为电子监控系统收集和统计监测信息。该环节是安全信息管理的重点,需要不断提升检查人员业务水平,升级监控系统,增强安全信息的针对性、准确性。安全信息收集后,由专业人员根据信息所属专业、危险程度、紧迫性等进行分类管理,通过文字、图表等形式传递给决策者。

(三) 煤矿安全信息管理系统

煤矿安全信息管理系统建设的主要内容有：

(1) 建立安全信息管理机构。设立安全信息管理机构，设专人管理安全信息，负责安全信息的收集、筛选、处理、储存、传递、反馈等工作。

(2) 建立信息运行系统。安全信息管理系统的运行十分重要，信息运行系统由以下四部分组成：

① 信息收集系统。安全信息的收集包含：上级部门的文件、指令等；本矿的安全文件、档案和技术资料等；各类安全检查获得的信息，包括各级安全生产管理人员、工程技术人员、安全检查员、青安岗员、群监员等提供的及安全监测设备收集的数据等。

② 信息处理系统。安全信息管理机构对收集到的安全信息按重要性和处理难易程度进行筛选，并按照分级、分类原则分别传递给安全决策系统。同时，利用安全信息定期进行安全预测评价。

③ 安全决策系统。安全决策人员根据安全信息进行决策，传递给有关单位处理解决。

④ 信息反馈系统。有关单位在接到决策后，应在限期内对安全信息（包括隐患）进行处理解决，处理完后，将此信息反馈回安全信息管理机构登记备案，并按照企业的管理程序跟踪、落实、反馈。

(四) 计算机系统在安全信息管理中的应用

随着现代安全科学管理理论和安全工程技术以及计算机软、硬件技术的发展，在煤矿安全生产领域应用计算机管理系统作为安全生产辅助管理和事故信息处理的手段，把现代的计算机技术与安全科学管理技术有机地结合越来越重要。煤矿安全信息管理应主动发挥计算机高速、自动、精确进行数据运算、过程控制、数据处理的功能，利用信息化的处理手段确保煤矿安全信息管理系统的高效运行。

第三节　煤矿安全生产的基本原则与相关理念

一、煤矿安全生产的基本原则

(一)"安全第一、预防为主、综合治理"原则

"安全第一、预防为主、综合治理"既是安全生产方针，也是煤矿安全生产的基本原则。这个原则要求我们从事生产经营活动必须实行"安全优先"，不能以牺牲人的生命、健康为代价换取发展和效益；同时把安全生产工作的重心放在预防上，强化风险分级管控、隐患排查治理等有效的事前预防措施，通过改善劳动安全卫生条件消除事故隐患、控制危险因素，从根本上防止事故的发生；还要求我们综合运用法律、经济、行政等手段，多管齐下，充分发挥社会、职工、舆论的监督作用，形成标本兼治、齐抓共管的格局。

(二)"三管三必须"原则

《安全生产法》规定："安全生产工作实行管行业必须管安全、管业务必须管安全、管生产经

营必须管安全,强化和落实生产经营单位主体责任与政府监管责任,建立生产经营单位负责、职工参与、政府监管、行业自律和社会监督的机制"。

将"三管三必须"原则写入法律,进一步明确了各方面的安全生产责任,建立了多维度的安全责任体系。第一,管行业必须管安全,明确了部门的安全监管责任,也就是负有安全监管职责的部门,要在职责范围内对分管的行业和领域的安全生产工作实行监督管理。第二,管业务必须管安全,管生产经营必须管安全,则明确了企业的决策层和管理层的安全管理责任。第三,各职能部门要相互配合协作,负有安全监管职责的部门之间要相互配合、齐抓共管、信息共享、资源共用,才能依法加强安全监管工作,让部门之间既责任清晰又齐抓共管,形成监管的合力。

(三)"三不生产"原则

所谓"三不生产"原则,即不安全不生产、隐患不消除不生产、安全措施不落实不生产。"三不生产"原则是国家安全生产方针在煤矿安全生产管理中落实落地的具体化表述。落实措施、消除隐患和确保安全在企业生产过程中是层层递进的。通过逐项落实措施,能有效消除安全隐患,全面消除隐患就能确保作业安全,有效防范安全事故。

(四)"三同时"原则

"三同时"原则,是指煤矿建设项目的安全设施和职业病危害防护设施,必须与主体工程同时设计、同时施工、同时投入使用。坚持"三同时"原则,要求企业按照国家标准和行业技术规范,解决投资与安全、环境保护、职业卫生设施的问题,避免因投资不足而随意砍掉相关设施,以保证安全、环保设施与职业卫生设施按质、按量、按时完成。

(五)"四并重"原则

"管理、装备、素质、系统"四要素并重,是我国煤炭行业在长期实践中总结出来的经验,也是煤矿安全生产管理的一项基本原则。"管理"要素,是指煤矿安全生产离不开管理,管理伴随着安全生产的全过程,安全管理在整个生产要素中起着决定性作用。安全管理中要践行以人为本的安全管理理念,构建先进的安全管理体系,推行切合实际的安全管理模式,采取有效的安全管理方法,不断提高管理水平,达到管理到位的要求。"装备"要素,从过去的综采综掘是最高目标,到现在机械化已经是基本要求,以机器人为代表的自动化、信息化、智能化是装备先进的重要标志,代表着煤炭开采技术革命的方向。把握这个方向,煤炭行业才能不断提高装备水平,才能跟上时代的步伐,在能源革命的大趋势中不断发展。"素质"要素,从"培训"演变而来,是从过去仅强调培训过程上升到要求队伍素质过硬这个结果,不仅强调提高培训质量,更强调提高从业人员准入标准,还强调培养人才、吸引人才、留住人才,致力打造一支知识型、技能型、创新型的煤炭产业大军。"系统",是新增加的要素。安全管理中的"人、机、环、管"四要素,对煤矿而言,"环境"就是"系统"。系统分为不同的专业系统和不同用途的生产系统,各系统相互配合才能实现矿井安全生产。安全生产管理过程中要不断优化系统,做到系统可靠。

(六)"四不放过"原则

"四不放过"原则,是指发生事故后,要做到事故原因未查清不放过;事故责任人未受到处理不放过;事故责任人和广大群众没有受到教育不放过;没有制定切实可行的防范措施不放过。

事故处理的"四不放过"原则，要求对安全生产事故必须进行严肃认真的调查处理。首先，要把事故原因分析清楚，找出导致事故发生的真正原因，不能敷衍了事，不能在尚未找到事故主要原因时就轻易下结论；其次，对事故责任者要按照事故责任追究规定和有关法律、法规进行处理；再次，在调查处理事故时，还必须使事故责任者和广大群众了解事故发生的原因及所造成的危害，认识到搞好安全生产的重要性，从中吸取教训；最后，必须针对事故发生的原因，提出防止相同或类似事故发生的预防措施，并督促事故单位加以落实。

（七）安全生产和重大安全生产事故风险"一票否决"原则

安全生产和重大安全生产事故风险"一票否决"，包含两层意思：一是加大安全生产在考核当中的权重，如果企业发生重大以上事故或者重大安全生产风险管控不到位，在企业及所属个人阶段性评优、评先时无论其他条件是否符合，直接予以资格否决；二是强化市场准入的安全标准，不论招商引资还是改扩建项目都要严把安全生产关，不具备安全生产条件一律否决。

（八）"安全发展，绿色发展"原则

习近平总书记指出，绿色发展是构建高质量现代化经济体系的必然要求，是解决污染问题的根本之策。必须贯彻创新、协调、绿色、开放、共享的发展理念，加快形成节约资源和保护环境的空间格局、产业结构、生产方式、生活方式，给自然生态留下休养生息的时间和空间。

落实习近平总书记关于安全生产的一系列重要论述，必须坚持安全发展、绿色发展。统筹发展与安全、生态保护的关系，坚持发展和安全、生态并重，保持如履薄冰的高度警觉，实现高质量发展和高水平安全、绿色生态环境的良性互动与动态平衡。

二、安全与危险的辩证转换观

没有危险就谈不上有安全，安全工作的前提就是有危险的存在。

安全与危险是矛盾的统一体，从某种意义上说安全本身就是一种危险度，只不过是一种未超过允许限度的危险。危险是绝对的，安全是相对的，危险无处不在，无时不有，如果危险未超过我们允许的限度，我们视这种危险是可以接受的、是安全的。

既然危险是绝对的，就要求各级领导能够警钟长鸣，对安全工作常抓不懈，将安全工作当作日常工作，切不可用突击式或运动式的方法抓安全生产工作。

安全工作需要专业人员的专业化管理，这是当前我国安全生产工作最需要解决的问题。安全科学既是一门科学，也是一门专业，既然是一门科学，就应该有它自己的客观规律，安全工作者只有按照安全科学的客观规律办事，才能达到预期的目的。要按照安全科学规律办事，就得懂安全科学，安全部门也需要安全专业人员。

事故的高发率是生产经营的危险和事故隐患大量存在的结果，是人的不安全行为和物的不安全状态共同作用的结果。人的不安全行为有违章指挥（管理层）和违章作业（从业者）；物的不安全状态有作业环境恶劣、设备陈旧、没有安全防护装备和设施等。只要对人的不安全行为和物的不安全状态提前防范，并采取有效措施，任何事故都是可以避免的。

控制事故的手段很多，在我国目前情况下，着重采取以下措施：

（1）加强安全宣传教育，倡导安全文化，在全社会营造一种珍爱生命、关注安全的氛围。企业要加强对职工的安全技术培训，只有培训考核合格者才允许上岗作业。

（2）严格执行《安全生产法》等法律法规，制止和制裁安全生产领域的违章和违法行为。

(3)采用先进安全科学技术,消除和控制危险源,把危险源的辨识、评价和控制技术作为预防事故的重要技术措施。

(4)落实各种安全生产责任制,各级领导要对本区域的安全工作负全责,为官一任,保一方平安。

(5)建立健全应急救援体系。搞好安全工作,一是采取措施预防事故,二是一旦事故发生,紧急处置,使人员伤亡和财产损失减少至最小,后者就是应急管理问题。

三、预防为主与应急处置关联性分析

《突发事件应对法》明确规定:"突发事件应对工作实行预防为主、预防与应急相结合的原则。"预防为主、预防与应急相结合,是突发事件应对工作的核心原则。落实这个原则,需要做到:第一,一切突发事件的应对工作都必须把预防和减少突发事件的发生放在首位,防患于未然。据此,要对各类突发事件风险开展普查和监控,促进各行业、各领域安全防范措施的落实,加强突发事件的信息报告和预警工作,积极开展安全防范知识和应急知识的普及。第二,在做好各项预防工作的同时,必须做好各项应急准备。有备未必无患,但无备必有大患。据此,要完善预案体系,推进应急平台建设,提高应急管理能力,加强应急救援队伍建设和应急演练,加强各类应急资源管理。第三,做好应急处置和善后工作。突发事件发生后,要立即采取措施,控制事态发展,减少人员伤亡和财产损失,防止发生次生、衍生突发事件。应急处置结束后,要及时组织受影响地区恢复正常的生产、生活和社会秩序。

日常预防和应急处置相结合,实际上是常态和非常态下工作理念、工作规则、工作机制的结合,日常工作中就要考虑突发事件的发生,突发事件应急处置也要善于发现、总结日常工作中的成功与不足。为了更好地实行预防为主、预防与应急相结合的原则,《突发事件应对法》规定:"国家建立重大突发事件风险评估体系,对可能发生的突发事件进行综合性评估,减少重大突发事件的发生,最大限度地减轻重大突发事件的影响。"

重大突发事件风险评估体系的建立应包括以下层次:一是对本地方、本部门可能发生重大突发事件的领域、区位、环节等进行监测并对收集到的各类突发事件风险信息进行分析、研判,提出预防、减少或者控制突发事件发生的建议和对策。二是对本地方、本部门年度内发生的各类突发事件及其应对工作情况,尤其是对防范工作进行评估,找出可能发生重大突发事件的领域、区位、环节,以认识、把握突发事件发生、发展的规律和趋势,完善相关制度和工作机制。三是对特定的突发事件应对工作情况包括应急处置和防范工作情况进行评估。

在突发事件应对工作实践中,曾存在着轻预防,出事后又不计成本加以处置的现象,有的甚至把突发事件应对与突发事件应急处置等同起来。法律上明确突发事件应对工作坚持预防为主、预防与应急相结合的原则,强调预防的重要性,有利于统一思想,解决日常安全防范工作中敷衍了事、无所作为的问题。

突发事件应对工作坚持预防为主、预防与应急相结合的原则,遵循了突发事件应对的工作规律。凡事预则立,不预则废。居安思危,思则有备,有备无患。突发事件的发生是一种可能性,认识上有预见、工作上有防范,可能性就难以甚至不会转化为必然性,即使突发事件的发生不可避免,也可以减少损失,争取主动。国内外许多实例充分证明了这一点。

四、墨菲定律与侥幸心理，事故的偶然性与必然性

墨菲定律是一种心理学效应，1949年由美国工程师爱德华·墨菲提出，其内容为：如果有两种或两种以上的方式去做某件事情，而其中一种选择方式将导致灾难，则必定有人会作出这种选择。墨菲定律的根本内容是：如果事情有变坏的可能，不管这种可能性有多小，它总会发生。

由墨菲定律联系到煤矿安全生产，职工长时间在井下作业，因为环境恶劣，不能有丝毫的麻痹大意，然而有少数人对现场的安全隐患和错误行为掉以轻心、习以为常，随时可能造成严重的事故。从大量的煤矿事故可以看出，对任何事故隐患都不能麻痹大意、掉以轻心，绝对不能存在侥幸心理。

墨菲定律的启示如下。

（一）事故发生的偶然性和必然性

事故发生的原因有偶然性，也有必然性。从宏观上来看，事故的发生主要是受自然界和非自然界因素的影响，后者即人为事故。具体来说，事故发生与否的主要因素是人、物、作业环境和安全生产管理。人的因素有未经许可进行操作，不安全地堆放、组合物体，同时职工的身体状态、素质、训练和教育情况也与事故的发生有关。物的因素主要有矿井机械设备不符合安全规范、零部件磨损和老化等。作业环境的因素主要是岩体、水文地质、气候、空气质量异常等。安全生产管理因素主要是对作业现场工作不坚持检查指导。这些因素对煤矿安全事故的发生起着影响作用，一旦有事故发生的征兆，事故必然会发生。事故的偶然性是指事故在发展过程中有可能发生，也有可能不发生。有煤矿安全事故的必然才会有事故发生的偶然，没有必然性也就没有偶然性。

（二）不能忽视小概率事件的危险性

概率论中，有条比较重要的统计规律：假设某意外事件在一次实验（活动）中发生的概率为$p(p>0)$，则在n次实验（活动）中至少有一次发生的概率为$p_n=1-(1-p)^n$，从中可以看出，不管p的概率多么小，当n很大的时候，p_n接近1。这条定律运用到煤矿安全生产管理中，不管事故发生的可能有多小，这个事故总会发生。比如职工工作上马马虎虎或者小小地违规，简化作业程序，也许在一次、十次、百次、千次时发生煤矿安全事故的概率不大，但在一千零一次时可能就会发生重大事故。因此，对任何事故隐患都不能麻痹大意、掉以轻心，绝对不能存在侥幸心理和投机取巧行为。

五、安全生产理念的内涵、提炼形成及宣贯落地

（一）安全生产理念的内涵

所谓企业安全生产理念就是企业员工在长期的生产实践中经过不断的探索、积累、总结逐步形成的关于安全的理性的观念。理念对人的行为有着潜移默化的作用，可以说是人的行为的方向盘，正确清晰的安全理念对企业的生产实践有至关重要的意义。

企业员工自然形成的安全生产理念在一定程度上具有统一性，因为它表述的是不同个体的共性认识，同时也具有表述的不确定性和差异性，缘于它来自企业员工的不同个体，而不同个体对安全生产认识的层次不同，角度不同，表述形式不同。通过人为的主动提炼、设计和引导，能够使自然形成的安全理念明晰化，使员工对安全理念的理解深刻化、认同彻底化，故而企

业安全生产理念的提炼存在现实的必要性和客观的理论基础。

（二）安全生产理念的提炼形成

纵观国内外安全生产出色的企业，他们都有各自成功的安全理念，总结其安全生产理念的提炼，一般都把握了以下几个原则：

一是安全生产理念的提炼要有高度的概括性，理念的表述应语言精练，通俗易懂。例如"安全第一、预防为主"是我国安全生产的指导方针，也是企业安全生产的宏观理念，具有高度的概括性和广泛的适应性。"违章就是事故""以人为本、安全第一""责任重于泰山、隐患险于明火""安全第一、生命第一""在岗一分钟、负责六十秒"等等亦是如此。

二是安全生产理念的提炼要贯彻结合实际的原则。正确的安全理念不是凭空想象出来的，它来源于生产实践，反过来又指导生产实践。理念的提炼只有来自生产实践才有实际意义，才能保证理念的正确性和适应性。提炼企业安全生产理念，首先要在全体员工范围内进行广泛征集，然后对征集的安全理念进行去粗取精、充分酝酿和反复修改，结合企业安全生产的现实和未来目标，最终提炼出符合企业客观实际的安全理念。

三是安全生产理念的提炼要贯彻科学的发展观。提炼安全生产理念要紧密围绕企业的安全生产实际，并与企业安全生产未来的发展目标相结合。随着企业生产实践的不断发展变化，企业安全理念也必然要随之改变，因此必须对其进行不断的修正和完善，使其适应企业安全生产的需要，跟上企业前进的步伐。

四是企业安全生产理念的提炼要有诠释为基石。安全生产理念是一种思想意识，任何一种安全生产理念只有进行长期有效的教育才能达成共识和发挥出它的作用。这种安全理念教育的前提就是对这些安全理念有一个合理的、全面的、正确的诠释，这样才具备了教育的基础，并能够在不同时间、不同地点和不同的执行人的情况下保持安全理念的一致性而不混乱。

五是安全生产理念的提炼要结合企业自身的特点。即使同处一个行业，不同企业实施安全生产的差别化战略不同，其安全生产理念所强调的侧重点也不同。

六是安全生产理念的提炼要富有个性特色。千篇一律、照搬照抄的理念对员工生产实践的影响作用会大打折扣。例如柯达公司的安全生产理念为"生命无价，安全至上，人是柯达最大的财富"。全球500强美国杜邦公司的安全理念是"任何安全事故，都是可以避免的"。

七是安全生产理念的贯彻是关键。只有安全理念深入人心，得到企业全体员工的彻底认同，继而能在企业的安全生产中自觉地践行，才能体现理念的价值，才能为企业创造效益。

（三）安全生产理念的宣贯与修订

安全生产理念如果不能贯彻执行，再好的理念也只是一句空话，没有任何的实际意义。

在安全生产理念建设过程中，煤矿企业应制定安全生产理念建立、公示、宣贯与修订管理规定，通过采取管理控制、精神激励、环境感召、心灵调适、习惯培养等一系列方法，既推进安全生产理念建设的深入发展，又丰富安全文化的内涵。

煤矿企业应建立分级、分层、集散相结合的宣贯方式，组织相关人员、部门、岗位进行统一学习、共同研究讨论。也可由区队、班组进行分散学习、各自学习，了解、熟悉、掌握宣贯内容。

宣贯方式包括：煤矿统一组织宣贯；利用班前会进行宣贯；显著位置制作公示栏进行宣传；重点加强对新入职员工宣贯；职能科室不定期对分管区队、班组人员进行宣贯。

安全生产理念具有明显的时代特征。随着科技的不断进步,人的思想管理也在不断发展变化,安全生产理念也要与时俱进。安全生产理念在执行过程中如遇到国家法律法规、政策导向发生变化或安全生产条件发生重大变化时应及时按要求进行修订,修订完善后的安全生产理念要及时进行公示和宣贯。

六、部分煤炭企业安全管理理念集锦

河南能源集团安全管理理念:"从零开始、向零奋斗"

山东能源集团安全管理理念:"人民至上、生命至上"

国家能源集团宁夏煤业有限责任公司安全管理理念:"生命至上、安全至尊"

晋能控股集团安全管理理念:"崇尚安全、敬畏生命、行为规范、自主保安"

陕西煤业化工集团安全管理理念:"生命至上、安全为天"

潞安化工集团安全管理理念:"从零开始、向零奋斗、赢在标准、胜在执行,安全是最大的效益"

山西焦煤集团安全管理理念:"安全为天、生命至上"

中国平煤神马集团安全管理理念:"生命至上、安全为天"

淮北矿业集团安全管理理念:"生命至高无上、安全永远第一、责任重于泰山"

内蒙古伊泰集团有限公司安全管理理念:在安全与投入的关系上"宁可多花1 000万元,也不死一个人";在安全与生产的关系上"宁可少产100万吨煤,也不死一个人"。

徐矿集团安全管理理念:"本质安全、珍爱生命"

皖北煤电集团安全管理理念:"珍爱生命——让安全成为我们的习惯""事故可防可控"

河南神火集团安全管理理念:"安全为天,生命至上"

陕西榆林能源集团横山煤电有限公司安全管理理念:"安全为天、仁爱幸福"

龙煤矿业控股集团安全管理理念:"没有安全保障的速度不要、没有安全保障的产能不要、没有安全保障的效益不要。"

中国庆华能源集团安全管理理念:"安全是生命之根、安全是幸福之源、安全是效益之本。"

川煤集团华荣能源龙滩煤电公司安全管理理念:"安全第一,珍爱生命"

冀中能源集团安全管理理念:"生命高于一切"

中煤集团大屯公司安全管理理念:"安全为天,生命至尊"

第四节　煤矿风险预控和隐患排查双重预防体系

一、双重预防机制的内涵及其应用状况

(一)双重预防机制的内涵

所谓双重预防机制,是指企业要根据安全生产的特点并且遵守其规律,严格按照超前防范、关口前移的要求,以风险辨识为切入点,运用风险分级防控的方法,在还未形成安全隐患之前就将风险消灭掉。设置隐患排查的目的就是能够在第一时间找到风险控制过程中可能会有的漏洞或缺失,可以在事故发生之前就将隐患排查消除掉。

双重机制是什么？双重机制是指构筑防范生产安全事故的两道防火墙。第一道是管风险，通过定性定量的方法把风险用数值表现出来，并按等级从高到低依次划分为重大风险、较大风险、一般风险和低风险，让企业结合风险大小合理调配资源，分层分级管控不同等级的风险；第二道是治隐患，排查风险管控过程中出现的缺失、漏洞和风险控制失效环节，整治这些失效环节，动态地管控风险。

（二）双重预防机制应用状况

2016年后，国务院颁布了一系列有关安全生产规划的指导意见，其中都将双重预防机制作为新时期提升生产安全的主要工具。作为传统高危行业，煤炭行业站在"两个维护"的政治高度，从当前安全生产面临的问题出发，积极落实双重预防机制建设和运行工作，无论是工作广度还是深度，都走在了各行业的前列，并取得了显著的成绩。双重预防机制开始全面建设的2017年，煤矿死亡人数即从2016年的538人直接降到375人，2021年降到178人（91起），2022年降到173人（87起），连续三年未发生煤矿重大瓦斯事故、连续6年未发生特别重大事故，较双重预防机制建设之前下降68%。

然而我们也看到，双重预防机制与煤矿原有安全管理实践有一定的重合之处，但在逻辑架构、管理重点、具体方法等方面都有其鲜明的特点，不少煤矿在对双重预防机制的认识、理解、应用、与企业原有管理结合、信息平台建设与使用等方面存在一定的偏差，双重预防机制远未发挥潜力，还有许多工作要做。

二、煤矿安全风险分级管控

（一）风险分级管控概述

风险管理最早由美国宾夕法尼亚大学所罗门·许布纳博士于1930年提出。风险管理具体是指组织通过识别、衡量、分析风险，并在此基础上有效控制风险，用最经济合理的方法来综合处理风险，以实现最佳安全生产保障的科学管理方法。风险管理工作的目的在于确保生产运营过程的危险源能被全面识别，风险能被有效地鉴定和理解，划分风险等级并确定风险控制的重点，在现有控制措施基础上提出改进对策措施，将风险最小化，达到合理可接受的水平。风险管理的流程如图7-1所示。

煤矿安全风险预控管理体系的核心内容是风险管理，《煤矿安全风险预控管理体系规范》（AQ/T 1093—2011）对危险源辨识、风险评估、风险管理对象、管理标准和管理措施、危险源监测、风险预警、风险控制、信息与沟通等要素给出了规定，明确了煤矿风险管控的要求。

危险源辨识、风险评估和风险控制是风险管理的主要工作内容，也是实现煤矿安全风险预控管理的重要环节。危险源辨识确定安全管理对象；风险评估确定安全管理重点；风险控制通过制定管理标准确定如何做，通过制定管理措施确定如何管，通过明确责任确定如何落实。

（二）危险源辨识和风险评估内涵

1. 危险源辨识

煤矿应组织员工对危险源进行全面、系统的辨识，并确保：

(1) 危险源辨识前应进行相关知识的培训。

(2) 辨识范围覆盖本单位的所有活动及区域。

(3) 对所有工作任务建立清册并逐一进行危险源辨识，并对危险源辨识资料进行统计、分

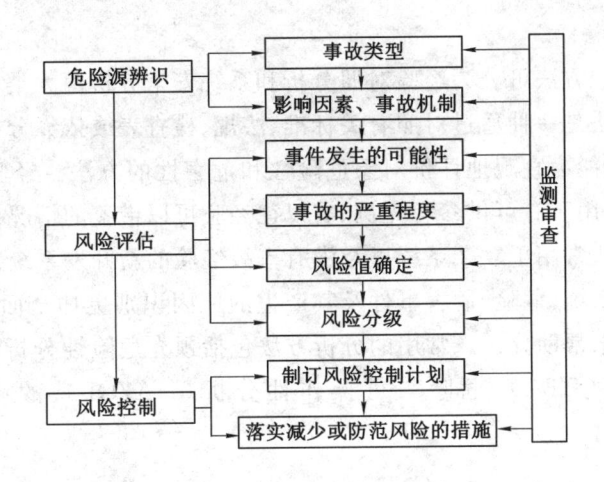

图 7-1 风险管理流程图

析、整理、归档。应注意：危险源辨识应采用适宜的方法和程序，且与现场实际相符；危险源辨识时考虑正常、异常和紧急三种状态及过去、现在和将来三种时态；采用事故树分析法对系统（采掘系统、机电运输系统、"一通三防"系统等）中存在的危险源进行辨识。

（4）工作程序或标准改变、生产工艺发生变化以及工作区域的设备和设施有重大改变时，应及时进行危险源辨识。

（5）发生事故（包括未遂）、出现重大不符合项时应及时进行危险源辨识。

2. 风险评估

煤矿应组织员工对辨识出的危险源进行风险评估，并做好以下工作。

（1）对所有辨识出的危险源逐一进行风险评估，并对风险评估资料进行统计、分析、整理、归档。风险评估应采用适宜的方法和程序，且与现场实际相符；根据风险评估结果对辨识出的危险源进行分级分类。

（2）在以下情况时执行持续风险评估，并保留评估的记录：

① 新改扩项目前。

② 新设备、新设施、新工艺和新技术应用前或有重大改变时。

③ 为特定项目（采煤工作面安装、初次放顶、收尾、回撤，采掘工作面过构造、过冲刷带、过富水区、过空巷，排放瓦斯，井下电气焊，大型设备安装与检修等）制定安全措施前。

④ 执行重大风险任务前。

⑤ 执行特定检查和试验前。

⑥ 审核发现重大不符合项。

⑦ 调查事故（包括未遂）暴露的新风险。

（三）危险源辨识和风险评估方法

危险源辨识和风险评估是事故预防、安全评价、重大危险源监督管理、应急预案编制和安全管理体系建立的基础。在危险源辨识和风险评估过程中，需根据具体对象的性质、特点以及分析人员的知识、经验和习惯等选择适合的方法。

1. 危险源辨识方法

常用的危险源辨识方法可分为经验对照分析和系统安全分析两大类。

经验对照分析方法是一种通过对照有关标准、法规、检查表或依靠分析人员的观察分析能力,借助于经验和判断能力直观地评价对象危险性和危害性的方法。经验对照分析方法是一种基于经验的方法,适用于有可供参考先例、有以往经验可以借鉴的情况。

系统安全分析方法常用于复杂系统以及没有事故经验的新开发系统。为了能够使危险源辨识和风险分析更加系统,危险、危害事件及其产生的原因识别更加全面,需要应用一些科学的系统安全分析方法来帮助分析。常用的分析方法包括预先危险性分析(PHA)、事故树分析(FTA)、事件树分析(ETA)、危险与可操作性分析(HAZOP)、故障模式与影响分析(FMEA)等。

2. 风险评估方法

根据系统的复杂程度,风险评估可以采用定性、定量和半定量的评价方法。具体采用哪种评价方法,需根据行业特点以及其他因素进行确定。

定性风险评价方法是根据经验和直观判断能力对生产系统的工艺、设备、设施、环境、人员和管理等方面的状况进行定性分析,其评价结果是一些定性的指标,如是否达到了某项安全指标、事故类别和导致事故发生的因素等。

定量风险评价方法是在大量分析实验结果和事故统计资料的基础上获得指标或规律(数学模型),对生产系统的工艺、设备、设施、环境、人员和管理等方面的状况进行定量的计算,评价结果是一些定量的指标,如事故发生的概率、事故的伤害(或破坏)范围、事故致因因素的事故关联度或重要度等。

半定量风险评价方法是建立在实际经验的基础上,结合数学模型,对生产系统的工艺、设备、设施、环境、人员和管理等方面的状况进行定性与定量相结合的分析,其评价结果是一些半定量的指标。半定量风险评价方法可操作性强,还能依据分值得出明确的风险等级,因而被广泛应用。常用的半定量风险评价方法有作业条件危险性评价法(LEC)、风险矩阵评价法、失效模式与影响分析评价法(FMEA)、改进的作业条件危险性评价法(MES)。

3. 危险源辨识和风险评估的应用流程

(1) 危险源辨识和风险评估的准备

在进行系统的危险源辨识和风险评估之前,首先要进行整体规划,制订危险源辨识和风险评估的计划,确定危险源辨识和风险评估的范围和所要达到的目的,并将计划传达到煤矿内部所有部门和承包商,以得到管理层和各部门的支持、参与和帮助。该步骤既是危险源辨识和风险评估的准备过程,也是危险源辨识和风险评估活动的统筹策划过程。

(2) 危险源辨识和风险评估范围的确定

全面的危险源辨识和风险评估应覆盖煤矿所辖区域和生产运营的全过程,包括人、机、环、管4个方面。

煤矿在危险源辨识和风险评估之前应对其范围给予确定,在通常情况下,煤矿至少应对所有区域、活动、设备、设施、材料物质、工艺流程、职业健康、环境因素、工具及器具、火灾危险场所等存在的危险源进行辨识和风险评估。为了全面、准确地确定危险源辨识和风险评估范围,煤矿应借助工作场所平面布置图、生产系统图、生产工艺流程图等帮助制订危险源辨识和风险评估计划，划分危险源辨识和风险评估区域。危险源辨识和风险评估范围可按区域或专业来划分，或将二者结合起来进行划分，并与专业范围和责任范围紧密结合。

（3）危险源辨识和风险评估标准及方法的确定

为了有秩序、有组织和持续地开展危险源辨识和风险评估工作，煤矿应根据自身生产运营情况制定危险源辨识和风险评估管理标准，选择确定适合不同类危险源辨识和风险评估的方法，以确保危险源辨识和风险评估在煤矿一定范围内的统一性和有效性，同时也便于危险源辨识和风险评估的沟通、理解和应用。

建立危险源辨识和风险评估标准。危险源辨识和风险评估标准是指导煤矿危险源辨识和风险评估工作的规范性文件，明确危险源辨识和风险评估工作的职责、程序、方法和要求。其内容应包括：① 危险源辨识和风险评估与回顾的时间和周期；② 危险源辨识和风险评估的职责和流程要求；③ 危险源辨识和风险评估方法的要求；④ 危险源辨识和风险评估的工具表格；⑤ 危险源辨识和风险评估策划的要求；⑥ 危险源辨识和风险评估应用的要求；⑦ 危险源辨识和风险评估监测与更新的要求。

选择危险源辨识和风险评估方法。危险源辨识和风险评估方法是危险源辨识和风险评估工作所运用的重要工具，煤矿应根据自身实际情况，选择适当的危险源辨识和风险评估方法，保证危险源辨识和风险评估工作的全面性、系统性、科学性和合理性，为风险评估策划、风险管理标准和措施的制定奠定基础。

（4）制订危险源辨识和风险评估计划

在危险源辨识和风险评估工作前，煤矿应制订具体实施计划，保证危险源辨识和风险评估工作正常、有序地开展。其内容应包括：① 危险源辨识和风险评估小组及其具体职责；② 危险源辨识和风险评估详细内容；③ 危险源辨识和风险评估培训要求；④ 危险源辨识和风险评估时间要求。

（5）成立危险源辨识和风险评估小组

煤矿应按照危险源辨识和风险评估工作的需求，在风险预控管理工作组下成立危险源辨识和风险评估小组。

矿级危险源辨识和风险评估小组成员应包括管理层，安监员，职业健康管理人员，有关部室、区队或班组的相关管理人员，专业技术人员，班组长，工作经验丰富的岗位员工。

区队、班组级危险源辨识和风险评估小组成员应包括区队或班组的相关管理人员、安监员、专业技术人员、班组长、工作经验丰富的岗位员工。

专业化施工队伍应参照区队、班组级危险源辨识和风险评估成立相应的小组。

鼓励所有员工积极参与本区域的危险源辨识和风险评估。

（6）危险源辨识和风险评估知识的培训

在危险源辨识和风险评估小组成立后，应对小组成员进行培训，使其掌握危险源辨识和风险评估的方法和技巧。

小组成员必须具备如下能力：① 清楚危险源辨识和风险评估的目的；② 熟悉本煤矿危险源辨识和风险评估的标准要求；③ 掌握危险源辨识和风险评估方法；④ 清楚收集信息和评估

信息的方法;⑤ 有能力辨别工作场所有关人、机、环、管等方面的危险源;⑥ 熟悉与本单位相关的事故类型及其内涵。

同时,小组成员还应具备较强的沟通、调查和观察能力,对工作认真负责,具有良好的团队精神和创新意识。

(7) 资料收集

在开展危险源辨识和风险评估工作之前,危险源辨识和风险评估小组须召开预备会,明确各成员的职责和任务,讨论确定危险源辨识和评估过程所需要的工作程序和图表。

危险源辨识和风险评估小组成员应收集的相关资料包括:① 相关法律、法规、规程、规范、条例、标准和其他要求;② 煤矿内部的管理标准、技术标准、作业标准及相关安全技术措施;③ 相关的事故案例、统计分析资料;④ 职业安全健康监测数据及统计资料;⑤ 本单位活动区域的平面布置图;⑥ 生产工艺和系统的资料和图纸;⑦ 设备档案和技术资料;⑧ 其他相关资料。

4. 危险源辨识

根据煤矿安全生产和管理的特点,建议以工作任务分析法为主、其他方法为辅对煤矿危险源进行辨识。以下介绍工作任务分析法对煤矿危险源进行辨识的一般过程。

(1) 辨识单元划分及工作任务确定

在利用工作任务分析方法对煤矿危险源进行辨识的过程中,为了便于辨识工作的开展,首先需对煤矿整体的辨识范围进行合理划分,确定危险源辨识子单元,将各个子单元的辨识职责落实到不同危险源辨识和风险评估小组。在危险源辨识和风险评估过程中,应做到辨识工作是全方位、全过程的,并且尽可能做到全员参与风险评估。子单元可以按照空间进行划分,如掘进工作面及其附属巷道、采煤工作面及其附属巷道等;也可以按照劳动组织进行划分,如综采队、连采队、通风队、运转队等;还可以按专业进行划分,如采掘专业、通风专业、机电专业、洗选专业等。在对煤矿危险源辨识子单元划分完成后,可以进一步确定工作任务和工序。

(2) 能量物质或能量载体单元的识别

在危险源辨识过程中,煤矿可利用工具表格对其风险管理的基本对象进行调查和识别。具体调查和辨识对象包括设备、设施、材料物资、工艺流程、职业健康危害源、环境因素、工器具以及紧急情况等。

(3) 危险、危害事件识别

在对能量物质或能量载体单元识别基础上,对照具体的任务和工序,分析和查找能够造成或可能造成事故的失效事件,它是导致事故的直接原因。这些失效事件主要是指可能直接导致事故的不安全状态和不安全行为。

物的不安全状态和环境的不安全条件主要包括:① 防护或屏障不充分;② 个人防护装置不充分或不恰当;③ 有缺陷的设备、工具或材料;④ 通道或者工作场所拥塞或区域受限;⑤ 报警系统失效或者报警信号不充分;⑥ 工作场所存在火灾或爆炸危险;⑦ 文明生产差;⑧ 暴露于噪声;⑨ 暴露于辐射;⑩ 在温度极限下;⑪ 照明过度或不足;⑫ 通风不当;⑬ 缺乏识别标记等。

作业人员的不安全行为或不符合标准的操作主要包括:① 未经授权擅自操作设备;② 无视警告;③ 不采取任何的安全措施,如无防护措施;④ 在不安全的速度下操作;⑤ 不使用或者不正确使用安全装备;⑥ 擅自挪动或者转移现场的健康和安全设施;⑦ 使用有缺陷的设备和工具;⑧进行不正确装载;⑨进行不正确布置和布局;⑩使用不正确的提升方法;⑪在不正确的位置上工作;⑫维修运行中的设备;⑬工作中玩闹;⑭在麻药、药物、酒精的影响下工作等。

(4) 危险、危害事件产生原因分析

危险、危害事件产生的主要原因有个人因素、工作因素和管理因素,正是生产运营过程中存在这些因素,导致产生了不安全行为和不安全状态,它们是事故的间接原因,是风险控制的关键。

① 个人因素。不适当的身体能力、较弱的精神能力、身体压力、精神压力、缺乏知识、缺乏技能、态度或动机不当。

② 工作因素。指挥或监管、工程设计、采购控制、维护保养与检修、工具和设备、作业标准等不当。

③ 管理因素。管理职责和标准不健全、风险管理目标与计划不充分、管理监督不到位、组织管理不到位。

可以将能量物质或能量载体单元、诱发能量物质和能量载体意外释放能量造成事故的物的不安全状态、人的不安全行为以及更深层次原因的识别和分析结果逐一进行整理、汇总,进一步完成风险及后果描述工作,确定可能导致的事故类型。

5. 风险管理标准和管控措施

在对危险源进行辨识、分析的基础上,应提炼出相应的风险管理对象,并符合下列要求:

(1) 风险管理对象的提炼应具体、明确,一般应按照人、机、环、管四种风险类型确定。

(2) 针对风险管理对象应制定相应的管理标准和措施并形成程序。

(3) 管理标准和措施的制定应遵从全面性原则、可操作性原则和全过程原则,并符合相关法律法规、技术标准和管理制度的要求。

(4) 煤矿应组织相关专业人员定期或不定期对管理标准和措施进行修订和完善。

6. 危险源监测与风险预警

(1) 危险源监测。煤矿应采取措施对危险源进行监测,以确定其是否处于受控状态,并确保:

① 危险源监测方法适宜,并在风险管理程序中予以明确。

② 危险源监测设备灵敏、可靠。

③ 危险源监测信息传递畅通、及时,相关信息能及时录入管理系统。

(2) 风险预警。煤矿应对生产过程中各类危险源的风险进行预期性评估,按照其严重度和特征设定风险预警等级,并根据危险源动态监测中暴露的各种风险及时发出危险预警指示,使管理层及相关人员及时采取相应的措施以消除或降低风险,达到可接受水平,从而避免不期望的结果出现。

煤矿应针对不同风险级别的危险源,制定适当的预警方法。有条件的煤矿可建立风险预控管理信息系统,实现对相关信息的处理。

① 风险等级划分。为便于管理,并且让工作人员清楚相关风险的严重度,煤矿应根据实际情况预先确定各类风险的等级。通常将风险预警等级设置为4级,并用不同的颜色加以

表示。

② 风险预警管理。煤矿应建立完备的信息流通渠道,保证危险源预警信息传递畅通和及时。风险预警信息的传递可采取电话通知、短信通知、书面预警报告等方式,建议有条件的煤矿建立风险预控管理信息系统,通过信息系统对预警信息进行传递。煤矿可同时利用风险预控管理系统对相关风险实施跟踪和闭环管理,直至风险得到有效控制、警情消除。

(3) 信息与沟通。煤矿应建立并保持程序,以确保员工与相关方能够及时获取风险管理信息,并可相互沟通、告知。煤矿应确保:

① 员工参与风险预控管理方针和程序的制定、评审。

② 员工参与危险源辨识、风险评估及管理标准、管理措施的制定。

③ 员工了解谁是现场或当班急救人员。

④ 组织员工进行班前、作业前风险评估,作业中存在不符情况应汇报,组织班后或作业后评估,并留有记录。

(四) 安全风险分级辨识评估体系

安全风险分级辨识评估包括一个年度辨识评估和四个专项辨识评估,简称"1+4"辨识评估体系。

1. 年度安全风险辨识评估

每年由矿长组织各分管负责人、副总工程师和相关科室、区队进行年度安全风险辨识评估,重点对矿井瓦斯、水、火、煤尘、顶板、冲击地压及提升运输系统等容易导致群死群伤事故的危险因素开展安全风险辨识评估,年底前编制年度安全风险辨识评估报告,制定《煤矿重大安全风险管控方案》,并如实上报评估结果。

2. 专项安全风险辨识评估

以下四种情况下须进行专项安全风险辨识评估:

(1) 新水平、新采(盘)区、新工作面设计前。

(2) 生产系统、生产工艺、主要设施设备、重大灾害因素等发生重大变化时。

(3) 启封密闭,排放瓦斯,反风演习,工作面通过空巷(采空区),更换大型设备,采煤工作面初采和收尾、安装回撤,掘进工作面贯通前;突出矿井过构造带及石门揭煤等高危作业实施前;露天煤矿抛掷爆破前;新技术、新工艺、新设备、新材料试验或推广应用前;连续停工停产1个月以上的煤矿复工复产前。

(4) 本矿发生死亡事故或涉险事故、出现重大事故隐患,全国煤矿发生重特大事故,或者所在省份发生较大事故后、所属集团煤矿发生较大事故后。

(五) 安全风险分级管控原则

(1) 重大风险(红色)由矿长直接监管,其他分管矿领导负责管控,管控层级为矿井级;较大风险(橙色)由专业分管矿领导直接监管,系统科室负责管控,管控层级为专业级;一般风险(黄色)由科室或基层区队负责人直接监管,风险点由所在责任单位负责管控,管控层级为科队级;低风险(蓝色)由责任单位直接监管,班组管控,各岗位负责其责任范围内的风险管控,管控层级为班组(岗位)级。

① 矿井级。由矿长负责组织针对重大安全风险及管控措施制定实施方案,明确人员和资

金保障;问题严重,在整改期间有可能造成事故的,由专业分管负责人组织相关业务科室编制具体的重大安全风险辨识管控方案,管控方案应包括人员、技术、资金保障等内容,并在划定的重大安全风险区域设定作业人数上限。安全副矿长负责组织跟踪监督。

② 专业级。由专业分管负责人组织相关业务科室、区队进行整改,安检部门负责跟踪监督。

③ 科队级。由科室负责人或基层区队主要负责人组织班组、岗位人员进行管控。

④ 班组(岗位)级。其他可以立即管控整改的问题,由班组长组织进行管控。

(2) 针对风险等级实施差异化管理、分级管控,并坚持:

① 遵循风险等级越高管控层级越高的原则。

② 上一级负责管控的风险,下一级必须同时负责管控,并逐级落实具体措施。

③ 重点管控操作难度大、技术含量高、风险等级高、可能导致严重后果的风险。

(3) 遵循风险等级越高管控层级越高的原则确定具体的责任部门,其中矿井级风险责任部门为矿领导;专业级风险责任部门为专业科室或专业系统;科队级风险责任部门为责任区队或责任科室;班组(岗位)级风险责任部门为责任区队。

(4) 按照"上一级负责管控的风险,下一级必须负责管控"的原则确定各等级安全风险责任人。

三、煤矿隐患排查与治理

(一) 煤矿隐患排查治理的概述

根据《安全生产法》《煤矿重大事故隐患判定标准》《煤矿安全生产标准化管理体系基本要求及评分方法(试行)》要求,对生产经营单位违反安全生产法律、法规、规章、标准、规程和安全生产管理制度的规定,或者因其他因素在生产经营活动中存在可能导致事故发生的物的不安全状态、人的不安全行为和管理上的缺陷进行排查、检查。

(二) 事故隐患分类

(1) 按照可能造成的事故类型可分为 20 类:物体打击、机械伤害、车辆伤害、起重伤害、触电、淹溺、灼烫、火灾、高处坠落、坍塌、冒顶片帮、透水、爆破、火药爆炸、瓦斯爆炸、锅炉爆炸、容器爆炸、其他爆炸、中毒和窒息、其他伤害。

(2) 按照可能造成事故的原因分为 3 类:人的不安全行为、物的不安全状态、管理上的缺陷。

(3) 按照可能造成的严重后果和治理难度分为 2 大类:一般事故隐患、重大事故隐患。

① 一般事故隐患是指危害和整改难度较小,发现后能够立即整改排除的隐患。

② 重大事故隐患是指危害和整改难度较大,应当全部或者局部停产停业,并经过一定时间整改治理方能排除的隐患,或者因外部因素影响致使生产经营单位自身难以排除的隐患。

(三) 事故隐患的特点

隐蔽性:它在一定的时间、一定的范围、一定的条件下,显现出好似静止、不变的状态,往往使人一时看不清楚,意识不到或感觉不出它的存在。

危险性:蝼蚁之穴,可以溃堤千里,在安全工作中小小的隐患往往引发巨大的灾害。

突发性:积小变而为大变、积小患而为大患是一条基本规律。

因果性：隐患是事故发生的先兆，而事故则是隐患存在和发展的必然结果。

重复性：只要煤矿的生产方式、生产条件、生产工具、生产环境等因素未改变，同一隐患就会重复发生。

意外性：有些隐患超出人们的认识范围，或在短期内很难为劳动者所辨认，但由于它具有很大的巧合性，因而容易导致一些意想不到的事故的发生。

连续性：一种隐患掩盖另一种隐患，一种隐患与其他隐患相联系而存在的现象。

（四）事故隐患排查治理

1. 月度煤矿事故隐患排查治理

每月由矿长组织，分管矿领导、副总工程师、相关科室及区队管理人员参加，对重大安全风险管控措施落实情况、管控效果及覆盖生产各系统、各岗位的事故隐患开展一次排查，排查前由矿长组织，结合矿井当前存在的突出问题，根据排查类型、人员数量、时间安排及季节性特点，制定工作方案，明确排查时间、方式、范围、内容和参加人员。

矿井月度事故隐患排查主要排查矿井是否存在重大事故隐患，以及重大安全风险管控、生产安全系统、各岗位、采掘接替、劳动组织、安全装备、设备运行状态、技术管理、安全管理方面是否存在事故隐患。

对排查出的事故隐患统一下发整改通知单，由责任单位按照"五定"原则落实整改。同时，建立矿井重大事故隐患管理台账，对重大事故隐患进行跟踪管理。

2. 半月度煤矿专业领域事故隐患排查治理

每半月由分管矿领导组织，分管副总、相关业务科室、区队管理人员参加，对覆盖分管范围的重大安全风险管控措施落实情况、管控效果和事故隐患开展一次排查。排查出的事故隐患由牵头科室统一下发隐患整改通知单，由责任单位按照"五定"原则落实整改。同时，由牵头科室建立专业领域重大事故隐患管理台账，对业务范围内的重大事故隐患进行跟踪管理。

各专业领域事故隐患排查中排查出本专业领域无法治理的隐患，由分管矿领导上报至事故隐患排查治理领导小组研究决定。

专业领域事故隐患排查由牵头科室做好记录并保存完好。

3. 区队事故隐患排查治理

区队每天要安排管理、技术、岗位和安检人员进行巡检，对作业区域开展事故隐患排查。

区队事故隐患排查内容包括重大安全风险管控措施落实情况、管控效果，科室、矿领导及上级各类检查所发现的事故隐患整改情况，班组及个人所排查事故隐患的整改落实情况，区队在作业区域内存在的事故隐患。

区队排查出的各类事故隐患要做好登记，当班能够整改的，由当班跟班队长组织整改，当班不能整改的，由队长或值班队长组织整改，并做好整改过程监督及整改结果验收。区队无法整改的事故隐患及重大事故隐患，由队长或值班队长指定专人上报至相应业务科室。

区队要将上级部门排查出的事故隐患、矿井月度排查出的事故隐患、专业领域每半月排查出的事故隐患、矿领导和科室人员日常排查出的事故隐患及队内排查出的影响本区队的事故隐患主要内容、治理时限和责任人员等内容在区队办公区域公告或在班前会上通报。

区队要将事故隐患排查治理情况纳入对班组、个人的考核。

4. 班组、岗位事故隐患排查治理

班组在生产作业前由当班班组长负责组织进行一次现场事故隐患排查和安全确认,排查出的事故隐患必须做好记录并告知现场其他相关人员。

排查出的事故隐患由当班班组长立即组织人员进行整改,并负责督办和验收,同时做好登记。

对当班无法整改、没有整改结束的事故隐患及重大事故隐患,由当班班组长汇报区队值班队干,由区队组织人员进行治理或上报,并在交接班期间相互交接清楚。

职工到岗后开始作业前,必须首先进行事故隐患排查工作,对本岗位危险因素进行一次安全确认,在作业过程中随时排查事故隐患,发现危及人身安全的事故隐患时必须立即停止作业,对排查出的事故隐患必须做好登记。

对能够立即治理的事故隐患,岗位工必须立即进行整改,并由下一班岗位工或当班班组长以上人员进行验收,对不能立即治理的事故隐患应报告当班班组长或跟班队长,由班组长或跟班队长组织人员进行整改,并负责督办和验收。对当班班组无法整改、没有整改结束的事故隐患由班组长或跟班队长汇报区队,由区队值班队干或队长组织治理或上报,并由岗位工在交接班期间相互交接清楚。

(五)其他情况下事故隐患排查治理

根据事故隐患排查治理各类法律、法规、标准等要求,当出现下列情况时,由相应业务科室组织开展专项事故隐患排查:

(1)有关安全生产法律、法规、规章、标准、规程发布或者修改。
(2)新建、改建、扩建项目。
(3)周边环境、作业条件、设备设施、工艺技术及工艺参数发生改变。
(4)复工复产、发生事故或险情。
(5)地震风险影响期、汛期、冬季冷冻、极端或者异常天气、重大节假日、大型活动。
(6)其他应当进行专项隐患排查的情况。

在隐患排查时、隐患排除前或隐患治理过程中,应当采取相应的安全防范措施,防止事故发生。

在排查过程中发现危及安全的重大事故隐患时,要立即停止受威胁区域内所有作业活动,撤出人员,采取措施进行处理。

在事故隐患排除前或者排除过程中无法保证人身安全的,要及时制定现场处置方案,治理过程中现场要有专人指挥,并设置警戒标志;安检员现场监督,应当从危险区域内撤出作业人员,并及时疏散可能危及的其他人员,暂时停产停业或者停止使用;对难以停产或停止使用的相关设施、设备和装置,应当落实到人加强监护,防止事故发生。

(六)事故隐患的排查治理流程

事故隐患排查治理流程如图7-2所示,隐患排查治理要进行闭环管理。

(七)事故隐患排查方法

1. 作业任务分析法

作业任务分析法是对每一项的作业任务进行分析,逐步查找作业过程中可能出现的事故

图 7-2 事故隐患排查治理流程图

隐患,主要步骤为:界定作业岗位、列出各岗位作业清单、界定各作业的实施步骤、分析每一步骤可能产生的危害、评审现有防范措施的有效性、提出改善建议。

2. 安全检查表法

安全检查表法是指对工程、系统的设计、装置条件、实际操作、维修等过程按照事先编制好的安全检查表逐项进行详细的检查,以发现系统中存在的事故隐患。具体步骤如下:

(1) 选定一个检查的生产过程,收集相关的资料(法律法规、标准、工艺、规章制度、原料特性、以往可借鉴的事故案例等基本信息)。

(2) 对收集的材料进行分析整理,明确生产过程中可能存在的事故隐患,编制安全检查表。

(3) 按安全检查表进行逐项辨识。

3. 直观经验分析法

直观经验分析法主要是利用同行业以往的事故教训和专家的经验判断对系统存在的事故隐患进行辨识,主要有以下两种形式:

(1) 经验法:对照有关标准、法规进行检查,依靠人员的经验进行现场观察、分析和判断,发现系统中存在的事故隐患。

(2) 类比法:利用工程系统、作业条件的经验、劳动安全卫生的统计资料的相同或相似信息来进行类推、分析、评价,发现系统中存在的事故隐患。

4. 事故隐患提示表法

事故隐患提示表法是针对某一作业场所或装置的人、机、环境和管理状况,事先编制好事故隐患提示表,按表中的每项内容对系统存在的事故隐患进行全面辨识。

以下是某生产过程事故隐患提示表的部分内容:是否会在平地上滑倒、跌倒,是否会有人员从高处坠落,是否会有工具、材料等从高处坠落,是否会头上空间不足,是否存在与手工提升、搬运工具、材料等有关的隐患,是否存在与装配、试车、运行、维护、改型、检修和拆卸有关的机械、设备的隐患,是否存在车辆危害(主要指场地运输),是否存在火灾与爆炸隐患,是否存在可吸入的有毒有害化学物质,等等。

(八) 事故隐患治理的基本要求

事故隐患应做到闭环管理,做到"四不推""五落实"。

"四不推"——凡是能够解决的事故隐患,班组不推给区队(车间),区队(车间)不推给矿

(厂),矿(厂)不推给主管部门,主管部门不推给上级部门。

"五落实"——落实责任、资金、措施、期限、应急预案。

隐患排查要常态化,每月定期报送排查情况到相关主管部门;重大事故隐患要挂牌督办,定期上报整改进展,直至整改完成验收后,方可摘牌。

四、风险预控和隐患排查双重预防机制建设

依据《国务院安委会办公室关于印发标本兼治遏制重特大事故工作指南的通知》(安委办〔2016〕3号)、《国务院安委会办公室关于实施遏制重特大事故工作指南构建双重预防机制的意见》(安委办〔2016〕11号)、《安全生产法》、《煤矿安全生产标准化管理体系基本要求及评分方法(试行)》,构建双重预防机制是全面推行安全风险分级管控,进一步强化隐患排查治理,推进事故预防工作科学化、信息化、标准化,实现把风险控制在隐患形成之前、把隐患消灭在事故前面,遏制重特大事故的重要举措。

(一)构建双重预防机制的程序及方法

1. 全面开展安全风险辨识

煤矿开展安全风险辨识前,应按照有关制度和规范,针对本煤矿类型和特点,制定科学的安全风险辨识程序和方法。安全风险辨识项目如图7-3所示。

图7-3 安全风险辨识项目图

2. 科学评定安全风险等级

煤矿全面开展安全风险辨识后应科学评定安全风险类别及等级,建立煤矿安全风险数据库,绘制煤矿"红橙黄蓝"四色安全风险空间分布图。

安全风险类别的划分:可以参照《企业职工伤亡事故分类》(GB 6441—1986),综合考虑起因物、引起事故的诱导性原因、致害物、伤害方式等,确定安全风险类别。

安全风险等级的划分:可以对不同类别的安全风险,采用相应的风险评估方法确定安全风险等级。安全风险等级从高到低划分为重大风险、较大风险、一般风险和低风险,分别用红、橙、黄、蓝四种颜色标示。

对于确定的重大安全风险,煤矿应填写清单、汇总造册,按照职责范围报告属地负有安全生产监督管理职责的部门。

3. 安全风险的有效管控

煤矿要根据风险评估的结果,针对安全风险特点,从组织、制度、技术、应急等方面对安全

风险进行有效管控。具体要求如下：

（1）实施安全风险公告警示。企业应建立安全风险公告制度，对辨识安全风险进行公告警示。

（2）加强风险教育和技能培训。企业定期组织进行风险教育和相关技能培训，可确保管理层和每名员工都掌握存在的安全风险基本情况及防范、应急措施。

（3）设置安全风险公告栏。在醒目位置和重点区域分别设置安全风险公告栏，标明主要安全风险、可能引发事故隐患类别、事故后果、管控措施、应急措施及报告方式等内容。

（4）制作岗位安全风险告知卡。针对存在安全风险的岗位，制作岗位安全风险告知卡，写明岗位的安全风险、可能引发事故隐患类别、事故后果、管控措施、应急措施及报告方式等内容。

（5）设置明显的警示标志。对存在重大危险源、严重职业病危害的工作场所和岗位，设置明显的警示标志，标明风险内容、危险程度、安全距离、管控措施、应急措施等。

4. 建立完善隐患排查治理体系

安全风险管控措施失效或弱化，极易形成隐患，最终酿成事故。企业应建立隐患排查治理体系，实施事故隐患排查治理闭环管理。

（1）建立隐患排查治理制度，制定符合企业实际的隐患排查治理清单。

（2）利用隐患排查治理信息系统，实现隐患排查、登记、评估、报告、监控、治理、销账的全过程记录和闭环管理。

（3）对于排查发现的重大事故隐患，应当在向负有安全生产监督管理职责的部门报告的同时，制定并实施严格的隐患治理方案，做到责任、措施、资金、时限和预案"五落实"，实现隐患排查治理的闭环管理。

（二）双重预防机制建设机构与职责

煤矿是双重预防机制建设和运行工作的责任主体，应当明确双重预防机制建设和运行的管理部门和人员，并明确：

（1）矿长为本单位双重预防工作的第一责任人。

（2）各分管负责人负责分管范围内的双重预防工作，协助矿长做好双重预防工作。

（3）分管安全负责人按要求组织监督检查，负责双重预防工作的考核。

（4）各科室（部门）、区队（车间）、班组、岗位人员的双重预防工作职责。

（三）双重预防机制制度建设

双重预防机制建设根据《煤矿安全生产标准化管理体系基本要求及评分办法（试行）》等法律、法规、标准等要求要建立如下几类制度：安全风险辨识、安全风险评估、风险分级管控、岗位作业流程标准化、事故隐患排查、事故隐患治理与验收、双重预防机制教育培训、运行考核、奖励处罚。

（四）风险、隐患公示

1. 风险公示

煤矿应在井口和存在重大安全风险区域的显著位置，公示存在的重大安全风险、管控责任人、主要管控措施、应急措施等内容。

2. 隐患公示

每月向从业人员通报事故隐患分布、治理进展情况；及时在井口（露天煤矿交接班室）或其他显著位置公示重大事故隐患的地点、主要内容、治理时限、责任人、停产停工范围；建立事故隐患举报奖励制度，公布事故隐患举报电话，接受从业人员和社会监督。

（五）信息化平台建设

1. 基本要求

实现对安全风险记录、管控、统计、分析、上报等全过程的信息化管理；实现对岗位作业流程标准化的记录、培训和考核的信息化管理；实现对事故隐患排查治理记录统计、过程跟踪、逾期报警、信息上报的信息化管理；实现风险数据库和安全风险管控清单的更新维护功能；信息平台需具备风险及隐患的统计分析、风险预警和权限分级管理等功能，实现风险与隐患数据应用的无缝对接。

2. 信息上报

年度和专项辨识完成后，10个工作日内上报辨识基本信息；每年年底前上报本年度的运行分析报告和下一年度的年度风险辨识报告，以及风险点台账；年度和专项辨识完成后，上报、更新重大安全风险清单及管控方案；每月上报煤矿月度分析总结报告；排查发现重大隐患后，应录入信息系统，直接上报；煤矿应将信息平台的使用要求纳入考核。

（六）教育培训

（1）煤矿每年应组织员工开展有关双重预防机制安全知识的培训。

（2）年度风险辨识评估前组织对矿长和分管负责人等参与安全风险辨识评估工作的人员开展1次安全风险辨识评估技术培训，且不少于4学时。

（3）年度辨识完成1个月内对入井人员和地面关键岗位人员进行与本岗位相关的安全风险培训，且不少于2学时；专项辨识评估完成后1周内，且需在应用前，对相关作业人员进行培训。

（4）每年至少组织矿长、分管负责人、副总工程师及生产、技术、安全科室（部门）相关人员和区队管理人员进行1次事故隐患排查治理专项培训，且不少于4学时。

（5）每年至少对入井岗位人员进行事故隐患排查治理基本技能培训，且不少于2学时。

（七）持续改进

1. 隐患持续改进

隐患的责任部门负责人每日应组织人员分析当天新发现隐患的产生原因，制定改进措施。

矿长每月应至少组织分管负责人及安全、生产、技术等业务科室（部门）责任人和生产单位责任人（区队长）召开1次月度分析总结会议，对隐患产生的根源进行分析。

2. 风险持续改进

矿长每月至少开展1次风险分析总结会议，对风险辨识的全面性、管控的有效性进行总结分析，并结合国家、省、市、县或主体企业出台或修订的法律、法规、政策、规定和办法，补充辨识新风险、完善相应的风险管控措施，更新安全风险管控清单，并在该月度分析总结报告中予以体现。

3. 机制持续改进

煤矿矿长每年应组织相关业务科室(部门)至少进行1次双重预防机制的运行分析,对煤矿双重预防机制的各项制度与流程在本矿内部执行的有效性和对法律法规、规程规范、标准及其他相关规定的适宜性进行评价,评估体系实施运行效果,适时调整相关制度、流程、职责分工等内容,并形成双重预防机制年度运行分析报告,用于指导下一年度机制运行。

4. 持续改进考核

煤矿应结合持续改进类型建立考核制度,明确考核的内容、形式和标准,并将考核结果纳入安全绩效管理。

5. 相关记录的保存

年度和专项风险辨识报告、重大事故隐患信息档案至少保存2年,其他风险辨识后和隐患销号后保存1年,其余相关性文件保存1年,包括:风险点台账、安全风险管控清单、年度和专项辨识评估文件等;重大隐患排查计划、排查记录、治理方案、治理记录等;月度、半月检查记录;隐患台账;月度分析总结会议记录和报告;双重预防机制年度运行分析报告。

五、风险预控和隐患排查双重预防机制建设效果考核

双重预防体系建设考核机制应从以下几方面进行验证并不断完善补充:

(1) 各部门、各级人员是否牢固树立以双重预防体系建设统领安全生产工作的理念,是否把风险管控作为抓安全工作的根本,根据双重预防体系建设职责分工及各项要求,认真开展矿井双重预防体系运行工作。

(2) 双重预防体系监管部门是否结合煤矿实际,制定矿井双重预防体系建设运行考核奖惩办法,明确考核奖惩的标准、频次、方式方法等,并将考核结果与部门安全考核挂钩,各专业系统是否将双重预防体系建设工作纳入系统内部考核,各区队是否根据矿井考核奖惩办法制定本单位考核制度,将考核结果与员工安全考核挂钩。各部门是否坚持动态化、常态化、规范化、精准化、问题责任化的"五化"考核原则,将双重预防体系建设运行纳入日常安全检查、监管和考核。

(3) 煤矿企业内部考核是否实行自纠免责。各部门在风险管控与事故隐患治理过程中查出的问题已整改落实或已制定安全、技术、组织措施,纳入整改程序限期整改落实,并已进行考核、追究处理的,企业内部检查考核时可以不扣分、不处罚、不追究,以提高执行单位不断完善机制的主动性和积极性。

(4) 是否按照"党政同责、一岗双责"和"三管三必须"要求,对风险管控与事故隐患治理工作不主动、不落实、落实不到位的情况进行问责。

六、双重预防机制建设中常见问题及对策

从各企业开始构建风险预控和隐患排查双重预防机制并运用至今,双重预防机制建设及运行过程中还存在一些误区和不足,具体如下。

(一) 双重预防机制建设中常见问题

(1) 主要负责人不重视,未参与并给予支持。

(2) 推行过程中未成立公司级领导机构,完全由安全部门来推进。

(3) 未建立相应的推进机制,缺失机制推动。

(4) 未建立与企业管理相适应的风险评价标准。
(5) 安全风险辨识不全面,存在漏项。
(6) 管控措施千篇一律,写的都是套话,可执行性不强。
(7) 未将辨识的安全风险分工到岗位,全都管＝全都不管。
(8) 将双重预防体系与安全生产标准化各自独立运行,搞成"两张皮"。
(9) 风险隐患双重预防体系建设游离于安全生产之外,未有效融入。
(10) 做成运行档案建设,整出一大堆资料,但根本不落地,反而造成工作负担。
(11) 风险分级管控与隐患排查治理各自独立运行,二者毫无关系。
(12) 建设及运行过程中,生产、工艺、设备、操作人员未参与。
(13) 运行过程中缺少信息化平台支撑,未实现动态更新、量化管理。
(14) 推进人员对双重预防体系一知半解,未深入钻研就开始推进,与企业现状相悖,甚至有的直接聘请第三方机构给建立,导致双重预防体系无法有效运行。

(二) 解决双重预防机制建设中常见问题的几点建议

(1) 企业要建立工作推进机制:成立组织机构—建立规章制度—制定实施方案—全员培训。尤其是激励机制的建立非常关键,能够很好地引导鼓励全员参与。
(2) 企业要制定适合自己的风险评价准则,建议采用风险矩阵法(LS)或者作业条件危险性分析评价法(LEC)。
(3) 安全风险辨识评估一定要全面,不能有遗漏。
(4) 安全风险评价过程中要涵盖所有专业以及生产操作人员的参与。
(5) 风险管控措施要量化、要明确,写的每一项措施要作为后期隐患排查的内容,不要写"严格执行操作规程"这样的措施。
(6) 安全风险评价后分级,上一级负责管控的风险下一级必须进行管控。
(7) 风险是动态变化的,要进行动态管理、量化管理。
(8) 针对隐患排查要进行数据统计、分析,通过数据验证风险管控措施是否有效,通过数据有针对性地消除一类隐患。
(9) 建议企业建立自己的信息化平台。

第五节 煤矿"三位一体"安全管理法应用

一、煤矿安全生产标准化达标创建中存在的问题及对策

煤矿安全生产标准化达标创建工作是煤矿企业的基础工程,是强化煤矿企业安全生产主体责任,构建煤矿安全生产长效机制的重要措施,是在继承以往安全质量标准化工作基础上不断创新、逐步发展完善形成的一套行之有效的安全生产标准化管理体系和方法。

(一) 煤矿安全生产标准化达标创建在煤矿企业中的重要意义

(1) 突出了安全生产工作的重要地位。生产必须安全,安全促进生产,安全生产标准化,

就是要求标准化的所有工作必须以安全生产为出发点和着眼点,紧紧围绕矿井安全生产来进行。

(2)强调安全生产工作的规范化和标准化。安全生产标准化要求煤矿的安全生产行为必须是合法的和规范的,安全生产各项工作必须符合《安全生产法》等法律、法规和规章、规程的要求。

(3)安全生产标准化是加强煤矿安全基层基础管理工作的有效措施。深入持久地组织开展煤矿安全生产标准化达标建设是提升煤矿安全生产保障能力建设的有效措施,突出体现了安全生产基层、基础工作的重要地位,体现了全员、全过程、全方位安全管理和以人为本、科学发展的核心理念。

(二)煤矿安全生产标准化达标创建工作在实施过程中的潜在问题分析

1. 过度追求精细化,出现"大手大脚"浪费现象

在具体实施安全生产标准化达标创建的过程中,有的企业提出了"高于标准、严于要求"的口号及进一步推进标准化达标建设、追求"精细化管理"的工作思路,这本是好事,是进一步推进安全生产标准化达标建设的一个有力抓手,但是,有的企业、有的基层单位过度追求精细化管理,大搞表面工程、"锦上添花"工程和"花架子"工程,曲解安全生产标准化达标创建的意义,做出了一些有悖于安全生产标准化达标创建精神的事情。又如出现了采掘工作面平巷底板打地坪硬化、行人台阶刷漆、机电设备硐室摆放鲜花、掘进头巷帮超挖不分具体情况一律做假帮及逢检查大肆刷漆等不良现象。又如某矿井掘进头,巷道长 1 300 余米,每月进行机电专业专项评比之前便安排人员对各机电设备配电点及掘进头的风、水管路进行刷漆,而且风、水管路也未除锈,仅仅是为了追求评比时外观好看以期望获得较好的成绩。

2. 随意提高安全生产标准化达标创建标准,出现"权力绑架制度"的现象

在具体实施安全生产标准化达标创建的过程中,存在某些基层单位领导或上级检查人员由于种种原因随意提高标准,增加基层工作难度现象,反作用安全生产标准化建设。如,煤矿通风标准化评分表中要求"风筒接头严密,无破口(末端 20 m 除外)",而在具体实施过程中,存在某些基层单位领导或上级检查人员要求风筒末端 20 m 也必须无破口,炮掘工作面要达到此要求,基层员工需要经常性地更换末端 20 m 风筒(破口较多黏补不易),费时费工费钱。又如,"粉尘防治"中关于积尘的定义如下:巷道中无连续长 5 m、厚度超过 2 mm 的粉尘堆积,而在实际检查过程中,有的检查人员提出"风筒或电缆上浮尘厚"等问题,基层为达到检查人员满意,想出来种种办法,甚至做出了用油脂(乳化液或润滑油)擦洗风筒或电缆的举动。

3. "说起来重要,做起来次要",出现安全生产标准化达标创建"一阵风"现象

在具体实施安全生产标准化达标创建的过程中,某些单位出现了"上热、中温、下凉"的现象,存在着"说起来重要,做起来次要,忙起来甚至不要"的现象。如有的单位为了应付上级检查,大搞安全生产标准化达标创建"一阵风"现象,喊喊口号、忙碌一阵子、做做样子;甚至有的单位口头上认可,而实际工作中打着"工期紧、任务重、工作量大"的借口对安全生产标准化达标创建工作置之不理,阻碍了安全生产标准化达标创建的推行和实施。

4. 安全管理制度不健全

为了实现煤矿安全生产,煤矿企业制定了一些安全管理制度,然而由于多种原因,安全管

理制度仍然不健全,煤矿安全事故仍然有发生的可能性,主要体现在以下几方面:一是煤矿安全管理涉及的范围很广,包含机电、通风、排水及地质等多个方面,制度很难全面防范安全事故的发生,很多情况下安全管理制度是参考《煤矿安全规程》制定的,但该规程中很多内容都是基于实际情况统计得到的结果,并不适用于所有的情况,这使得制定的一些煤矿安全管理制度存在一定的局限性;二是安全管理制度执行起来非常困难,即使一些煤矿制定了相当规范有效的安全管理制度,但由于各种原因难以执行,很多制度流于形式,这一方面是由于设计的人员负责制度不合理,另一方面是由于对执行人员的要求过高,而煤矿企业不具备相应条件。

5. 缺乏较强的安全生产标准化意识

由于我国现代经济发展起步较晚,很多煤矿行业在建立过程中并没有制定出生产标准化的相关工作准则,甚至还有部分管理人员认为这些标准化的管理体系建设只是一种形式,即使有建设标准的也是留存表面,并没有真正付诸实践。其中,还有一些煤矿产业对国家积极提出的创新性思维进行了扭曲讲解,认为煤炭的开采工作需要灵活多变,并根据不同的地质条件采用不同的采煤方式,而并不遵循正规的采煤方式。这些都充分反映了我国煤矿企业安全生产标准化意识的不足。

(三)煤矿安全生产标准化达标创建实施过程中潜在问题的对策

1. 大力推行煤矿朴素安全生产标准化达标创建工作

在煤矿安全生产标准化达标创建中,要本着朴素实用的达标创建思想,坚持"安全、牢固、美观、节约、实用"的安全生产标准化原则,所有安全生产标准化达标创建工程必须坚持"事先算赢"的原则,坚决杜绝各类表面工程、锦上添花工程和花架子工程,能少花钱的尽量少花,既能达到安全生产标准化要求又能减少资金和材料投入,着力打造适合本矿井实际的朴素安全生产标准化达标创建方案及工程。

2. 树立以人为本的理念,加强制度化、规范化建设

以人为本是科学发展观的核心,各个企业也努力实施、期望达到人性化管理的目标。所以,管理者要清楚自己的权力和职责,基层员工要明晰、遵守、尊崇安全生产标准化达标创建标准,工作过程中真正做到管理标准化、制度化、规范化,尽量淡化人为因素,防止企业领导的指示凌驾于标准之上。在实施安全生产标准化达标创建过程中,要灵活机动、不拘一格,现在安全管理提倡换位思考,安全生产标准化也是如此,根据不同企业、不同矿井、不同地点的不同情况,要制定符合实际、便于执行的安全生产标准化达标创建方案,从而进一步促进制度化、规范化建设。

3. 切实提高对安全生产标准化工作重要性的认识

安全生产标准化是煤矿安全管理的基础性工作,是落实煤矿企业安全生产主体责任、提高安全生产工作的内在需要,也是《安全生产法》的要求。同时,安全生产标准化也是安全生产监督管理部门实施分类分级监督管理和建立企业诚信体系的基础性工作。因此,要进一步提高对安全生产标准化工作重要性和必要性的认识,加强领导,精心组织,依法大力加强安全生产标准化工作,督促煤矿严格落实安全生产主体责任,强化安全基础管理,进一步规范煤矿安全生产行为,持续改进安全生产条件,有效防范事故,进一步保持煤矿安全生产形势持续稳定。

4. 深入持续开展煤矿安全生产标准化工作

深入持续督促煤矿建立以安全生产标准化为基础的安全生产管理体系,保证按标准化体系有效运行,切实建立全员参与、全过程控制、持续改进的安全生产标准化工作机制,煤矿每月坚持对标对表全面自查一次,及时排查和整改安全隐患,年终完成自查总结报告。通过实施安全风险分级管控和事故隐患排查治理,规范行为,控制质量,提高装备和管理水平。取得等级的煤矿应在此基础上,有目的、有计划地持续改进工艺技术、设备设施、管理措施,规范员工安全行为,进一步改善安全生产条件,使煤矿保持考核定级时的安全生产条件和等级标准,不断提高安全生产标准化水平,建立安全生产标准长效机制,保障安全生产。

5. 多措并举进一步确保标准化建设实效

一要严格责任,健全体制。煤矿企业要严格落实工作责任,以标准化工作为抓手,走出一条"向标准化要管理、向标准化要安全、向标准化要发展"的新路子。

二要强化督导,注重实效。坚持"抓动态,动态抓"的原则,以现场精细化管理为主要抓手,以"采、掘、机、运、通"为重点,以"一通三防"和防治水为核心,积极做好督促引导工作,促进"精品工程、精品头面、精品采区"建设,以点带面,整体推进,确保矿井全员、全过程、全方位动态达标。

三要保证投入,不断提升标准化建设水平。坚持管理、装备、素质、系统相结合,加大安全管理力度和安全生产投入,积极推广使用先进适用的技术装备,创造良好的安全作业环境,切实降低劳动强度、提高工作效率。

四要加强培训,提升素质。积极组织开展煤矿安全生产标准化业务培训,真正使职工懂得标准、掌握标准、能够运用标准并严格执行标准,提高职工的整体素质,营造比、学、赶、超的良好氛围,推动安全生产标准化活动深入、扎实、稳步地开展,进一步确保标准化建设实效。

6. 合理完善煤矿安全生产标准化建设考核机制

杜绝安全生产标准化建设"一阵风"现象,关键在于考核机制,必须逐步完善适合本企业、本矿井的安全生产标准化建设考核机制。如某矿推行了安全生产标准化达标建设"动态区"和"静态区"划分,实行"动态验收"及"静态验收"打分制,积极引导并确保得到基层的认可,有力地推进煤矿安全生产标准化达标建设,具体如下:一是矿井划分安全生产标准化达标建设"动态区"和"静态区",根据具体情况对二者实施不同的考核机制;二是实施"动态验收"及"静态验收"打分制,即"动态验收"和"静态验收"得分各占最终检查得分的50%,两者之和即为最终月度安全生产标准化的检查得分。

在煤矿企业中深入开展煤矿安全生产标准化达标创建工作的意义重大,要树立"以人为本"的管理理念,本着朴素实用的达标建设思想,坚持"安全、实用"的安全生产标准化原则,完善煤矿安全生产标准化建设考核机制。相信从以上方面加以完善,煤矿企业安全生产标准化达标建设将能够得到有效强化,进而为煤矿企业的良性、稳健、安全发展奠定坚实的基础。

二、安全生产标准化管理与双重预防机制建设的关联性分析

全国各地的企业都在付诸大量的人力、精力、财力开展双重预防机制工作,但因各省市、各企业对于风险管理有着不同的认识、不同的做法,全国也缺少一个相对统一的标准,导致一些企业的双重预防机制工作形式大于内容,没有取得预期的效果;一些企业在接受各类检查,尤

其是省市外部检查时,会被提出这样那样的不少问题。企业也很无奈:双重预防机制究竟该怎么做?结合全国部分省市双重预防机制运行的现状及企业的实际情况,有必要从如下几个方面明确一下开展双重预防机制工作的思路。2021年6月10日,第十三届全国人民代表大会常务委员会第二十九次会议通过了《关于修改〈中华人民共和国安全生产法〉的决定》,双重预防机制被正式写入了修改后的《安全生产法》。那么什么是双重预防机制?双重预防机制与安全生产标准化有何关系?如何正确认识双重预防机制与安全生产标准化的关系?

(一)双重预防机制的来源

2016年1月6日,习近平总书记在中共中央政治局常委会会议上对加强安全生产工作提出了五点要求,其中一点是:必须坚决遏制重特大事故频发势头,对易发重特大事故的行业领域采取风险分级管控、隐患排查治理双重预防性工作机制,推动安全生产关口前移,加强应急救援工作,最大限度减少人员伤亡和财产损失。这是第一次提出"风险分级管控、隐患排查治理双重预防性工作机制"。

2016年4月28日,《国务院安委会办公室关于印发标本兼治遏制重特大事故工作指南的通知》(安委办〔2016〕3号)提出了"坚持标本兼治、综合治理,把安全风险管控挺在隐患前面,把隐患排查治理挺在事故前面,扎实构建事故应急救援最后一道防线"的指导思想和"到2018年,构建形成点、线、面有机结合、无缝对接的安全风险分级管控和隐患排查治理双重预防性工作体系"的工作目标。

为进一步推动《标本兼治遏制重特大事故工作指南》的有效实施,2016年10月9日,《国务院安委会办公室关于实施遏制重特大事故工作指南构建双重预防机制的意见》(安委办〔2016〕11号)提出了"构建安全风险分级管控和隐患排查治理双重预防机制,是遏制重特大事故的重要举措",并对如何构建双重预防机制提出了具体意见。此后,全国各地陆续出台有关双重预防机制的文件,全面开始构建双重预防机制。

我们再来看看究竟什么是双重预防机制。在安委办〔2016〕3号文和安委办〔2016〕11号文中明确地指出,双重预防机制就是安全风险分级管控和隐患排查治理。

安全风险分级管控,就是我们日常工作中的风险管理,包括危险源辨识、风险评价分级、风险管控,即辨识风险点有哪些危险物质及能量,在什么情况下可能发生什么事故,全面排查风险点的现有管控措施是否完好,运用风险评价准则对风险点的风险进行评价分级,然后由不同层级的人员对风险进行管控,保证风险点的安全管控措施完好。

隐患排查治理就是对风险点的管控措施通过隐患排查等方式进行全面管控,及时发现风险点管控措施潜在的隐患,及时对隐患进行治理。

那么何为"双重预防"?把风险管控好,不让风险管控措施出现隐患,这是第一重"预防";对风险管控措施出现的隐患及时发现及时治理,预防事故的发生,这就是第二重"预防"。

安全风险分级管控与隐患排查治理二者之间又是什么关系呢?是并列的两项工作还是有先后顺序的两项工作?其实都不是。安全风险分级管控和隐患排查治理是相互包含的关系:风险分级管控体系是隐患排查治理体系的"基础"。根据风险分级管控体系的要求,企业组织实施风险点识别、危险源辨识、风险评价、管控措施制定和风险分级,确定风险点、危险源为隐患排查的对象,即"排查点"。隐患排查治理体系是风险分级管控体系的"补充"。通过隐患排查,可能发现新的风险点、危险源,进而对风险点和危险源信息进行补充和完善。结合隐患的定义,我们能更加清楚地理解风险分级管控与隐患排查治理的关系。《危险化学品企业安全风险隐患排查治理导则》(应急〔2019〕78号)中"隐患"的定义为:"对安全风险所采取的管控措施存在缺陷或缺失时就形成事故隐患"。及时发现并消除风险管控措施存在的隐患,保证风险的管控措施处于完好状态,就是对风险的管控。双重预防机制包括三个过程,这三个过程也是双重预防机制的三个目的。

第一个过程即第一个目的——"辨识",辨识风险点有哪些危险物质和能量(这是导致事故的根源),辨识这些根源在什么情况可能会导致什么事故。

第二个过程即第二个目的——"评价分级",利用风险评价准则,评价风险点导致各类事故的可能性与严重程度,对风险进行评价分级。

第三个过程即第三个目的——"管控",即对风险进行管控,把风险管控在可接受的范围内。

在"评价分级"的过程中,包含了隐患排查的过程,即对风险点的现有管控措施进行全面排查;措施是否齐全、是否处于良好状态。如果风险现有管控措施有缺失或缺陷,即存在了隐患,可能会构成较大或重大风险,影响风险分级结果。在"风险管控"的过程中,包含了对第二个过程发现隐患的治理及对风险点现有管控措施的全面、持续的隐患排查,及时发现隐患及时治理,保证风险随时处于可接受的范围内。

风险与隐患也不是相对独立的关系,而是相互依存的动态关系。《危险化学品企业安全风险隐患排查治理导则》中对隐患的定义可以理解为:风险点的管控措施缺失或出现缺陷,则形成了隐患,风险度相应会提高(发生事故的可能性及事故的严重程度分值均会升高)。如果隐患不能及时得以治理,则很可能会导致事故的发生;隐患得以治理,则风险度会随之降低。

要准确理解"把安全风险管控挺在隐患前面,把隐患排查治理挺在事故前面"这句话。有人认为:管控不好出现隐患后,风险则转变成了隐患,风险就不存在了。这是不对的。风险与隐患不是递进和取代关系,风险管控不好,可能会出现隐患,但此时风险非但没有消失,反而变得更大,隐患不能及时得以治理,则很可能会发生事故。即从危险物质和能量存在,到事故发生的前一瞬间,无论管控措施是否存在隐患,风险都是存在的。

(二)双重预防机制与安全生产标准化的关系

修改后的《安全生产法》第四条要求:"生产经营单位必须遵守本法和其他有关安全生产的法律、法规,加强安全生产管理,建立健全全员安全生产责任制和安全生产规章制度,加大对安全生产资金、物资、技术、人员的投入保障力度,改善安全生产条件,加强安全生产标准化、信息化建设,构建安全风险分级管控和隐患排查治理双重预防机制,健全风险防范化解机制,提高安全生产水平,确保安全生产。"

第二十一条要求:"生产经营单位的主要负责人对本单位安全生产工作负有下列职责:(一)建立健全并落实本单位全员安全生产责任制,加强安全生产标准化建设;……(五)组织建立并落实安全风险分级管控和隐患排查治理双重预防工作机制,督促、检查本单位的安全生产工作,及时消除生产安全事故隐患。"

从以上条款的内容来看,企业的安全生产标准化与双重预防机制两者似乎处于一个"平起平坐"的地位。在近几年全国各地推行双重预防机制建设的过程中,部分企业有些搞不清双重预防机制究竟与安全生产标准化是什么关系,企业该如何做才能满足要求。

部分人员对双重预防机制的内涵理解不够,只是简单从字面上认为这好像是一项原来并没有开展的工作、一项新的工作。再加上各地对于双重预防机制有一些不准确的简称,如"双控""双预控""双防"等,更让一些对双重预防机制了解不深入、不明其理的人认为双重预防机制是一项新生的事物。

某企业安全管理人员说,上级领导说双重预防机制是一项全新的工作,与安全生产标准化无关,要求企业抛开安全标准化的工作,重新做双重预防机制。通过各项实地检查发现,企业还真的按上级要求做了两套风险分级管控的资料,而且风险评价方法、评价准则等并不完全相同,两套资料并非是简单地"改头换面"!无独有偶,有地方要求专家去给企业讲课:如何做好双重预防机制与安全生产标准化的融合;有地方出台了双重预防机制与安全标准化融合专项检查表;有地方将双重预防机制是否通过达标验收来作为企业行政许可的前置条件,反而不再关注企业安全生产标准化运行情况;还有个别人员认为双重预防机制完全可以代替安全生产标准化……所有这些"乱象"都表明,还有一部分人员没有正确、准确理解双重预防机制与安全生产标准化之间的关系,人为地把双重预防机制复杂化、神秘化了,使之脱离了实际工作,脱离了安全生产标准化。那么安全生产标准化与双重预防机制有什么关系呢?二者需要融合吗?双重预防机制能代替安全生产标准化吗?

我们再来回顾一下什么是双重预防机制。在国务院安委会办公室《关于印发标本兼治遏制重特大事故工作指南的通知》和《关于实施遏制重特大事故工作指南构建双重预防机制的意见》中已经明确地指出,双重预防机制包括安全风险分级管控和隐患排查治理。安全风险分级管控,就是我们日常工作中的风险管理,包括危险源辨识、风险评价分级、风险管控。隐患排查治理就是对风险点的管控措施通过隐患排查等方式进行全面管控,及时发现风险点管控措施潜在的隐患,对隐患进行治理。

我们再来看一下安全生产标准化有关文件中关于风险管理及隐患排查治理的要求。

《企业安全生产标准化基本规范》(GB/T 33000—2016)中第5个核心要求"安全风险管控及隐患排查治理",恰恰是双重预防机制的内容。

从以上规范可以看出,风险管理(即安全风险分级管控)与隐患排查治理是安全生产标准化的两个重要或核心要素,也就是说双重预防机制是安全生产标准化的重要或核心要素。某省市有关双重预防机制文件中提到"双重预防机制是企业安全生产标准化的重要组成部分",给出了双重预防机制与安全生产标准化相对客观的关系定位。

综上所述,双重预防机制与安全生产标准化不是并列的关系,二者也不是毫不相关的两项工作,双重预防机制更不是一项全新的工作。双重预防机制是安全生产标准化的重要组成部分、是重要或核心要素;双重预防机制包含于安全生产标准化,故不可能代替安全生产标准化。所以也不存在"双重预防机制与安全生产标准化融合"这样的伪命题,二者本来就是一体的,根本不需要什么融合。安全生产标准化是企业做好安全生产工作最基础、最全面的一个工具,双重预防机制则重点强调要做好安全生产标准化中的两个核心要素,风险分级管控和隐患排查治理对这两个要素进行了细化要求。

所以，我们要科学地推行双重预防机制，不需要企业抛开安全生产标准化再重新开展双重预防机制的重复性工作，而是需要把原来安全生产标准化中的风险管理和隐患排查治理工作按要求再进一步细化、规范化。切不可人为地把工作复杂化、机械化、教条化，而导致企业做了大量工作而没有取得应有的效果。

三、部分煤业公司应用"三位一体"安全管理法创新

（一）扎赉诺尔煤业有限责任公司——夯实基础　注重实效　多措并举推动安全工作平稳发展

扎赉诺尔煤业有限责任公司牢固树立安全发展理念，强化安全红线意识和底线思维，不断探索安全管理工作的新途径、新方法，持续提升安全风险管控水平和安全保障能力，不断推进安全治理体系和治理能力现代化，为公司安全生产工作持续稳定发展奠定了坚实基础。

1. 构建安全责任体系，严格安全责任落实

明确目标、落实责任。每年初，公司召开安委会第一次会议，会上逐级签订安全生产责任书，将安全责任目标与奖罚同步挂钩，在评优、表彰、晋职、晋级等方面实行安全工作一票否决制。制定下发安全生产1号文件，确定全年安全生产目标和任务，明确责任岗位和完成时限。按照"党政同责、一岗双责、齐抓共管、失职追责"的原则，完善《扎煤公司安全生产责任追究办法》。同时制定下发《扎煤公司关于落实安全生产主体责任的实施意见》，构建"横向到边、纵向到底，全方位、无死角"的安全生产责任体系。

强化安全包保、职工联保互保工作。按照"管行业必须管安全、管业务必须管安全、管生产经营必须管安全"的原则，制定下发《扎煤公司安全包保工作实施方案》，明确了公司包保单位、处级干部包保班组工作机制。制定下发《扎煤公司安全联保互保工作实施方案》，以落实包保责任、强化安全管理为目的，进一步调动员工在工作中相互监督、提醒纠正的主动性。

强化重要时段、重要节点安全保障工作。制定下发《扎煤公司"保两节、保两会，百日安全攻坚战"活动方案》《扎煤公司庆祝建党100周年百日安全保障行动方案》，要求各级领导班子成员、安全包保组领导无特殊情况不得安排出差和休假，全力保障公司安全生产各项工作平稳有序。活动开展以来，公司及所属各单位严格落实安全生产责任，深入开展安全生产大排查和安全生产专项整治工作，坚决防范和遏制事故发生。

2. 强化安全专项整治，推进安全预控管理

深入开展安全生产专项整治三年行动工作。逐级制定安全生产专项整治三年行动方案，成立领导小组，明确工作职责，将安全生产专项整治三年行动计划纳入党政议事日程和安全生产考核重要内容，对安全风险和问题隐患进行系统性排查，对制度不落实、管理不到位、问题不解决等问题开展攻坚治理，切实将影响安全生产的风险隐患排查出来，把真正的措施落实下去，确保三年专项整治行动取得实效。

严格重大灾害防治超前治理。把重大灾害防治作为日常安全工作的重中之重，吸取安全生产事故教训，对照事故暴露的问题开展排查，压实安全责任，细化工作措施，严格重大灾害防治超前治理，严格执行落实《煤矿重大事故隐患判定标准》，完善"一通三防"管理，做好地质预测预报工作，加大防治措施落实和防治效果检查，凡措施落实不到位、治理效果不达标的，坚决停下来进行整改，确保不发生水、火、瓦斯、煤尘、顶板等重大灾害事故。

深入推进安全生产标准化管理体系达标创建工作。制定下发《扎煤公司生产煤矿安全生产标准化管理体系达标创建工作方案》，严格落实对标对表检查，强化考核管理，每月组织对各生产矿井进行安全生产标准化管理体系检查及隐患排查，做到理念目标、组织机构、安全责任、风险管控、质量控制等要素有机融合和一体化推进。聘请中国煤炭工业协会专家组，对4个生产矿井进行安全生产标准化管理体系体检和培训。目前，公司所属3个生产矿井达到国家一级安全生产标准化矿井水平。

认真开展双重预防工作。全面落实构建双重预防机制的各项部署，认真开展安全风险年度辨识和专项辨识工作，强化重大风险管控能力，明确管控责任，落实管控措施。强化区队、班组和岗位安全风险辨识管控责任落实，加强全员安全风险辨识管控教育培训，严格落实作业前安全风险辨识评估及安全确认。以风险辨识管控为基础，定期对存在安全风险的区域、环节、岗位开展隐患排查，扎实推动全员参与隐患排查，明确各层级、各部门隐患排查事项、内容和频次，将隐患排查责任逐一分解落实，严格闭环管理，对隐患排查责任不落实、整改不到位的，从严进行问责。定期分析事故隐患成因，落实保障措施，从根本上消除事故隐患。

3. 抓实安全基础管理，提升安全培训实效

持续抓好班组建设工作。实施以"安全生产好、技能培训好、团队精神好、经营管理好、民主管理好"为内容的"五好"班组建设工作，下发《扎煤公司"五好"班组建设管理办法》，明确达标标准和检评标准，每季度组织对所属各单位班组建设开展情况进行检查考核，每年对达到优秀的"五好"班组进行奖励。各单位按照"三查、四改、五到位"原则（三查，即班前、班中、班后安全检查；四改，即职工、班组长、带班人员、矿领导发现的隐患必须立即整改；五到位，即工作布置、工作检查、安全风险管控、隐患排查治理、班组工作交接五到位），认真开展班组建设工作，进一步筑牢煤矿安全生产第一道防线。

认真开展岗位标准作业流程工作。以加强安全管理和全员素质提升为抓手，以辨识管控作业风险为前提，以排查治理事故隐患为重点，以规范职工操作为目的，聘请中国煤炭工业协会专家编制完成了《生产煤矿岗位标准作业流程汇编》，各生产矿按照"边执行、边完善、边培训"原则，每季度组织相关科室、区队对作业流程进行补充和完善，公司每月组织专业部门对岗位标准作业流程执行情况进行检查考核，为现场安全管理奠定了坚实的安全基础和岗位作业安全保障。

强化安全培训工作。扎煤公司所属各单位将安全生产法律法规、作业规程、操作规程、安全生产责任制、岗位标准作业流程、安全风险分级管控、隐患排查治理、应急管理等内容作为培训重点，有针对性地开展全员安全培训，切实达到知风险、明职责、会操作、能应急的效果，有效提升全员的安全意识和岗位安全技能。

4. 加快推进智能化建设，增强科技保安能力

强化智能化煤矿建设顶层设计。扎煤公司严格落实《国家能源局、国家矿山安全监察局关于印发煤矿智能化建设指南（2021年版）的通知》和《内蒙古自治区推进煤矿智能化建设三年行动实施方案》要求，以打造固定场所无人化、采掘系统少人智能化、辅助运输连续高效化、机电装备管控智能化、灾害预警实时精准化的智能化煤矿为目标，加快推进各生产矿井智能化建设水平。为推进智能化煤矿建设，公司派员前往麻地梁、龙王沟等煤矿实地参观考察，进一步

探索智能化煤矿发展的新路径、新理念,为公司提高智能化建设水平奠定了基础。

全力推进智能化煤矿建设工作。扎煤公司强化目标引领,加快推进工作落实。目前,已建成综采工作面自动化控制系统2处、智能煤流及地面装储集中控制系统8处,引进快速掘进装备(掘锚一体机)2套,实现井下变电所、主排水泵房、主通风机房、压风机房、辅助运输系统等固定场所"无人值守、有人巡视"19处。按照《国家煤矿安监局关于加快推进煤矿安全风险监测预警系统建设的指导意见》,各矿均建成完善可靠的矿压监测系统、水文地质监测系统、人员定位系统、安全监测系统、工业视频系统、安全风险监测预警系统,有力提升了矿井安全保障能力。

(二)潞安集团——夯实基础 注重实效 多措并举推动安全工作平稳发展

近年来,潞安集团深入贯彻落实习近平总书记"发展决不能以牺牲人的生命为代价。这必须作为一条不可逾越的红线"指示精神,按照党中央、国务院安全生产领域改革发展的决策部署,落实国家矿山安全监察局煤矿安全生产标准化要求和山西省委、省政府安全工作部署,树立安全系统管理理念,着力构建具有潞安特色的"人机环管"安全基础建设体系,为企业高质量安全发展提供了坚实保障,连续18年蝉联全国"安康杯"竞赛优胜杯企业称号。

1. 确立安全系统管理理念,以科学的理念引领安全发展

思想是行动的先导。只有树立科学的理念,才能引领新时代的安全发展。经过多年的探索实践,潞安集团从三个方面确立了安全系统管理理念。

"从零开始,向零奋斗"。坚持安全发展是最硬发展、安全指标是最硬指标,安全工作永远在路上,将安全"零"理念入脑、入心、入行,始终保持如履薄冰、如临深渊心态抓安全,持续开展安全危机教育、警示教育、反思教育,努力实现设备设施零故障、执行标准零距离、员工作业零违章、环节系统零隐患、安全生产零事故的目标。

"赢在标准,胜在执行"。没有规矩不成方圆,只有高标准才有高安全。抓标准的关键在落实和执行,坚持把执行力建设作为确保安全生产标准化工作落地的"第一抓手",作为各级干部作风建设的基本准则,既要不折不扣完成应知应会、必知必会的"规定动作",又要结合实际创造性开展工作,在贯彻执行新标准中体现自身特色,构建学标宣标、贯标对标、达标提标长效机制。

"超越安全抓安全"。深入落实"党政同责、一岗双责、齐抓共管、失职追责"要求:一方面,不断强化"不抓安全生产的干部是不合格、不称职的干部"理念,坚持"想不到就是失职,做不到就要问责",要求各级党组织必须将安全生产同发挥党建工作优势有机结合,以安全生产的成效作为检验党组织战斗力的重要标准;另一方面,在构建从井下到井上、从厂区到社区、从生产到生活的大安全管理体系的同时,推动从生命安全向健康安全、心态安全、心理安全、心灵安全延伸,真正让安全成为一种习惯、一种本能、一种自觉,共建安全绿洲,共享安全成果。

2. 实施"三大六超前"管理,确保系统最优、环节最简、抽掘采平衡、矿井布局合理

安全管理是一项系统工程,只有系统安全才是真正有效的安全。凡事预则立,不预则废。只有大超前才能保证大安全,更超前才会更安全。潞安集团致力实施大布局、大衔接、大系统和地质超前、设计超前、抽采超前、设备超前、措施超前、监察超前"三大六超前"管理,确保系统最优、环节最简、抽掘采平衡、矿井布局合理,实现正规有序和从容生产。

系统推进抽掘采动态平衡大衔接。抽掘采衔接失调是重大安全隐患。只有超前安排抽掘采衔接计划，顺利推进抽掘采衔接计划实施，才能实现抽掘采衔接动态平衡。实施"六超前"管理，建立矿长组织、集团相关领导参加的月度大超前例会制度，实现对衔接计划实施情况专项落实，特别是对影响矿井抽掘采衔接的关键节点、关键因素专项排查，对制约采掘衔接的重大问题专项督导，保证了五年矿井长远发展规划和年度、季度矿井抽掘采衔接计划的顺利实施。实施"地质超前"，推进"物探先行、钻探跟进、化探验证"，确保抽掘采地质透明化；实施"设计超前"，要充分收集有关基础资料，并结合技术、装备、人员、管理等要素，确保设计科学、先进、安全、经济；实施"抽采超前"，完善立体化抽采模式，确保采煤工作面瓦斯含量始终保持 4 m^3/t 以下达标；实施"设备超前"，确保采掘设备提前装备、改造、升级到位；实施"措施超前"，结合实际，超前制定技术措施、组织措施、管理措施，确保措施及时到位，并且具有安全性、针对性和可执行性；实施"监察超前"，确保各项措施、各项工程超前落实到位。几年来，通过大超前管理，集团所属各矿抽掘采衔接正常有序、动态平衡，实现了正规有序、从容生产。

构建完善系统最优、环节最简大系统。树立"最简单的系统是最可靠的安全"理念，按照"一优三减"部署，围绕系统最优、环节最简，推进"六超前"，形成"U型""U+高抽""U+高低抽""Y型"等巷道布置方式；实施"大长厚"工作面布置，推广"一井一面""一井两面"，减少工作面搬家次数。对五阳、常村等老矿井旧采区进行封闭，生产采区由三年前的17个递减到9个，实现减面5个，减头12个，减人1 682名。对新区、边远采区增加辅助提升运输系统，缩短运输距离，减少运输环节，保持运输系统更高效。通过实施超前管理，从源头上实现对安全生产重大环节、重大风险的有效管控，有效保障了矿井"大系统"安全。

3. 实施变化管理，扎实推动"三位一体"安全生产标准化落到实处

实践证明，大多数事故都发生在变化环节。比如，顶板事故大多发生在顶板初次来压和周期来压或断层、岩层破碎等地质构造变化期间。变化的控制才是真正的控制，动态的管理才是真正的管理。潞安集团将"变化预测—变化分级分类—变化汇报—变化控制—变化检查—变化考核"的变化管理贯穿安全风险分级管控、隐患排查治理和安全生产质量达标"三位一体"的全时段、多周期、全过程，实施双重预防工作机制，推动了煤矿安全生产标准化动态达标。

将"控制变化、管控风险"作为安全风险分级管控的"规定动作"。预测变化就是辨识安全风险，控制变化就是控制安全风险，控制变化的过程就是安全风险管控的过程。按照变化的可控性、影响范围和严重程度，对变化进行"三级"精准预测管理：影响安全生产超过6 h以上的为一级变化，集团重点关注，比照重大事故，启动相应应急响应程序；影响安全生产超过2 h以上的为二级变化，基层单位重点关注，比照较大事故，启动本单位相应应急响应程序；其他影响安全生产的变化为三级变化，基层单位科队及班组重点关注，比照一般事故，由本单位相关科队跟踪落实。通过"控制变化和管控风险"，构建形成具有潞安特色的从集团到矿、科、队组的多层级安全风险管控体系，从源头上杜绝安全生产事故。

将"管理变化、消除隐患"作为隐患排查治理的"重中之重"。变化失控意味着风险失控，为事故隐患之源。将事故隐患排查治理的重点放在"管理变化、消除隐患"上，建立了变化环节事故隐患重点在防、关键在查、根本在治相结合的工作机制，形成集团、矿、基层单位、岗位人员变化环节全覆盖的隐患排查治理责任体系，持续对变化环节的每个部位、每道工序的隐患进行动

态排查治理,做到超前预测隐患、科学减少隐患、源头控制隐患、应急处置隐患,实现隐患管理的全时段、全方位、全过程,牢牢把握住了管理变化、消除隐患的主动权。

将"变化达标、动态达标"作为安全质量达标的"核心内容"。变化管理达标就是标准化动态达标。为了快速高效推进安全质量达标,全面实施《变化环节、非正规作业标准化考核评分办法》,对变化环节、非正规作业环节实行人员锁定、时间锁定、措施锁定,将短板管理纳入变化管理环节,建立了短板管理的认证、改进、提升、验收标准考核办法,实现了正规作业标准化与非正规作业和短板管理的规范化,形成了具有潞安特色的安全质量达标工作机制。坚持"干一辈子煤矿,抓一辈子标准化",持续开展岗位达标、专业达标、企业达标创建活动,通过标杆引领、以点带面,选树标杆矿井 5 座、标杆采煤面 8 个、标杆掘进面 15 个、标杆辅助运输线 7 条、标杆调度台 7 座,整体提升了集团安全生产标准化建设水平。

通过变化管理,实现了生产过程风险的即时辨识、即时管控和隐患的重点排查、重点治理,推动了安全生产标准化持续动态达标。目前,32 座生产矿井中有 17 座通过安全生产标准化一级矿井验收,先进产能占比达到 80% 以上。

(三)同煤集团永定庄煤业公司——推进安全生产标准化建设 筑牢矿井安全防线

煤炭企业安全质量标准化建设是煤矿安全生产的基础工程,安全风险分级管控和隐患排查治理双重预防机制是矿井安全生产标准化建设的有力保障,是保证煤矿安全生产的前提。同煤集团永定庄煤业公司紧紧抓住基础工程、生命工程和效益工程这条主线,牢固树立"不按标准管是瞎管、不按标准干是乱干、干不好标准化是无能"的观念,进一步强化矿井标准化达标管理工作,严格推行安全风险分级管控和隐患排查治理机制,促进矿井质量标准化动态达标上新台阶,进一步强化了安全基础工作,为企业安全生产提供了坚实保障。

1. 强基固本,以落实安全生产标准化建设为主线,保障矿井安全生产

永定庄煤业公司始终把"全矿井动态达标"作为矿井安全生产的目标导向,贯彻"不标准产量不要、不合格进尺不要"的理念,全力推进标准化建设,夯实安全基础,保障安全生产。

一是严格责任落实。根据各领导的职责和权限对井下责任区进行了划分,专人负责安全质量标准化建设工作。专门成立了安全生产标准化推进领导组,明确了各分管领导的工作职责,并下设了安全风险分级管控、事故隐患排查治理、采煤、掘进、机电、运输、通风、地质灾害防治与测量、调度和应急管理、职业病危害防治和地面设施等 10 个专业小组,由相关部门牵头负责,其他成员单位具体实施确保落实,形成了强化力量抓系统、督促系统抓落实的管理模式。要求分管系统既抓组织生产也抓管理提升,各基层区队既严格落实系统安排也抓好自我管理,做到以安全保稳定、以生产保增长、以管理促效益,推进全矿井动态达标。

二是健全考核机制。制定出台了《安全生产标准化建设考核办法》,推行《安全生产标准化与超额工资挂钩考核机制》《工掘队组工程质量考核办法》等一系列考核办法,成立了 24 个考核小组,构建起一体化考核机制。

三是注重日常管理。每班由安监部门组织专人对全矿井标准化建设情况进行全覆盖巡查一次,对于标准化不达标的队组坚决责令停工整改,并严格问责。每月组织各专业系统召开一次安全生产标准化工作会议,总结上月标准化建设情况,针对不足、查找原因、制定方案,进行"五定"整改,确保"动态达标"。

四是强化对标管理。每旬由安监部门牵头,联合技术、通风、地质、机电等相关部门,对各专业系统进行对标检查一次,月底进行综合验收考评,评出较好、较差,进行奖优罚劣,以此促进各专业系统动态达标,营造了各专业标准化"动态达标"比学争优、相互赶超的良好氛围。

五是打造精品工程。坚持高标准、高定位,以标准化"精、细、靓、美"基本思路为指导,全力打造精品盘区、精品工作面、精品硐室。

2. 强化隐患源头治理,以扎实推进安全风险分级管控机制为抓手,实现矿井作业环境安全

为认真贯彻落实国家、省、集团公司关于实施安全风险分级管控机制工作要求,进一步提升安全生产标准化建设水平,永定庄煤业公司将"隐患排查治理"关口前移至"全面实施全矿井安全风险分级管控机制",从易发事故的源头诱因抓起,筑牢安全"防火墙",坚决杜绝大事故,遏制零打碎敲事故。

一是加强组织领导,完善体系建设。成立了由董事长任组长、各专业分管领导任副组长、公司所属基层单位主要负责人为成员的永定庄煤业公司安全风险分级管控组织机构。组织采、掘、机、运、通、地质防治水等井上下16个系统的专业技术人员48名,从整章建制、安全风险辨识评估、安全风险管控、风险保障措施4个方面重点开展了安全风险分级管控体系建设,出台了《永定庄煤业公司安全风险分级管控体系实施办法》《安全风险管控激励奖罚办法》等一系列制度,编制了采煤机司机等19个主要工种的岗位辨识标准。

二是理清思路,强化各系统风险识别评估。提出了"以风险点识别划分为主线,以危险源辨识评价为核心,以隐患排查治理为重点,以矿井全面体检为契机,扎实开展双重预防机制工作"的工作思路。2022年,历时3个月完成了全矿井年度安全风险辨识评估,井上下16个系统共辨识出1 396条风险项。将这些风险按照重大、较大、一般、低风险四级风险进行分类,其中:重大风险33项,占风险总数的2.36%;较大风险296项,占风险总数的21.20%;一般风险433项,占风险总数的31.02%;低风险634项,占风险总数的45.42%。

三是扎实做好风险隐患的整治和管控。针对辨识评估结果,永定庄煤业公司逐条制定管控措施,列出责任清单,指派专人挂牌监督管控整治,并将安全风险管控措施列入施工作业规程;在所有盘区巷道、各系统大型设备和设施点、固定岗位点、施工作业点等醒目位置进行安全风险公示;推行了班组、岗位现场安全管控机制和班组现场安全风险评估机制,加强了安全风险日常管控和变化环节风险的管控。通过安全风险分级管控各项工作的有效开展,切实消除了风险隐患,也有力促进了安全生产标准化工作的开展,为矿井安全生产筑牢了防线。

总之,安全生产标准化是煤矿企业常抓不懈的一项重要基础工作,是提高工程质量、实现安全生产的重要保证。永定庄煤业公司要继续按照"典型引路,以点带面,循序渐进,整体推进"的工作思路,把煤矿安全生产标准化建设和事故预防抓紧抓好,维护员工的生命和健康安全,促进矿井安全发展。

四、部分矿井安全管理创新实践

(一)西山煤电马兰矿——构建"1556""双控"机制推动矿井安全生产

2016年,习近平总书记针对易发重特大事故的行业领域,提出要采取风险分级管控、隐患排查治理双重预防性工作机制,推动安全生产关口前移。同年,《中共中央 国务院关于推进安

全生产领域改革发展的意见》《国务院安委会办公室关于实施遏制重特大事故工作指南构建双重预防机制的意见》等文件下发,从顶层设计上将构建双重预防性机制工作放到了重要位置,为煤矿安全生产工作指明了方向。近年来,西山煤电马兰矿在安全管理工作中不断探索,着力提升安全文化建设,推动双重预防性机制的建立健全,逐步形成"1556""双控"机制,在实践中取得明显成效。

2017年,马兰矿对安全工作进行了一次梳理,发现无论是安全生产标准化体系、职业安全健康管理体系,还是企业建立的其他风险管理体系,其本质核心都是围绕风险隐患的管理系统。"双控"机制以问题为导向,抓住风险管控这个核心;以目标为导向,强化隐患排查治理。"双控"机制与企业现有的管理体系是一个有机统一的整体。因此,在"双控"机制建设上,马兰矿在以往工作的基础上,通过全面辨识风险,夯实标准化工作基础;通过风险分级管控,消除或减少隐患;通过强化隐患排查治理,降低事故发生风险;通过标准化体系规范运行,促进"双控"机制有效实施。

"双控"机制是一个常态化运行的安全生产管理系统,两项内容不是平行的关系,更不是互相割裂的"两张皮",安全风险分级管控是隐患排查治理的前提和基础,隐患排查治理是安全风险分级管控的强化与深入,二者相辅相成、相互促进,进而完善风险分级管控措施,减少或杜绝事故发生的可能性。

基于此,马兰矿结合矿井自身实际,逐渐形成了"1556""双控"机制("1",一个理念,即"超前预警、准确预报、科学防治、把控风险"理念,这是"双控"机制的核心;"5",夯实五级风险管控,即夯实矿、区、队、班、岗五级风险管控;"5",狠抓五层隐患治理,即狠抓矿、区、队、班、岗五层隐患治理;"6",实现六化发展目标,即矿井实现"管理程序化、生产高效化、工艺现代化、系统简单化、安全可控化、矿井集约化"目标),将构建安全风险分级管控和事故隐患排查治理双重预防性机制作为打造本质安全型煤矿、实现矿井安全生产的有效途径。

(二)山东能源付村矿——"脚印式"安全管理法

山东能源付村矿属于中深度开采矿井,煤层变化无常,地质条件复杂,超前预测、预控能力差,受顶板、水、火、瓦斯、煤尘等安全隐患威胁严重,矿井安全生产压力异常大。为确保矿井安全发展,付村矿创新管理思维,以建设安康付煤为目标,把握目标和问题两个导向,抓住人、环境、技术三个本质安全的核心,创新实施"脚印式"安全管理法,持续提升了安全管控效能和综合保障水平,保障了矿井持续稳定健康发展。

1. "脚印式"安全管理法的内涵

"脚印式"安全管理法,即井下安全检查"零"盲区,24 h监管"零"缝隙,力求最终达到"零"隐患、"零"事故。一是坚持动态巡查、重点督察、专项检查、联合会诊、现场盯靠、准入评定相结合,加大对重要地点、边远区域、薄弱时段、薄弱环节、"双零星"及特殊时期的安全监管力度,对查出的突出问题实行周分析、月考核、月通报,确保掌控安全生产的规律、节奏和平衡点,落实"大安全"理念。二是把思想引领、意识教育和强制手段三种方式结合起来,实现最佳管理效能。三是坚守超前防控、现场管控、应急处置"三条防线",构建本质安全格局,实现企业安全健康发展。

2. "脚印式"安全管理法的主要做法

（1）规范领导干部带班包保制度。进一步完善履职考核制度和标准，加大对管理人员的考核力度，强化值班、带班、包保、工作组作用发挥，始终要把保安全、保稳产、保有序放在首位。

（2）加强安监员及区队跟班干部的现场管理。为进一步加强安全管理，强化安监员及区队跟班干部的工作责任心，调动他们的工作积极性，实行量化考核，要求认真履职，做到"职工下井踩着干部的脚印，干部踩着职工上井的脚印"。

（3）突出特殊时期安全质量管理，确保安全稳定。一是抓好放假复工验收；二是严抓停产放假和矿井检修期间安全质量管理；三是加强应急管理；四是严格劳动纪律管理。

（4）突出隐患整治，加大安全巡查力度。一是将管理重点、监管难点放在关键环节；二是做好特殊地点、特殊时间段的安全管理。

（三）广西百色矿——"123456"安全管理体系构建与实施

广西百色矿始终坚持科学发展、安全发展，创造了独特有效的"123456"安全管理体系。该体系具有科学合理、理念先进、操作性强的特性，实施3年来，促进了百矿集团持续安全平稳发展，为公司的转型升级提供了坚实保障。

（1）"1"是指牢固树立"安全为天"的安全理念。

各级领导高度重视，职工全员参与，努力宣传营造"安全为天"安全文化氛围，并将这一理念灌输到每一个职工心中，真正实现从"要我安全"向"我要安全"、"个人安全"向"整体安全"的转变，不断培养员工队伍"安全生产高于一切、超于一切、压倒一切"和"人本、安全、发展、和谐"的安全发展理念。

（2）"2"是指着力"宏观系统化、微观单元化"两个抓手。

从宏观系统化来完善各单位安全生产系统，全面深化贯彻落实《安全生产法》《安全生产标准化管理体系基本要求及评分方法（试行）》等安全生产法律法规和行业标准，以装备先进、系统集成、安全高效为方向，大力推动信息化、自动化、标准化与机械化的融合，确保生产、供电、提升运输、排水、通风等各大系统运转正常和稳定，形成有效预防重特大事故的长效机制。

（3）"3"是指实施"三三三"制安全管理，即实行三级安全责任主体、三级安全绩效动态评定、三道隐患整治关。

集团公司三级安全责任主体：明确集团公司是安全生产的监察责任主体，履行安全生产监督监察决策职能；各成员子公司是安全生产监管责任主体，履行安全生产监管考核职能，对基层单位安全生产过程实施动态监测和控制；基层单位是组织实施安全生产管理的责任主体，具体履行安全生产管理职能，落实安全制度、隐患整改和现场安全管理。

按优秀、良好、不合格三级，每月由集团公司对各子公司、每周各子公司对所属基层单位安全管理绩效进行动态考核评定，评定结果直接与本单位月度安全绩效工资挂钩。

构建完善隐患排查整治三道关口：第一道关口是集团公司每月组织专项检查、每季度组织安全大检查大排查，对突出安全隐患整治挂牌督办闭合管理；第二道关口是各子公司每月组织开展两次安全生产大检查，每月上旬组织安全生产标准化大检查，下旬组织安全生产综合大检查；第三道关口是各基层单位每周开展一次专项专业安全检查，对现场人、机、环、管四个环节存在的安全隐患整改实行闭合管理。

（4）"4"是指从空间、时间、内容、形式4个层面强化安全文化建设活动。

从空间上开展安全文化建设。各单位在单位楼房、高架建筑物悬挂横幅标语宣传企业安全文化，在单位办公室张贴不同专业安全理念、愿景，悬挂本队（车间）全家福照片，在显著位置建设安全文化长廊，在厂（矿）区办公场所周边设置宣传灯箱等；各煤矿单位在井下行人大巷建设井下安全文化长廊，悬挂各队全家福照片。

从时间、内容上强化安全文化建设活动。各生产经营单位每班必须召开班前会，排查"安全隐患人"，进行集体宣誓，职工上岗（入井）前必须进行安全宣誓。每周开展"每周一"亮相活动和"三违"人员集中安全教育培训活动，每旬组织专业技术人员开展一次授课培训，每月组织开展一次全员安全生产警示教育活动，每季度至少组织一次有"三违"人员家属参加的"三违"帮教活动和职工家属座谈会，每半年组织开展一次劳动竞赛或技术练兵，每年组织开展一次夫妻携手承诺保平安、安全知识竞赛及全员安全文化专题培训活动。

从形式上开展安全文化建设。开展安全生产文化书画、摄影展；进行"安全忠诚卫士"评比；在群监网员、女工协会、职工家属开展"管安全事、吹安全风、建幸福家"活动；在井口及井下行人巷悬挂全家福；开展"矿嫂下井问平安""安全事故当事人现身说法"等活动；各单位每月利用《百矿人》报纸、公司网站、宣传板报等媒体阵地宣传安全生产方针政策、规章制度、劳动保护、职业健康等知识，关注安全生产热点问题，反映安全生产真实情况，探讨安全生产理论实践，交流企业安全管理经验，推广安全生产先进典型和新技术、新装备等。

（5）"5"是指按照"综掘综采一体化、安全管理信息化、系统管理标准化、管理团队专业化、企业生态花园化"的"五化"模式管控安全生产。

综掘综采一体化：坚持"科技兴煤、科技保安"的理念，在南方复杂地质条件下中小型煤矿建设改造中，各煤矿单位全面按照综合机械化掘进、采煤，完善矿井井巷布置、采掘运装备选型及安装。

安全管理信息化：矿井成功实现机械化生产后井下生产人员大幅度减少，相对提高了安全生产系数，但对点多面广的井下安全管理难度增加，仅靠人工监控不可靠、不精确。为此，百矿集团及时与科研院所及有关厂家合作，共同完成了矿井安全监测监控系统等8大信息化系统的改造，打造"数字化安全矿山"；重点升级老矿井安全信息化系统，定期维护，确保其运行正常、可靠、高效；对技改、托管等矿井建立并完善安全信息化系统，同时集团公司下属电厂、铝厂、矿机、物流等板块行业企业与煤电铝调度指挥中心联网，实现集团公司安全信息化管理，确保监测精准，监控全覆盖。

系统管理标准化：按照"作业环境标准化、施工标准化、岗位操作标准化、安全质量标准化"四个标准要求开展现场标准化建设管理，制定作业环境卫生标准、施工建设验收标准、岗位操作标准及安全生产标准，严格检查验收各下属基层单位、区队（车间）、班组及岗位人员的组织生产、建设施工、验收评比，进行岗位操作抽查，集团公司不定期抽查督察、考核评比，实现企业达标、专业达标、岗位达标。

管理团队专业化：一是继续加强班组建设，加强安全班组诚信建设考核，创建安全生产标准化诚信班组（区队、车间），打造一支专业化施工队伍。二是制定安全生产技术管理人员考核评比管理办法，加强安全生产技术管理团队建设，创建学习型、高素质、高效率的专业化管理团队。三是制定集团公司安全管理机构及安监人员考核管理办法,加强安全监管队伍建设,努力打造一支高素质的安全监管队伍。

企业生态花园化:通过井下作业环境优化、矿井地面生产系统改建、矿工生活居住环境配套,形成生态环境优良的花园式煤矿,并在对煤矿实施花园式建设的同时,全部按生态花园式对矿机公司进行改造,完成电厂、铝厂、百煤物流等企业生态花园式建设,通过优化作业环境及生活环境,实现生态环境花园式建设。建设及技改项目在统筹、规划建设中,将作业环境优化、生活环境生态花园式建设施工纳入项目建设工程总体规划中,实行与主体工程"三同时"管理(同时设计、同时施工、同时投入使用),实现项目竣工后安全稳定和高效环保,树立良好的社会形象。

(6)"6"是指构建集团公司监察、子公司监管、厂矿领导值班带班、班队领导跟班、安监员分片巡查、安全网员定点检查6道现场安全管理防线,层层设防,层层把关。

各生产经营单位制定安全网员定点检查、班队领导跟班、安监员分片巡查制度,加强安全管理过程管控,落实"三位一体"安全检查制度和班中"三汇报、三提醒"制度,筑牢安全管理第一道、第二道和第三道防线;集团公司制定安全检查制度,各生产经营单位加强现场管理,落实安全生产主体责任,筑牢安全管理第四道防线;子公司定期或不定期开展安全监管,落实安全管理的主体监管责任,筑牢安全管理第五道防线;集团公司直属安全监管部门定期或不定期开展安全监察,落实安全管理的主体监察责任,筑牢第六道安全管理防线。

(四)滨湖煤矿——夯实"三位一体"根基 努力提升安全管理新效能

滨湖煤矿紧紧围绕"基层基础强化提升年"活动主题,进一步创新安全管理方式方法,结合近年来安全管理好经验、好做法,归纳提炼了"三位一体"安全管理法,指导好经济发展新常态下矿井的安全生产工作。

一是安全理念,引领到位。树立"违章即违法,违法必受惩"的意识,强化安全警示教育,消除松懈麻痹思想、浮躁厌战情绪、管理松懈行为,坚决做到不安全不生产,浓厚"一切为安全让路"的氛围。正确处理好"客观与主观,制度与人情"的关系,严肃工伤事故的分析和处理,重点落实因操作责任、管理责任所担负的工伤费用比例,真正让责任人感到震痛。

二是标准操作,执行到位。持续深化"双达标""双零星"管理,实施流程管控,真正"让习惯符合标准,让标准成为习惯"。规范区队班组建设,不断增强区队自治、班组自主、个人自律的意识和能力。规范采掘作业规程、安全技术措施管理,使其更加切合现场实际。

三是安全隐患,管控到位。坚持流程控制,健全"专业抓排查验收、单位抓落实整改、安监抓监察考核"的隐患排查治理机制,着力开展好安全隐患"大排查、快整治、严监督"集中行动。

四是坚持党政工团齐抓共管。发挥优势、挖掘潜力,从思想深处和现场实处将安全压力、安全责任进行层层传递,营造齐抓共管、严抓细管的良好氛围。积极发挥协同保障职能,常吹安全风、常敲安全鼓,教育引导职工懂规则、知底线、守红线,不断延长矿井的安全生产周期。

复习思考题

1. 煤矿生产单位为什么要建立安全生产岗位责任制?安全生产岗位责任制应包括哪些内容?

2. 煤矿生产单位为什么必须加强安全生产管理?
3. 煤矿安全计划的含义及作用有哪些?
4. 煤矿安全生产管理人员应具备的素质及能力有哪些?
5. 煤矿安全生产管理人员素质能力是如何养成的?
6. 企业安全文化建设的主要内容有哪些?
7. 煤矿安全管理制度应包括哪些?
8. 煤矿双重预防体系包括哪些内容?
9. 煤矿安全生产管理的基本原则有哪些?
10. 安全生产标准化管理体系建设应遵循哪些原则?
11. 煤矿安全生产标准化达标创建在煤矿企业中的重要意义是什么?
12. 墨菲定律的启示有哪些?

第八章
煤矿安全生产管理工作实践

> 📖 **学习提示**　煤矿安全生产管理是千条线,每一个管理者都是一根针,要根据管理需要把若干条线穿进一根针,首要的是选好线不遗漏,选对线不占位,谓之"精准";而把选好的线一次穿进一根针,最好的办法是把选好的线先捻在一起,谓之"融合";把选好选准的线捻好穿插的过程需要相互协调,减少干扰,谓之"良性互动"。"精准"选线、"融合"捻线、心无旁骛去穿插,便可实现穿线"高质量"。
>
> 　　本章主要围绕基层管理者经常涉及的工作内容,选摘部分工作实践案例进行分享,旨在结合所在企业和自身工作实际,就如何精准、优化、融合、高效开展工作提供一种工作思路,共同推进煤矿高质量发展。

第一节 煤矿现场管理实战技巧

一、矿井安全生产管理中主要矛盾和矛盾主要方面的识别与处理

煤矿安全生产管理工作中受工作内容交叉、变化调整及协调适应等因素的影响,形成了煤矿安全生产工作的各种矛盾主体。又因决策者、管理者、执行人、操作工安全意识、工作经验及对问题后果认识的差异,就形成了对处理问题的主、次矛盾认知差别之分。在正常管理和应急管理中对存在的主要矛盾和次要矛盾分辨不清,抓不住解决矛盾的主要方面,就会形成事实上的风险误判、违章决策、顾此失彼,甚至因此而发生事故。

该如何正确识别主要矛盾和矛盾的主要方面,并科学处理好主要矛盾和其他矛盾的关系呢?

在煤矿安全生产管理过程中,首先是在思想上正确认识"安全第一,以人为本""人民至上,生命至上"等安全新理念,端正对待安全工作的态度,进而形成对主、次矛盾正确识别的标尺。其次是要掌握安全风险辨识知识,具备安全风险辨识的能力,懂得规范的工作流程。在对待主要矛盾和次要矛盾时,原则是"几个矛盾都解决",落实时必须先解决主要矛盾再解决次要矛盾,无法形成兼顾的情况下,必须以解决主要矛盾为工作准则。结合实际案例解析如下。

【案例一】 掘进队某班在柔模支护面扩帮作业,认为采取临时支护措施会影响打锚索(锚杆)的钻孔定位,所以采取了不支设临时支护的情况下钻孔作业的做法(严重违章)。

评价:完成工作面扩帮作业存在"先支设临时支护后打锚杆(锚索)"与"不支设临时支护的情况下直接打锚杆(锚索)更方便钻孔定位"的矛盾。先支设临时支护是保证人身安全,不支设临时支护直接打锚杆(锚索)会给现场钻孔定位带来方便。前者关注的是"人身安全",后者关注的是"操作方便",二者其实是"安全第一"与"方便第一"的冲突,找准了主要矛盾和矛盾的主要方面,则应该能够作出正确判断。

【案例二】 综采队某班工作面转载机头,因为感觉转载机头开喷雾会将地面喷湿,所以现场带班班长要求转载机司机将喷雾关闭(一般违章)。

评价:设置喷雾的目的是降尘,喷雾大小根据降尘效果调控,这是喷雾大小与降尘效果的矛盾,在本事件中是主要矛盾;而喷雾扩散导致地面潮湿,是喷雾与地面卫生的矛盾,是次要矛盾。主要矛盾解决的是职工健康问题,而次要矛盾解决的是现场整洁等文明生产问题。是员工身体健康重要还是现场干净更重要,大家也应该分得清。

【案例三】 为"方便"管理人员下井携带自救器,充灯房预先将自救器背带卸掉,部分员工也自主卸掉了自己的自救器背带(严重违章)。

评价:背带的作用是保证发生灾害时当事人利用背带挎起自救器并正常使用自救器自救。出现提前卸掉自救器背带现象,是因为平常几乎不用背带,还感觉背在身上影响工作。这是背带的"应急情况下使用功能"和"日常实际使用情况"的主要矛盾和"平时用不着背带"与"有背带影响工作"的次要矛盾分不清的问题。假如出现灾害需要使用自救器,如果将背带卸掉,如

何使用？卸掉背带的情况大家可能没有意识到是"问题"，但其实是个很严重的问题。

导致实际工作中主要矛盾和矛盾的主要方面不分、混淆的原因及需要注意的事项还有：① 现场管理者面对"选择性"问题时，没有养成"比较分析"的工作习惯；② 由于对规范的安全生产基本知识掌握的局限性和工作经验问题，实际工作中遇到选择性问题时，脑海中无意识或不能在脑海中全面呈现各种矛盾主体，导致无法形成比较；③ 有时出现了比较意识，但脑海中无法在瞬间提炼出问题的关键点或矛盾焦点，致使虽然比较了但依旧无法抓住关键，让比较失去意义；④ 长期养成的重生产轻安全习惯或侥幸心理，让比较结果失去原则；⑤ 实际工作中还存在没有进行工艺提升的情况下随意增加任务量等"人为制造次要矛盾"当先的情况；⑥ 年关岁尾，各级主管部门都会强调本部门工作的重要性，如果企业决策层不能保持"安全"定力，抓住主要矛盾，就可能导致重心失衡；⑦ 对于工作中出现的《煤矿安全规程》与《煤矿安全生产标准化管理体系基本要求及评分方法（试行）》方面的问题比较，原则上《煤矿安全规程》要求的事项以"主要矛盾"处理，《煤矿安全生产标准化管理体系基本要求及评分方法（试行）》方面的内容按"次要矛盾"对待。

二、如何让日常重复性事务性的工作有秩序有质量

煤矿开展的许多工作都是在周而复始地进行，而推进工作高质量开展的切入点就是让工作实践过程一次比一次思路更清晰，实际工作效果一次比一次好，以往反复出现的问题在随后的工作中得到有效控制。如何让重复性开展的工作有秩序高质量？如何让再开展的工作漏洞更少呢？

（一）经常梳理分析，寻找事务性工作的"价值"

煤矿安全生产管理人员在日常要做大量重复性的事务性工作，有时忙得焦头烂额，过后却随着时间推移而忘却；有时处心积虑疲于奔命，回头却发现技术含量不高，下次遇到同样的事仍然犯错。其实，事务性工作都有明确的目标，有其特定的价值和意义，每做一次都应该有新的发现，只是我们做得多了，淡化了它的价值和意义。每项工作完成，是"该项工作"的结束，而非"当事人从事类似工作"的结束。如果第一次做该工作出现问题是经验不足，再做类似工作还出现老问题那就是工作方法、工作态度和工作作风问题。而要让重复开展的工作一次比一次做得好，需要做好以下几点：

（1）养成写工作日记或周记的习惯，不是记流水账，而是对日常事务性工作进行思考，梳理分析每天的得失，分析完成一事件的经验与教训，以及对以后再做类似事件的指导意义。

（2）在按照施工方案或安全技术措施落实某项工作时能记录暴露出的问题、存在的缺陷并及时思考修订意见。施工方案或安全技术措施形成于具体工作开展前，是以往经验的总结和预见性风险的管控要求，与实际工作可能会有出入，及时记录并完善措施，可以有效管控风险，也有利于培养严谨的工作作风。

（3）寻找日常事务性工作的"价值"，能提起我们深入研究的兴趣，激发我们的工作热情。

（4）每次工作完成后，作为一名管理人员，应召集相关人员讨论并形成开展类似工作的经验成果。

经验是靠积累才能越来越丰富，哪些经验需要"积累"，哪些风险需要重点管控都需要总结或评价识别，同时还需要注意的是开展总结的及时性，"及时"开展才不至于让有效信息出现遗漏。

(二）经常归纳分析，挖掘事务性工作的"标准"

日常繁杂的事务性工作一般目标性都很明确，也有一定的规律性可循。只要有心，经常性地归纳分析，就能发现事务性工作的基本脉络，认真提炼形成标准规范，以后碰到类似问题就会轻车熟路。以基本的工作内容为"单元"进行建标，对今后涉及相关内容的工作就可借鉴该标准进行组合，同时严格执行"落实中随时进行修订完善"的要求，反复循环后形成"单位工作作业标准"，而企业全部的工作内容就是无数个"单位工作内容"的组合。小单元工程标准了，具体的工作项目自然就更完美。

（1）以最小的可独立考核的工作内容为单元制定工作标准，并在日常不断修订完善，形成企业的"标准工作单元库"。

（2）全部开展的工作必须以基本工作单元标准为基础建立项目工程规范。

（3）确立"基础工作标准，工程自然规范"的工作理念。

（4）要反思实际工作中存在的以自我为中心开展标准化工作的现象：当标准与自己的想法一致时，推崇标准；当标准或规范"影响"到自己的权力发挥时，喜欢给"执行标准"扣个"过于教条"的帽子。

以单项工作内容为基本单位建立标准，就如同制作规范的基础模块，各种基础模块都规范了，利用规范模块建设各种规格的漂亮的"大厦"就不再是问题。所有开展的工作必须找到工作依据和工作标准，严禁无依据、无标准开展工作。

这样做的好处：① 形成工作标准可减少管理精力的重复性投入；② 避免"前面整改问题，新开工程制造问题，然后再整改问题"的恶性循环，让工作进入健康的循环模式。

(三）经常分析提炼，让事务性工作更有"技术含量"

落实重复性事务性工作，要从明确责任、健全体系、抓实全方位、跟踪全流程上下功夫。通过经常分析提炼，然后综合施策、统筹落实、与时俱进，才能让重复性开展的事务性工作提升技术含量。

（1）明确责任：围绕全矿事务和机构、岗位设置情况，清晰划分部门和岗位职责，确保无盲区、全覆盖。体现技术含量的地方是：主动关注职能交叉内容的处理，定期反思工作漏洞成因。

（2）健全体系：围绕重复性事务性工作，从横向、纵向建立体系，确保第一时间落实并全面响应。体现技术含量的地方是：调度会、标准化工作会等协调机制的应用以及对主动响应的部门和个人给予肯定和及时提出表彰的机制建立。

（3）抓实全方位：以分管领导、部门、个人上一个年度落实工作和根据职责、管理新要求补充的工作内容为基础建立工作清单，按照轻重缓急动态制订工作计划，避免顾此失彼。体现技术含量的地方是：工作清单的全面性和提前量，工作部署上的及时动态调整。

（4）跟踪全流程：根据个人、部门参与工作情况和具体工作任务开展情况分别建立工作流程，以便各部门、岗位通过流程的建立找准工作切入点，实现对具体工作的精准管理。体现技术含量的地方是：部门和岗位职责与具体任务、工作流程的融合。

注意事项：① 端正心态，所有参与落实的工作要瞄准高质量去实践而非机械完成任务去落实。② 对上：全面领会任务；对己：认真部署工作；对下：确保落实者知道该如何落实工作。③ 加强学习并不断将"七新"知识融入本职工作。

(四)坚持问题导向,让事务性工作"弹无虚发"

无论上级检查还是本矿自查发现的问题,在整改时要坚持问题导向,举一反三,确保一次整改全面彻底,不能简单地就事论事进行整改。

(1)问题导向靶向发力:坚持问题导向,靶向施策发力,以解决问题为方向,少做与问题关联不大、不做与问题无关的无用功。针对检查出的问题,查找该项目涉及的全部内容的工作标准,对照标准一一建立具体措施,然后按照标准全面整改。

(2)举一反三系统整改:查出了一个问题,但不一定是该项目、该系统只存在这一个问题。要学会借东风,利用好氛围,依一个问题查找类似问题和系统问题直至辨识出全部问题,按照彻底整改的原则,查根源、究源头、治隐患。

就问题改问题是"完成任务",举一反三全面整改才是"真正的整改"。实现彻底整改需要经过以下四步走:针对问题找标准找依据——知道错在哪儿?依据标准反查问题——是只存在查处的这一个问题,还是存在未提出的类似问题?按照标准彻底改——对照标准,举一反三整改全部问题。根据问题按图索骥——查找思想上的隐患或管理体系上的问题,实现源头治理。

(五)树立创新思维,让事务性工作"亮点纷呈"

(1)最好的办法总是那个你没有想出来的,所以做完了一件事,要思考能否做得更好,做了和做好是两回事。不断改善,精益求精,才能不断进步。

(2)突破现成思路的约束,寻求对问题全新的独特的思维方式和解决办法。

(3)在安全生产管理工作中经常思考工作标准的上限,将工作标准作为基本的培训内容反复强调,循环考核,强化员工的标准意识。

(4)再次开展类似工作时,要以最新的工作程序、管理经验成果为基础制定方案、工序和措施,确保工作一次比一次更高标准开展。

三、安全生产管理人员如何提升下井工作质量

安全生产管理人员下井时必须清楚自己为什么下井,清楚下井都要开展哪些工作,否则就失去了下井的意义。在大多数人的认识中,安全管理人员下井就是检查隐患,其实这是片面的理解,确切地说"检查隐患"是下井工作内容的重要组成部分,但不是全部。要让下井工作质量更高,必须对下井应开展的工作有个全面的认识。

(一)下井查隐患

无法真正实现区域全覆盖、项目全覆盖、要素全覆盖和精准查风险是下井检查质量不高的关键症结。

煤矿由于行业的特殊性及高风险性,都清楚安全工作特别重要,所以下井检查隐患就成了想当然的重点任务。但要让下井检查质量更高,就需要进行检查设计,无论是部门、小组还是个体,都要让检查有计划地开展,让每次检查有针对性,阶段检查形成全覆盖,并在每次检查设定侧重点的基础上兼顾全面性,才能让检查质量提升。否则,无计划的检查只会是走马观花、蜻蜓点水,实际查处的问题永远只是皮毛。

方法提示:安全部门围绕"矿井"编制出阶段(季、月)覆盖矿井的检查计划(管控要点是不要让计划出现系统漏洞),通风、机电(运输)、采掘、防治水、监控等部门或专业组围绕"系统"编制出阶段(月、旬)覆盖系统的检查计划(管控要点是不要让计划出现项目漏洞),具体检查时检查组应

围绕"项目"编制出具体(日、次)覆盖项目的检查表(管控要点是不要让检查表出现要素漏洞)。

(二)考核到现场

有安排有落实的闭环管理是煤矿提升管理的关键。考核不严格,导致"无措施就开展现场工作、有措施依旧随意工作"是问题反复的重要因素。

到现场去考核其实也是在检查隐患,并且是在查大隐患,比如没有措施就施工、有了措施不落实、指出隐患不整改等。大家想想,与普通隐患比较,这些问题似乎在以"很含蓄"的方式存在,但却是很大的、潜在的隐患,所以必须重视现场考核,并内化于心,将之作为下井必查工作内容。到现场考核井下开展的全部工作是否有措施?考核制定了的措施在现场是否落实、是否落实到位?考核隐患整改情况。考核任务完成质量。反向考核编制的措施是否有漏洞?是否能够对现场问题和作业风险实现有效管控?等等。这些均属下井工作的关键内容。

方法提示:对"有计划"的采掘作业活动,主要关注安全技术措施提交的"及时性",关注点在工程初开工时。对"临时性"开展的工作,主要关注安全技术措施"有与无",关注点是整个工作实施中。对存在"变化管理"的现场,主要关注的是现场出现特殊情况时的"措施应用",关注点是矿相关部门是否根据实际工作中经常出现的"特殊情况"制定了原则性的指导性措施,以及现场班组长在实际情况出现时是否组织人员围绕"通用措施"并结合现场制定了现场针对性措施。如掘进中出现冒落现象,不可能马上制定一个具体措施,现场人员可围绕预先制定的"掘进中遇冒落的治理措施"这一通用措施,通过和现场人员共同研究制定适合现场的具体措施。

(三)调研去现场

在主观性推进的管理措施穷尽的情况下,通过去现场调研寻求工作的突破口是促进管理上台阶的有效举措。

按照法律法规、标准、兄弟单位先进做法、本矿工作经验去开展安全管理不失为有效举措,但在这些手段全面推行的情况下,管理工作依旧不能突破或依旧存在漏洞时,想要推进工作,想要堵住漏洞,必须找到工作的突破口,而去一线调研就是最好的手段。针对阶段工作中暴露出的问题到一线调研,看问题频发的原因究竟是什么,到现场去看科队长在会上反映的问题或员工反映的问题是不是真实,看解决问题的突破口在哪,通过到现场去聆听工人的心声,了解真实的干群关系,了解工人对管理或技术措施的看法,就可找到解决办法。

方法提示:到现场调研措施是否完全"落地"或是打了折扣;到现场去调研引进的"先进经验"是否切合企业实际;到现场去调研员工的看法并换位思考其可行性等。

(四)下井找方法

关于是先有鸡还是先有蛋,这可能是个永远无法找到标准答案的问题,但理论与实践一定是相互促进、螺旋推进管理提升的重要手段。

书本知识应用于实践,从实践中也可总结出工作经验;借鉴兄弟单位成熟的措施可应用于本职工作,从本单位的工作现场也可以提炼出更切合实际的措施。开展工作的方法很多,而工作方式不存在绝对的优劣,要看哪个更适合、更有效,应该是多种方式都要用,还要在工作中不断创新。在书本中无法找到解决问题的答案,就到现场去找灵感。看桌面上制定的方案是否切合实际,还需到现场去检验。在办公室不知道该如何编写施工流程就到工作现场去"照抄"。只要用心,下井到一线,也是学习,更会有预想不到的收获。你能从众多员工的具体工作中发现许多值得总结、值得借鉴甚至让你赞叹的方法。

方法提示：每个员工都在从事具体的工作，并且是天天、年年如此，所以对岗位工作员工最有发言权。科队作为具体工作的落实主体，长期会形成相对固定的管理习惯。管理者通过下井把岗位和部门的工作特点了解了，才会对充实管理要素、调整管理策略起到积极推进作用。

（五）下井看细节

隐患是魔鬼，而魔鬼往往藏在细节中。没有养成抓细节的习惯，不懂得如何抠细节，自然不可能彻查隐患。

安全生产管理人员在通报工作时，往往能自然地说出井下矿车掉道后现场人员将车辆上道，运输恢复正常了；能轻松地说出工作面掘进中出现冒落后已将冒落区域堵住，当班掘进任务完成了；能正常地说出工作面推进中需要加架，目前已经加架完成等。但是排除问题的过程中是否严格按流程操作？需要注意的事项是否在排除问题时认真落实？现场出现突发状况时是否组织人员进行了现场会商？这都是我们需要关注的细节。因为车辆恢复上道可能只是没有按流程操作后的侥幸，掘进冒落区域的治理可能并没有全面预见风险而侥幸躲过了危险，工作面推进中加架时可能重视了现场而并未在意支架的整个运输过程也存在风险。

方法提示：没有规范、严谨的工作过程就不可能有稳定的、达到预期的好的结果。所以管理者考核现场工作，在了解结果的同时还必须过问过程，也让落实者从长期的"过程考核"中培养重视过程的工作习惯，让落实者开展工作更扎实，让管理者对落实者现场应对变化管理的工作能真正放心。

下井检查，真的并不简单，需要用心之处很多。如果自己下井只是因为上级要求，下井检查并未注意到上述情况，那就谦虚点儿说"自己下井了"，而切勿冠以"下井检查"。

四、如何帮助技术人员解决技术管理难题与困惑

帮助技术人员解决技术管理难题与困惑，首先必须清楚哪些工作内容会让其形成困惑，再就是要告知技术人员正视业务技能提升中的客观规律，保持耐心，避免自我困扰。现就技术人员均会遇到的安全技术措施编制这一主要工作进行评析。

安全技术措施是保证一项工作安全顺利开展的基础性、保障性文件，所以必须严格认真编制，确保措施完善并切合实际，抓住关键并有针对性。对于从事安全技术及安全管理工作的人员来说，由于对相关知识的积累和对具体工作了解存在一个过程，所以在初期编制安全技术措施时很难达到上述标准，一般还会出现以下问题：首先不知道如何入手，再就是实际编制的措施无法达到切合实际、精准全面管控风险的要求。与任何工作一样，编制安全技术措施也要经过入门、了解到掌握要领三个阶段。

（一）"入门"，即安全技术措施内容原则性强调阶段

对刚参加工作或初次从事安全技术措施编制工作的管理、技术人员而言，虽然从书本中掌握了一些基础知识，但面对实际工作任务，由于缺乏从事具体工作的经验，以及对具体的工艺和施工程序、施工组织及风险点缺乏了解或了解不全、不深，一般很难形成规范、系统的编写思路。又因为不得不去努力完成领导安排的任务，所以多会参考可找到的范本、编写提纲（格式）、收集相关的资料去拼凑，再就是摘录规程、文件、领导讲话等信息进行内容充实，最后形成"拼凑＋口号"式的空洞措施。

这个阶段编制的措施的特点：大话连篇，缺乏针对性，编制的措施除了"完成"编制任务，几乎不具有可操作性或照着措施执行可能无法实现预期目标，对实际存在的风险也几乎无法管控。

方法提示：① 积极深入一线参与实践，了解各岗位工作内容、各部门分工、部门间工作关联及配合情况，了解具体工作流程和实际工作中存在的问题和解决的办法等；② 用心收集相关工作的成熟的技术资料进行消化吸收；③ 不要急，更不要因为遇到困难就轻易否定自己，而要认真反思每一次不足，然后一次一次地认真总结，一点一滴地积累经验。

（二）"了解"，即原则性强调与具体条款相结合阶段

对在岗位已经从事一段时间的安全技术措施编制工作，参与了一段时间的工作实践，对企业的部门设置、部门职能及岗位职责、工作流程等有了一些基本的了解，对企业的管理架构、基础装备和工程施工也有了一定的掌握，对部分自己参与制定的方案和安全技术措施在通过师傅指导、实践检验后也有了一定的领悟和提高，在编制安全技术措施时，内容格式上开始接近规范，内容组织有了针对性而不再是单纯的原则性强调，如果现场环境等客观变化要素不是太多，编制的措施对实际工作是有一定的指导作用的。不过在环境要素发生变化时，还缺乏对措施进行相应变化的灵活性，欠缺抓住整体而兼顾细节的全面掌控性。

这个阶段编制的措施的特点：有了针对性内容，但缺乏系统性；主要内容强调到，但还会缺乏全面性；就事论事强调措施，缺乏预见性内容；对风险的辨识无法做到全面，致使管控措施会存在漏洞；编制的安全技术措施缺乏灵活性，不能将参与人员、装备、环境、管理、时间等可能影响施工安全的各种变化要素融入。

方法提示：① 要培养自己深层次思考习惯，从提交的措施与领导审查发现的问题中去反思不足，从制定的措施与现场施工对照中去思考缺陷，从同类型的措施的"重复"性编制中去追求完美；② 在整理汇总专业性措施内容的基础上，主动收集各种"特殊情况"下的措施要领并消化吸收；③ 逐步将原则性的内容转化成具体的可操作的工作要求。

（三）"掌握"，即以具体条款为主的技术措施编制阶段

在经历入门、了解两个阶段后，如果依旧从事安全技术措施编制工作，说明相关管理、技术人员应该已经迈过了成长中很被动、很煎熬的关键阶段，进入了掌握专业技术技能的阶段。对这个阶段的管理工作，技术人员应该具备了独立工作的能力，能围绕年度及阶段工作计划主动去开展工作，围绕工作内容提前去收集相关资料，在领导安排编制安全技术措施的工作后，能积极地开展编制工作，即很快就形成相对清晰的编写思路，罗列出风险点、变化要素和管控要点；在规定时间内完成安全技术措施编制的基础上，还可以给自己提供出自我审查和征求意见的时间；在措施实施过程中能主动对措施的执行情况和存在的不足认真关注并积极完善。

这个阶段编制的措施的特点：工作主动性强，规范与实际能有机融合，各种风险找全基础上管控措施也切合实际，施工部门对照措施可以有序开展工作；形成的措施逐条之间都有关联，内容编写有序而不再是条款堆积；措施中的每一句话不再让大家感觉遥远或是废话；对于变化管理的应对、风险的预见性管控及细节处理越来越到位。

工作提示：① 根据实际开展的全部工作内容以及需要编制的技术资料，形成规范的"工作范本"，以便提升自己的工作效率，方便主管领导审查，方便供新入职的员工学习交流；② 将新政策新规定新工艺新要求等及时融入；③ 盯住安全技术措施付诸实施的全过程，然后及时修

订、完善;④ 紧跟时代,继续丰富专业技能,同时积极拓宽知识面。

五、如何抓好突发意外事件中的管理工作

煤矿生产处在一个变化多端的复杂环境中,管理就在这样一个内外环境条件下运作,条件的变化导致管理的重点与方式要随机应变。零星伤害事故在煤矿事故中所占的比重最大,根据海因里希法则,控制了零星小事故也就有效遏制了较大事故发生。而从实际了解的导致零星小事故的原因和要素中不难看出,新员工初次上岗、开展新工作初期、现场地质条件突然变化、现场设备突然损坏抢修期间、关键岗位人员缺失后的替岗、临时性劳动作业组织混编、新装备的试用期、开展临时性工作、任务比较急、交接班、大环境紧张等"工作要素"的变化以及变化后的管控不及时、应对不恰当是事故主要诱因,所以,抓好变化管理就是抓住了煤矿零星伤害事故的"牛鼻子",抓住了煤矿安全的关键,具体可从以下三方面做起。

(一) 正确认识煤矿变化管理

要正确认识煤矿变化管理,首先需清楚煤矿企业与地面工厂化企业的差异点。地面企业生产作业场所固定,装备和工艺流程稳定,如果不开展大的创新性活动,员工在掌握岗位操作规程后就能很好地胜任工作,管理也就相对简单。而煤矿工作,尤其是变量常态化的掘进、回采工作,即便员工掌握了岗位操作规程,因工作位置变化伴生的环境变化、地质变化等时刻存在,人员、设备、任务、现场具体技术和管理措施可能每班每日都在因适应新情况而变化,单纯地依靠员工掌握各自岗位操作规程很难应对工作变化,这就需要通过变化管理来统筹现场资源应对现场新情况。作为系统管理的一环,现场管理者、现场员工如果不能及时发现变化要素、不能在守住安全底线的原则下及时采取针对性的变化管理措施,就可能导致事故发生。这也是突出强调煤矿现场变化管理重要性的原因。

(二) 抓实抓好煤矿变化管理

(1) 清楚变化管理的重要性。无论是管理者还是普通员工,从事了煤矿工作就要清楚煤矿的工作特点,清楚各种变化要素的特点以及与安全生产事故的关系,以"时时放心不下的责任感、如履薄冰的危机感、警钟长鸣的紧迫感",时刻绷紧提醒、识别、应对变化要素的安全弦。

(2) 增强发现变化要素的敏锐性。变化要素可能出现的时间段提前发出预警,真正出现的第一时间及时发现是应对变化的关键,否则就会因为不能及时发现而让事态扩大或无法第一时间采取变化管理措施,让变化要素转化成隐患,这就要求管理者和现场人员必须清楚正常状态特点,结合岗位主动关注一丝一毫的变化并及时报告情况、采取措施。

(3) 具备变化处置、管理的能力。发现了变化要素,就需要科学地化解,这就要求现场作业人员、班组长、管理者必须通过学习、总结经验来丰富自己的实践经验、变化管理知识,避免不恰当的处置制造新的隐患。

(4) 能及时采取精准措施。变化要素出现时,现场管理者通过自己的管理力量可以控制事态的要及时控制,无法控制的要停工上报,寻求上级支持,关键是时间上的"及时"和管控手段上的"精准"。

(5) 抓好班组长和安全员等关键岗位人员管理。班组长和安全员是"现场"工作的组织者和所谓"小问题"的决策者,是变化管理要素的第一发现者和措施执行者,班组长和安全员的能力和安全意识、安全意志是决定变化管理质量的关键。

(6)抓住变化管理全运行体系执行情况的监督与考核,不断总结、完善措施并严肃追究不落实、不认真落实的人和事。

(三)落实变化管理注意事项

(1)决策层对待安全的坚决态度必须明确,以便让管理层和员工遇到"两难"问题时可以清晰地做出判断。

(2)要统筹队伍建设,加强设备检修和维护,尽量保持队伍的稳定和设备的完好,以有效控制"人和设备的变化"这一通过主动管控可克服的安全漏洞,有利于提升执行力,有利于落实变化管理中有效协同配合,有利于腾出精力抓实非提前量可管控的变化要素。

(3)加强规范化和流程化建设,可以因此而形成变化管理的控制架构,方便从制定流程中精准识别存在风险的工序,方便现场人员主动注意,方便管理人员精准管控。

(4)对于具体工程(工作),要从人机环管方面系统性评价各种变化要素,形成变化要素清单及管控措施清单,方便大家识别变化要素,科学应对变化要素。

(5)抓实最贴近具体工作的周、日、班风险辨识并落实好事前提醒,让大家不因突然出现的变化而手忙脚乱。同时以制度的形式明确应对变化管理的"底线"控制措施,方便通过抽丝剥茧识别主要矛盾,避免面对"两难"形成错误决策。

(6)推进变化管理与发挥"吹哨人"作用相结合工作模式,让全员齐抓共管落实落地。

(7)注意非常态因素对变化管理的影响,如疫情影响会导致人员上岗不正常,封闭管理会导致劳动作业组织发生变化,而员工家事不能处理好也会影响到岗位履职用心度等。

第二节 煤矿用人管理技巧

一、如何选拔、培养和用好基层管理人员

作为具体工作的管理和执行主体,基层管理人员的个人素养、工作能力和对待安全工作的态度直接影响着工作质量和安全效果,必须重视基层管理人员的选拔、培养和任用。

(一)关于人才选拔

通用要求:"对党忠诚、勇于创新、治企有方、兴企有为、清正廉洁";德才兼备,以德为先;安全意识强,实践经验足,专业基础牢,组织能力强;责任心强,有担当,有热情等。

实践操作:上述要求是选拔基层管理人员的关键,但上述优点集于一身的人很难选择,加之多是原则性要求,需要在具体实施中必须有侧重并从具体的行为"点"上去发掘具备"潜力"的人。组织部门考核选拔人才时往往依据通用要求,从"德、能、勤、绩、廉"各方面综合考量,煤矿安全生产管理人员在实践操作中也可以从以下几方面作为选拔切入点:"德"可从对待家人和同事的态度中侧面了解并作出评价;"勤"可从参与具体工作的全过程中了解并作出评价;"责任担当"可从具体任务领取落实到完成提交的当面、背后语言中去了解并作出评价;"能"可从主要参与或承担的工作任务完成细节、员工感受和整体效果进行评价等。

有关要求及注意事项:① 因为是基层管理人员选拔,选拔对象一定要善于"说"才能胜任

后期的"管理"和干群关系、工作组织协调;② 选拔对象一定要善于"学"才能提升技能并胜任管理需求;③ 选拔对象必须要有对待安全的正确态度和坚决的执行力等。

(二) 关于人才培养

通用要求:管理人员要有主动学习的意识;企业要为管理人员提供学习交流机会;企业要有针对性地培养并强化管理人员主人翁意识和责任意识等。

实践操作:① 管理人员要主动学习。首先是围绕履职的业务知识要学,学通到学精;其次是围绕管理对象、管理内容、涉及工作去学,学全到学通;最后是对同事和直接上级的涉及业务知识要学,了解并领会。② 管理人员的学习方式:主动学规程、标准、政策、法规,融会贯通并抓住新旧变化;向具体工种学,利用合适的机会全过程参与管理对象开展的具体工作;向专家学知识,向老师傅学经验,向同行兄弟单位学亮点,向非同行学找思路;针对不足和短板精准学;学习管理知识,重点是变化管理知识以及与员工良性互动技巧,努力培养自己的主人翁意识;通过媒体学,通过行业报纸和新媒体,可以及时了解最新政策和行业动态,方便及早介入等。

有关要求及注意事项:① 一定要抱有谦虚的态度,放下姿态,不耻下问;② 一定要坚持学以致用,坚持把学到的知识应用于具体工作才能真正推进工作;③ 掌握岗位技能才能胜任本职工作,掌握管理对象的知识才能精准管理,掌握同事的工作职责才能有效配合,了解上级的工作职责才能让自己落实工作提升站位;④ 增强主人翁意识,才能提升工作的责任感、主动性、用心度等。

(三) 关于人才任用

通用要求:坚持用人不疑、疑人不用原则;明确安全生产责任制;定期考核、严格考核等。

实践操作:① "用人不疑、疑人不用"不是任命后的彻底放手,而应将"培养"延伸到能很好地胜任新岗位;② 必须全程监督和指导,避免任前积极、任上消极等现象;③ 任前大家评价好,这个"好"是对当事人原来工作的评价,只说明过去,不代表现在,更不能说明未来;④ 实践中要加强领会任务的能力锻炼、统筹安排工作的能力锻炼、教会大家落实好工作的耐心锻炼;⑤ 必须取得相应资质,尽量按照"专业的人干专业的事,专业的事让专业的人去干"的原则去对待关键岗位的人的任用。

有关要求及注意事项:① 正视新任职人员面对新工作存在的客观上的"适应期"属于"正常现象",要坚持"扶上马,送一程";② 注意管理人员的"适应期"同时是安全管理的"风险期",要主动关注,管控好风险;③ 要主动关心新任职人员,让新任职人员从上级关怀中增强信心,进而转化成与员工的温暖互动。

二、如何抓实班组良性互动,推进高质量安全发展

班组建设的关键在班组长,必须选好班组长;班组是个具体实践的团队,必须铸好班组的魂;班组处于变化管理的要冲,必须赋予班组长临机立断的权力;为了班组工作的持续高质量推进,必须构建班组良性互动的氛围。

(一) 实际工作中存在的问题

不少管理者口头上宣扬员工在推进企业安全生产工作中的能动性的重要性,实际工作中并不给员工"发挥"的空间,喜欢一管到底,并且管死,偶尔有员工认为有更好的办法解决现场某具体问题并努力去实践,还可能被管理者扣上"三违"的帽子。员工在现场落实工作中的积极举措屡次受到打击后,工作的主动性、能动性被束缚,就会转向并通过自我束缚的方式去"积极"适应"管理者安排什么,就机械地去落实什么"的工作模式,最终结果是企业倡导的"全员参与,齐抓共管"的氛围无法形成,班组管理陷入了一种缺少生机的状态。

（二）该如何实现班组管理的良性互动

首先是管理者必须认识到"良性互动对企业健康发展的重要性、必要性",然后就是找准方法和切入点,具体涉及情形和做法如下。

必须严格执行的考核：对已经通过调查研究并长期实践建立有完善的制度、制定有能够完全管控现场的措施、编制有经过实践检验的科学流程,则应严格执行,班组长与员工的互动是：监督措施的严格落实。

对新情况的共商互动：班组长与员工面对需要共同参与完成的新工作则应建立"共同商讨方案、措施和细节"的良性互动,并在具体实施时以守住安全底线为管理原则,充分发挥现场人员的智慧,而非"凭感觉"任性指挥,这也应该是应对该情况的最好形式。

变化管理的响应互动：班组处于变化管理的最前沿,营造班组良性互动氛围,可以形成"每个成员都是吹哨人"的警戒网,确保更全面发现变化要素,第一时间反馈问题,方便班组长第一时间采取措施,确保班组安全生产。

瞄准统一目标的共情互动：全员"争当安全放心人"与管理者"时时放心不下"的互动；以提升认识后的"自觉行为"解决认识不清的"制度约束"的互动等。

不留隐患的"三违"查处：面对"三违"现象必须严厉打击,但"三违"查处的良性互动是实现管理者查处"三违"举措与"三违人员"被考核后的"心服口服"结果的呼应。

（三）良性互动工作的注意事项

管理的良性互动不是机械的组织大讨论,也并非失控的个人随意发挥,应该是管理者形成初步方案的基础上向员工征求意见后完善方案的过程；是管理者决策前先放出议题让大家讨论并从大家讨论中找到思路或汇总信息完善自我决策思路的过程；是管理者在能够完全管控风险的情况下在某些方面给员工自主性的机会并使员工感受自信的过程；是管理者对员工某些积极的表现主动给予积极评价进而强化员工主人翁意识的过程；等等。具体实施中应注意以下几个方面：① 根据工作内容,现场管理者要向现场员工说明开展工作的思路和要实现的目标,让员工落实工作中可能产生的想法是围绕主题、主线展开。② 对于异常情况,现场管理者作出工作计划和措施要求后,要及时向现场员工通报并征求现场人员意见,尽量形成共识,进而让员工的误解或想法通过公开而不至于转化成思想或行为隐患。③ 如果有成熟的工作方法,现场管理者可以在安排工作时同时提出明确要求；如果是新工作或不太成熟的工作思路,则在安排工作时重点强调"必须"和"严禁"部分,确保在对风险进行有效管控的前提下可以让现场组长、员工根据工作实际采取措施。④ 要注意区分积极的创新性工作与"三违"行为。

三、如何将"有情领导"与"无情管理"相结合以实现最优管理效果

"有情领导与无情管理",简洁、精炼的九个字,原是媒体的一则标题,却囊括了安全管理的全部精髓。

从事煤矿安全工作的人都清楚,虽然机械化程度高了,但煤矿行业依旧是众多行业中危险

性很大的行业,于是"抓好煤矿安全生产"便成了各企业主体永远必须摆在第一位的工作。但现实是:特殊的工作环境,至少暂时还无法实现如地面企业一样统一的、程序化的生产工艺,形成统一的、程序化的管理模式,这就成了煤矿安全管理者最头疼的事情:完全死板地照着既定的制度去管理,固然有效果,但由于井下开采的自然条件等变数要素太多,加之员工素质参差不齐,所以机械地行使管理,尤其是在面对急难险重任务和"三违"现象时,难免会出现职工"口服心不服"的情形。但越是"高危"的行业,越是要严格落实制度,这也是不争的事实,因为,"松了"则会形成更多的、更大的隐患。那么如何实现既严格执行制度又让员工真正从"心里"服从管理呢?将"有情领导"与"无情管理"实现有机结合,无疑是最有效的途径。

有情领导,就是管理者要按"以人为本"的原则去开展工作,就是真正站在"生命至上"的高度去管理,带着既打击"三违"又要帮助"三违"者提高认识的情感去抓安全,就是在打击"三违现象"的同时怀揣着的是"要教育对方不再三违"而非机械地为了"打击而打击",就是要让"三违"者真正从你付出的情感中有所感悟,进而由机械的"服从"实现自觉的"遵章"。

无情管理,则是要坚决维护制度的严肃性,制度面前人人平等,违反了制度就必须受到制度的约束,不能拿制度卖人情,不能拿制度做交易,履行制度不能有任何的渎职行为。

"有情领导"与"无情管理",是统一的,不可分割。我们要关心每一位职工,关注关系职工安全和利益的每一件小事,但是面对"三违"现象则必须严厉打击,这应该就是对"有情领导与无情管理"的最通俗的解读。失去了其中之一,重者会让制度成一纸空文,轻者会滋长不正之风,同时还会给整个安全管理造成混乱,形成隐患,而使用不当则会使投入了管理精力却没有效果。所以,对从事安全管理者来讲,必须认真思考这个问题,用"西点模式"观点评价是:过程重要,结果更重要。用到煤矿安全管理上就是"采取措施必不可少,但我们最终要的是安全无事故这个结果"。

管理实践可以借用以下两种方法。

(一)赋予员工家属一月一次,一次不超 2 d 的请假权力

(1)制度规定请假必须履行手续。因管理者的"严格执纪",就出现了员工生病了也需要到单位送请假条、员工情绪不稳定无法成为请假的理由等现象,结果让"严格"执行制度成了员工抱怨管理和管理者的焦点。

(2)改进措施:企业赋予员工家属在员工生病或情绪不稳定等特殊情况下可以代准假 2 d 的权力,员工返矿时拿家属的代批"请假条"正常上岗,不视同旷工。该办法,让员工和员工家属感受到了尊严,有效管控了员工带思想隐患上岗的现象。

(二)采用"处罚与承诺"二选一"三违"考核机制

(1)煤矿安全管理中,通过"处罚"打击"三违"是常用的手段。实际工作中该措施的确有效,但暴露的问题也不少,突出的表现是"口服心不服"现象在"三违"主体中表现得最突出,甚至形成了"一次教条的'三违'处罚"就是"再次出现更隐蔽的'三违'的根源"的现象。

(2)如何让"处罚是手段不是目的"的口号真正落实落地。改进措施:对日常工作或上级查处的一般"三违"或不会直接形成严重后果的问题的责任主体,采取"警告或承诺"和"处罚或承诺"二选一考核办法。即,根据查处问题情况,赋予当事人或责任主体可选择接受警告(处罚)或作出承诺其中一种方式作为对"三违"现象的考核方式的权力,选择警告(处罚)后再犯或违背承诺时则加重处罚。

第三节 管理精进与提升

一、安全生产活动主题的确立和持续改进

一个年度的开始,也是一个重复性工作再循环的开始,如何实现一年比一年进步,一年比一年更好?"开好头、起好步"很关键,但要让近乎重复性在年度开展的各项不因"重复性"而滋生"枯燥性",则是"更科学、更规范"更重要。结合煤矿安全生产工作特点和与时俱进推进工作的要求,组织开展持续性安全生产活动无疑是最好的推进剂。

煤矿工作比其他行业存在更大的不确定性和危险性,工作内容也比其他行业要更枯燥。枯燥的工作内容与高风险的作业环境叠加,给安全管理造成更大的困难。企业为持续激发员工的工作激情,避免员工陷入职业疲劳,进而引发安全事故,会结合自身实际,围绕实际开展的工作内容定期开展主题活动。以"主题"进行工作引导,指明工作方向;以"活动"进行气氛营造,丰富员工生活。通过连续不同主题活动的开展来实现正常工作与主题活动的"一张一弛",进而营造健康的工作环境,推进安全生产工作良性开展。

那么如何确立年度各阶段活动主题呢?同一活动在年复一年的重复开展中又如何不陷入另一个"枯燥"的旋涡?

(一)一个年度各时间段活动主题的科学确立

一个年度各时间段活动主题的确立不是简单的想当然,而是要根据年度工作目标、各时间段工作特点、暴露问题、政策环境、传统习俗等综合考虑确立。比如,传统习俗中煤炭行业要在农历二月十五敬泰山老君,一是为了纪念,二是为了安全,那么我们就把这个无法回避的活动提升到企业"安全文化节"的高度固定开展。针对矿井实际管理中暴露出材料管理不规范、材料浪费等实际问题,为增强员工的节约意识,强化成本管理,我们在围绕节约并延伸主题后确立每年5月为"安全节约环保月"。每年的6月是国家统一的"安全生产月",在响应全国性活动时,可根据国家确立的主题和企业实际结合后明确的主题形成企业的"安全生产月"活动主题。

(二)同一个大的主题活动在不同年度的开展

活动大的主题确定后,具体到每一届(年)还应确立年度具体的活动主题,且各年度活动主题要围绕大的主题并保持连续性、递进性。比如国家确立每年的6月份为全国安全生产月,但具体到每一个年度还会有具体的活动主题:2019年安全生产月活动的主题是"防风险,除隐患,遏事故";2020年安全生产月活动的主题是"消除事故隐患,筑牢安全防线";2021年安全生产月活动的主题是"落实安全责任,推动安全发展";2022年安全生产月的活动主题是"遵守《安全生产法》,当好第一责任人"等。

具体到企业,确立每年的5月份为"安全节约环保月",这应该是大的活动主题,但具体到年度还应该更具体化,一是方便大家落实,二是切合工作开展规律,三是形成层层递进、环环紧扣的活动体系。比如,我们可围绕"安全节约环保月"确立不同年度的主题,开始的第一个年度主题为"安全从细节抓起,节约从不浪费开始";下一个年度为巩固成果可确立主题为"我的岗

位无隐患,我的岗位无浪费";再下一个年度为推进安全节约环保工作将主题递进为"以规范化引领安全节约环保工作健康发展"……这样纵观各年度活动的开展主题,就能看到"连续性"特点,既符合大的主题,又形成了管理层次感,通过一个年度一个年度递进式引导,最终就实现了确立"安全节约环保月"的初衷目标。

年度各活动主题的确定,在考虑了原活动主题的延续、深化的同时,还可结合"年度"整体工作要求丰富内涵,如年度整体工作要求是"愉快工作,安全发展",则年度安全文化节的主题可以确立为"(主标题)＊＊公司第＊届安全文化节·(副标题)愉快工作,安全发展主题文化活动";年度开展的"安全节约环保活动"可同样进行相应变更"(主标题)安全节约环保月·(副标题)愉快工作,安全节约环保活动"等。

(三)主题活动开展中暴露出的问题及注意事项

就企业每年主题活动组织开展情况看,有成效也有不足,或者说依旧有很大的进步空间。

问题1:活动主题简单,多数以大的主题为活动主题,而没有根据年度特点和矿井实际、工作方向具体确立指导性的主题,比如"安全文化节"活动,每次只是简单地按第一届安全文化节、第二届安全文化节等作为主题,显著缺乏内涵,建议在第一届、第二届的基础上增设副标题进行具体化引领。

问题2:有些活动虽然确立了年度主题,但过于简单、随意或者阶段目标太高,遥不可及,或者没有经过认真思考而随意确定,致使活动主题不明确、不具可推行性或缺乏连续性、递进性的特点。

问题3:主题活动结束后,不进行或不及时进行认真总结和评价,致使活动内容、方式、员工参与情况等是否达到了预期效果、是否真正起到了对工作的促进作用、还暴露出哪些不足需要改进等完全不得而知,不利于今后工作的持续改进。

问题4:从确立主题活动并开展活动直至持续到目前,对活动效果的重视度在弱化,而形式化似乎越来越严重。

建议:一是根据年度或阶段工作需要,可以在固定活动的基础上补充开展临时性主题活动,以丰富活动的内容,即只在某个年度的某一阶段开展,而非逐年开展的活动。二是组织活动应制订计划并做好时间提前量,比如有些活动期间要进行表彰或项目多时,则需提前进行选拔和部署。三是将活动与年度需要考核的工作事项进行融合开展,让考核有平台,让活动更丰富。

附:一个年度安全文化活动的编制

第一季度

【阶段安全生产工作特点】①(时间节点)处于新一个年度的开始,是安全生产适应期。②(员工心理特点)员工过节后思想由"松弛"转入"紧张",对即将进入又一个年度的"忙和未知情况"存在不甘和茫然。③(工作内容)全员培训军训、复产验收、逐步恢复安全生产与"三节"交替。④(变化要素)作业区域多是新区域需要重新适应、有新员工加入、"三节"氛围影响、节后收心等。⑤(其他影响因素)全国"两会"召开季;安全生产秩序会受到"首季开门红"等常态化考核的影响;疫情对复工复产的影响等。

【活动目的】围绕"开好头、起好步"主题组织活动,通过活动帮助员工"尽快收心",逐步恢复生产秩序;通过活动让员工了解年度工作目标和工作思路,激励员工增强信心,瞄准目标、同向发力!

【活动内容】① 重点活动:全力搞好"安全文化节";② 其他活动:全员培训军训、元宵节活动、女工协防安全活动等。

【注意事项】① 总结以往活动经验,让活动主题更鲜明、员工参与度更高、活动效果更好;② 要上升到政治的高度去认识搞好这一阶段安全的重要意义;③ 抓住复工复产特点做好氛围营造。

第二季度

【阶段安全生产工作特点】①(时间节点)安全生产工作进入平稳生产期。②(员工心理特点)员工思想情绪越过茫然期进入平稳期。③(工作内容)抓实安全生产和既定的技改项目,稳步推进各项工作扎实开展。④(变化要素)清明节、五一小长假、端午节、高考等。⑤(其他影响因素)农忙下种;安全生产秩序会受到"时间过半任务过半"等常态化考核的影响。

【活动目的】大力宣扬"扬正气、用正心、干实事"的意义,通过活动来调动员工的工作积极性,持续敲响安全警钟,减缓员工思想疲劳期的到来!

【活动内容】① 重点活动:全力搞好"庆五一、五四"活动、"安全月"活动等;② 其他活动:安全节约环保月活动、配合高考开展的关爱活动、女工协防安全活动等。

【注意事项】① 总结以往经验,丰富活动内涵;② 增加一线员工方便参与的活动内容或要素;③ 所有活动,要瞄准能真正体现活动意图、实现活动目标去组织开展;④ 注意疫情等非常态因素影响。

第三季度

【阶段安全生产工作特点】①(时间节点)进入平稳生产期。②(员工心理特点)员工思想情绪有焦躁、疲劳现象出现。③(工作内容)抓实安全生产和既定的技改项目继续推进、"雨季三防"工作。④(变化要素)"七一"党的生日、子女放假、子女考取高校后首个开学季及疫情防控等。⑤(其他影响因素)建军节、开学季、中秋节;安全生产秩序会受到雷电、暴雨等恶劣天气影响。

【活动目的】唱响"天天零起点",激发"新动力"!通过调动各方面关联主体参与活动来进一步激发员工搞好安全工作的自觉性,让安全警钟持续长鸣,让活动化解员工思想疲劳带来的安全隐患!

【活动内容】① 重点活动:组织开展类似家企共建方面的活动;② 其他活动:事故反思日活动、家访活动、女工协防安全活动等。

【注意事项】① 围绕"推进家属与企业共建安全环境"组织活动内容;② 按照开展活动可推进员工相关意识养成确立主题。

第四季度

【阶段安全生产工作特点】①(时间节点)保安维稳关键期。②(员工心理特点)员工思想状态处于疲劳、焦躁期,合同期满的员工进入思想不稳定期。③(工作内容)围绕"稳"对逐月的生产任务进行适度调整,开展"冬季三防"工作。④(变化要素)国庆小长假,气候变化影响,工作面搬家倒面工作多在这一时间段,各种检查、总结、考核、会议增多对安全生产工作的影响等。⑤（其他影响因素）员工合同期满离矿引发的情绪波动；子女放假与疫情管控影响；实现年度安全的"稳"与努力实现或超额完成年度各项指标期的"紧"是这一阶段的主要矛盾；安全生产秩序会受到超低温、大雪等恶劣天气影响。

【活动目的】通过活动来剖析"收益"这一员工最关注的焦点，推进员工对"一月是一年、一天是一年"的安全认识引导，强化"慎终如始"的安全工作态度，扑灭思想麻痹、侥幸带来的安全隐患！

【活动内容】① 重点活动：后四个月安全竞赛活动（落实中可分解为后百日、后两月、后一月逐步强化）；② 其他活动：12月份副科长以上管理人员跟班活动、各项工作考核与总结活动等。

【注意事项】① 喊了一年的"稳"，必须在关键时间段让全体员工认识到"稳"的真正含义并有员工可感受到的"稳"步开展工作的实际表现；② 临近年末，各级主管部门为确保自己分管工作的很好落实，会有各种各样的声音出现，一定要保持"安全"定力，抓实"生产安全和防疫安全"这两大主题，切不可重心失衡、忘乎所以；③ 安全生产管理人员跟班带班工作要真正体现工作意图，严格控制实际效果负面化。

有关要求

（1）员工合理化建议征集活动、岗位创新活动和阶段谈心、反思、诸葛亮会等活动是最贴近工作、最适合群众参与的活动，要积极推进员工参与度并逐步规范。

（2）将"高质量、全过程、增进人民福祉、中国式现代化"等时代主题符号融入全年活动中或专门组织开展时代符号主题性活动。

（3）将上级要求组织开展的活动与企业年度计划开展的活动融合开展。

（4）各部门要结合自身优势，围绕年度工作目标，找准切入点组织开展活动。同时需要注意的是，不要给管理造成负担，不要给员工造成麻烦。

二、如何理性而有效地落实上级推行的安全管理经验

企业要实现规范科学的管理，一靠不断积累自己的工作经验，二靠不断学习兄弟单位的先进经验，所以，对于上级部门推行的安全管理经验，我们必须认真对待。那么如何才能做到认真对待并有效落实呢？可以通过思考以下几方面问题后去寻找答案。

（一）必须消灭以下几个误区

上级向所属企业推行先进管理经验并不是要求企业照抄照搬别人的做法；企业落实上级推行的先进管理经验也并非对企业已有的管理措施的全盘否定；企业引进先进管理经验也不是在原执行的管理手段的基础上的机械叠加外来的管理措施。

（二）必须了解自身的管理体系

要推行先进管理经验，首先必须了解企业自身已经在用的管理手段：哪些是成熟有效且切合企业实际的？哪些是存在疑虑的？哪些是存在问题只是因找不到新的办法替代而还在运行的？如果对自己企业的管理措施不了解或者缺乏成熟的思考，在引进并推行兄弟单位管理经验时就会无从下手，而且还会因此而扰乱已有的管理秩序。

（三）认真领会所推广管理经验的精髓

在了解企业自身管理手段的前提下，落实上级推行的"先进"管理经验前，应该先认真研究

所推广管理经验的意图、手段和通过该手段可以解决的问题和预期可能实现的效果,同时尽量去了解创建该管理经验的企业的性质、规模、管理结构、创建背景等基本信息,然后才是将引进的管理手段逐一和企业自身运行的管理手段比较、模拟对接。这样,在具体落实时,就可以很自然发现推广的突破口或切入点。

(四)将推广经验与企业实际结合并成功嫁接

在想清楚企业自身管理特点以及上级所推广经验的精髓后,可以开始落实具体的"嫁接"工作了。比如上级要求推行"隐患市场化运作工作法",在了解了其主要优点是解决了"隐患闭合管理"运作模式中的"保障落实"问题后,就知道了该经验与我们已经在执行的隐患整改运行模式如何嫁接。上级要求推行"对标管理工作法",当我们了解了该工作法其实就是找个更优秀者或某方面优秀做法作为标杆,通过向设定的标杆学习而逐步实现工作的整体提升的工作意图后,就可以将已经在执行的"到兄弟单位参观学习、部门之间争先创优活动、设置岗位标兵"等工作整合到"对标管理工作法"中来。再就是"安全联保管理法",我们也一直在用,上级推广时,只需要找出自身存在的不足,然后借鉴兄弟单位的某些更好的做法,通过整改、嫁接形成自身更系统化的管理体系则可。

这样一来,就会发现上级推行的先进管理经验其实只是将我们零散或不成体系的一些管理方式进行了"有机整合"或者进行了体系上的"梳理和规范";就会发现落实起来也并非和接纳一个"新事物"一样困难;还会发现推行的管理工作法并不是机械的"1+1",也并非"1替1",而是整合了多个要素后形成一个完整的"1",所以并不是负担。

(五)在运行中不断创新

尊重兄弟单位的创新工作,但不能迷信其管理手段。这也是在落实上级推行的经验时必须注意的问题。在落实上级推行的管理经验时,还要和企业实际结合并在实践中检验,看哪些并不切合企业自身实际,哪些还需要在工作中进一步完善,哪些手段虽然先进但目前还无法实施……经过这样反复评估、修正与推进,就能让拿来的经验更适用,也会使拿来的经验不断得以创新。

三、如何做好工作汇报

"汇报工作"是工作中一项很关键也很重要的内容,毫不夸张地说,"你工作做得再好但汇报不好"有时也不及"工作做得一般但汇报得好"更受领导青睐。这样说似乎有点极端,但事实上汇报工作真的有讲究,必须引起大家重视。现结合实际工作中遇到的具体情况,从"换位思考"的角度对"汇报工作"的方式和要领进行评价。

(一)工作落实汇报

"汇报工作说结果"。汇报工作不是要告诉领导你的工作过程多艰辛,你多么不容易,而是要说明通过你的工作是否实现了领导部署工作的预期效果。要做到举重若轻,结果思维是第一的原则,一定要先把结果汇报给领导,然后根据情况再决定是否进行详细汇报。

思考:工作安排、工作落实及工作考核是个闭合的管理过程。上级安排了工作一定会考核,而下级主动进行工作汇报是一种主动接受考核的体现。通过"换位思考"的方式弄清楚领导主要想了解什么就可避免汇报的盲目性。而对于领导安排的工作,领导肯定最想了解的是工作进展或落实结果,其中隐含的想了解的信息还包括"开展工作是否是在完全领会了领导意图后的落实"。

(二) 生产事故汇报

实际情况：发生事故不能不向领导汇报，但领导在听下属的各种工作汇报中最"害怕"听的却是事故汇报。

汇报方式：根据换位思考明白了以上情况，在事故汇报时应用最简洁的语言把事件和后果一并直接说出来，让领导"瞬间"心里有底。比如某员工手或脚受伤，汇报时说"有一工人手指骨折"，领导在听汇报的紧张的瞬间就因为及时掌握了"发生的事情和严重程度"而会很快平复心情。"先说发生了一起事故，然后再说是上肢受伤，最后说是手指骨折"的吊胃口、留悬念式的汇报方式则不是一种好的汇报。

(三) 指标性数据内容汇报

最简洁有效的汇报方式："实测指标＋与标准（正常、历史）指标对照"组合方式汇报，即通过汇报要讲清标准是什么、实际是什么、是否符合标准（与正常值的比较或与历史指标比较的变化情况等）。

思考：单纯地汇报数值存在缺陷，如身体健康检查中的测血压，如果不说明正常指标范围，单纯地说低压值和高压值，非专业人士可能并不清楚检查对象是否健康。煤矿实际工作中诸如钢丝绳绳径检测、防坠器效果测试、某巷道中的风速风量测量、工作面出水后涌水量变化等均属类似情况。

(四) 节后报到情况汇报

一种汇报方式是：应到60人，实际报到45人，10人因事请假，5人因病（事）请假。另一种汇报方式是：应到60人，实际报到45人，10人因事请假一天，5人因病（事）请假，当班工作不受影响，随后的工作也影响不大。

思考：第一种汇报方式看似也详细，但领导实际想掌握的是"节后人员报到情况对安全生产工作的影响情况"，显然第一种汇报中没有给领导提供想要了解的信息。第二种汇报方式则更为完整，领导通过汇报马上能找到想要的答案。

(五) 其他形式的汇报

比如生产系统的调度会天天要开，作为各科队、分管负责人，该汇报哪些内容呢？首先要清楚调度会是协调会议，所以工作中遇到的非本部门能够解决的事情、遇到的新情况和工作中暴露出的新问题、临时性安排的工作完成情况和检查出的问题整改进展及开展工作的技术措施等应该是汇报的重点。如果不存在上述情况，可以汇报本部门工作"是否正常"开展。而对于本部门业务范围内的日常工作内容及本部门自主协调可解决的事项一般无须在综合性会议上进行汇报。

工作汇报是下级和上级互动的过程，是日常工作的重要组成部分。汇报的情形包括：按照管理要求定期向上级汇报基本工作内容；针对上级临时安排需汇报工作进展、遇到的问题及工作结果；临时性工作汇报，即临时召集会议需要汇报的相关内容等。下级工作中遇到需要上级支持才能解决的问题应及时、主动汇报。需要上下级互动的会议还包括每周专题会、每旬（月）风险管控效果评价会、月度总结会等形式。无论在什么情况下汇报，汇报内容一定要尊重会议主题、时间要求及当时情况，除非事情紧急、上级主动过问、征得领导许可等情况下可以汇报超出会议主题以外的事情或单独进行汇报。

（六）汇报工作注意事项

（1）企业应建立规范的汇报工作机制，同时克服"唯汇报"进行评判下属工作的思想。

（2）下级应通过"换位思考"的方式弄清楚领导想通过汇报了解什么。领导给自己提供汇报的时间有限，要抓住重点，同时必须将汇报内容整理出清晰的思路，以便自己在短时间内能说清楚，也让领导在短时间内能听明白。

（3）汇报工作，既是上级考核下属的工作手段，也是考核下属是否用心的方式。汇报工作必须坚持实事求是。避重就轻、汇报半天不入主题等迂回、拖延的汇报方式，只会增加上级对自己的反感。

（4）分管领导汇报工作，应围绕自己的职责，按人、机、环、管等要素汇报。如果上级已经为我们创建了宽松的工作环境，提供了各种工作便利，汇报的要领应围绕"是否达到了预期效果"。具体汇报时先主动汇报"是"与"否"。若"否"应主动说明是什么原因导致？是出现了无法管控的客观因素，还是管理不到位导致？如果是客观因素，是否找到了解决思路？如果是人为因素，是否追究了责任？但实际工作中，有一种因为底气不足而经常从"末梢"开始汇报的方式不可取。

（5）对于上级检查等汇报，一定要以法律法规为准绳，围绕指定主题，同时兼顾上级部门或组成人员对企业的了解情况，客观、低调地进行汇报。

（6）汇报工作，其实也是汇报者对自己阶段工作、专题任务落实情况的一次总结，总结到位才能汇报得全面、条理。

（7）注意时间掌控和内容组织。会议总时间确定后，必须尊重会议程序和发言习惯，汇报者应清楚留给自己的发言时间。如果不是突然组织的会议需要即兴发言，应提前编写发言提纲。如果情况特殊，利用规定的时间实在无法说清想要汇报的事项，还需要提前或会后主动与上级沟通。

（8）其他影响到汇报质量的情况：① 通过长期互动取得了上级的信任，这种情况下，下级即使汇报工作存在瑕疵，上级也会因为心里有底而主动"理解"；反之，工作缺乏信任关系或者彼此有成见，则会是另一种结果。② 按特别要求进行汇报：引用《中国应急管理报》一篇文章的观点是，"讲安全"应放在"汇报工作"之前。

四、如何通过坦诚沟通来促进工作和谐

沟通与协调，是煤矿安全生产管理中的重要内容。工作中遇到问题，一定要说出来，并且要及时说，注意方式，渠道正确，否则，会给自己造成烦恼，也不利于工作开展。

说，可以有多种方式，可以是动之以情、晓之以理的说教，可以是逆耳忠言式的忠告，可以是对照规章指出违章事实的举证，还可以是怒其不争、拍案而起的呵斥。如何说，要根据事情性质、当事人特点，围绕有利于解决问题这一原则而定。

说，可以有多种渠道，有直接说给当事人的，有间接的善意暗示的，有逐级向上反映的，有通过会议告诉大家共同需要注意的。如何说，要根据问题的紧迫性和现场特点，围绕有利于工作健康开展而定。

工作中有疑问让自己不解，要主动问。可问同事、问工友或问自己的领导。这样，不但可消除疑虑,也可体现学习的积极态度,而且,每解决自己的一个疑问,其实就是让自己进步了一次。切不可不好意思,更不要不懂装懂。

发现现场问题,一定要说给现场领导和落实该项工作的员工。因为你发现的那个问题,也许现场人员完全没有注意到,但却可能带来无法预料的后果。你及时说出来,说给了当事人,那就是解决了实际问题,更是帮助了现场员工。

对于发现的问题需要各班注意的,可利用早调度例会通报,并及时通过参加相关科队班前会当面向全体员工进行警示。因为你提示了,就表示了对该项工作的重视,同样也会引起员工的重视,大家都重视了,隐患就摆在了明处而其性质就不再是"隐患"。

说的话,有轻松的话题,有严肃的话题,有关心的问候,有命令式的安排。把"话"恰当地说出来,"话"就会成为大家和谐相处的融合剂,成为避免跑车事故的刹车毂,成为企业发展的软实力,成为员工应对困难的自信心。

遇到因加班迟下班的员工,一句"辛苦了",让员工消除的是疲劳,感受的是暖意;遇到因生活受挫而意志消沉的员工,一句"没事儿",让员工摆脱的是烦恼,感受的是鼓励;遇到恶劣天气,一句"上下班注意交通安全",让员工消除的是抱怨,感受的是关心;遇到危险的现场,命令大家先停下来,想措施,则体现的是管理者的责任和担当;出井了,招呼一句"上来了",拉近的是管理者与员工的距离,也体现了兄弟情深;而对于突然转入疲软的煤炭市场,为客户主动递过的一杯水的同时礼貌地送上一声"感谢",就是企业走出困境的软实力。

说,看似简单,其实也并不难,只要大家抱着彼此尊重的心态,抱着与企业同呼吸共患难的信心,说出去的话就不会再是干瘪的文字、虚伪的客套、不接地气的道理,而是赋予深刻内涵的情感。相信这样的话,会温暖彼此!

说,看似轻松,其实更是承诺,只要大家端正态度,真心对待,说了就干,马上就办,干就干好,说出去的话就有了千金的分量。希望这样的话,能常绕耳旁,并激励我们共同应对新常态、新挑战,构建更和谐,收获高质量!

复习思考题

1. 安全生产管理中如何识别工作中的主要矛盾和矛盾的主要方面?
2. 结合自己工作实践谈谈使重复性事务性的工作有秩序高质量的方式有哪些。
3. 安全生产管理人员提升下井工作质量的途径有哪些?
4. 如何看待安全技术措施在具体工作中的地位?
5. 如何看待煤矿变化管理?
6. 如何理解班组良性互动的重要性?如何抓实班组良性互动?
7. 处理"三违"的真正目的是什么?
8. 该如何让管理经验在本单位落地落实?

第九章
煤矿安全生产管理经验典型案例

☞ **学习提示** 安全生产管理理论只有在实际工作中落地生根才能充分发挥效能。在我国众多煤矿企业中,历代领导者和管理人员勇于创新,积累了丰富的管理智慧,涌现出诸多先进的煤矿安全生产管理经验。本章摘取国家矿山安全监察局近年来向行业企业推荐推广的管理经验典型案例,包含重大灾害治理创新、基础管理创新、企业文化创新和安全培训管理创新经验等。各级管理人员应汲取典型案例中的先进理念,举一反三,在本职工作中借鉴提升。

第一节 重大灾害治理创新经验

一、淮河能源集团煤业公司断层破碎带治理经验

淮河能源集团煤业公司现有潘二、潘四东、潘三、谢桥、张集、顾桥、朱集东、丁集、顾北等 9 处生产矿井,核定生产能力 5 610 万 t/a,全部为煤与瓦斯突出矿井,水文地质类型极复杂 2 处、复杂 3 处、中等 4 处,煤系地层为石炭二叠系,高瓦斯煤层群开采,现开采 13#、11#、9#、8#、6#、4#、5#、3#、1# 煤层,埋深在 800 m 左右,总厚度 25~36 m。煤层硬度较小,f 值一般为 0.2~0.8;顶底板多为泥岩或砂质泥岩,f 值一般为 2~4。受到新生界松散层砂层孔隙水、煤系砂岩裂隙水及灰岩岩溶水威胁,存在导水断层、陷落柱等隐伏导水构造,矿井正常涌水量 200~300 m³/h,最大涌水量 500 m³/h。根据地面钻探、三维地震勘探和实际揭露资料显示,落差大于 5 m 的断层有 5 300 多条,构造复杂且相互叠加影响,对安全生产影响大,历史上多次发生采掘工作面过断层片帮漏顶,造成停采停掘和人员伤亡事故。

为扭转过断层造成的安全生产被动局面,淮河能源集团煤业公司提出"抽冒就是事故""断层不治就是违章指挥""像治理瓦斯一样治理断层"的理念,决定由被动防范事故向超前防范重大事故隐患转变,自主研发断层破碎带超前治理工艺、材料、机具,不断探索,创新建立了井下治理与井上治理相结合、区域治理与局部治理相结合、顶板治理与瓦斯治理相结合、静态治理与动态治理相结合、断层治理与水害治理相结合的断层破碎带成套治理技术体系,制定了《断层破碎带治理暂行规定》《采掘工作面断层破碎带及岩巷揭煤、沿空小煤柱注浆加固技术标准(暂行)》,并在公司全面推广。截至 2021 年 6 月,淮河能源集团煤业公司累计对 69 个采煤工作面、52 个煤巷掘进工作面、15 个岩巷掘进工作面、27 个揭煤地点进行了超前注浆治理,在管理体系、地质保障、治理技术等方面总结了经验。

(一)坚持顶层设计、建立健全管理体系

(1)成立断层治理领导小组和工作小组。淮河能源集团煤业公司成立断层治理领导小组,总经理任组长,各分管领导任副组长,主要职责是建立工作机制,推进专业队伍建设,审定技术规范、重大方案、核准装备、费用投入等重大事项。生产副总经理负责日常监督、考核、协调工作。

各基层矿井成立断层治理工作小组,矿长任组长,各分管矿领导任副组长。生产技术科负责联系科研院所,协调断层治理新材料、新工艺和新设备的研制、改进工作,牵头组织相关部门,指导施工单位制定地质异常区治理方案。地测防治水科负责地质异常区探查和资料提供,参与审查地质异常区治理方案。安全监察科负责现场安全监察,参与审查地质异常区治理方案。机电管理科参与机电设备监管检查。企管科及物管科负责协调地质异常区治理材料、设备、费用,落实考核结果。施工单位负责注浆钻孔的施工和注浆工作。

(2)建立断层破碎带治理专题会议制度。淮河能源集团煤业公司成立断层治理技术指导小组,每月召开断层治理分析会议,各矿分管领导、技术科长、地测科长参加。会议对上月断层

破碎带治理工作进行总结、分析,超前3~6个月对断层破碎带治理进行安排,下达断层破碎带治理负面清单,帮助、指导矿井实施,形成《断层破碎带治理工作简报》下发相关部门和生产矿井。基层矿井每周由分管副矿长组织召开一次断层破碎带治理工作会议,每月由矿长组织召开一次断层破碎带治理工作会议,协调解决相关问题。

(3)建立超前3~6个月管控机制。基层矿井按照超前3~6个月管控要求,每月25日前,梳理上报后3个月的采掘工作面断层破碎带、岩巷揭煤及沿空小煤柱情况,制定相应的管控措施报煤业公司生产技术部,生产技术部整理后提交煤业公司断层治理技术指导小组会议审查,并由煤业公司断层治理技术指导小组下发断层破碎带治理监管函告。

(4)建立超前治理效果检查分析机制。煤业公司生产技术部、安全监察部根据每月下发的监管函告及通防地质技术部提供的月度断层构造报表开展专项督查,重点督查是否按要求实施超前治理,并对治理效果予以评估性分析通报,针对治理效果分析原因,推动工作抓细抓实。对没有按照要求执行的,在公司月度安全办公视频会议上通报批评,并纳入安全生产标准化考核,每次扣2分;对执行不力、制约生产的,约谈相关领导。

(5)其他制度措施。对注浆工作实行挂牌管理并建立台账,各基层矿井每月对断层、揭煤及沿空掘进小煤柱注浆加固治理工作进行总结,对注浆加固效果进行评价,报煤业公司生产技术部备案。注浆加固治理必须编制专项措施,技术标准在专项措施中明确,严格贯彻执行。岩巷揭煤根据煤层及顶底板情况,优选治理方案。如掘进期间顶板破碎,需留顶煤施工的,必须超前注浆治理。

(二)坚持地质先行,充分发挥地质保障作用

淮河能源集团煤业公司积极引进先进勘探技术,2007年在煤炭行业率先引进石油行业高精度三维地震勘探技术,大大提高断层解释精度。截至目前,煤业公司共施工三维地震勘探总面积约500 km^2,基本实现了三维地震全覆盖,对主采煤层中落差大于5 m或大于煤厚的断层做到了超前探测。

基层矿井每年年底根据采掘接替计划对下一年度过断层破碎带情况进行预报,制定地质超前探措施,并纳入地质测量"一矿一策""一面一策"报煤业公司核准后执行。地质部门在采掘过程中充分发挥三维地震勘探工作站动态解释作用,对断层进行精细解释,对解释的断层及时进行地质超前探,同时充分利用井下穿层孔、顺层孔等各类钻孔及物探资料,探准断层,每月融合井下地质超前探和采掘实见资料进行三维地震动态精细解释,编制地质月报,及时向断层治理相关部门下达,为采掘工作面断层超前治理提供可靠的地质依据。

(三)创新断层治理技术

(1)地面注浆区域治理。针对落差≥50 m、带宽≥10 m的断层及井下治理效果差和施工危险性大的采掘过断层工程,利用地面钻孔进行高压注浆,提高断层破碎带围岩强度。地面钻孔采用定向钻进、下行式分段注浆工艺,注浆压力是注浆地点静水压力的1.5~1.8倍。

(2)采煤工作面断层破碎带治理。采煤工作面内落差大于或等于1.5 m的仰采断层(采煤工作面上坡推进穿越的断层)、落差大于或等于3 m的俯采断层(采煤工作面下坡推进穿越的断层),必须进行超前注浆治理。按照钻孔利用率高、施工方便,且断层加固区域全覆盖的原则,采取从地面、井下高抽巷、巷帮钻场、高位钻场、工作面平巷等一处或多处进行注浆加固。

钻孔可采取平行孔并排布置、扇形孔集中布置及平行孔与扇形孔结合布置3种方式。与断层正交或斜交的钻孔,理论上终孔位置水平方向要穿过断层面3~5 m。注浆压力浅孔达到5~10 MPa、中深孔达到10~15 MPa、深孔力争达到15 MPa以上。

(3)掘进工作面断层破碎带治理。在煤巷掘进工作面断层破碎带治理方面,针对含水构造、落差≥3 m或超过煤厚的仰掘断层(掘进工作面上坡掘进穿越的断层)及其10 m范围内的影响区域,留设顶煤厚度大于或等于1 m的区域,因构造影响发生高度≥1 m掉顶的区域,实施工作面超前注浆局部治理,工作面施工期间根据实际情况进行补充短掘短注。超前注浆局部治理要在距煤层法距2 m或断层面平距3 m前,施工钻孔超前注浆对巷道过地质破碎带围岩进行注浆加固,注浆孔原则上不少于3个,终孔位置应超过断层面3 m以上,注浆终压应达到10 MPa以上,并稳定3 min以上。短掘短注要在揭露断层前或进入断层破碎带施工期间,在工作面迎头施工钻孔注浆对自由面及顶板进行注浆加固,注浆终压不小于5 MPa,并稳定3 min以上。在岩巷掘进工作面断层破碎带治理方面,针对含水构造、断层破碎带宽度大于或等于2 m,留顶煤施工的揭煤(或反揭煤),实施超前注浆局部治理,工作面施工期间根据实际情况进行补充短掘短注,超前注浆及短掘短注的技术要求与煤巷相同。巷道揭煤段、过断层后压力显现段,应增加滞后注浆。

(4)沿空小煤柱治理。针对煤厚大于或等于1.5 m的沿空小煤柱进行注浆加固,其中,煤厚在1.5~2.5 m的,注浆孔采取单排布置;煤厚大于或等于2.5 m的,注浆孔不得少于两排,上下排错茬布置。注浆孔上、下排距顶、底板原则上不超过1 m,孔距不超过3 m,注浆孔深为小煤柱宽度的一半,注浆终压在3~5 MPa,并稳定3 min以上。注浆滞后迎头不得超过200 m。

(5)封孔工艺。直径42 mm帷幕注浆孔采用"一堵一注"定位封孔,即采用长3 m、直径4分(或6分)的钢管配合胶囊式封孔器或高分子化学材料在孔口封孔。直径94 mm注浆孔采用"两堵一注"式耐高压定位封孔,矿用封孔器必须固定在1吋(1吋=2.54 cm)钢管上,孔内同时安装排气管(4分钢管)。

(四)探索、研发不同注浆材料

淮河能源集团煤业公司先后实验采用普通水泥、超细水泥、化学材料进行断层破碎带注浆加固,针对存在的问题研发了系列无机复合注浆材料,具有安全性好、强度高、浆液流动性好、可注性好、稳定性好、性价比高的优点。其中,KWJG-1矿用无机加固复合砂浆主要用于岩体加固和井下岩巷修复、加固及止浆层的充填加固;KWJG-2矿用无机充填加固材料主要用于煤体加固、井下煤巷修复及加固、断层超前治理、小煤柱加固;KWJG-3矿用无机充填加固材料主要用于掘进工作面中空注浆锚索、锚杆的全长锚固;KWJG-4、KWJG-5矿用无机充填加固双组分安全型速凝材料主要用于采掘工作面断层破碎带顶板和煤层加固,可以完全替代煤岩体加固用化学材料。

(五)取得的成效

(1)技术效果显著。工作面过断层日进尺增加0.9~1.3 m,日产量增加600~1 100 t。巷道过断层单班进尺达到2.6~4 m。

(2)安全效果显著。有效防止了采掘工作面片帮、掉顶,降低了人员进入煤壁侧作业的风险,减少了卧底、刷帮工作量,保障了通风断面。

(3) 效率效益明显。减小了断层破碎带对生产的影响,效率提高1～2倍,两年增收45 000万余元,节约资金7 900万余元。

(4) 劳动强度降低。小煤柱未治理前,巷道压力大,一般情况下每班刷帮、卧底需10～20人,情况严重时需要投入更多人力;采煤工作面断层构造带未治理、片帮掉顶时,需投入大量人力进行人工处理。对断层破碎带实施超前治理和小煤柱加固工作3～5人即可完成,每班可减少10～15人。

二、晋煤集团坚持采气采煤一体化提升矿井瓦斯防治经验

晋煤集团是一家以燃气为主业、煤炭为基础,煤化工、电力、新兴等多产业联动、多元持股的省属国有特大型现代综合能源企业集团。近年来,面对瓦斯对矿井安全生产的威胁和制约,该集团秉持"瓦斯可治、突出可防"信念,坚持瓦斯防治与开发利用并举,立足"强抽采、优技术、细管理、严问责""四位一体"工作体系,形成"先采气后采煤、采气采煤一体化"的瓦斯治理之策,保障了矿井安全生产,开创了煤层气与煤炭安全高效开采的局面。

(一) 强抽采,以立体抽采开拓安全生产空间

实践证明,坚持"采气采煤一体化",实施井上下联合抽采,可以更好地改善煤层透气性,快速将煤层瓦斯含量降低,实现煤炭资源安全开采。这是煤矿治理瓦斯最主动、最根本、最安全的手段,也是对煤层气和煤炭资源高效合理利用的科学途径。2018年,集团公司井上下煤层气年抽采达到30亿 m^3,矿井平均抽采率达到78%,部分矿井抽采率超过90%。

(1) 强化地面抽采。在所有高瓦斯、突出矿井全区域施工地面抽采钻井,按照200～300 m间距网格化布置,实施抽采全覆盖。目前,集团公司累计完成地面钻井5 500余口,钻井最高日产气量超过2万 m^3。开展"矿井采空区地面煤层气抽采技术"攻关,掌握了煤矿采空区地面抽采关键技术,正在加快采空区资源开发利用。

(2) 强化井下抽采。全面推广大功率长钻孔定向钻机,开展区域递进式模块抽采,集团公司年瓦斯抽采钻孔进尺超过1 000万 m,吨煤抽采钻孔进尺达到0.25 m;在松软低透气性煤层,大力实施底板岩巷、穿层钻孔瓦斯抽采工程,集团公司每年瓦斯治理岩巷进尺超过4万 m,岩巷万吨掘进率达到10 m,形成了"岩巷为抽采服务,抽采为煤巷掩护"的良性循环。因地制宜、因矿施策,分别建立本煤层瓦斯预抽系统、采动区动态抽采系统、采空区低负压抽采系统,分源治理、高效利用;通过多措并举,综合治理,实现了高瓦斯矿井低瓦斯开采。集团公司煤炭年产量从2008年的3 700万 t大幅增加到2018年的7 000万 t。

(二) 优技术,以技术创新提升安全保障水平

(1) 优化治理模式。不断总结优化"三区"联动井上下瓦斯立体抽采模式。对瓦斯含量高于16 m^3/t 的煤炭开采规划区,至少提前5～10年以上时间实施地面钻井预抽采;对瓦斯含量8～16 m^3/t 的煤炭开采准备区,提前3～5年时间综合实施井上下联合抽采、区域递进式抽采、底板岩巷穿层钻孔抽采;对瓦斯含量在8 m^3/t 以下的煤炭开采生产区,实施井下卸压、高位钻孔等强化抽采、地面采动井抽采,保障矿井生产安全。

(2) 实施专项攻关。依托煤与煤层气共采国家重点实验室,实施校企联合、院企联动,推进国家"十三五"煤层气重大专项课题攻关。集团公司成立专项瓦斯治理攻关课题组,对集团

公司当前瓦斯治理难题开展专项攻关。首创地面径向井压裂快速揭煤技术,缩短揭煤时间;试验本煤层水力化区域卸压增透技术,实现钻冲一体化,成倍提高单孔瓦斯抽采量;试验顶板走向高位大直径(200 mm)定向长钻孔施工工艺,实现了"以孔代巷",有效降低了瓦斯治理费用和缩短了治理时间;在松软低透气性煤层,试验定向钻机氮气打钻技术,成孔突破 300 m 孔深。

近几年,该集团共完成14项国家、省部级科研项目,组织多项课题攻关,分别牵头制定了国家、行业标准20项,获得国家科技进步奖6项、授权专利853项,形成了"三区联动,四大系列,十三项专项技术工艺"的晋煤瓦斯综合防治技术体系。

(三)细管理,以理念机制夯实安全生产根基

(1)强化理念引领。建立了晋煤集团"1551"安全理念体系,坚定"煤矿零死亡"奋斗目标。在实际工作中形成了"瓦斯超限就是事故""宁可不达产,不可不达标""治理了瓦斯,就解放了生产力"等瓦斯防治理念,以先进理念提升全员瓦斯防治意识。

(2)夯实基础管理。健全以总工程师为首的技术管理体系,树立总工程师在瓦斯防治工作中的权威;矿井配备通风矿长、设立专职通风副总工程师,高突矿井设置专业化抽采队伍、专门机构;建立了矿井瓦斯地质预测预报机制和瓦斯超限预警机制,及时发布预警信息,超前防范;建立了抽采达标判定"计算—实测—抽查"三步走工作机制,确保治理真正达标;集团公司制定了107项瓦斯防治技术标准,瓦斯防治工作标准化、精细化和规范化;强力推行"一通三防"工程"三专"管理,全面推广坐标管理法,确保全过程受控、管理全覆盖。

(3)提升员工素养。构建形成了矿井与地面煤层气公司资料共享、协作联动机制,形成了煤层气勘探、抽采、输送、压缩、液化、利用等的煤层气产业体系,拥有专业技术队伍5 000余人;坚持开展全员瓦斯防治专项培训,建立通风"大师工作室",开展通风技术比武,定期招聘、培养通风专业技术人员,提升了全员业务素质和瓦斯灾害防治能力。

(四)严问责,以目标考核倒逼安全责任落实

(1)强化责任落实。制定瓦斯防治岗位责任制,签订瓦斯治理目标责任书,明确瓦斯治理目标,明确瓦斯治理工程,自上而下、层层分解责任目标。与单位和领导班子年度绩效考核挂钩,严格落实考核。

(2)强化瓦斯问责。坚持"不积聚、不超限、不突出"的"三不"目标,建立"瓦斯零超限"考核管理办法,瓦斯超限就是事故,就要问责。集团公司按照分级权限,从严从重追责处罚。以目标倒逼,以结果倒逼。

(3)强化隐患问责。集团公司成立专门的"一通三防"督查队,对瓦斯防治的重要环节和重点部位重点监督、动态检查;对存在的隐患、不作为的事,重点督查督办。按照集团公司安全"双红线"管理,强化隐患问责、强化过程管控、强化重点推进、强化治理达标。

三、山东能源煤矿瓦斯和冲击地压灾害防治工作经验

山东能源有冲击地压矿井36处,占全国的四分之一,主要分布在山东、陕西、内蒙古、新疆等地区,产能1.12亿 t/a,占该集团国内总产能的52%。

山东能源提出煤岩"零冲击"目标,构建起"1220"冲击地压灾害管控机制,即树立能量超限就是事故的"一个理念",健全防冲管理和技术"两大体系",坚持布局合理、生产有序、支护可

靠、监控有效、卸压到位的"20字防冲措施"。

（一）夯实冲击地压防治基础支撑

山东能源坚持"一把手"负总责，层层压实各级主要负责人防冲责任，形成"315"防冲管理体系，即构建能源集团-二级单位-矿井三级领导和组织管理体系，集团总部成立防冲中心作为专设机构，部署鲁西、兖矿、西北、新矿、枣矿5个分中心。

做到"六个坚持"。坚持防冲投入优先。在吨煤15元安全投入的基础上，再增加吨煤15元专项防冲安全费用，2021年提取防冲安全费用12.9亿元。坚持分级分类管控。山东能源根据冲击地压机理，将矿井划分为深部静载型、构造应力型、坚硬顶板型、煤柱型、复合灾害型5种冲击地压类型，实施分类防控；将矿井分为一般、较高、高和特高4个风险等级进行分级管控。坚持配强专业队伍。成立三级冲击地压防治领导小组，配备三级专业副总工程师，拥有专业技术人员340余名。坚持全员素质培训。投资1 600万元建成国内首个冲击地压实操培训基地，已组织内部培训7期。坚持智能装备升级。深入推进"机械化换人、自动化减人、智能化无人"，制定智能化矿井建设三年规划，明确"155、277、388"控人目标（将矿井分为一类、二类、三类，单班下井人数分别不超过100人、200人、300人，综采和综掘工作面分别不超过5人、7人、8人），累计投资74亿元，完成智能化项目706项，21处矿井实现"155、277、388"目标；省内冲击地压矿井全部实现智能化开采，单班作业人数最低下降至200人以内。坚持考核激励并重。建立目标激励制度，对冲击地压专业队伍实施薪酬分配政策倾斜，鲁西矿业等灾害严重矿井防冲技术人员按同岗级绩效的1.2倍发放，操作工人参照采掘一线工资待遇。建立约束管理制度。建立量化考核制度，规范冲击地压十条问责"红牌"标准和二级单位副总工程师以上"关键少数"防冲失职追责标准。2021年，扣减二级单位领导班子绩效100余万元，5名严重失职的防冲副总、区队长被调离工作岗位。

（二）建立完善技术保障体系

山东能源构建了涵盖技术标准、流程、研发的技术保障体系，实现统一领导、统一指挥、统一协调。

一是坚持规范先行，构建防冲技术标准。全面落实国家及地方防冲规章制度，制定冲击地压防治管理规定、技术规范和岗位操作规程，形成两个"123"防冲技术标准。在技术研究上实行"一报表、两分析、三总结"，在技术落地实施上建立"一规程、两图纸、三措施"。

二是聚力效能提升，规范技术管控流程。

三是抓实重点审查，严把报告方案关口。建立防冲科研项目前置审查制度，重大科研项目由集团组织审查，避免科研项目"虎头蛇尾、高投入低产出"。

四是突出科技创新，研发攻关关键技术。成立专职防冲研发团队，配备高级以上职称、博士等人员80余人；联合国家矿山安全监察局山东局，投资6 000万元建成国内首个冲击地压实验室；推行重大科研项目"揭榜挂帅"机制，联合国内外专家团队集中攻关国家重点研发计划和山东省重大科技项目。联合重组以来，该集团累计投入4.8亿元，实施防冲科研项目78项。

（三）实现风险超前预控

山东能源集团聚焦重点关键环节，确立"20字防冲措施"，提升了防冲工作标准化、科学化水平。

一是强化区域管控抓源头,确保布局合理。突出量化布局、分区管理、规范接续"三向发力",强化生产布局管理。进行防冲"不安全煤量"分区管理,禁采区内严禁采掘,缓采区内不得回采。2022年划定缓采区95个,涉及可采储量2.3亿t,禁采区56个,涉及可采储量2.4亿t。经过长期摸索,形成了巷道岩层布置和煤柱"两极"原则,新掘开拓准备大巷采用岩层布置方式。将区段煤柱宽度由7 m优化为2.5~4 m,明确高瓦斯煤层不超过6 m。在国内首次探索研究"负煤柱"开采工艺,并在华丰煤矿和硫磺沟煤矿成功应用;推行"大宽"工作面开采工艺。

二是强化劳动组织限定员,确保生产有序。持续优化冲击地压矿井生产组织管理,严格落实"一矿两面三刀"措施,坚决落实各项限强度措施。严格按照不大于核定生产能力下达生产指标,其中省内20处冲击地压矿井生产指标均低于核定生产能力。建立卸压治理时间保证机制,排定采煤工作面接续至少预留3个月治灾时间,工作面安装后至少预留15 d治灾时间。严格落实冲击地压9人、16人"限定员"措施。

三是强化支护体系优设计,确保支护可靠。持续强化支护体系建设。建立厚煤层托顶煤、中等及以上冲击危险巷道支护抗冲击能力评估机制,开展全面"体检"优化支护方案。建立冲击地压巷道"一级锚网索、二级可缩性钢棚、三级液压支架"的三级支护体系。把采煤工作面超前支护区域围岩变形量、工作面切顶线以里顶板垮冒滞后距离作为巷道支护可靠性的评估依据,由矿井总工程师、掘进矿长定期到工作面评估支护效果。

四是强化监测预警重分析,确保监控有效。坚持"强监测"原则,细化监测标准,严格数据分析。震动场采用以微震监测为基础,以矿震台网、局部微震、地音为补充的监测方法,冲击地压矿井全部配备微震监测系统,具有矿震风险的增加地震台网监测。应力场采用以钻屑和应力在线监测为基础,以CT反演、三维应力应变等为补充的监测方法。

五是强化立体卸压抓动态,确保卸压到位。建立"三位一体"和"动态+静态"卸压治理模式,持续深化爆破断顶卸压治理工艺。规范不同层位的卸压方法,推广高强度大直径水胶炸药,应用深孔机械装药装置和快捷高效封孔技术,大幅提高了爆破效率和卸压效果。

四、冀中能源集团变"一面一治理"为"区域治理"经验

冀中能源集团防治水工程技术中心由40台工业计算机组成,内存80T,可接入40~50个矿井(工作面)的跨省份微震监测中心,一条网线将冀、晋、皖等6省份的40多个大水矿井紧密相连。所有矿井共享一台主服务器,监测数据通过物联网实时、连续传输至监测中心,专业人员即时分析处理微震数据。

(一)完善防治水技术管理体系

在冀中能源集团所属矿井中,水文地质类型复杂的矿井有10个、极复杂矿井7个,主要集中于邯(郸)邢(台)矿区。邯邢矿区有8个矿井采深超800 m,4个超1 000 m。大部分矿井已转入深部和下组煤开采,大采深、高承压水使工作面底板破坏深度加大,中浅部开采时传统的防治水技术和措施无法保证开采安全。

随着开采规模、开采强度增大,矿井水探查、治理的难度更高了。2000年以来,邯邢矿区共发生4起隐伏陷落柱突水事故、8起小断层组或裂隙发育带造成的底板出水,多起突水事故甚至引发矿井停产。

为有效解决水害问题,冀中能源集团整合内部防治水人才、技术、装备、资源,组建了防治水工程技术中心,孵化防治水技术品牌。

各子公司、矿健全以主要领导为第一责任人,以总工程师为技术负责人的防治水技术管理体系,设置专职防治水机构。水文地质条件复杂的单位还设有专职地测副总工程师。梧桐庄矿等大水矿井设置了专职防治水副矿长。

(二)推广底板水害地面区域治理技术

锻长板、补短板,冀中能源集团破解矿井水害防治各类"卡脖子"难题,在地面区域治理关键技术及综合配套研究方面取得进展,成果推广至该集团15个矿井。

冀中能源集团提出"超前主动、区域治理、全面改造、带压开采"的矿井防治水指导对策,变以往"一面一治理"为超前主动的"区域治理"。通过创新治理模式、设计参数、钻进工艺以及注浆材料,提高工程效率、加强治理管控,满足了大采深矿井、高承压下组煤安全开采的需要。

此技术以"地面定向分支钻孔群技术"为主,辅以"径向射流造孔技术"补注盲区的方法,对底板奥灰含水层实施注浆,阻断了奥灰水垂向补给通道,增加了隔水层厚度,使矿井水害威胁大幅降低。

2021年,峰峰集团对6个矿井实施地面区域治理,共解放煤量1 889.6万t,安全采煤408.5万t。据统计,峰峰集团通过采用地面区域治理技术封堵井下永久出水点,累计减水1 245 m^3/h,年节约排水费用2 150万元;超前探测出5个含水陷落柱,有效避免了矿井底板突水事故隐患。

(三)建成国内首家省级煤矿水害风险预警与防控系统

利用高精度微震监测系统,感知导水通道形成过程中的岩石破裂,精细定位处理解释,以对导水通道形成过程实施监测。微震监测具备矿井突水监控及预警、突水区域及水源判别、断层构造活化监控、注浆描述与注浆效果评价、矿压及顶底板破坏监控、水文地质勘查功能。

2018年,由国家矿山安全监察局河北局主导,冀中能源建成了国内首家以微震监控预警为核心技术的省级煤矿水害风险预警与防控系统,实现了水害预警智能化、数据展现直观化的"一张图"目标。

2016年以来,通过实施综合防治水技术,邯邢矿区未发生因水害导致的较大及以上死亡事故,年释放受水威胁的煤炭资源1 500万t。2021年,以"矿井水害微震监测预警"为代表的冀中能源集团防治水技术产业规模持续增长,实现整体创收5 000万元。

五、河南能源集团构建"内保护层"消突的瓦斯治理工作经验

河南能源集团在河南省内以焦作-鹤壁-安阳矿区为代表的突出矿井均不具有保护层开采的技术条件。围绕单一低透气性强突厚煤层的瓦斯治理,该集团近些年来明确了以底板岩巷穿层抽采煤巷条带煤层瓦斯和穿层中深孔超前预抽区段煤层瓦斯相结合的区域瓦斯治理技术路线,大力推广穿层钻孔水力冲孔、水力割缝、机械扩孔造穴等增透技术工艺,确保回采区段一次性穿层钻孔抽采治理评判达标,瓦斯治理效果得到了进一步巩固,形成了单一突出煤层构建"内保护层"消突的瓦斯治理模式。

(一)单一突出煤层构建内保护层原则

参照保护层开采卸压消突理论进行区域瓦斯治理,依据"零距离"构建内保护层的条件确定单一煤层瓦斯区域治理技术参数。实际探清治理区域煤层赋存特征、煤层原始瓦斯含量等

基础参数,作为卸压消突及抽采达标评判的依据。利用穿层钻孔掏煤卸压等措施作为构建内保护层的首选技术手段。充分考虑水文地质特征、通风排水、瓦斯抽采等因素,为内保护层构建技术工艺的实施提供足够的作业空间。利用定向长钻孔等新技术、新工艺,作为治理区域卸压消突评价的技术手段。

施工穿层钻孔进行掏煤卸压时,穿层钻孔的设计充分结合煤层及瓦斯赋存条件、控制区域范围大小进行确定。综合考虑不同区域原始瓦斯含量、设计卸煤量和抽采时间等因素,确定钻孔有效抽采半径。在煤层构造破坏带、赋存条件急剧变化、采掘应力叠加区域,则进一步加密钻孔数量。对穿层钻孔的单位出煤量严格控制,确保满足控制区域内总出煤量要求。穿层钻孔抽采期间,分单元计量抽采流量和抽采浓度,单孔计量抽采浓度,严格按照抽采达标评判要求,对预抽瓦斯量等数据进行在线监测计量和人工校对,确保瓦斯抽采数据可靠。

(二)单一突出煤层构建内保护层技术

对具备构造煤和原生结构煤复合赋存特征的煤层,充分利用水力冲孔、机械扩孔等措施实施内保护层构建。具备构造煤和原生结构煤复合赋存特征的煤层,充分利用穿层钻孔测定煤层各分层的坚固性系数,分析软硬复合煤层的各分层位置及厚度,为精准卸压出煤提供依据。以平均每米冲出煤量作为标准,确定穿层钻孔应达到的冲孔煤量指标。合理优化抽采负压和封孔工艺,确保抽采效果最大化。

对于煤层全厚坚固性系数大于1或厚度大于1.0 m的硬煤分层,采用高压水力割缝、机械扩孔或预裂爆破(水力压裂)+水力冲孔复合型的卸压技术措施。为提高坚硬煤层的卸压掏煤效果,采取水力压裂(预裂爆破)技术松动煤体后,配合水力冲孔或机械扩孔技术构建内保护层的方式,措施增透卸压效果明显。

对于煤层全厚均为松软构造煤的情况,加强钻孔轨迹检验,避免出现抽采卸压空白带。严格采取全长下筛管施工工艺,有效保持全煤层段内的钻孔抽采,避免孔间膨胀变形导致抽采失效。结合穿层钻孔设计参数调整水力冲孔施工顺序,充分借助自重作用提高煤体垮落范围。

(三)区域治理效果检验评价

评价控制区域内治理措施是否有效时,以控制区域卸煤量作为措施可靠性评价指标,既要考虑按照平均单孔卸煤量计算,也要综合确定平均每米煤孔段卸煤量。以钻孔抽采浓度作为辅助评价指标,措施范围内单孔初始抽采浓度不低于30%,稳定抽采期不低于90 d;瓦斯抽采累计时间不少于设计预抽期;瓦斯抽采率差异性系数低于10%。以煤层垂向膨胀变形量作为煤层中内保护层的形成和煤体的膨胀变形程度辅助指标,要求膨胀变形量不低于3‰。

内保护层构建消突技术抽采达标评判,以残余瓦斯含量、残余瓦斯压力为主要指标,确保采煤工作面计算最大残余瓦斯含量(压力)、实测最大残余瓦斯含量(压力)达标,满足风速不超限、瓦斯不超限等要求;区域效果检验无喷孔、顶钻等异常情况,不存在应力集中区等。实测超指标或发现异常,重新采取区域防突措施,对超标区域抽采钻孔单独计量,重新编制取样设计并取样评判。

(四)构建内保护层消突瓦斯治理模式实施效果

河南能源集团针对省内单一突出煤层条件下区域瓦斯治理进行了深入研究和实践,形成了具有显著针对性和代表性的构建内保护层消突瓦斯治理模式,有力推动了突出矿井安全生产和技术进步,结合相关技术装备集成应用,形成了强突出单一煤层构建内保护层消突技术装备体系和企业标准,保障了强突出单一煤层构建内保护层消突技术的"均匀布孔、全域卸压、高效抽采、精准计量、准确评判"。该技术在焦作、鹤壁、安阳等矿区各突出矿井进行了工程应用,取得了显著的经济效益和社会效益。

第二节　基础管理创新经验

一、中煤新集公司以三维地震动态数据库作为防灾"眼睛"的经验

中煤新集公司是中煤集团所属二级企业,目前有5对生产矿井,核准煤炭年产能2 350万t。该公司所属各矿井水文地质条件复杂,主要受顶板松散层水、推覆体寒武灰岩水、煤系砂岩水或老空水、底板近距离高承压太灰水和奥灰水等威胁。

新集公司建立了以总工程师为首的地测防治水技术管理体系,成立了包括防治水研究所等"三所一科"的技术中心,开展煤矿地质防治水技术攻关,大力推广应用新技术、新工艺、新装备,建立了较为完善成熟的三维地震动态数据库,有效防治地质灾害。

(一)从一张图纸到一个数据库

先前的地面、井下地质勘探完成后,会出具一张勘测报告。由于地质条件复杂多变,通过一张勘测报告远远不能掌握生产过程的地质变化。新集公司将多年来的地质勘探整体资料进行汇总、拷贝,建立了三维地震动态数据库。

新集公司所属各矿均开展了三维地震勘探。限于当时三维地震勘探技术水平和认知水平,早期地震勘探报告数据处理简单,许多三维地震反映的地质信息特别是岩溶陷落柱、小构造、薄煤带、底板灰岩界面等影响安全生产的地质体地震属性未充分认识。

随着计算机技术的发展,三维地震资料再处理和精细解释被认为是较为有效的地质水文预测手段。该公司完成了板集矿三维地震数据体的二次处理精细解释,实现了目前开采区域的三维地震勘探及精细解释全覆盖。该数据库通过收集、整理、统计分析已有巷道和采煤工作面实测地质素描剖面资料,与对应的三维地震时间剖面、切片对比分析,探索总结小断层、褶曲、煤厚变化、顶底板岩性变化等各类地质异常在三维地震时间剖面、切片以及属性分析中的规律,综合分析不同构造在地震时间剖面上产生的不同响应特征。在此基础之上,优选敏感属性,作为新集矿区三维地震构造异常体识别指标和标准。

从一张图纸到一个庞大数据库,是地测防治水工作者长期探索的结果,也是基于后期跟踪、反馈生产头面地质防治水变化的需要。

(二)从试行到全面推广

该公司通过业务培训、工作会商等方式,将三维地震动态数据库运用到日常工作中。由于水害超前治理到位,新集二矿受底板高承压灰岩水威胁的1煤首采区解放出煤炭资源950万t,直接产生经济效益2.4亿多元,在淮南煤田首次成功实现1煤带压安全开采。

刘庄矿试点建立了智能GIS"一张图"系统。该系统基于统一GIS服务平台,以分布式、协

同化的网络服务技术为纽带,实现矿山日常生产和安全管理、煤炭运销、地形地貌基础地理等多源数据的汇交更新、综合集成与分析、展示,实现"以图管矿、以图管量、以图防灾(救灾)"的"一张图"集成服务。

基于三维高精度地质模型数据库,多部门、多专业、多管理层面的业务数据与空间数据得以共享集成与应用,形成安全监测、重大危险源等的预警技术。

截至目前,新集公司建立了地面区域探查治理技术管理和探查、治理、验证、评价、监测"五位一体"防治体系及技术标准,水害防治能力显著增强。

二、陕煤化集团神南矿业公司的全面创新理念

面对供给侧改革的深入推进,陕煤化集团神南矿业公司把科研技术创新驱动,培育一流持续竞争力摆在突出位置,以新技术力、新要素力、新方式力、新模式力、新供给力的"五力修炼"为引领,聚力转型升级,全面推进"九强神南"建设,以利润再造、创建一流为担当,着力实现2.0版煤炭工业的提质发展。

(一)"110-N00工法"核心技术创先发力

神南公司以打造吨煤"百元成本"为目标,把提升工效、降低成本、利润再造作为着力点,不断研究实践、创新应用国内先进核心技术,实现技术提质提效。

公司与中国矿业科学协同创新联盟合作,在下属柠条塔煤矿率先实施井工长壁开采世界首个厚煤层"110工法"项目。该项目的实施降低了矿井工作面周期性来压强度,直接费用每米节省2 000元以上,煤巷掘进率降低30%以上,带来的煤柱回收、减少平巷联络巷密闭墙投入等产生重大效益。在此基础上,更为先进的"N00工法"目前正在按计划实施。

(二)"智能化信息化"技术升级发力

公司聚焦"三型四化"矿井建设,把技术升级、减人提效、提质降本作为有力抓手,突出智能化综采工作面、固定岗位无人值守、大数据采集应用、体系成本等管理重点,积极推进数字化和智能化矿山建设,实现矿井生产系统升级。

红柳林矿业公司建设25207厚煤层智能化综采工作面,可视化、信息化、智能化的综采工作面作业能力进一步增强;柠条塔矿业公司井下胶带运输系统投入运行智能巡检机器人,使机器人代替人工"上标准岗干标准活",达到无人巡检的目的;张家峁矿业公司调度指挥中心按照"总控—分控"的运行模式,建成了远程自动化运行安全生产监测监控平台;产业发展公司依据"生产服务互联网+"思维,研究开发O2O信息化平台,实现了服务产品新形势下的体系化、信息化、物联网化运作,盘活了内外资产。通过一系列信息化智能化平台技术的创新实践,神南公司矿井及辅助生产本质安全化、生产过程可视化、运行控制自动化、经营决策智能化水平不断提升。

(三)"再制造"等新技术革新发力

新技术支撑是科研创新的基础。神南公司坚持把新技术应用作为科研创新工作的重点,按照体系成本的管控理念,以新技术应用降本增效。

公司围绕制约安全生产的瓶颈和关键点,开展科研技术攻关。在以往修旧利废、盘活资产、降本增效的基础上,挂牌成立了煤炭绿色安全高效开采工程研究中心神南再制造中心。针对综采、综掘、连采等机电设备,以激光、融复等先进修复新技术为手段,对设备废旧零部件进行专业化修复和批量化生产,进一步降低了生产成本。

公司不断加大新技术研发实践力度，累计实践应用科研技术新项目、新成果180余项。各矿井推广实施的综采工作面"水力压裂初次放顶技术"，避免了爆破强制放顶带来的CO超限等安全隐患，费用相比过去降低5万余元。综采工作面回撤推广使用高强聚酯网，回撤通道取消长钢梁单体支护，缩短了回撤时间，单个工作面节省费用20余万元。

（四）"采掘工艺"技术优化发力

公司坚持以问题为导向进行采掘工艺的改进和优化，提升矿井自身"造血"能力。

开展浅埋煤层大采高综采面平巷保护煤柱尺寸研究，每面提高资源回收率0.57%～1.67%，提高煤炭资源回收量50.1万t。推广实践神南矿区煤巷支护规范研究，使回采巷道平均费用降低270元/m，累计节约掘进费用3 240余万元。张家峁矿业公司通过"边角煤安全、高效回采工艺及配套设备技术研究与应用"项目实施，使边角煤工作面回采率提升了10%以上，仅5-2煤北连采工作面即多采煤炭40万t，直接经济效益1.4亿元；该公司进行常家沟水库保护煤柱合理留设技术研究，多回收煤炭508.6万t，增加利润约2.5亿元。

（五）"全员创客"创新创效发力

创新激发活力，活力塑造动力。公司以激发全员创新内生动力为着力点，搭建"神南创客"创新平台。组织开展"'5+2'创新100"主题劳动竞赛，培育选树"500个创新项目和200名创先标兵"，红柳林"创客工厂"、柠条塔"创客总站"、张家峁"青年创客联盟"、孙家岔龙华"创客工作室"、产业公司"张文斌技能大师工作室"等一大批创客工作平台应运而生，公司各岗位涌现出一大批技术创新能手和绝活绝技绝招"三绝"人才。柠条塔综采一队申报的自制艾柯夫煤机遥控器天线创新成果通过评审鉴定，将单个遥控器天线制作材料成本控制在了10元以内，较以往3 000元一根的采购成本经济成本效益显著。截至目前，公司各单位共申报创新项目5 770项，评审有效技术创新项目2 762项，卓越管理法534项，精优作业法325项，创意金点子394个，申报专利184项，获授权119项，创造效益约1.5亿元。"人人都是创客，事事皆可创新"的创新创效氛围在神南矿区蔚然成风。

第三节　企业文化创新经验

一、金鸡滩煤矿打造特色"金盾"文化，筑牢安全生产坚实护盾

金鸡滩煤矿位于陕西省榆林市榆阳区，是山东能源集团所属陕西未来能源化工有限公司年产100万t煤间接液化综合利用项目的配套矿井。该矿于2012年开工建设，2014年投入生产，2018年产能由原来的年产800万t核增至1 500万t。

多年来，金鸡滩煤矿先后荣获全国煤炭工业文明煤矿、先进集体、特级安全高效矿井、"双十佳"煤矿，陕西省煤矿安全生产先进集体、煤矿安全文化建设示范企业等荣誉称号。2021年8月，该矿被中国煤炭工业协会评为2018年至2019年度原煤工效超100 t/工特级安全高效矿井，综采工区、连采工区分别被评为安全高效煤矿千万吨采煤队、千米掘进队。

该矿坚持"安全第一、预防为主、综合治理"的安全生产方针，经过实践积累和总结提升，逐

渐形成了有特色的"金盾"安全文化体系。秉承"隐患就是事故、防治胜于救灾、健康价值无上"的安全理念，该矿树立"平安金鸡滩、幸福满家园"的安全愿景，肩负"生命至上、安全为天"的安全使命，确立了"打造本质安全型和谐矿井，保障员工安全与健康"的安全目标。

多年来，该矿从理念文化、管理文化、行为文化、理论文化、物态文化5个方面推动安全文化建设，把安全第一作为矿井生产经营的首要价值取向，发挥党建引领作用，强化安全宣培、责任落实和亲情文化建设，为员工营造和谐幸福的安全生产"软环境"，实现"金盾"安全文化的落地生根。

（一）文化引领安全宣培形成全员自觉

打造"金盾"安全文化，就是要大力发挥文化引领作用，推动员工形成安全思想自觉和行动自觉，形成全员参与安全管理、人人重视安全工作的良好氛围，合力构筑企业安全生产坚实盾牌。

金鸡滩煤矿通过精心制作《"金盾"安全文化手册》和《安全文化手册学习记录本》各1 000余册，发放到每一名员工手中，要求员工定期学习并撰写学习笔记，增强员工对安全文化理念的理解和认同。

该矿注重安全文化宣传工作，定期在副斜井井口大屏播放安全文化宣传片，在井下作业场所、地面联建楼、办公楼、生活广场以及职工宿舍等区域悬挂安全文化宣传牌板400余块，建立安全文化长廊、宣传栏等安全文化阵地，通过营造无处不在的安全文化氛围，让"金盾"安全文化理念潜移默化地深入全体员工心中。

该矿注重员工安全文化理念、法律法规、专业技能、安全规程培训工作，建立并完善了日查、周学、月考、季评培训机制，每季度对考核排名靠前的员工予以最高800元的奖励，排名较差的予以100元到500元不等的处罚。常态化开展"每日一题、每周一课、每月一考、每季一评"活动，在各班组每日班前会上对员工安全理念、安全知识掌握情况进行随机抽查提问，在每周三各区队的安全活动日开展国家法律法规、事故案例警示教育等集体学习，每月末分批次、分专业组织员工开展安全知识考试，每季度根据月度考核结果进行评比和奖惩。通过建立多层级的学习培训机制，常态化提升全员安全意识和技能水平。

该矿每年定期开展安全征文、事故应急演练、"安康杯"知识竞赛、安全文化演讲、干部上讲堂、安全抽奖、组织员工到周边先进矿井参观学习等多种活动，营造浓郁的安全学习氛围，推动员工增强安全意识。

该矿利用"金煤培训"手机App，让培训形式更丰富、更接地气。"金煤培训"有学习培训、自我练习、模拟考试、正规考试、新闻公告5个模块。点击"学习培训"模块，《煤矿安全规程》《煤矿重大事故隐患判定标准》等煤矿安全法律法规、安全规程知识应有尽有，不仅包含了电子教材，还有相关视频课件，学习起来十分方便。

（二）多层管控压实责任筑牢安全防线

金鸡滩煤矿坚持把安全管理作为"捍卫矿井生存发展"的首要任务，坚持推进矿级、科室、区队、班组、岗位五级隐患排查，责任、措施、资金、期限、应急预案和过程监控"落实"的双重预防机制建设，全力消除事故隐患。该矿健全完善了《安全监督检查制度》《安全奖惩制度》等制度50余项，确保矿井安全管理到位、责任落实到位、现场执行到位。

该矿全面实施安全生产网格化管理，修订完善了《安全生产网格化管理办法》，以井上、井下各岗位风险点为基本单元,根据风险大小和管控难度,划分了55个网格单元,把各级安全管理人员纳入其中,明确各级、各业务科室、各生产区队安全管理责任,定期考核通报,做到管理无漏洞、责任无盲区、检查无缝隙,形成"横向到边、纵向到底"的安全生产网格化工作机制,不断提升矿井安全生产保障能力和水平。

该矿每季度根据区队、班组工作完成情况,评选优秀区队班组、"金牌"区队长、"金牌"班组长。各区队每月对班组安全生产完成情况进行评比排名,均以绩效工资奖励兑现,形成正向激励机制,推动全员安全生产。

同时,该矿制定《管理人员安全包保基层区队管理办法》《安全生产"红黄牌"、不安全行为和质量隐患条款管理办法》《安全不放心人员排查管理制度》等制度措施,严格员工不安全行为管控和安全不放心人员排查管控工作,有效防范各类零敲碎打事故发生。

此外,该矿大力开展安全生产标准化建设,制定《安全生产标准化管理体系实施办法》,将8个要素、15个小项、596条款划分到相关责任部门,明确工作职责;组织成立了检查考核小组,每月开展安全生产标准化创优竞赛活动,严格考核、奖优罚劣;定期开展安全生产标准化管理体系考试,推动以考促学、以学保用;深入开展精品岗点、精品路线、精品工程创建活动等,提升矿井安全生产标准化水平。

(三)树立"一家人"理念以亲情促安全

在金鸡滩煤矿,山东籍员工占职工总人数的80%,其中大多与家人都是相隔千里、两地分居。为确保员工家庭和谐稳定、在休班期间能够安全往返,该矿开通了榆林至山东的班车,采取每旬1次集中包车、点对点的方式,接送职工往返。

该矿职工宿舍实行公寓化管理,统一配备网络宽带、闭路电视、衣柜等生活用品,房间内设有独立卫生间,并24 h供应热水。

针对暑假、春节时期探亲集中的情况,该矿设立了33间员工探亲房,免费让家属居住。每年定期组织员工家属到矿参加消夏晚会、家属座谈会等,引导员工家属体谅、理解、支持驻外职工,共同为企业发展做出贡献。

该矿充分发挥亲情文化引领作用,利用网络、期刊、宣传栏等平台,进行心理健康辅导和知识普及;在医务室成立了心理健康咨询室,选聘党支部书记、政工干部及专业人员作为"心理辅导员",为员工提供心理咨询和心理健康指导服务;发挥工会、共青团、女工委等群众组织的作用,组织开展"夏日送清凉"等活动,倡树"一家人"理念,形成"相互关爱、互相促进""一人有难,众人相帮"的良好氛围,使员工树立"一家人、一盘棋、一条心"的思想。

(四)党建引领示范带动推动水平提升

金鸡滩煤矿现有9个基层党支部、20个党小组和187名党员。该矿党委积极推进党建与安全深度融合,坚持将"金盾"安全文化作为切入点,在生产一线设立党员示范岗、党员责任区等,引导职工树立"安全第一、预防为主"的思想,在矿井上下营造良好的安全氛围。

该矿在办公楼、职工宿舍楼、联建楼等地,安装了17台净水机和4台自动售货机,满足员工饮水需求,方便了员工的日常购物;通过设立"职工阅读角"和健身房,丰富员工的业余生活;通过设立20多个暖心服务站、成立心理健康咨询室、为困难员工募捐等一系列措施,创造了和谐又幸福的工作环境,让员工可以安心工作,助力矿井安全生产。

二、郭家湾煤矿以"家"文化引领,推动本质安全提升

国能榆林能源有限责任公司郭家湾煤矿分公司(以下简称郭家湾煤矿)位于陕西省榆林市府谷县大昌汗镇,2009年3月4日开工建设,2018年8月正式投产,井田面积119.2 km²,核定生产能力800万t/a,配套1 000万t/a的选煤厂,全矿共有员工750人,设置有党委办、安管办等9个科室,综采队、通风队等16个区队。

自2009年矿井筹建伊始,郭家湾煤矿便以打造"安全先进和谐幸福矿井"为目标,牢固树立"生命至上、安全为天"的理念,坚持安全管理和文化建设双线并重,形成了以"家"为LOGO的安全文化体系,引领全体员工统一思想、步调一致,践行"上下同欲者胜"的理念,实现"一座矿、一个家、一个梦"。该矿以建立"1133"安全管理体系为导向,不断完善安全生产标准化管理体系、双重预防机制、全员安全生产责任制等安全管理制度体系建设,持续推进矿井本质安全水平提升,连续实现安全生产"零事故"。

郭家湾煤矿于2016年被中国煤炭工业协会评为示范煤矿;2020年先后获得国家一级安全生产标准化煤矿、陕西省煤炭工业特级安全高效矿井、中国煤炭工业特级安全高效矿井、陕西省煤矿安全文化建设示范企业等荣誉;2021年被国家能源集团评为安全环保一级单位,被榆林市能源局评为安全生产和高质量发展先进单位。

(一)多元宣教促进提升,夯实安全根基

人是安全生产的核心要素,抓实人的管理、增强人员安全意识、提升技能水平是实现煤矿安全生产的关键抓手。

该矿坚持"123"人员素质提升机制,以培育本质安全型人才为目标,紧抓理论教育、实践教育、亲情教育三项举措,开展"安康杯"竞赛、安全征文、事故应急演练、员工不安全行为座谈等活动。该矿通过开展知识竞赛、技能比武、安全帮教、安全考核等活动,严把生产一线员工安全知识、法律法规、安全规程学习关,常态化提升全员安全技能水平,夯实矿井安全基础。每月开展一次安全理论知识考试,对全员岗位危险源、标准作业流程等内容掌握情况进行考核奖惩,员工月度考核结果作为年底评优选先的依据,出现违章行为的员工一票否决,不予评选。自2019年开始,该矿开办了员工夜校,利用工余时间,组织矿上各专业经验丰富的技术能手讲授安全作业知识、设备原理、设备故障处理等。

该矿还推动员工学习多岗位生产技术,要求员工做到"精一门懂两门会三门",定期组织考核和轮岗,促进员工丰富技能知识,提升矿井人才储备和安全生产水平。

(二)精细管控科技赋能,消除风险隐患

该矿紧抓全员安全责任落实,建立健全了各部门、全岗位的安全生产责任制376项,全员安全责任清单750个。各级管理人员每天深入井上井下生产现场,监督检查岗位责任落实和标准化作业情况,每月开展考核,考核结果与工资挂钩。

该矿制定了《"三违"管理制度》,成立了"三违"管理委员会,通过"三违"人员帮教、回访等强化员工安全教育,规范员工作业行为,有效遏制不安全行为的发生。员工出现不安全行为要接受矿级、区队级的两级处罚。被处罚的员工要经过谈心疏导、班组检查、安全培训、亲情帮教、定期考评"过五关"教育培训才能重新上岗。

2018年以来,该矿推动矿井安全风险分级管控和隐患排查治理双重预防机制建设,按照

"1+4"安全风险辨识评估工作模式,每年开展年度安全风险辨识和各种专项安全风险辨识,根据辨识结果制作风险分布图张贴在生产区域,制作危险源辨识卡发放给每一名员工,定期考核,增强全员的风险防控意识。

2019年,该矿以《煤矿安全生产标准化基本要求及评分方法(试行)》为标准,打造了一套安全管理信息系统。该系统包含隐患管理、风险管理、法律法规、统计分析等20个模块,实现了对事故隐患排查治理记录统计、过程跟踪、逾期报警、信息上报的信息化管理,为矿井安全管理插上了"翅膀"。各级管理人员在井上和井下开展年度、月度、旬度、日检和节假日专项隐患排查工作时,可第一时间通过电脑、防爆手机将发现的隐患上传至该系统,及时消除隐患。

此外,该矿在采煤机、液压支架、泵站等主要生产设备上张贴二维码,员工用防爆手机扫描二维码就能现场获取设备操作流程、安全风险和防护措施,确保全员安全作业。

(三) 特色文化亲情助力,强化本质安全

该矿将打造独具特色、氛围浓郁的基层一线安全文化作为推动矿井安全生产工作的重要手段。组织全矿16个区队、48个班组根据岗位特点和工作实际,凝练出区队独有的文化品牌,制定安全愿景、树立安全目标,定期组织开展技能比武、事故案例警示教育、安全知识竞赛等活动,形成比学赶超的安全工作氛围。

该矿发挥亲情文化作用,在各区队会议室、井下生产区域设置亲情文化墙,定期组织开展家属座谈会、拍摄亲情微视频、员工家属下井慰问等活动,激励员工践行"以矿为家,用爱管家"的文化理念,牢记心中责任,遵守规章制度,安全标准作业。通过建立家属协管微信群,发挥家属协管力量,加强安全监管,并在节日和员工家属生日定期发送祝福短信。

该矿以"家"文化为引领,将安全文化渗透到全员心中,鼓励各部门、区队、班组打造独具特色的安全文化品牌、愿景、目标,促进员工由"要我安全"向"我要安全"转变。

(四) 党建引领提质增效,发挥骨干作用

该矿将党建工作深入融合矿井人才素质提升、基层班组建设、全员安全创新等工作,组织各区队、班组设立党员示范岗、党员责任区、党员先锋队,推动矿井安全生产提质增效。

2021年党史学习教育开展以来,该矿制定了《党史学习教育方案》和《我为群众办实事工作方案》,利用宣传展板、厂区广播、企业公众号、抖音等开展宣讲活动,在全矿形成了浓厚的党史学习氛围。

该矿积极深入实践"我为群众办实事"活动。该矿主要领导通过实地查访、组织座谈、广泛调研等深入一线区队,针对党的建设、安全管理、生产组织、人才培养、薪酬待遇、后勤保障方面收集意见建议,并建档督办。

第四节 安全培训管理创新经验

一、东欢坨矿推进员工素质提升工作,以高含金量培训打造硬核队伍

随着新设备、新材料、新工艺、新技术等信息化、智能化升级,以及先进管理方式的引入,员工

整体素质普遍偏低与之形成了企业发展的主要矛盾。东欢坨矿把员工素质提升工程纳入打造开滦集团领军型矿井建设的战略规划中,确立"企业发展人才至上、安全第一培训先行"的理念,开展大培训、大比武、大练兵、大提素"四大活动",创新实施精准培训,依托"互联网＋"智慧开滦工作思路指引,坚持把全员提素工作做真、做实、做到位。

(一)落实"人才强企"战略,为企业长远发展保驾护航

该矿提出一个愿景:通过全员素质提升工程的实施,培养更多的安全生产领军人才,打造一批煤矿技术骨干和技能蓝领,让每一个操作员工都争做安全标兵和技术状元,让每一个管技干部都争做安全管理和技术业务的首席专家。

从2018年开始,该矿确定"一年起步打基础、二年再训保达标、三年巩固提素质"的阶段性目标。到2020年年末,员工队伍综合素质要得到整体提升,专科以上学历操作岗位员工比例达到20%以上;高技能人才比例逐年提升,占全公司技术员工比例达到50%以上;员工受教育培训程度达到100%;一职多能和一人多证人员,达到在岗员工的80%以上。发挥培训提素的蝴蝶效应,采用师带徒模式,每名高技能人才都要培养一名徒弟达到高技能人才水平。同时,在公司年人均效率1 000 t基础上实现更高的目标,企业效益逐年递增10%以上。

(二)保障基础建设,为员工提素、培训提速铺路

该矿把员工素质提升、员工培训和科技创新工作纳入整体工作方案之中,从定目标、定项目、定责任、定时限、详细制定工作计划书,到主要领导亲自抓,常态化、持续化地开展培训、考试、技能晋级工作,促进学以致用的员工素质提升理念,不断细化、完善保障措施,为员工素质提升发展和培训创新工作提供保障和支撑。一是把培训作为一项主要的工作任务,强化培训中心组织机构和硬件建设,划拨专项资金建成集大师工作室、培训中心为一体的创新楼,并将创新楼整个二层(占地约490 m^2)作为办公、培训区域,可同时满足近200人培训,互联网＋教室配备43台计算机,3台教学电视,可满足42人无纸化上机考试。二是打造一支从各专业副总至基层单位优秀班队长和首席技师(技工)近百人全部参与的专兼职教师队伍,牵头组建各专业副总、主管工程师和各基层单位技术副职、技术员50多人的培训工作微信群,及时将培训工作相关的信息、要求、课程安排等情况第一时间传达到各单位,让培训管理部门和专兼职教师随时掌握每名员工的需求。三是建立健全工作制度保障体系。制定《东欢坨矿业公司煤矿从业人员素质提升工程实施方案》《东欢坨矿业分公司首席技师(技工)培养管理实施办法》《中共开滦东欢坨矿业公司委员会关于进一步加强专业技术和高技能人才培养的意见》等政策,严格按照集团公司要求每年按矿业公司工资总额的1.5%足额提取教育培训经费。在原有管理制度基础上,对标修订、完善,规范教学管理、教师管理、学员管理等7项内容,完善培训工作16项管理制度,细化21个工作步骤,修订年度培训规划内容及员工提素分步落实的工作计划,责成各单位、各部门正职为人才培养和培训工作的第一责任人,坚持人才培养和培训工作与安全、生产、技术、经营等工作共同部署、一并考核。将培训工作与安全生产一样执行一票否决,凡年度培训工作出现管理责任问题的单位取消年度先进区科和先进党支部的评选资格。

(三)创新培训方式,构建全方位立体式培训体系

(1)利用技能大师工作室实施高技能人才精准培训。发挥高技能人才和业务骨干在科技创新、技能攻关、技艺传承等方面的作用,强化带动引领,发动全体员工潜心钻研技术、解决安

全生产难题、悉心传授技艺,畅通高素质员工培养渠道,打造一支结构合理、素质优良、爱岗敬业的人才队伍。

(2)利用"三位一体"教学模式实施关键岗位精准培训。充分发挥现有机修加工车间、井下-690 m水平检修车间、矿井提升运行车间和选煤厂集控车间等4处教学实习基地和实训车间的先进设备和高技能人才优势,推行"课堂—实训基地—工作现场"三位一体教学模式,打造关键岗位"精准培训班"。

(3)利用"岗位描述"实施安全标准化培训。强化"员工听、说、做"训练。"听得进去",是指在班前会听规程措施贯彻、听事故案例的警示教育、听同岗位人员说工作标准,在井下小班前会听操作和安全注意事项、听标准化工序培训,让安全思想入心入脑,时刻绷紧安全弦。"说得出来"主要以井下各小组二次"班前会",该矿俗称小班前会为载体,制定小班前会制度,具体到每一个人应该怎么说、谁应该先说、谁应该补充、谁应该总结都制作了"说"的样本。管技人员下井期间通过走动式询问的方式督促员工说,让员工张得开嘴。"做得到位"则是"听"和"说"的检验,保证工作效果。为推动全员参与,该矿开展岗位描述活动,编制了涉及51个工种的《岗位描述说明书》,编排了作业场景、岗位职责、岗位操作等描述内容的岗位描述基本框架。各基层单位利用安全活动、班前会、班中整理和班后会逐人进行岗位描述培训和演练,班队长和盯岗干部督导员工将岗位描述内容实施到岗位。

(4)利用校企联合办学实施"四新"培训。目前,已与中国矿业大学(北京)、山东科技大学、华北理工大学、华北科技学院、河北能源职业技术学院等5所高校建立了联合办学意向,建立了共同制定专业人才培养方案,共同开发基于岗位需要的理论和实操一体课程及配套教材,共同拟定教师、师傅"双导师"教学团队的建设与管理,共同考核评价参培员工,共同进行教科研项目研发与技术服务等一系列制度,并与联合办学院校共享共建校内外实训基地。

(四)解决培训难题,激活员工素质提升内在潜力

(1)集中脱产培训与特殊辅导相结合。一是坚持从业人员集中培训与特殊辅导相结合的原则,由安全管理部和培训中心负责按照培训大纲的要求,针对公司一般从业人员工作实际,利用工作时间组织除三项岗位人员以外其他从事生产经营活动的从业人员进行不少于20学时集中脱产培训。二是区科负责组织具有安全生产管理经验的安全生产管理人员、技术人员和有实践经验的班队长,利用井下从业人员休假时间,开展形式多样、行之有效的不少于40学时集中脱产培训学习,并且公司给予参培人员双倍岗位工资的补贴。三是区科负责针对年龄大、学历低的员工采取一帮一或一帮二的特殊辅导,并签订帮教协议。

(2)线上与线下相结合。在传统学习培训的基础上,灵活运用互联网+培训技术,利用微课、微信群、动漫等现代化信息手段和电视、电脑、手机等员工喜闻乐见的载体进行网上培训学习。培训中心责成专人负责建立以各基层单位技术副职全部参与的培训工作微信群,为员工开展学习交流活动提供帮助和支持。该矿利用手机云端在线有奖答题App软件让每个员工可以通过手机扫二维码的方式进入手机答题系统,每次答题成绩就是等值积分,凡积分满100分起,可以换取等值物品,物品从几元钱的香皂、牙刷、牙膏到最高价值200元的凉席、蚕丝被,引导员工每天至少拿出1 h工余时间用在自主学习上。

(3)理论与实践相结合。一是由各区队、班组负责组织有实践经验或具有实际操作技能

的人员与各岗位人员结成帮对,制定教案,广泛开展规程措施现场对号活动,指导员工进行现场实操。二是结合具体岗位和生产现场实际,做到实际操作教学不脱离本岗位,不影响正常生产,不影响其他人员正常作业。注重培养员工行为规范养成、熟练掌握操作标准、遵守操作规程的基本操作技能。针对主要工种制定了22个工种、300余项工序标准及12个工种、63项手指口述标准,拍摄了防范性操作案例片100个,并严格组织了验收考核,合格工序超过500道,实现了标准操作全员全工种全覆盖。

二、淮北矿业集团的党管培训"喜乐培训"模式,助推企业高质量发展

淮北矿业集团前身为淮北矿务局,始建于1958年,1998年改制为淮北矿业(集团)有限责任公司,经过60多年的发展,现已成为以煤电、化工、现代服务为主导产业,跨区域、跨行业、跨所有制的大型能源化工集团。公司现有资产900亿元,已获得探矿权资源储量近百亿吨,在册员工6.5万人,生产矿井19对、在建矿井1对;年产原煤3 500万t、焦炭440万t、甲醇40万t、聚氯乙烯46万t,电力总装机规模200万kW,并形成了集物资贸易、航运港口、电子商务为一体的现代物流体系。

近年来,淮北矿业集团从改革体制机制入手,深入推进员工培训"四化四转变"(四化:科学化、市场化、信息化、品牌化;四转变:从"多数学"向"全员学"、"要我学"向"我要学"、"枯燥学"向"兴趣学"、"需求学"向"成长学"转变),着力以高质量培训锻造高素质队伍,以高素质队伍支撑高质量发展。

(一)实施党管培训,改革体制聚合力

培训是一个潜移默化的过程,随着时间的推移,知识会慢慢融入人的骨髓和血液里,从而必然会体现到员工岗位操作的举手投足之中。牵住了培训这个"牛鼻子",就等于下好了安全基础工作的"先手棋"。淮北矿业集团对培训工作的认识可以概括为以下三点:

第一,培训工作要求高,必须高看一眼。党的十八大以来,习近平总书记多次就安全生产工作发表重要讲话、作出重要指示,反复强调"人命关天,发展决不能以牺牲人的生命为代价"。对于煤炭这个高危行业而言,培训是安全生产的根本保障和百年大计,不仅关系到员工素质提升,更关系到员工生命安全。培训工作如果"得过且过",安全事故就会"得寸进尺"。《煤矿安全培训规定》(国家安全生产监督管理总局令第92号)的出台,进一步建立了企业自主培训、部门强化考核、执法与服务并重的安全培训管理新机制,对煤矿培训工作提出了更严的标准和更高的要求。全国煤矿安全基础建设推进大会提出,要坚持"管理、装备、素质、系统"并重,把素质过硬与管理科学、装备先进、系统优化摆在了同等重要的位置,培训也从软指标变成了必须要干而且必须干好的硬任务。这就要求我们必须高度重视、高看一眼,高标准、高质量落实好党和国家关于培训工作的政策法规和安排部署。

第二,培训工作分量重,必须重拳发力。习近平总书记指出,劳动者素质对一个国家、一个民族发展至关重要,要建设知识型、技能型、创新型劳动者大军。中共中央、国务院印发《新时期产业工人队伍建设改革方案》提出,要把产业工人队伍建设作为实施科教兴国战略、人才强国战略、创新驱动发展战略的重要支撑和基础保障,纳入国家和地方经济社会发展规划,造就一支有理想守信念、懂技术会创新、敢担当讲奉献的宏大的产业工人队伍。提高劳动者素质,根本在培养,关键在培训,只有培训抓得好,素质才能提得高。尤其对煤矿而言,随着技术、工

艺、装备不断更新,机械化、自动化、信息化、智能化程度不断提高,转型发展步伐加快,对高层次、高素质和高技能人才的需求更加强烈,员工素质与高质量发展不相适应的矛盾也日益突出,这要求我们必须把培训工作摆在重中之重的位置来审视,置于战略的层面来谋划,综合施策、重拳发力。

第三,培训工作难度大,必须大做文章。一是砍柴的不愿意磨刀,员工不愿学。煤矿是连续性生产企业,作业环境差、劳动强度大,员工时间、精力有限,往往不愿意参加培训,对培训"说起来重要、干起来次要、忙起来不要",尤其是遇到"工学矛盾"时,往往以"学"让"工",向培训"亮红灯"。二是砍柴的不会磨刀,员工不善学。相比其他行业,煤矿员工年龄普遍偏大,文化程度普遍偏低,接受新知识、新事物的能力也相对较弱。以淮北矿业集团为例,在岗员工5.4万人,其中50岁以上接近1万人,占18.5%;高中以下学历2.3万人,占42.6%。学习力不强,不仅会"消化不畅",而且易"营养不良"。三是砍柴的不喜欢磨刀,员工不乐学。培训存在"任务式"虚学、"两张皮"空学的形式主义倾向,内容载体不新颖,方式方法很生硬,有的煤矿在培训时,不论是培训干部还是培训工人,培训采煤工还是机电工,逢训必讲"煤是怎么形成的",让员工感觉乏味、昏昏欲睡。这些问题导致了培训质量不优、效果不佳,成为制约培训工作的"瓶颈"。这就要求我们必须坚持问题导向,突破"瓶颈"制约,做好员工培训这篇"大文章"。

淮北矿区自然灾害十分严重,瓦斯、水、火、煤尘、顶板全有,安全威胁大;所辖的19座煤矿遍布淮北、宿州、亳州三市,点多、线长、面广、井深,管理难度大,历史上曾发生过芦岭煤矿"5·13"特别重大瓦斯爆炸事故。惨痛的教训让淮北矿业深刻认识到"生命至高无上、安全永远第一、责任重于泰山",迫切需要通过培训提高员工安全技能和安全意识,保障安全生产。同时,淮北矿业全面推进"四化"建设,加速推进转型升级,纵深推进改革创新,迫切需要通过培训来打造一支数量充足、质量优良的高素质人才队伍。淮北矿业过去曾明确由集团行政全面负责,煤矿矿长直接抓培训,但效果始终不尽如人意。经过调研发现,矿长平时忙于安全生产和经营管理,工作千头万绪,对培训工作心有余而力不足,往往直接交由分管安全的副矿长具体抓,而安全副矿长能够调动的资源往往局限于其分管的部门,只能依靠一个系统、一个部门单打独斗唱"独角戏",导致培训工作构不成体系、形不成合力,达不到预期效果。通过深入分析,该集团认识到:培训是系统工程,是打基础管长远的大事。党管大事,理所当然就要管培训,而且党管培训也能充分发挥集中力量办大事的优势。基于此,淮北矿业集团从顶层设计入手,在体制上积极探索、大胆变革,提出了党管培训,由党委对培训工作把关定调、牵头抓总、引领保障,切实提高培训工作地位,树立培训工作权威,集中一切资源,发挥政治优势,协调各方力量,唱响"大合唱",让培训的音符传递到每个角落,像空气一样围绕在员工周围,无所不在、无时不有。

为压紧压实党管培训责任,集团建立了党委书记负总责、一名党委常委负主责、煤矿党委书记直接负责、班子成员分工负责的责任体系,把党委宣传部门作为培训工作的业务主管部门,把组织人事、人力资源、安监、工会等部门作为协管部门,形成党委"高举手"、党委书记"攥紧手"、班子成员"不缩手"、部门之间"手联手"的齐抓共管局面。

党委"高举手",就是坚持党委牵头抓总,把培训工作纳入党委重要议事日程,列入年度工作计划,与其他工作同规划、同部署、同落实;将培训工作纳入党委工作目标考核、基层党委书记抓党建述职评议考核、中层领导班子和领导人员年度履职考核。同时,建立党委安全生产巡察制度,聚焦安全责任,把培训工作作为安全生产巡察的重要内容,促进培训责任落实落地。党委书记"攥紧手",就是党委书记严格落实"一把手"责任,每年年初集团党委书记、煤矿党委书记分别主持召开党委常委会、党委会,对培训工作进行部署;定期听取培训工作汇报,研究解决重大问题,尤其是确保培训"机构、人员、经费、计划"四个落实到位。近年来,在大幅精简机构和精减人员的情况下,该集团坚持培训机构不减、人员不降,全力以赴保障培训力量。目前集团有国家二级煤矿安全培训机构1个,专门安全培训机构22个,安全培训管理人员93人、专职教师55人、兼职教师962人。班子成员"不缩手",就是班子成员按照"谁主管、谁负责"原则,做到工作职责管到哪里,培训职责就延伸到哪里,坚决不当"局外人"。强推煤矿班子成员垂直培训,要求班子成员发挥专业优势,面对面为分管范围内的员工授课,每人每年不低于8学时。部门之间"手联手",就是"管业务必须管培训",明确每个部门培训职责:党委宣传部门负责培训工作的计划制订、日常管理、政策指导、督促检查,组织人事和人力资源部门负责三支人才队伍的素质能力培训,安监部门负责各类安全培训,工会负责班组长、工匠大师培训,其他职能部门负责对口业务培训,让各部门各尽其职,车马炮各展其长,形成抓好培训的强大合力。

(二)坚持四轮齐驱,创新机制添动力

"知之者不如好之者,好之者不如乐之者。"在知识抵达心灵彼岸的过程中,员工的脚步是积极向前还是厌烦磨蹭,对培训效果产生重要影响。坚持党管培训,积极注入市场、工匠、平台等"添加剂""兴奋剂",严把源头准入关,使培训工作体制机制科学高效。

1. 坚持市场拉动,让培训更有价值

借鉴市场化的做法,把培训当作"产品"来经营,实行培训市场化管理,逐步形成"2级考核+5项收购"的培训模式。

2级考核。一级考核为矿对科区培训工作落实和完成情况进行考核兑现。各矿将市场化工资总额的10%(全年合计2亿元)作为培训工资进行切块。制定月度考核细则,根据科区落实培训责任情况及开展科区自培、班组自训、员工自学、师带徒培训、员工考试、技术比武等工作的效果,按比例兑现切块工资,让基层科区直观地看到"抓培训也能增效益"。二级考核为科区对一线员工、班队长参加的各类培训和考试核定单价,并根据完成情况兑现市场化工资,使员工切实感受"参加培训既能提技能又能增收入"。

5项收购。一是技能水平收购。对员工提升技能等级和师带徒培训效果进行收购。对首次取得中级工、高级工、技师、高级技师的员工分别给予500元、1 000元、2 000元、3 000元的一次性奖励,师傅每带出1名中级工、高级工、技师,分别给予500元、1 000元、2 000元的一次性奖励,让师傅和徒弟共同受益。二是技术能力收购。根据员工处理问题、解决问题的难易程度和完成质量实行技术收购,让员工切实感受到"技术就是工资、技术就是效益"。临涣煤矿将矿井机电故障分为5个等级,对应收购价格分别为100元、200元、300元、500元、1 000元,发生机电故障时,通过矿调度指挥中心及时发布信息,让有资质和能力处理的员工去认领,解决问题后可获取相应的"技术能力收购"工资。三是品牌课程收购。每年定期开展教师"品牌课程""精品微课"征集评选活动,最高分别按5 000元、4 000元收购;同时,集团内网开设"品牌课程"专栏,对"品牌课程"和"精品微课"按使用率为教师计提备课费用,让教师劳有所获、干有所值,切实体会到"精心备课也能增加收入"。四是培训工资收购。对员工参加脱产培训期间的工资进行收购,考核合格的,执行当月所在岗位员工平均工资待遇;考核不合格的,执行淮北市最低工资待遇,形成"参加培训也能挣工资"的鲜明导向,让员工安心培训。五是学历收购。根据《煤矿安全培训规定》要求,对学历不达标的班组长及以上管理人员进行学历教育,并对相关费用进行全额收购。2018年,按照严于《煤矿安全培训规定》的标准,组织1 440名班组长参加中专学历教育,收购金额173万元,实现了班组长100%达到在读中专或中专以上学历水平。

2. 坚持工匠带动,让培训更有品质

将育好、选好、用好工匠作为推进培训品牌化的重要抓手,发挥工匠在培训中的示范引领、辐射带动效应,实现"先富"带"后富"、"盆景"变"风景"。

建机制,畅通工匠成长通道。从优化顶层设计入手,制定出台《关于加强人才开发的实施意见》《淮北矿业2017—2020年工匠建设行动计划》,探索并形成符合矿区实际的工匠培养评价模式和方法。坚持高目标引领,明确提出到2020年,培养20名在全煤行业、全省乃至全国知名的"工匠大师",200名在全矿区具有引领带动作用的"淮北矿业工匠",2 000名经验丰富、实操能力突出的"能工巧匠"。坚持播种"匠心",组织开展主题研讨、经验交流活动,将工匠的技能技艺、成才故事、先进事迹与广大员工分享,营造"人人学习工匠、人人争当工匠"的氛围。同时,坚持"高技能人才不仅需要在课堂上教,更需要在实战中练",把理论学习与岗位练兵、技术比武有机结合起来,形成科区季度有练兵、煤矿年度有比武、集团两年有大赛的"比武练兵"机制,让员工在实践与竞技中不断提升技能素质。

提待遇,加大工匠激励力度。对"工匠大师""淮北矿业工匠"实行聘任制,在两年聘期内分别给予20万元、15万元年薪待遇。同时,凡被评为"工匠大师"的,技能等级直接认定为高级技师,被评为"淮北矿业工匠"的,技能等级直接认定为技师,并优先推荐省市重大人才工程项目和大师工作室等技能培训类资助项目,优先推荐行业级、省级、国家级工匠。几年来,累计评选表彰10名"工匠大师"、1名"名誉工匠大师"、39名"淮北矿业工匠"、458名"能工巧匠"。他们当中有的已成长为享誉全国的高技能人才,如工匠大师杨杰先后当选党的十八大代表、十三届全国人大代表,先后荣获"全国劳动模范""全国五一劳动奖章""中国高技能人才楷模""中华技能大奖""全国技能大师"等称号,享受国务院特殊津贴;工匠大师王忠才当选党的十九大代表,先后荣获"全国劳动模范""全国五一劳动奖章""全国十佳班组长""中国好人"等称号,享受国务院特殊津贴。

搭载体,发挥工匠引领作用。发挥人才的作用,关键还在于"用"。该集团将杨杰、王忠才等5位工匠大师调入技师学院,成立5个工匠大师工作室,每年分别给予20万元专项研究经费,并从各矿选拔精兵强将,为每名工匠大师配备60名优秀技能人才,组建5个工匠大师团队。一是创办"匠校",着力打造人才成长的"孵化器"。开办以工匠大师姓名命名的"冠名班",以工匠大师为带头人,积极开展"名师带徒",自编培训教材4套,根据员工的专业方向和需求,实施精准培训,通过高品质课堂传绝技、带高徒,切实发挥"滚雪球"效应。二是发挥"匠智",着力打造攻克技术难题的"尖兵连"。充分发挥工匠大师及其团队的集成优势,针对制约矿区安全生产的重大技术难题组织开展科研攻关。目前，已累计破解重大技术难题120余项，获得专利30余项，总结提炼经典案例130余项，并编制成《煤矿疑难技术问题大师方案》，创造直接经济效益超亿元。三是施展"匠能"，着力打造解决现场问题的"轻骑兵"。工匠大师团队实行机动作战，哪里有需要就往哪里去，哪里有问题就往哪里跑，重点解决各矿难以自行解决的疑难杂症。同时，工匠大师团队还建立了QQ群、微信群，为各矿远程诊断，实时解决生产中遇到的难题。目前，工匠大师团队已累计帮助各矿排除生产设备故障等1 000余次。

3. 坚持平台互动，让培训更有趣味

利用网络平台、仿真平台、实训平台，开展情境化、体感式互动培训，把枯燥的课堂搬上"云端"，把生硬的教学变成"游戏"，把抽象的理论转化为"实景"，进一步增强培训的吸引力、感染力。

网络平台"看"。创新实施"互联网＋培训"，针对不同层次、不同类型、不同岗位人员，开发网络直播课堂、手机微课堂、视频课堂，改变了"坐教室、看黑板、听讲课"的传统教学模式；把精品课程、绝技绝活、事故案例等录制成教学视频，上传至淮北矿业员工教育培训"云"平台，朔石矿业、童亭煤矿等单位也利用风靡网络的抖音App发布教学短视频，让员工可以通过手机随时学习，并进行经验分享、专家解答，实现"资料随时看，名师在身边"。坚持培训娱乐化、学习游戏化，建立网上培训积分商城，将各工种安全常识、操作要领、岗位职责等制作成游戏程序，组织开展"过关抢红包""积分换礼品"等活动，员工通过浏览手机做个游戏就能学到知识、获得奖励。开发培训管理信息化系统，借助信息化技术，实现员工安全培训需求统计分析、计划制订、课程设计、培训实施、效果评估、考核激励全程在线管理，并将培训考勤、考核、在线学习与人证一体机对接，让过去经常发生的代培、代考、代学等培训造假行为无影无踪。

仿真平台"感"。引进VR虚拟现实技术，模拟井下各种事故、工况及险情，通过事故场景再现，提前打"预防针"，让员工"亲历事故""重返现场"，切身感受到违章作业的危害，真正触及灵魂。梳理近年来煤矿生产中具有代表性的各类安全事故，制作出违章乘车伤人、钢丝绳回弹伤人、冒顶伤人等8个典型事故案例，组织员工观看体验，带来了强烈的视觉冲击力和巨大的震慑力。利用3D技术建设仿真操作平台，开发43项演练功能，员工通过电脑或手机，不仅可以直观地了解设备操作、维护保养、拆解组装、排除故障等步骤、环节，而且可以在平台上模拟操作，随时随地都能学知识、增本领。

实训平台"练"。2012年以来，集团先后投资近3亿元，在煤电技师学院建成了集实训和安全警示教育于一体的安全技能实训基地，拥有30多个实训车间、58个实操教学点以及总长890 m的模拟井下巷道。通过实训，把工作现场"搬到"基地，实现课堂与现场无缝对接、理论与实操深度融合。同时，根据各矿实际需要，分片区建立了设备维修、工程钻探、矿井机电、瓦斯防治等10个实操教学点。以实训基地为中心的"1＋X"实操平台，已完全满足井下、地面全部特种作业的实物操作考试或模拟机考试，成为真刀真枪练本领的"演兵场"。

4. 坚持源头管控，让培训更有效能

若要培训更有效，唯有源头紧起来。通过严格实行员工准入、职业准入、培训队伍准入，从源头入手，让员工素质提起来、培训队伍强起来、培训效果靓起来。

严格员工准入。对新招入员工实行"入企先入校、校企双师联合培养"，依托煤电技师学院,开设"订单班"集中培训。对初中学历人员实行3年制学习,在煤电技师学院学习一年,在煤矿实习两年;对大中专学历人员,在煤电技师学院学习3个月,考核合格即安排上岗。同时,大力引进本科及以上高等院校毕业生,对新进毕业生见习期工资待遇比照专业技术人员标准发放;建立基层组织部长联系毕业生制度,定期沟通交流,帮助解决实际问题。

严格职业准入。严格落实煤矿安全生产管理人员学历、经历资格要求。新上岗的特种作业人员均具备高中及以上文化程度,其他从业人员均具备初中及以上文化程度。同时,明确由集团组织(人事)部对煤矿矿长及管理人员进行资格把关。

严格培训队伍准入。强化培训队伍建设,在矿区范围内进行公开选拔,真正让有能力、有责任、有干劲又热爱培训的管理技术人员从事培训工作。建立初、中、高级内训师团队,将教师酬金由原来的每学时60～80元提升至每学时300～500元。建立并严格落实培训队伍考核制度,定期由培训主管部门、培训学员、监督员对培训工作人员工作业绩、教师授课水平进行评价,实施奖优罚劣,对不胜任工作的及时予以解聘。

(三)改革创新结硕果,坚定信心再发力

该集团在培训体制、机制上大胆创新,形成了契合上级要求、符合矿区实际的培训模式。"人人参与培训、人人乐于培训"的氛围更加浓厚;"培训是员工最大的福利""人人都可以成才,工作出色就是人才"已经成为全体员工广泛认同的价值理念。通过培训,员工实现了成长、得到了待遇、收获了荣誉,归属感、获得感、幸福感不断增强,学习的积极性高了,工作的精气神足了,有力推动了企业健康发展。

培训工作带动了安全生产、人才培养、科技创新等工作全面上台阶,为淮北矿业集团高质量发展提供了软实力和硬基础。集团安全形势持续向好,人才事业蓬勃发展,创新驱动硕果累累,企业发展稳中精进,转型升级全面提速,党管培训、喜乐培训模式助推淮北矿业集团实现经济总量和发展质量双提升。

复习思考题

1. 请结合本单位实际总结描述本单位在重大灾害治理创新方面的经验。
2. 请结合本单位实际总结描述本单位在基础管理创新方面的经验。
3. 请结合本单位实际总结描述本单位在企业文化创新方面的经验。
4. 请结合本单位实际总结描述本单位在安全培训管理创新方面的经验。

第十章
煤矿生产安全事故典型案例分析

☞ **学习提示** 开展煤矿生产安全事故典型案例分析,目的是不断提高安全生产管理人员安全生产意识,深刻吸取事故教训,重点从管理方面查缺补漏,警钟长鸣、居安思危,促进安全生产,达到"一人出事故、人人受教育,一矿出事故、矿矿受教育"的警示教育效果。

本章选取近年来发生的煤矿瓦斯煤尘、顶板、水灾、火灾、机电运输及其他类零打碎敲事故典型案例,按事故经过、原因分析、防范措施、事故教训与启示四个层次进行阐述,以启发煤矿安全生产管理人员把别人的事故当成自己的事故,把过去的事故当成现在的事故,针对岗位特点,压实安全责任,防微杜渐。

第一节 煤矿瓦斯煤尘事故案例

【案例 10-1】 贵州省金沙县某煤矿"4·9"较大煤与瓦斯突出事故

（一）事故经过

2021年4月9日8时50分左右，贵州省金沙县某煤矿井下发生煤与瓦斯突出事故，造成8人死亡、1人受伤，直接经济损失1238.22万元。

4月9日零点班，当班带班矿长肖某彬安排10901开切眼（下）施工超前排放钻孔。王某铁（班长）、张某桃等6人在10901开切眼（下）清理完煤矸并支护好后，施工超前排放钻孔。第1个钻孔施工至5 m时喷孔，肖某彬将人员撤至10901开切眼下出口往外约100 m处。甲烷浓度降低后肖某彬带领工人继续施工超前排放钻孔。6时许，施工至第13个排放钻孔时，再次发生喷孔，现场人员撤至10901开切眼（下）掘进工作面两道防突风门之间。6时20分许，肖某彬将10901开切眼（下）打钻喷孔严重等情况电话告知矿长王某深。7时40分许零点班工人升井。当班一共施工13个排放钻孔，第1个孔深5 m，其余均为4 m。

4月9日7时许，施工单位带班矿领导赵某波主持召开早班班前会，当班共49人入井，10901开切眼（下）盯班矿领导为李某朋。罗某波按班前会工作安排，组织张某（班长）、陈某凯（瓦斯检查工）、王某强、钟某留、廖某銮、程某、谢某书等7人到10901开切眼（下）施工超前排放钻孔，其余人员在980车场发料、827水仓清理、10902开切眼底抽巷掘进，施工单位谭某富跟班。7时45分许，李某朋、谭某富、张某、陈某凯、王某强、钟某留、廖某銮、程某、谢某书入井进入10901开切眼（下）。8时许，肖某彬、李某先后将喷孔严重等情况告知李某朋后升井。8时30分许，陈某凯检查10901开切眼（下）掘进工作面瓦斯正常，张某安排王某强、陈某凯去开切眼往外20 m左右位置搬钻机钻杆，谭某富将人员位置监测系统识别卡交给张某后升井。8时47分，冲击波将进入10901运输巷准备吊挂电缆的杂工黎某权冲倒，矿井安全监测监控系统显示10901运输巷回风甲烷传感器（T2）、10901运输巷煤仓甲烷传感器、总回风巷甲烷传感器先后超限报警（最高浓度达75.99%），事故发生。

（二）原因分析

1. 直接原因

10901开切眼布置在具有煤与瓦斯突出危险性的M9煤层，10901开切眼遇地质构造，煤层变厚，构造应力和采掘应力叠加导致突出危险增大；底抽巷穿层预抽开切眼煤巷条带瓦斯钻孔未覆盖开切眼掘进区域，区域防突措施失效，煤层实际未消除突出危险性，施工超前排放钻孔诱发煤与瓦斯突出。

2. 间接原因

（1）某煤矿安全生产主体责任不落实。

① 出现明显突出预兆，仍冒险组织作业。该煤矿在10901开切眼（下）掘进工作面及前方出现地质构造，且已出现喷孔、顶钻等明显突出预兆后，未停止施工，也未按规定重新执行区域

防突措施,冒险组织作业导致事故发生。

② 隐瞒重大问题和隐患,蓄意逃避监管。a. 隐瞒井下瓦斯涌出真实情况。采用将甲烷传感器放入压风自救袋或风筒内、用压风管吹甲烷传感器进气口等方式人为造成甲烷传感器失效,不能反映井下瓦斯涌出真实情况。b. 隐瞒井下存在突出预兆的重大隐患。采取不记录喷孔、顶钻,也不通过电话向调度室汇报等方式隐瞒井下存在突出预兆的情况。c. 干扰、妨碍监管人员入井检查。为逃避监管检查,在监管人员到矿检查时,立即电话通知井下隐蔽真实情况,特别是 4 月 6 日井下出现喷孔和瓦斯超限后,煤矿以井下不具备检查条件为由阻碍驻矿安全监管员入井复核 K_1 值。

③ 区域防突措施失效。a. 10901 开切眼底板穿层钻孔预抽开切眼煤巷条带瓦斯存在抽采空白带,导致区域防突措施失效。《10901 开切眼防突专项设计》规定 10901 开切眼底抽巷的坡度为 $+27°$,煤矿会议决定将施工坡度调整为 $+18°$,实际成巷坡度为 $+14.2°$,但未调整区域穿层抽采钻孔设计参数,造成钻孔未穿透煤层,未完全覆盖 10901 开切眼(下)掘进条带区域,存在抽采空白带,煤体未消除突出危险。b. 煤矿在 10901 开切眼(下)掘进工作面及前方出现地质构造,且已出现喷孔、顶钻等明显突出预兆后,未继续执行区域防突措施。

④ 未履行建设单位工作职责。a. 对井巷施工招标管理不到位。对苏某涨等人冒用资质取得某煤矿的二期井巷建设工程的情况失察,对施工单位未按招标文件的承诺派驻人员的问题未纠正,未将工程款打入中标公司指定账号。b. 对施工单位监督管理不到位。与施工单位安全职责分工不清,未督促施工单位健全安全生产管理机构、配齐专职安全生产管理人员等;10901 开切眼(下)施工期间,由煤矿实际履行了现场管理职责。c. 无监理的情况下组织施工。在 2019 年 12 月监理合同到期,2020 年 9 月监理工程师离矿的情况下,采用伪造监理合同和冒用监理签名等方式继续组织井巷工程施工。

⑤ 安全和技术管理混乱。a. 安全管理职责不清。安全管理职责与岗位职责不清,多人分管同一部门未明晰职责。b. 瓦斯地质工作不到位。未查明 10901 开切眼中部煤层变厚、地质构造复杂等地质情况。c. 技术资料审批流于形式。对 10901 开切眼消突评价报告审查时,无人指出 10901 开切眼底抽巷竣工资料坡度与实际成巷坡度不一致的问题。d. 违反突出煤层掘进和井巷贯通有关规定。10901 开切眼(上)、10901 开切眼(下)在相距不足 60 m 时仍相向掘进,小于 50 m 以前未实施钻孔一次打透,直至事故发生。

(2) 某煤矿挂靠的上级 A 公司未认真履行安全管理职责。① 技术措施审批把关不严。对某煤矿上报的《10901 开切眼煤巷掘进工作面瓦斯抽采达标评判报告及消突评价报告》审查不认真,对 10901 开切眼底抽巷竣工资料坡度与实际成巷坡度不一致,造成底板穿层钻孔预抽开切眼条带存在空白带导致区域防突措施失效的问题失察。② 对某煤矿的安全检查工作流于形式。对某煤矿人为造成甲烷传感器失效、突出煤层巷道贯通前未按规定采取措施、出现突出预兆后仍冒险组织作业等失察。

(3) 上级 B 公司履行主要投资人和实施管控的职责不到位。① 对金沙县某煤矿建设资金拨付不及时、不到位,造成安全投入不足。② 对某煤矿安全管理不到位,派驻人员未认真履行安全监督管理职责,对某煤矿人为造成甲烷传感器失效、出现突出预兆后仍冒险组织作业等失察。③ 对某煤矿无监理单位的情况下组织施工、施工单位安全管理机构不健全等重大隐患不制止、不纠正。④ 对井巷施工招标管理不到位。对苏某涨等人冒用资质取得某煤矿的二期井巷建设工程的情况失察。

（4）施工单位主体责任不落实。① 苏某涨等人冒用 A 公司资质，并私刻 A 公司的公章参与投标，取得某煤矿的二期井巷建设工程合同。② 安全管理机构不健全，安全管理不到位。未按招投标文件的承诺向某煤矿项目部派驻人员，未按要求配备管理人员和技术人员，未健全安全管理制度，相关人员也未认真履行岗位职责，甚至是安排人员挂名但不履行职责。③ 某煤矿隐瞒井下瓦斯涌出情况和出现明显突出预兆后未停止施工，仍由某煤矿履行现场管理职责，冒险组织作业。

（三）防范措施

（1）严格区域和局部防突措施管理。区域和局部防突措施不到位严禁组织生产。

（2）倾角近 30°的突出煤层相向掘进工作面距离小于 60 m 时，必须按规定停止一个掘进工作面掘进。

（3）施工地点出现煤层变软、倾角增大、揭露构造的情况下，必须采取相应措施，严禁抢进度进行掘进作业。

（4）严禁用压风自救系统的压风吹工作面的瓦斯传感器。

（5）严禁在应力叠加区施工掘进工作面。

（6）加大煤矿建设资金的投入，确保瓦斯治理到位。

（7）严格落实企业主体责任，建设单位安全监管责任和施工单位现场管理责任都必须落实到位。

（8）某煤矿、A 公司、B 公司的相关安全生产管理人员要履职尽责，充分发挥自己的岗位职责，管理好本职范围内的业务，尤其要把好安全关，及时发现并制止、纠正现场出现的重大隐患，尽职责管理好矿井安全生产。

（四）事故教训与启示

1. 事故教训

（1）隐瞒重大隐患，蓄意逃避监管。该煤矿采用将甲烷传感器放入压风自救袋或风筒内等方式人为造成甲烷传感器失效；隐瞒井下存在突出预兆的重大隐患，并在监管人员到矿检查时隐蔽现场真实情况。

（2）区域防突措施不到位。掘进工作面已出现喷孔、顶钻等明显突出预兆后，未按规定重新执行区域防突措施。

（3）安全技术管理混乱。该煤矿未明确安全管理与岗位职责，未查明掘进工作面地质构造复杂等情况，未执行两个相向煤巷掘进工作面之间距离不得小于 60 m 的规定。

2. 事故启示

（1）隐瞒重大隐患，蓄意逃避监管，必然要发生事故。所以，发现有重大隐患时必须立即整改处理，严禁冒险作业。

（2）两个"四位一体"防突措施必须执行到位。防突措施执行不到位，严禁组织生产。

（3）安全技术管理必须严格落实到位，安全管理与岗位职责必须明确。否则，管理混乱必然要发生事故。

(4) 本起煤与瓦斯突出事故暴露出煤矿与上级公司的部分安全生产管理人员履职尽责不到位，没有发挥自己应有的岗位职责。事故启示我们：安全生产管理人员在今后的安全生产管理工作中要做到熟练掌握瓦斯防治知识，增强安全意识，尤其要把"安全第一"理念落实到实际工作中，履职尽责抓好现场管理，杜绝重大隐患发生，确保矿井安全生产。

【案例 10-2】 山西省某煤业公司"10·20"较大瓦斯爆炸事故案例

（一）事故经过

2020 年 10 月 19 日 22 时 30 分，某煤业公司安装队跟班队长黄某峰主持召开班前会，给当班出勤的 16 人安排当班工作任务，后陆续入井。事故前，1208 回风平巷密闭墙外共 8 名作业人员，其中绞车司机郭某红，跟车工李某斌、秦某斌和牛某明使用回柱绞车牵引平板车对 1208 回风平巷杂物进行清理，绞车司机张某龙等待提升信号，洒水工张某明在巷道内进行洒水灭尘，班组长李某在平板车前方查看路况，黄某峰在 2 号绞车硐室内。

10 月 20 日 2 时左右，李某斌听到爆炸声响。爆炸产生的冲击波将东密闭墙摧毁，飞出的密闭墙料石将绞车司机郭某红，3 名跟车工李某斌、秦某斌、牛某明和班组长李某击倒。绞车硐室内的黄某峰被气浪冲晕。洒水工张某明和绞车司机张某龙自行撤退至安全区域。

事故造成 4 人死亡，1 人受伤，直接经济损失 1 133 万元。

（二）原因分析

1. 直接原因

废弃开切眼两侧密闭墙漏风使局部区域内形成瓦斯爆炸气体条件，顶板突然垮落或剧烈变形，金属支护材料相互摩擦或与巷道内的金属物体撞击产生火花，引起瓦斯爆炸；瓦斯爆炸产生的冲击波瞬间摧毁密闭墙，飞出的密闭墙料石致人伤亡。

2. 间接原因

（1）该煤业公司违反上级公司"一通三防"管理制度有关规定，东、西密闭墙不按标准设计、不按设计施工、未跟踪监督施工过程，工程质量监督缺位，验收工作走过场，导致密闭墙质量不合格，墙体抗冲击强度不够，存在漏风。

（2）该煤业公司没有严格落实安全风险辨识、管控制度，对封闭废弃开切眼内存在的风险认识不到位，对封闭废弃开切眼内存在的冒顶、爆炸等风险未进行认真辨识，管控措施不到位。

（3）该煤业公司安全生产管理责任落实不到位，未按要求每月组织召开重大安全风险管控分析会议，未分析重大安全风险管控措施落实情况及管控效果，未布置月度安全风险管控重点，没有发现制度存在的漏洞、缺陷和制度执行中存在的问题，安全管理存有盲区、死角。

（4）某集团及某分公司对该煤业公司 1208 旧开切眼封闭情况不了解、不掌握，没有认真落实"变化管理"要求，落实《技术审批管理办法（试行）》不到位，落实某集团《关于开展 2020 年三季度安全生产大检查及落实〈关于特殊时期加强企业风险防范措施的决定〉的通知》文件精神不力；对该煤业公司存在的安全问题隐患失管失察，监督检查不到位。

（三）防范措施

（1）该煤业公司要完善管理制度，严格井下密闭墙等隐蔽工程的设计、审批、施工、验收全过程管理。

（2）该煤业公司要全面加强全矿井风险辨识工作。

(3) 该煤业公司要全面落实风险分级管控和隐患排查治理双重预防机制。

(4) 该煤业公司主体企业要强化监督检查，切实落实企业主体责任。

(5) 该煤业公司的相关安全生产管理人员要履职尽责，充分发挥自己的岗位职责，管理好本职范围内的业务，把好工程标准设计关及施工安全技术措施审批关，督促施工单位按设计和措施施工，严把工程质量验收关，不合格的工程质量不予验收并督促施工单位及时整改。

（四）事故教训与启示

1. 事故教训

(1) 密闭墙不合格。密闭墙不按标准设计，现场施工无人监督，密闭墙验收流于形式。

(2) 安全风险辨识管控不到位。未对封闭废弃开切眼内存在的冒顶、爆炸等安全风险进行辨识，未将质量不合格的密闭墙纳入风险管控范围。

(3) 上级公司监督检查不到位，对该煤业公司密闭墙设计、施工、验收工作中存在的问题隐患失管失察。

2. 事故启示

(1) 井下通风设施施工不合格，埋下了事故隐患，不发生事故是偶然，发生事故是必然。所以，这起事故告诉我们，井下通风设施必须按照设计标准施工，必须有人监督、验收，质量不合格严禁投入使用。

(2) 井下安全风险辨识管控必须到位。质量不合格的密闭墙未纳入风险管控范围是安全管理缺失和漏洞。

(3) 上级公司对管辖的矿井安全生产监督检查必须到位，对存在的问题隐患失管失察必然要引发事故。

(4) 本起瓦斯爆炸事故暴露出煤矿、上级公司的部分安全生产管理人员履职尽责不到位，没有发挥自己应有的岗位职责。事故启示我们：安全生产管理人员在今后的安全生产管理工作中要提升技术管理水平，熟练掌握瓦斯防治知识和技术规范标准，提高编制与审批规程措施的能力，为矿井安全生产提供有力的技术支撑。

【案例10-3】 山东省某煤矿"8·20"较大煤尘爆炸事故案例

（一）事故经过

2020年8月19日21时30分，某煤矿采煤三区值班技术员杨某委组织召开夜班班前会，安排工作并强调有关注意事项。当班是生产班，出勤19人，分别是：副区长路某贞负责跟班，班长李某锋负责人员分工、组织生产；刘某金、某新负责开采煤机割煤，验收员李某洋负责工作量验收；副班长郭某亮，采煤工孙某臣、孙某坡、丁某华，支架工彭某升、王某朋、白某振、某省在工作面负责操作支架、放煤等工作；刮板输送机司机鹿某清操作工作面刮板输送机，采煤工卢某方在转载机排水点排水，带式输送机司机徐某会在胶带巷操作第3部带式输送机，某龙在二联巷操作第2部带式输送机，泵工高某军和电工李某民在工作面外液压泵站处负责维护供液和机电巡查。另外，运输工区某城在35000采区胶带集中巷巷口操作第1部带式输送机，安监员某军负责当班工作面安全巡查。

19日23时30分，当班人员陆续到达工作面。20日0时，采煤机从110#液压支架向刮板输送机机尾方向割煤，割至机尾后回头向机头方向割煤。3时，因35000采区集中运输巷第1部带式输送机故障,运输工区维修,采煤机停机。5时55分,采煤机恢复割煤,安监员某军离开工作面进入胶带巷。约6时26分,当某军走到第3部带式输送机机头三岔口外20 m时,感觉一股风流从工作面吹过来,判断工作面可能出事了,往外赶到液压泵站用语音广播向工作面呼叫,刮板输送机司机鹿某清回答说工作面出事了。某军立即回工作面查看,走到第3部带式输送机机尾附近,遇到从工作面出来的鹿某清、郭某亮、丁某华,3人头发烧焦,脸上黢黑,皮肤烧伤起皮。某军又往里走,到转载机处发现卢某方趴倒在排水点底板处,某军将其扶起靠在巷帮,继续向工作面查看,到刮板输送机机头,看到工作面内煤尘飞扬,能见度低。6时36分,某军用防爆手机向安监处汇报工作面出事了,抓紧派人下井救人。

事故发生时35003综放工作面区域共21人,徐某会、高某军、李某民、某龙、某城5人在防冲限员站以外各岗点,某军走出了防冲限员站,其余15人在限员站以里工作面区域。

事故造成7人死亡,9人受伤,直接经济损失1 493.68万元。

(二)原因分析

1. 直接原因

35003综放工作面采煤机截割过程中滚筒截齿与中间巷金属支护材料(锚杆、锚索、钢带)机械摩擦产生的火花引燃截割中间巷松软煤体扬起的煤尘(悬浮尘)导致煤尘爆炸。

2. 间接原因

(1)现场管理不到位。

① 安全措施不落实。事故当班现场作业人员未按规程措施要求及时拆除巷道锚杆盘、钢带和锚索索具,也未及时拆除缠绕在采煤机滚筒上的锚索,滚筒带动缠绕的锚索旋转导致扬尘增加并产生火花。

② 综合防尘措施落实不到位。未严格按《某煤矿2020年度综合防尘措施》进行综合防尘,采煤机内喷雾堵塞未及时处理,推采过程中支架间喷雾、放顶煤喷雾不正常使用。未按设计进行煤层注水。

③ 采煤机司机无证上岗。事故当班安排未取得采煤机司机特种作业操作证的人员操作采煤机。

④ 现场安全管理不严。管理人员未制止现场人员不按规程措施作业的行为,对现场防尘技术措施不落实,监督管理不到位。

(2)安全风险管控、隐患排查治理不到位。

① 安全风险管控不到位。35003综放工作面因村庄压煤搬迁,变更设计后工作面形成1条中间巷,某煤矿辨识出工作面过中间巷有煤尘爆炸风险后,管控措施针对性不强,没有对中间巷巷口因压力变化底煤变软的危害进行分析、评估;管控措施落实不到位,割煤前没有及时拆除中间巷两帮的托盘、钢带、金属网等支护材料。

② 隐患排查治理不力。煤层煤尘爆炸性指数为46.86%,具有强爆炸性,事故调查时发现矿井综合防尘方面存在隐患较多,但矿井隐患排查时没有将综合防尘类隐患作为排查重点,《某煤矿2020年1—8月隐患排查治理清单》中,1—8月矿井排查治理安全隐患210条,没有综合防尘方面的安全隐患。

③ 开展专项整治不到位。截止到事故发生时,煤矿开展的安全专项整治三年行动中,仅

排查出一般性问题隐患28条,没有形成问题隐患和制度措施两个清单,也没有排查出重大隐患和突出问题。

(3) 技术管理不到位。编制35003综放工作面作业规程时,未考虑中间巷因素,揭露中间巷后,未及时修改作业规程,未对通风、防尘等相关内容进行补充完善。安全技术措施审查不严格,《某煤矿2020年度综合防尘措施》缺少审批意见。某煤矿技术管理部门对规程措施在现场落实情况监督管理不到位。

(4) 生产组织不合理。现场设备老化、故障率高、维修量大。当班进行更换液压支架立柱、维修胶带工作用时达3 h,影响了生产进度,为赶进度,交接班前半小时仍在进行割煤作业,影响了正常交接班。

(5) 安全教育培训不到位。采煤机司机配备数量不足,事故当班人员均无采煤机特种作业操作证。对全员培训考核不合格的井下个别采煤作业人员未进行再培训,现场作业人员及安全管理人员对煤尘爆炸的危险性认识不足,对现场采煤机割煤时产生火花问题长期不重视。

(6) 某集团公司监督管理不到位。某集团公司对某煤矿现场管理、技术管理、安全监督管理、安全教育培训、安全风险管控隐患排查治理不到位及生产组织不合理等问题失察。某集团公司安全生产包保组工作失察,也未发现或纠正某煤矿存在的问题和隐患。

(三) 防范措施

(1) 加强"一通三防"管理,确保防尘措施落实到位。

(2) 强化灾害治理,提高防灾治灾能力。

(3) 突出源头防控,有效防控风险治理隐患。

(4) 坚持强基固本,加强安全教育培训工作。

(5) 提升相关安全生产管理人员履职尽责能力,发挥自己的岗位职责,管理好本职范围内的业务,深入现场排查隐患,发现问题及时督促施工单位落实整改。

(四) 事故教训与启示

1. 事故教训

(1) 该煤矿现场管理不到位。事故当班现场作业人员未按规程措施要求及时拆除巷道锚杆盘、钢带和锚索索具,也未及时拆除缠绕在采煤机滚筒的锚索,滚筒带动缠绕的锚索旋转导致扬尘增加并产生火花。

(2) 该煤矿综合防尘措施落实不到位。未严格落实综合防尘措施,采煤机内喷雾堵塞未及时处理,推采过程中支架间喷雾、放顶煤喷雾未正常使用,未按设计进行煤层注水。

(3) 该煤矿防范化解风险隐患不到位。该矿虽然辨识出工作面过中间巷煤尘爆炸风险,但管控措施针对性不强,没有对中间巷巷口因压力变化底煤变软的危害进行分析、评估,没有及时拆除中间巷两帮的托盘、钢带、金属网等支护材料,也未将综合防尘方面的隐患作为排查重点。

(4) 该煤矿安全管理不到位。35003综放工作面揭露中间巷后,未考虑中间巷带来的影响因素,未及时修改作业规程,未对通风、防尘等相关内容进行补充完善。现场作业人员及安全生产管理人员对煤尘爆炸的危险性认识不足,对现场采煤机割煤时产生火花问题长期不重视。

(5) 某集团对该煤矿现场管理、技术管理、安全监督管理、安全教育培训、安全风险管控隐患排查治理不到位及生产组织不合理等问题失察。

2. 事故启示

(1) 生产现场未按规程措施要求作业,必然会出现安全隐患,发生生产安全事故。所以,井下生产作业必须严格按照规程措施要求作业,方能杜绝事故发生。

(2) 生产中严格落实综合防尘措施,做到减尘措施和降尘措施执行到位,从源头上控制煤尘产生量,方能避免煤尘爆炸事故发生。

(3) 安全风险管控和事故隐患排查治理及防范化解风险隐患不到位,未将综合防尘方面的隐患作为排查重点,为事故发生埋下隐患。

(4) 加强煤矿现场管理、技术管理、安全监督管理、安全教育培训等全方位管理,细化责任落实,方能保障矿井安全生产。

(5) 本起煤尘爆炸事故暴露出煤矿部分安全生产管理人员履职尽责不到位,没有发挥自己应有的岗位职责。事故启示我们:安全生产管理人员在今后的安全生产管理工作中要提高现场安全管理水平,熟练掌握煤尘防治知识和管理标准,要经常深入生产现场检查隐患并督导落实整改,在矿井安全生产管理中发挥应有作用。

第二节 煤矿顶板事故案例

【案例 10-4】 云南省某煤矿"2·29"较大顶板事故

(一) 事故经过

2020 年 2 月 29 日,某煤矿共 22 人上中班。其中,在 3 号联络上山掘进工作面的 5 人具体工作分工是:岳某方、张某全负责 U 型支架安装,许某生、袁某荣、岳某文负责攉煤装煤。工作中,岳某方安装 U 型支架时手指受伤,于 19 时升井,班长岳某良便顶替岳某方继续作业。工作至 20 时,3 号联络上山掘进工作面突然垮塌,垮落的煤矸将岳某良、张某全、许某生、袁某荣、岳某文 5 人掩埋,造成 5 人死亡,直接经济损失 786 万元。

(二) 原因分析

1. 直接原因

3 号联络上山掘进工作面布置在 M_7 煤层中,坡度 35°,处于 F_{18} 逆断层构造带,煤层松软,易垮落。作业人员在支架与煤壁之间存在空帮空顶、上山掘进迎头未采取防止煤壁垮落防护措施的情况下冒险作业,顶板垮落导致事故发生。

2. 间接原因

(1) 煤矿违规组织建设,蓄意隐瞒生产情况。① 违反设计要求。3 号联络上山不属于某煤矿三期工程建设巷道。② 违规组织掘进。煤矿在没有接到某煤炭工业局下达同意复工复建通知书的情况下,擅自违规组织 3 号联络上山掘进作业。③ 蓄意隐瞒生产情况。矿长郑某宝组织有关人员采取"不制定作业规程、不向煤炭主管部门报备、不上图纸、不安装安全监控系统、不填写瓦斯检查数据"等多种方式蓄意隐瞒3号联络上山掘进作业,情节恶劣。④指使他人作伪证,干扰事故调查工作。事故发生后,刘某华、郑某宝等人在事故调查中作伪证或指使他人作伪证,并删除有关电话记录,干扰事故调查工作。

(2)煤矿安全管理混乱。①"五职矿长"配备不足。2020年春节后总工程师岗位无人在岗。②工作职责不清。投资人陈某龙委托刘某华全权管理煤矿并支付薪酬;矿长、生产副矿长、安全副矿长等人工作职责不清。③安全管理机构及职能部门人员配备不足,普遍兼职。煤矿通风安全科科长岳某良兼任班长,其未持有安全生产知识和管理能力考核合格证明,科室配备的人员为4名瓦斯检查工、4名安全检查工,均不是专职人员;其他职能部门负责人均未持有安全生产知识和管理能力考核合格证明。④煤矿现场安全管理混乱。3号联络上山工作面2月26日发生垮塌后,未采取有效措施处理空帮空顶,仍继续作业。

(3)煤矿技术管理不到位。①未按照《煤矿安全规程》规定编制3号联络上山掘进工作面作业规程。②未针对松软煤层及大倾角上山施工制定安全技术措施。③煤矿采掘作业规程编制缺乏针对性,审批把关不严、贯彻落实不到位,条件变化不及时修改或者补充安全技术措施。

(4)煤矿安全教育培训不到位。①违规培训。该矿不具备安全培训条件,节后违规组织从业人员安全培训。②假培训。该矿春节后收假,未按照《云南省井工煤矿其他从业人员安全培训大纲及考核标准》组织从业人员安全培训、考试考核。③部分从业人员未进行安全培训便入井作业。④日常培训教育不到位,职工自保互保意识差,缺乏基本的安全知识。

(三)防范措施

(1)切实抓好煤矿复工复产。要按照"谁主管、谁负责""谁验收、谁签字、谁负责"的原则,落实责任,不具备恢复生产建设条件的煤矿坚决不能恢复生产建设。

(2)切实抓好煤矿"打非治违"工作。违法违规行为仍然是当前煤矿事故频发多发的重要原因,要始终保持"打非治违"的高压态势,采取有效措施,强化联合执法,严厉打击违法违规行为。

(3)切实抓好煤矿顶板技术管理。采掘施工前要认真编制作业规程和安全技术措施,科学合理确定支护方式,有效控制顶板,防止空帮空顶。

(4)增强安全生产管理人员责任意识,上岗前必须经过安全生产知识和管理能力考核,取得考核合格证后方可上岗工作。

(5)严把规程措施审批关。相关安全生产管理人员要对每一个工程、每一个施工项目都编制作业规程或安全技术措施,并严格审批、贯彻,对施工条件发生变化的施工情况要及时补充安全技术措施。

(四)事故教训与启示

1.事故教训

(1)违规组织生产建设。在有关部门未批准复工复产的情况下,擅自组织生产。

(2)蓄意逃避监管。事故前采取不上图纸、不安装安全监控系统、不填写瓦斯检查数据、不制定作业规程、不向煤炭主管部门报备等方式蓄意隐瞒违规生产行为。

(3)安全管理混乱。"五职矿长"配备不全,工作职责不清;安全管理机构不健全,职能部门人员配备不足;采掘作业规程缺乏针对性。

2. 事故启示

(1) 违规组织生产建设,蓄意逃避监管,必然要发生事故。所以,严格按照相关规定组织建设,严禁擅自组织生产。

(2) "五职矿长"配备不全,工作职责不清,安全管理必然出现混乱。所以,矿井要想安全发展,保持持续稳定安全生产,就必须配备齐全安全管理人员,且工作职责必须到位。

(3) 督促检查不到位和安全管理失察也是导致事故发生的重要因素,因此必须增强驻矿监督员履职的责任心和督促检查工作能力。

(4) 本起顶板事故,暴露出煤矿部分安全生产管理人员履职尽责不到位,没有发挥自己的应有岗位职责。事故启示我们:安全生产管理人员在今后的安全生产管理工作中要提高现场安全管理水平,熟练掌握顶板防治知识和管理标准,提升作业规程和安全技术措施编制水平,提高作业规程和安全技术措施审批、贯彻责任意识。

【案例 10-5】 贵州省六盘水市某煤矿"11·10"较大顶板事故

(一) 事故经过

2021 年 11 月 10 日四点班,某煤矿安全副矿长彭某军组织召开班前会,总工程师陈某、机电副矿长刘某福、机电副总杨某村(当班带班矿领导)参加,安排井下维修 110401 采煤工作面回风巷、运输巷和 110702 回风联络斜巷。当班入井 28 人,其中掘进一队 4 名作业人员(谢某贤、黄某龙、杨某强、朱某友)到 110702 回风联络斜巷维修,瓦斯检查工为张某忠。16 时 40 分许,谢某贤、黄某龙、杨某强、朱某友、张某忠等 5 人入井,17 时 10 分许到达 110702 回风联络斜巷维修点。带班矿领导杨某付 16 时 30 分许到达 110702 回风联络斜巷,17 时 8 分许离开,未做任何工作安排。因 110702 回风联络斜巷中段顶板冒落,煤和矸石堵塞巷道,谢某贤、黄某龙、杨某强、朱某友先清理巷道里的煤和矸石,共清理出 4 车煤矸。17 时 30 分许,掘进一队队长贺某林到 110702 回风联络斜巷查看情况,交代现场作业人员注意安全后离开。18 时 30 分许,朱某友、杨某强、谢某贤、黄某龙一起经副平硐到地面,用架子车装好支护用的圆木(直径 15~20 cm,20 余根)人工推到井下 110702 回风联络斜巷维修地点附近,接着开始架木棚,木棚下宽 1.8 m、上宽 1.5 m、高 1.7 m,棚距 0.8 m。新架设木棚背帮但未接顶,木棚上部还有高约 2.2 m 的空间。由下至上先后架了两架木棚后,开始架第三架棚子。20 时 40 分许,谢某贤、黄某龙、杨某强在巷道右帮立圆木棚腿,瓦斯检查工张某忠站在 3 人左边(距离约 1 m),朱某友在架好的第二架棚子下面递材料。突然巷道顶板冒落,谢某贤、黄某龙、杨某强、张某忠被困,朱某友脱险后立即将情况及时报告矿调度室。

事故造成 4 人死亡,直接经济损失 744.4 万元。

(二) 原因分析

1. 直接原因

110702 回风联络斜巷布置在断层带,顶板不完整,木棚支护强度不够,巷道严重失修,未采取超前控制帮顶的措施空顶维修作业,顶板失稳冒落导致事故发生。

2. 间接原因

(1) 该煤矿安全生产主体责任不落实。

① 煤矿依法办矿、依法管矿意识淡薄。违章指挥,在没有编制维修安全技术措施的情况

下,违章安排维修作业;未分析110702回风联络斜巷遇地质构造、前期顶板已冒落、巷道超高不易支护的风险,未采取有针对性安全措施;不按规定报告事故,贻误事故抢救,强行安排人员冒险组织抢险救援,发生次生灾害。

② 煤矿安全管理不到位,人员配备不足,隐患排查治理流于形式。除配备9名安全管理人员外,没有配备其他工程技术人员;特种作业人员配备不齐,每班一个维修作业点只有1名安全员或瓦检员,事故地点当班没有安全员;隐患排查治理工作流于形式,未及时消除事故隐患。未按规定对从业人员进行入职培训,从业人员安全风险意识淡薄,违章空顶作业。

③ 未健全以总工程师为首的技术管理机构。技术管理不到位,未健全技术管理制度,未针对维修巷道顶板岩性及现场状况制定相应的安全技术措施。

④ 现场管理混乱,顶板管理不到位。矿级管理人员未落实安全责任,不遵守规定,擅自安排打开密闭维修作业;未安排专人现场观察顶板情况,违规使用已淘汰的木支护;未及时纠正作业人员违章作业行为。

(2)某公司未认真履行安全管理职责。

① 安全管理不到位。安全管理机构不健全、人员配备不足,公司机电运输部、安全管理部和通防部均只配备1人。2021年9月以来至该事故发生时公司只有6人,公司无安全副总经理。

② 疏于监督管理,未掌握该煤矿安全生产情况,安全检查流于形式。

③ 未组织分析所属煤矿存在的安全风险,督促煤矿隐患排查治理不到位。

(三)防范措施

(1)严禁违章指挥,严禁违规安排维修作业。打开密闭组织维修作业前必须编制维修安全技术措施。

(2)强化风险研判意识。施工遇地质构造、前期顶板已冒落、巷道超高不易支护的风险时,必须采取有针对性的安全措施,严禁违章空顶作业。

(3)安全管理必须到位。必须配足配齐安全管理人员和其他工程技术人员;特种作业人员必须配备齐全;必须按规定组织从业人员进行入职培训;严禁使用已淘汰的木支护。

(4)加大上级公司对所属煤矿的安全管理力度,安全检查要做到严、细、实。

(5)安全生产管理人员必须落实安全责任,遵守相关规定,严把技术关。坚决杜绝无作业规程和安全技术措施施工。

(四)事故教训与启示

1. 事故教训

(1)违章指挥,违规安排维修作业。该煤矿在没有编制维修安全技术措施的情况下,违章指挥,擅自打开密闭组织维修作业。

(2)风险研判意识不强。该矿未分析110702回风联络斜巷遇地质构造、前期顶板已冒落、巷道超高不易支护的风险,未采取有针对性安全措施,违章空顶作业。

(3)安全管理不到位。除配备9名安全管理人员外,没有配备其他工程技术人员;特种作业人员配备不齐,事故地点当班没有安全员;隐患排查治理工作流于形式,未及时消除事故隐患;未按规定组织从业人员进行入职培训;违规使用已淘汰的木支护。

(4)不按规定报告事故,贻误了事故抢救时机,又贸然组织抢险救援,导致发生次生灾害。

2. 事故启示

(1) 井下任何工程施工前必须编制作业规程或安全技术措施，无作业规程或安全技术措施严禁施工。

(2) 违章空顶作业就是冒险蛮干，是严重的重生产轻安全违法违规行为，必须坚决制止和摒弃。

(3) 煤矿要实现安全生产，就必须配齐满足生产需要的工程技术人员和特种作业人员，按规定组织从业人员进行入职培训，只有这样，安全管理才能到位。

(4) 本起顶板事故暴露出煤矿部分安全生产管理人员履职尽责不到位，没有发挥自己应有的岗位职责。事故启示我们：安全生产管理人员在今后的安全生产管理工作中要提高现场安全管理水平，熟练掌握顶板防治知识和管理标准，提升作业规程和安全技术措施编制水平，提高作业规程和安全技术措施审批、贯彻责任意识，坚决杜绝无作业规程或无技术措施施工。

第三节 煤矿水灾事故案例

【案例10-6】 湖南省衡阳市某煤矿"11·29"重大透水事故

(一) 事故经过

2020年11月29日7时，A煤矿矿长王某勇主持召开调度会，副矿长谢某菊、张某，总工程师郑某军，值班班长张某峰、蒋某洪、王某桂，包工头李某成、周某荣、杨某等参加了会议，共安排10个作业地点37人下井作业。早8时，周某荣、董某彪等15人相继下井。8时50分，董某彪、王某恒、谭某文3人到达－500 m水平61煤一上山，查看完工作面迎头情况后，留下谭某文负责放煤，董某彪和王某恒到61煤北运输巷推车。10时20分，工作面迎头传来煤炮声，一直响个不停。11时30分，董某彪从－500 m水平大巷推空矿车至距61煤一上山口约10 m处，看到大量煤和水从里面冲出来，且伴有"轰隆隆"的响声，水和煤瞬间涌至董某彪膝盖。董某彪用背一边挤矿车一边扒煤，向－500 m水平大巷逃生，并大声喊"穿水了，快跑"。－500 m井底车场的把钩工王某荣听见喊声后也立即向上逃生。两人逃生至－230 m水平，用电话向调度室值班员王某成报告了井下透水事故情况后，自行升井。在－290 m水平作业的人员接到调度室电话后也全部自行安全升井。

事故造成13人死亡，直接经济损失3 484万元。

(二) 原因分析

1. 直接原因

A煤矿超深越界在－500 m水平61煤一上山巷道式开采急倾斜煤层，在矿压和上部水压共同作用下发生抽冒，导通上部B煤矿－350～－410 m采空区积水，老空积水迅速溃入A煤矿－500 m水平，并迅速上升稳定至－465 m，导致井巷被淹，造成重大人员伤亡。

2. 间接原因

(1) A煤矿：

① 非法开采国家资源,隐瞒超深越界行为。2020年5月横穿B煤矿井田开始开采国家资源,累计越界巷道4 000 m、超深103 m;通过篡改巷道真实标高、不在图纸上标注、井下设置假密闭、不安装安全监测监控系统和人员位置监测系统等方式蓄意隐瞒超深越界行为。

② 违法组织生产,逃避政府部门监管。A煤矿在煤矿安全生产许可证注销、未取得技改手续情况下,以整改之名违法组织生产,仅2020年违法生产出煤5.56万t;通过在工业广场入口处设置门哨、蓄意安排驻矿盯守员居住在远离出煤井口、擅自拆除提升绞车和入井钢轨封条、夜间提煤期间切断出煤井口视频监控电源等手段,逃避地方政府和部门监管。

③ 违章指挥,冒险蛮干。A煤矿安全红线意识缺失,违章指挥在老空水淹区域下开采急倾斜煤层;作业人员心存侥幸,冒险蛮干,顶水作业,事故前1 h出现明显透水征兆后,未及时从危险区域撤出。

④ 安全管理混乱,主体责任不落实。A煤矿未落实企业主体责任,未按规定设置安全管理职能部门,未配备相关安全管理人员;"三专两探一撤"措施严重缺失,未配备防治水专业技术人员和探放水设备;将井下采掘工作面承包给多个包工队,以包代管;违规申领、使用和存放火工品;-500 m水平采用剃头下山开采、坑木支护、压风管路供风、巷道式放顶煤、多头面组织生产。

(2) B煤矿:

① 非法开采国家资源、违法组织生产。矿井主、副斜井直接落在未划定矿权国家资源区域,经实测越界巷道总长度达4 002 m;在煤矿安全生产许可证注销后,仍然违法组织生产,仅2020年违法生产出煤5.16万t。

② 相互连通、冒险蛮干。B煤矿井下有6处越界巷道与周边矿井连通,造成采掘混乱;采用剃头下山开采A煤矿事故区域上方国家资源后,采空区积水达4.2万m^3未及时排放,造成严重水患。

(3) 中介机构。湖南省煤田地质局某勘探队某项目部严重不负责任,明知A煤矿设置的活动铁门和孔格状结构密闭不符合要求,未向自然资源部门提出立即整改意见;测量A煤矿巷道走过场,出具的巷道测量鉴定报告结论与A煤矿真实开采情况严重不符。

(三)防范措施

(1) 严厉打击非法开采国家资源、隐瞒超深越界开采行为。

(2) 严禁违法组织生产,坚决打击逃避政府部门监管违法生产行为。

(3) 杜绝违章指挥、冒险蛮干行为。

(4) 强化安全管理,认真落实企业主体责任。

(5) 安全生产管理人员要认真履行职责,严把技术管理关。严禁私自篡改技术资料参数,更不得在技术资料上造假。

(四)事故教训与启示

1. 事故教训

(1) 长期超深越界,盗采国家资源。A煤矿2011年以前就已经越界开采,2019年年底就超深越界至-500 m水平;通过篡改巷道真实标高、不在图纸上标注、井下设置活动铁门密闭、不安装监控系统和人员定位系统等方式逃避安全监管。

(2) 违法组织生产。A煤矿在安全生产许可证注销、地方政府下达停产指令、等待技改期间,擅自拆除提升绞车和入井钢轨封条、切断主井井口视频监控电源,昼停夜开,违法生产。

(3) A煤矿采用巷道式采煤,坑木支护,采掘布局混乱,多头作业,通风系统不健全,未形成2个安全出口,部分采煤工作面使用压风管路通风;将井下采掘作业承包给多个私人包工队,以包代管,仅事故区域就有3个包工队。

(4) A煤矿在-500 m水平61煤采掘期间,明知工作面上方采空区存在积水,仍然心存侥幸,冒险蛮干,在老空水淹没区域下违规开采急倾斜煤层。

(5) 违规申领火工品且管理混乱。A煤矿明知其属于停工停产待建矿井,多次借整改之名违规向某市公安局民爆大队申领火工品;在公安机关清缴火工品期间,擅自拆除民爆物品仓库封条,使用火工品组织生产,并采取多领少用的方式,违规处置剩余火工品。

2. 事故启示

(1) 煤矿存在重大事故隐患冒险作业,不发生事故是偶然,发生事故是必然。因此,这起事故警示我们,存在重大事故隐患不整改而继续冒险作业,必然要发生事故。

(2) A煤矿逃避执法监督监察,违法违规组织生产。无视国家法律法规,胆大妄为,偷着组织生产,这种行为必然要出事故,必然要受到严惩。

(3) 作为安全生产管理人员要深刻吸取这起事故的教训,认真履行好工作职责,严格依法依规组织生产,遇有重大事故隐患必须立即整改,绝不能冒险作业。

(4) 本起透水事故暴露出煤矿部分安全生产管理人员履职尽责不到位,没有发挥自己应有的岗位职责。事故启示我们:安全生产管理人员在安全生产管理工作中必须有法治意识,熟练掌握防治水知识和管理标准,提高技术资料管理责任意识,坚决不允许私自篡改技术参数和杜绝技术资料造假。

【案例10-7】 新疆维吾尔自治区呼图壁县某煤矿"4·10"重大透水事故

(一) 事故经过

2021年4月10日15时左右,新疆某煤矿(以下简称A煤矿)综掘八队、综掘三队各自召开班前会,安排当班回风巷、运输巷进行掘进作业,运输巷进行探放水钻探作业。当班井下带班领导为生产副矿长严某平。

15时30分前后,严某平和27名工人入井。综掘八队张某亮等10人在回风巷掘进作业,综掘三队曹某力等人在运输巷掘进作业,探水队陈某星等人在运输巷第九循环钻场施工探放水钻孔,安全员王某喜,瓦斯检查工鲜某林、陈某辉负责巡检,水泵工黄某华到水泵房抽水,带式输送机司机杨某元到运输上山煤仓口开带式输送机。18时11分许,回风巷迎头甲烷传感器信号上传中断,煤矿监控中心站系统报警。在回风巷二部带式输送机机头作业的司机林某雨突然听到迎头方向传来"嘭"的一声闷响,随后输送带松弛,电机断电,照明灯熄灭,同时他感觉风量增大、明显变凉,立即向迎头打电话,听到电话发出忙音便意识到出事了,扔下电话就向外跑。他跑出回风巷后,看到鲜某林、王某喜和一部带式输送机司机陈某秋在五岔门,遂急忙喊"老王,迎头出事了,赶紧跑"。王某喜拿起电话准备向调度室汇报,同时看见水从平巷流出,随即放下电话大喊"跟我走,出事了,赶紧跑"。陈某秋、林某雨、王某喜多人沿着轨道上山向上跑逃生,鲜某林反方向朝下往井底车场跑去。

18时15分20秒,李某沛向运输巷工作面打电话,通知井下带班领导严某平"回风巷透水了,抓紧撤人"。

此次事故造成21人死亡,直接经济损失7 067.2万元。

(二)原因分析

1. 直接原因

B4W01回风巷掘进至1 056.6 m(平距)时,掘进迎头与B煤矿1号废弃轨道上山之间的煤柱仅有1.8 m。A煤矿违章指挥、冒险组织掘进作业,在老空积水压力和掘进扰动作用下,B煤矿老空水突破有限煤柱,通过1号废弃轨道上山溃入A煤矿B4W01回风巷,造成重大透水淹井事故。

2. 间接原因

(1) A煤矿:

① 法律意识淡漠,拒不执行停产指令。自治区督查组责令A煤矿停产整改防治水隐患,A煤矿在隐患未整改完毕、县煤矿安全监管部门明确不予复工的情况下,擅自恢复B4W01回风巷和运输巷的掘进作业。

② 漠视透水重大风险,违章指挥冒险作业。在地测部门已经判断B4W01回风巷掘进工作面以西不排除老空水威胁的可能性的情况下,未按照《煤矿防治水细则》进行探放水,冒险组织掘进作业;掘进面出现明显透水征兆后,未及时撤出受透水威胁区域人员,继续掘进作业。

③ 技术工作滞后,防治水基础薄弱。周边老窑资料缺乏,部分留存的资料不能真实反映井下开采情况;煤矿隐蔽致灾地质因素普查不到位,未查明井田范围内及周边采空区、老窑分布范围及积水情况;委托地质勘察单位进行水文地质补充勘探,为节省合同费用而减少或变更验证钻孔,未能发现B煤矿采空区及废弃巷道积水;防治水"三区"划分不符合《煤矿防治水细则》相关要求,《防治水分区管理论证报告》已提出B煤矿老空积水不清,仍盲目将邻近的B4W01工作面全部划为可采区;探放水设计照抄照搬,未按探放老空水要求设计钻孔,未确定探水线和警戒线,设计编制滞后于探放水作业。

④ 主体责任不落实,安全管理松懈。部分安全生产管理人员未取得安全生产知识和管理能力考核合格证明;未严格执行"三专两探一撤人"要求,防治水专业技术人员和探放水工配备不足,部分防治水技术人员为非专业人员,部分探放水工未取得特种作业操作证;安全生产例会、防治水安全例会、防治水周例会没有针对B煤矿老空水问题研究制定针对性措施;抢工期、赶进度,违规下达掘进进尺指标,作业中超控制指标掘进,造成探放水施工严重滞后,未探先掘或超过探放安全距离仍然掘进。

(2) B煤矿。开采时将轨道上山越界布置,进入A煤矿边界煤柱中;向煤炭管理部门报送虚假交换图和闭坑资料,长期隐瞒矿井遗留的重大隐患。

(3) A煤矿业主。C集团及D公司作为A煤矿上级公司,不重视煤矿安全工作,所设E公司未配齐安全管理职能部门及人员,未建立安全生产责任制,临时安排2名煤矿技术顾问代表E公司对煤矿安全生产进行监督管理;以包代管意识重,以上级公司为非煤企业做借口,将不符合托管条件的煤矿违规托管;驻矿人员重作业进度和巷道质量,疏于灾害治理、隐患排查整改;抢工期、赶进度,隐患未整改完成,即督促煤矿恢复掘进施工。

(4) B煤矿承托单位。F集团、G公司及新疆分公司作为B煤矿上级公司,管理层级多、链条长,安全管理力度层层衰减;对 B 煤矿落实透水重大风险隐患防控措施的监督检查浮于表面,会议要求得不到有效执行;新疆分公司未组织开展安全生产专项整治三年行动工作,未监督煤矿开展专项整治三年行动;未审批采煤工作面设计和《防治水分区管理论证报告》;未及时发现和纠正 A 煤矿安全管理混乱、技术管理薄弱、违规恢复掘进、冒险作业等问题。

(5) 技术服务单位。承担 A 煤矿技术服务业务的单位未认真履行职责,技术文件审批把关不严,技术资料失实。H 公司对物探成果解释未正确反映掘进面前方异常区水体性质,将采空区积水误判为顶板砂岩裂隙水;I 研究院未全面分析老空位置、范围、积水情况,编制的水文地质类型划分报告结论与矿井实际严重不符;J 公司编制的初步设计对矿井边界煤柱技术参数选取严重失误,施工图设计将开切眼布置在边界煤柱中。

(三) 防范措施

(1) 践行安全发展理念,推进煤矿安全工作。煤矿企业要深入贯彻落实习近平总书记关于安全生产的重要论述和指示精神,树牢"两个至上"价值理念,提高红线意识,强化底线思维,采取有效措施,切实加强煤矿安全工作,扭转安全生产被动局面。

(2) 强化主体责任落实,严格规范管理。煤矿企业要建立健全从主要负责人到一线员工的全员安全生产责任制,完善安全生产规章制度、操作规程,明确各岗位的责任人员、责任范围等内容,强化监督考核,确保责任落实,强化安全培训教育,增强法治意识和安全意识,做到自觉依法依规组织生产,自觉抵制违章冒险作业。

(3) 严格落实防治水措施,全面排查防治水工作漏洞。

(4) 加强技术服务管理,保障技术支撑质量。煤矿技术服务单位开展业务,必须配强机构人员和设备设施条件,保障充分的现场工作程度,严把技术审核关口,坚守职业操守,提升服务质量。

(5) 严格托管条件准入,规范煤矿托管工作。发现存在托管资质、条件、能力不符合安全要求或委托方借用托管逃避安全主体责任等问题的,必须立即予以停产整顿,达不到要求的予以清理退出。

(6) 安全生产管理人员要认真履行职责,严把技术管理关。增强自身业务素质,认真执行技术规范和标准,掌握矿井地质灾害情况,准确设计探放水方案,防止矿井水灾事故发生。

(四) 事故教训与启示

1. 事故教训

(1) 拒不执行停产指令。该煤矿在隐患未整改完毕、煤矿安全监管部门明确不予批准复工的情况下,擅自恢复掘进作业。

(2) 违章指挥、冒险作业。在掘进工作面出现明显透水征兆后未及时撤人,继续冒险组织掘进作业。

(3) 安全管理不到位。未查明井田范围内及周边采空区、老窑分布范围及积水情况,边探放水边掘进,探放水工作未按相关规定的要求进行,抢工期、赶进度,违规下达掘进进尺指标。上级公司管理层级多、安全管理弱化。

(4) 技术服务机构出具报告与事实不符。承担该煤矿技术服务业务的有关单位未认真履行职责,技术文件审批把关不严,出具报告与实际不符。

(5) 地方安全监管不到位。对该煤矿防治水隐患未跟进监督整改。

2. 事故启示

(1) 我们要从事故中吸取教训、痛下决心,进一步增强安全生产意识。要全面开展隐患排查,认真吸取教训、举一反三,全面开展安全生产隐患拉网式排查,紧盯安全生产薄弱环节和危险因素,坚决堵塞安全漏洞,消除安全隐患。

(2) 这起事故充分暴露出事故煤矿严重违法违规组织生产,违章指挥、冒险作业,法治意识淡薄,重生产轻安全思想严重作祟。

(3) 这起事故也暴露出煤矿上级公司管理层级多、安全管理弱化,职责不清,管理不到位,导致安全管理失察失控。

(4) 本起透水事故暴露出煤矿部分安全生产管理人员履职尽责不到位,没有发挥自己应有的岗位职责。事故启示我们:安全生产管理人员在今后的安全生产管理工作中要提高技术管理水平,熟练掌握防治水知识和管理标准,提高技术管理责任意识,严把规程措施审批关,坚决抵制和制止无规程措施施工。

第四节 煤矿火灾事故案例

【案例10-8】 重庆市某煤矿"12·4"重大火灾事故

(一) 事故经过

2020年12月4日8时左右,某回收公司回撤人员陆续到达某煤矿井下开展回撤工作。16时40分左右,回撤人员在-85 m水泵硐室内违规切割2号、3号水泵吸水管时,掉落的高温熔渣引燃了水仓吸水井内沉积的油垢,进而引燃了水仓中留存的岩层渗出油,油垢和岩层渗出油燃烧产生大量有毒有害烟气。16时57分,调度值班员看见监控系统显示矿井总回风巷CO传感器超限报警,CO浓度不断上升,立即向矿长雷某云电话报告。

17时17分,该煤矿调度值班员见监控系统总回风CO传感器显示浓度一直在上升,立即向某区能源局值班室报告了事故。某区能源局接到事故报告后,于17时50分起陆续向某区委区政府以及相关部门报告事故情况。事故造成23人死亡、1人重伤,直接经济损失2 632万元。

(二) 原因分析

某回收公司在该煤矿井下回撤作业时,回撤人员在-85 m水泵硐室内违规使用氧气/液化石油气切割水泵吸水管,掉落的高温熔渣引燃了水仓吸水井内沉积的油垢,进而引燃了水仓中留存的岩层渗出油,油垢和岩层渗出油燃烧产生大量有毒有害烟气,在火风压作用下蔓延至进风巷,造成人员伤亡。

(三) 防范措施

(1) 加强煤矿安全生产工作的领导。要认真贯彻落实习近平总书记关于煤矿安全生产重要指示批示精神,牢固树立人民至上、生命至上的安全发展理念,强化地方各级党委和政府对安全生产工作的领导责任。

(2) 严格落实企业安全生产主体责任。要强化依法办矿、依法管矿意识，不得将生产经营项目、场所、设备发包或者出租给不具备安全生产条件或者相应资质的单位或者个人。

(3) 加强岩层渗出油的管理。全面开展安全风险分析研判，对煤矿井下是否存在岩层渗出油的情况开展一次排查，对渗出油的燃点、闪点等物理性质进行检测检验，对其风险进行评估，并采取有效措施进行治理。

(4) 加强煤矿驻矿安监员管理。修改完善煤矿驻矿安监员管理办法，合理确定驻矿安监员的职责，突出主要工作任务，明确工作要求和考核办法。

(四) 事故教训与启示

1. 事故教训

(1) 该煤矿未按上报的回撤方案组织回撤作业。上报给地方政府和有关部门的撤出井下设备报告及回撤方案中，隐瞒了已将井下回撤工作交由某回收公司组织实施的事实，且上报的回撤方案中未将井下水泵列入回撤设备清单，但实际对水泵进行了回撤。

(2) 某回收公司不具备煤矿井下作业资质，井下设备回撤作业现场管理混乱，安排未取得焊接与热切割作业证的人员在井下进行切割作业，在－85 m 水泵硐室气割水管前，未采取措施防止焊渣掉落到存有岩层渗出油的吸水井。

(3) 某煤矿和某回收公司安全管理混乱，未落实煤矿入井检身制度，入井人员未随身携带自救器，隐患排查治理不到位。

2. 事故启示

(1) 坚持安全第一方针，是抓好安全生产的重中之重。煤矿生产中，在处理保证安全与实现生产的其他各项目标的关系上，要始终把人的生命和健康安全放在首要的位置，实行"安全优先"的原则。在确保安全的前提下，实现安全生产的其他目标，不安全不生产，生产要安全。

(2) 落实好企业安全生产主体责任是企业安全发展的基础。不依法办矿，不依法管矿，私自将生产项目、场所、设备发包或者出租给不具备安全生产条件或者相应资质的单位或者个人必然要发生事故。

(3) 本起火灾事故暴露出煤矿部分安全生产管理人员履职尽责不到位，没有发挥自己应有的岗位职责。事故启示我们：安全生产管理人员在今后的安全生产管理工作中要提高安全责任意识，真正做到依法办矿、依法管矿、履职尽责。

第五节　煤矿机电运输事故案例

【案例 10-9】　内蒙古自治区赤峰市某煤矿"5·11"机电事故

(一) 事故经过

2021 年 5 月 10 日 21 时左右，某煤矿 3102 综采工作面出现跳电故障，5 月 11 日早 6 时 30 分，该煤矿召开调度会，矿长刘某在会上针对 3102 综采工作面跳电故障，安排机电矿长陶某富查找跳电原因，陶某富安排采煤队负责查找原因。

5月11日7时左右,综采队队长张某阳组织召开班前会,机电副队长张某东安排检修班班长曹某坤带电工查找跳电原因。班前会结束后曹某坤叫电工陈某利、李某峰到井下3102综采工作面运输巷移动变电站处等他。9时左右,曹某坤和陈某利、李某峰3人在移动变电站处会合。曹某坤说先检查移动变电站(10 kV变1 140 V)低压端,李某峰在低压端开关通过漏电试验使低压端断电,陈某利核实低压端已停电。陈某利检查低压端开关接线室,李某峰检查星型点接线室,均未发现故障,曹某坤看了一遍也未发现故障,于是盖好防护盖,拧紧螺栓。然后,曹某坤安排李某峰去看乳化液泵,自己和陈某利检查移动变电站高压端。曹某坤说"停电了,咱们打开看看",然后安排陈某利打开高压端开关右侧防护盖,他自己打开左侧防护盖。

9时50分左右,李某峰从乳化液泵站返回途中看见曹某坤倒地,就喊:"出事了!"陈某利迅速赶到,发现左侧防护盖已经打开,曹某坤倒在地上,对喊声没有反应。

(二)原因分析

1. 直接原因

采煤队检修班班长曹某坤违反《煤矿安全规程》,在未采取安全防护措施、未确认断电的情况下打开移动变电站高压端开关防护盖,触电身亡。

2. 间接原因

(1)煤矿安全教育培训不到位。检修班班长曹某坤不具备相应电气设备操作技能和资质,擅自打开移动变电站高压端开关防护盖,安全意识淡薄,自主保安能力差,互保责任落实不到位。

(2)煤矿现场安全管理和安全监督检查不到位。检修电气设备未严格执行《煤矿安全规程》和《某矿业有限责任公司煤矿机电电气设备检修操作规程》,对高压设备的检修缺少有效的现场安全监督,未及时发现和纠正工人的违章作业。

(3)煤矿安全管理主体责任落实不到位。煤矿对机电设备日常管理维护弱化,导致机电设备出现故障,生产不连续。煤矿安全管理松懈,管理人员未认真履行安全职责,检修制度和安全措施落实不到位。

(三)防范措施

(1)完善并严格执行检修制度和安全技术措施,加强设备维护更新与检修,及时排除故障,确保生产连续、正常。

(2)加强现场安全管理和安全监督,制定有效的电气设备检修现场安全监督措施,严格执行《煤矿安全规程》和安全管理制度。

(3)加强从业人员安全教育培训。按规定对从业人员开展培训和日常教育,提高从业人员安全意识、操作技能和自保互保能力,加强对"三违"检查和处罚力度,杜绝"三违"行为。

(4)深刻吸取事故教训,认真反思事故原因,举一反三,加强隐患排查治理,扎实开展全员事故警示教育,杜绝煤矿事故发生。

(四)事故教训与启示

1. 事故教训

(1)安全培训不到位,职工无证上岗,必然要发生事故。

(2)现场安全检查和安全监督流于形式,检修电气设备不执行相关规定,必然要出现事故。

(3) 煤矿对机电设备管理弱化，管理人员履职尽责不到位，有制度不去落实，必然要发生事故。

2. 事故启示

(1) 职工安全意识淡薄，自主保安能力差，互保责任落实不到位，必然要发生事故。所以，强化煤矿安全教育培训，提升职工安全操作技能和增强安全意识，才能避免安全事故的发生。

(2) 检修电气设备必须严格执行《煤矿安全规程》和相关管理制度，对高压设备的检修必须进行有效的现场安全监督，发现工人有违章作业行为必须及时予以纠正，坚决杜绝事故发生。

(3) 煤矿必须严格落实安全管理主体责任，必须重视机电设备日常管理维护，出现机电设备故障必须立即处理，检修制度和安全措施必须落实到位。只有这样，才能避免事故发生。

(4) 本起机电事故暴露出煤矿部分安全生产管理人员履职尽责不到位，没有发挥自己应有的岗位职责。事故启示我们：安全生产管理人员在今后的安全生产管理工作中要提高现场管理水平，熟练掌握机电管理标准，增强同"三违"行为作斗争的勇气，经常深入现场查隐患并督促施工单位落实整改。

【案例10-10】 宁夏回族自治区某煤业有限公司"10·20"运输事故

(一) 事故经过

2020年10月20日10时左右，某煤业有限公司职工张某随无极绳梭车行驶到2 245 m无极绳绞车尾轮处，协助运输人员将装有支架顶梁的重车停稳后，将内、外两部JSDB-19型双速绞车的钩头挂好，从2 230 m处道岔倒出两辆30 t空平板车，负责无极绳绞车运输人员将无极绳绞车开往梭车机头方向，张某留在作业地点，准备工作。10时5分左右，装有2#过渡支架顶盖的平板车辆（约12 t）开始向开切眼方向运输，由虎某林操作2 200 m处JSDB-19型双速绞车，任某忠操作开切眼上口处JSDB-19型双速绞车对拉。

10时45分左右，安全督查组主任王某兴与安检员王某银到达2 200 m绞车处，此时绞车正在运行，等待几分钟，待绞车停止后，两人继续前行。10时50分左右两人行至2 230 m处，看见张某趴在靠左侧巷道的水沟内，脖子搭在巷帮斜放的六棱钻杆上（直径22 mm，长度为1 800 mm），头部后仰，离地面400 mm，额头有血迹，在钻杆上距其头部上方100 mm处有少许血迹，左手朝后，右手、安全帽、防尘口罩均压在腹部下面，两只胶靴均未穿戴，一只在水沟内，一只在身体前部1 500 mm左右轨道中间。现场六棱钻杆向巷外方向约100 mm处有一撬杠斜放在巷帮，长约1 000 mm。

另发现伤者附近巷帮约9 m范围内电缆挂钩被打断，断裂点距底板高度约1 m。王某兴立即报告生产调度中心，并组织现场人员对伤者进行了心肺复苏急救，大约10 min后，制作简易担架将伤者抬运至地面，伤者经抢救无效死亡。

(二) 原因分析

1. 直接原因

111204安装工作面回风巷距巷口2 200 m处绞车钢丝绳弹出，击中张某，致其死亡，是本次事故的直接原因。

2. 间接原因

（1）现场设备设施管理不到位。对111204安装工作面回风巷2 200 m处JSDB-19型双速绞车管理不到位，钢丝绳导向轮存在缺陷，槽的深度浅且没有安装可靠的闭锁装置，不能保证其转动安全、灵活可靠，使钢丝绳易脱落、弹起，是造成此次事故的间接原因之一。

（2）现场安全设施缺失，隐患排查整改不到位。111204安装工作面回风巷2 200 m处JSDB-19型双速绞车摘挂钩点未设置照明设施，未设置警戒绳、警示牌等安全设施。安全管理人员对现场存车道岔处错车不通畅、JSDB-19型双速绞车带病运行、设备设施边运行边整改等隐患未及时消除，是造成此次事故的间接原因之一。

（3）技术管理不到位，设施设计把关不严。未结合111204安装工作面回风巷巷道底板起伏不平的具体情况采取针对性的规范设计，设计中没有考虑钢丝绳从导绳轮上脱落的防护措施，是造成此次事故的间接原因之一。

（4）规章措施执行力不强。工作面安装期间，未严格执行《111204工作面回风巷综采设备运输专项安全技术措施》"行车不行人，行人不行车"规定，未安排专人设置警戒，使张某擅自进入对拉绞车运输区域，是造成此次事故的间接原因之一。

（5）安全教育培训工作不到位。对从业人员培训时效性差，对培训效果缺乏有效跟踪监督，作业人员自保、互保意识差，对岗位风险点辨识不足，是造成本次事故的间接原因之一。

（三）防范措施

（1）加强技术管理工作。安全生产管理人员要履职尽责，切实发挥好煤矿安全生产技术管理机构及安全技术管理人员对现场的技术管理作用；严格落实《煤矿安全规程》和国家行业标准规范，充分发挥科学技术是第一生产力的重要作用；精心设计、严密组织、科学施工，从源头上消除隐患及问题；严格执行各项安全技术管理规定，防止事故发生。

（2）加强机电运输设备安全管理。全面排查在用的机电运输设备，加强小绞车的使用管理，小绞车安装使用前必须经过技术部门论证，其安装规范、安装位置、硐室尺寸、车场形式、运输方式、钢丝绳的使用及绞车固定装置要符合相关要求，配套的电气设备和其他机械部分要完好可靠，绞车运行期间要严格执行"行车不行人，行人不行车"的规定。

（3）加强安全管理力度。及时排查存在的事故隐患，保证运输作业线路安全畅通，认真组织岗位工巡回检查；在安装运输作业之前组织事故隐患大排查，对查出的隐患及时按要求整改，杜绝边运行边整改现象。

（4）加大职工安全教育培训力度。要强化安全培训的内部考核和管理，针对新组建的队伍、新的工作环境及任务要进行针对性安全培训，确保作业人员准确辨识相关安全风险，并严格落实相关风险管理措施。加强对作业规程和操作规程的学习贯彻，加强职工的安全意识，杜绝"三违"现象的发生。

（5）深刻吸取事故教训。针对本次事故要按照"四不放过"的原则召开事故教育反思会，认真吸取本次事故教训，持续加强警示教育，深入反思、举一反三，提高煤矿职工的安全意识和事故防范能力，用事故教训推动煤矿安全生产工作。

(四)事故教训与启示

1. 事故教训

(1)现场安全设施缺失,隐患排查整改不到位。111204安装工作面回风巷2 200 m处JSDB-19型双速绞车摘挂钩点未设置照明设施,未设置警戒绳、警示牌等安全设施。安全管理人员对现场存车道岔处错车不通畅、JSDB-19型双速绞车带病运行、设备设施边运行边整改等隐患未及时消除。

(2)现场设备设施管理不到位。对111204安装工作面回风巷2 200 m处JSDB-19型双速绞车管理不到位,钢丝绳导向轮存在缺陷,槽的深度浅且没有安装可靠的闭锁装置,不能保证其转动安全、灵活可靠,使钢丝绳易脱落、弹起。

(3)规章措施执行力不强。工作面安装期间,未严格执行《111204工作面回风巷综采设备运输专项安全技术措施》"行车不行人,行人不行车"规定,未安排专人设置警戒,使张某擅自进入对拉绞车运输区域。

(4)技术管理不到位,设施设计把关不严。未结合111204安装工作面回风巷巷道底板起伏不平的具体情况采取针对性的规范设计,设计中没有考虑钢丝绳从导绳轮上脱落的防护措施。

2. 事故启示

(1)加强煤矿井下作业现场绞车的管理、使用与维护,否则,出现隐患必然要发生安全事故。

(2)安全生产管理人员对作业现场安全设施要认真检查,对存在的隐患排查必须到位,绝不能出现设备设施边运行边整改现象,必须负起责任,尽职尽责。

(3)强化技术管理,设施设计必须符合生产实际,为生产提供安全可靠的技术支撑和坚实的基础保障。

(4)强化职工安全教育培训,增强其安全意识和自保意识,杜绝"三违"不安全行为,才能够确保安全生产。

(5)本起运输事故暴露出煤矿部分安全生产管理人员履职尽责不到位,没有发挥自己应有的岗位职责。事故启示我们:安全生产管理人员在今后的安全生产管理工作中要提高技术管理水平,熟练掌握运输管理标准,强化技术标准学习,严把设计措施落实关。经常深入现场检查隐患并督促施工单位落实整改。

第六节 煤矿其他类零打碎敲事故案例

【案例10-11】 山东省莱芜市某煤矿"12·2"运输事故

(一)事故经过

2021年12月1日21时,采煤工区区长陈某峰组织召开班前会安排当班工作,安排王某民、赵某树共同负责铺网、挂铰接顶梁工作。会后,队长赵某友带队下井,于22时到达60306

采煤工作面。

12月2日2时30分左右,采煤机运行至距下出口9.9 m处停机,工作面刮板输送机也停止运行。2时45分左右,王某民看到刮板输送机上有余煤,随即开启刮板输送机,并让赵某友在机头看着,等工作面浮煤清理干净后停机。3时7分左右,王某民、赵某树在工作面刮板输送机未停止运行的情况下,到距离采煤机机尾后方4 m处进行铺网、挂铰接顶梁作业。赵某树将铰接顶梁递给王某民,王某民跨站在刮板输送机溜槽沿上托举铰接顶梁时身体失稳,仰面跌倒在运行的刮板输送机上,被刮板输送机带向4 m远的采煤机机尾底部。赵某树见此情形大喊停机,赵某友听到后迅速停止了刮板输送机运行,此时王某民腹部以下已被挤入采煤机机尾下方和刮板输送机溜槽之间。随即赵某友、赵某树立即召集人员在现场开始施救,并向采煤工区区长进行了汇报。王某民后经救援送医,7时5分,经抢救无效死亡。

(二)原因分析

1. 直接原因

采煤工区副班长王某民在刮板输送机未停止运行的情况下,违章跨站在采煤工作面刮板输送机溜槽沿上进行挂铰接顶梁作业,摔倒在运行的刮板输送机上,被刮板输送机拖入采煤机机尾与溜槽之间挤伤致死。

2. 间接原因

(1)职工现场互保、联保制度不落实。与王某民共同负责铺网、挂铰接顶梁作业的支护工赵某树未及时制止王某民的违章作业。

(2)区队安全管理不到位。区队现场管理不到位,区队管理人员对作业现场违章作业行为未及时发现并制止。

(3)安全监督检查不到位。安检员对现场的薄弱环节监督检查不到位,对现场职工违章作业行为未及时发现和制止。

(三)防范措施

(1)加强现场安全监督管理。加强对薄弱人物排查,严格执行作业规程、操作规程和现场隐患排查治理制度,做到不安全不生产。加强对生产地点、生产环节全过程监督检查,切实解决"严不起来,落实不下去"的问题。要强化煤矿安全生产标准化建设,严格工程质量考核验收,全面抓好工程质量的动态管理。

(2)强化安全教育培训。要加强职工安全教育培训,确保从业人员具备必要的岗位知识和技能,切实增强从业人员的安全意识、风险辨识能力和遵章作业的自觉性。要采用"走出去,请进来"等方式加强对安全生产管理人员的培训,不断提升其安全管理能力和水平。

(3)提升安全保障能力。结合矿井实际,进一步优化生产系统。矿井受历史条件影响,提升运输环节多,个别地点运输不连续、运输设备不匹配,要进一步加大安全生产投入,提高采掘机械化水平,积极实施"机械化换人、自动化减人",提高矿井防灾抗灾能力。

(4)强化矿井基层基础工作。要强化区队安全管理工作,坚决杜绝违章指挥、违章作业行为。要坚持严管与厚爱相结合,体现对从业人员的"人文关怀",从根本上解决安全生产工作"上热下冷"的现象,提升矿井安全生产保障能力。

（四）事故教训与启示

1. 事故教训

（1）职工互保、联保制度不落实，职工违章作业无人抵制和制止，是发生事故的根源。

（2）基层区队抓现场安全管理松懈，对职工违章行为不闻不问，必然要发生事故。

（3）煤矿安监部门不重视安全检查和监督，漠视职工违章作业，必然要发生事故。

2. 事故启示

（1）要建立职工现场互保、联保制度并认真落实，发现职工违章行为必须及时制止。

（2）强化区队安全管理是实现安全生产的根本，不重视区队现场管理为事故的发生埋下了隐患。

（3）要加大安全检查和监督力度，提高安检员的管理能力，对现场的薄弱环节监督检查必须到位，发现职工违章必须制止。

（4）本起运输事故暴露出煤矿部分安全生产管理人员履职尽责不到位，没有发挥自己应有的岗位职责。事故启示我们：安全生产管理人员在今后的安全生产管理工作中要提高现场管理水平，熟练掌握运输管理知识，提高现场安全管理能力，增强安全责任意识。

【案例 10-12】 冀中能源邯矿集团某煤矿"7·25"支架倾斜事故

（一）事故经过

2021 年 7 月 25 日 4 时，某煤矿综采二区 6 点班召开班前会，跟班副区长张某、班长何某善等 15 名人员参加，何某善安排了生产任务，张某安排何秋某带领 4 人到复采 01 工作面回撤支架，安排职工韩某起、李某学、李某风、张某红、韩某杰、王某兵 6 人到复采 02 工作面安装支架，2 名电工到风巷拖运电缆，1 名泵站司机操作乳化泵。约 6 时，王某兵等 6 人先后到达复采 02 工作面，李某学负责操作开切眼内回柱绞车，韩某杰负责操作开切眼上口回柱绞车，韩某起、王某兵负责卸支架、摆正支架，李某风、张某红负责调整摆正支架的高度、连接液压管路。约 9 时 40 分，46#支架运至卸架位置，韩某杰将开切眼上口的绞车手刹按到底，并在绞车那看着，韩某起开始将开切眼内回柱铰车的钩头利用 40T 链子连接到车盘上支架底座拉环上，李某学在紧固开切眼内回柱绞车电机的螺栓，王某兵拆卸车盘上固定支架的螺栓。约 9 时 50 分，韩某起已将钩头与车盘上的支架连接好，王某兵已拆完靠煤帮侧的 2 条固定螺栓，正在支架和老塘巷帮间拆卸靠老塘侧车盘下方的固定螺栓，即第 3 条固定螺栓，在他用洋镐敲打将螺栓拆卸下来后，支架突然发生侧移，造成车盘倾斜，将他挤压在老塘巷帮。韩某起、李某学呼喊王某兵姓名，无应答。附近的李某风、张某红、韩某杰、马某国听到喊声后，立即赶到 46#支架处，看到 46#支架连同车盘发生倾斜，王某兵被支架挤压在老塘巷帮，两个臂膀、胸部及以下挤住了，头没挤住，脸憋得通红。马某国边安排职工用液压点柱将支架顶开，边向矿调度室汇报事故情况。事故最终造成 1 人被支架挤压死亡。

（二）原因分析

1. 直接原因

作业人员未按措施要求顺序拆除固定螺栓。王某兵先拆除了靠煤帮侧的 2 条固定螺栓，后在支架和老塘巷帮间拆卸靠老塘侧车盘下方的固定螺栓，即第 3 条固定螺栓时，在他用洋镐敲打将螺栓拆卸下来后，支架突然发生侧移，造成车盘倾斜，将其挤压在老塘侧巷帮上致死。

2. 间接原因

(1) 现场施工人员违章作业。职工王某兵在拆卸固定支架的螺栓时,先拆除了煤帮侧的2条固定螺栓。

(2) 现场安全措施落实不到位。拆卸支架固定螺栓时,班组长没有在现场统一指挥。

(3) 未执行互保、联保措施。事故当班未安排互保、联保事宜。

(4) 安全监督检查不到位。综采二区跟班人员未发现并制止职工违章作业;安监部督促安检员履行安全检查责任不到位,相关管理人员督促落实安装技术措施不力;矿长组织职工安全生产教育不到位,督促落实隐患排查不到位,各级管理人员均未及时发现并消除生产安全事故隐患。

(5) 安全教育、培训不到位。贯彻复采02工作面安装技术措施不力,职工岗位危险预知、辨识能力较低,安全意识差。

(三) 防范措施

(1) 从根本上消除事故隐患。某集团及该煤矿要深刻剖析事故深层次原因,纳入"两个清单",制定切实可行的治理措施,推进整改落实,加大专项整治攻坚力度,不断提升煤矿本质安全水平。

(2) 加强机电运输安全生产大排查,切实层层落实安全生产主体责任。按照全面深入开展煤矿安全生产大排查要求,该煤矿要立即开展运输安全隐患大排查,查找"看不到、想不到、查不透"和"看惯了、习惯了、干惯了"的问题,找准深层次问题,制定长效制度,落实岗位职责,消除隐患根源。某集团要落实主体责任,检查指导该煤矿自查自改工作,督促落实整改措施。

(3) 强化安全管理水平,促进全员提高安全意识。要严格落实岗位安全生产责任制和职工互保、联保等各项管理制度。规范用工管理,提高员工素质,加强安全教育和培训,增强各级各类人员的安全意识,提高员工的安全知识水平和危害辨识能力。要召开警示教育会,深入开展事故案例警示教育,提高全员法律意识。

(4) 落实风险管控和隐患排查双重机制,提升安全保障水平。切实落实现场作业安全风险管控和隐患排查措施,结合运输现场实际条件,定期全面分析运输各环节可能存在的风险,分级管控,采取有效措施,防止风险转变为隐患。定期全面排查隐患,落实和完善治理措施,推动现场管理水平提高。

(5) 安全生产管理人员要认真履行职责,严把技术管理关,督促技术措施认真落实,检查现场必须动真格,决不能敷衍了事走过场,真正负起责任,履职尽责到位。

(四) 事故教训与启示

1. 事故教训

(1) 煤矿安全管理制度重在落实,有制度不去落实,制度形同虚设,必然要发生事故。

(2) "三违"行为是发生事故的根源,现场出现违章作业行为未及时发现并制止,必然要发生事故。

(3) 安全监督检查能够及时发现作业现场存在的安全隐患,不认真或不去监督检查,现场安全管理有可能失控,隐患就会多起来,事故就会频繁发生。

2. 事故启示

（1）煤矿生产现场落实互保、联保制度非常重要，不认真落实互保、联保制度，必然要发生安全事故。

（2）强化区队安全管理和现场管理是抓好安全生产工作的重要手段，安全生产管理人员现场发现作业人员违章作业行为必须及时制止，绝不能放任不管，听之任之。

（3）要加强安全监督检查工作，增强安监员的管理能力和责任心，要求安监员对现场的薄弱环节监督检查必须到位，对现场职工违章作业行为必须及时制止和纠正。

（4）强化职工安全教育，增强职工安全风险意识，是确保矿井安全生产的前提条件。

（5）本起支架倾斜事故暴露出煤矿部分安全生产管理人员履职尽责不到位，没有发挥自己应有的岗位职责。事故启示我们：安全生产管理人员在今后的安全生产管理工作中要提高现场管理水平，熟练掌握业务范围的相关制度标准，提高技术措施落实的执行力，经常深入现场查隐患并督促施工单位落实整改。

参考文献

[1] 卜素.《中华人民共和国安全生产法》专家解读[M].徐州:中国矿业大学出版社,2021.

[2] 国家矿山安全监察局.煤矿安全规程及细则:一规程四细则[M].北京:应急管理出版社,2022.

[3] 黄学志,王洪权,时国庆,等.《煤矿防灭火细则》专家解读[M].徐州:中国矿业大学出版社,2021.

[4] 李爽,贺超,毛吉星.《煤矿安全生产标准化管理体系基本要求及评分方法(试行)》专家解读[M].徐州:中国矿业大学出版社,2020.

[5] 王太续,代星军,李长青.煤矿安全生产管理人员安全生产知识与管理能力培训教材[M].徐州:中国矿业大学出版社,2022.

[6] 袁河津.《煤矿安全规程》专家解读:井工煤矿[M].2022年修订版.徐州:中国矿业大学出版社,2022.